보이는 통계학

with 파이썬

지은이 **손원**

서울대학교 계산통계학과를 졸업하고 동 대학원 통계학과에서 비모수적 함수추정기법으로 석사학위를, 제약조건이 부여된 회귀모형으로 박사학위를 취득했다. 현재 단국대학교 통계데이터사이언스학과 교수로 재직 중이며, 주요 연구분야는 통계모형의 기본 구조에 변화가 발생하는 지점을 식별하는 변화점 탐지를 위한 통계적 방법과 이상점 식별을 위한 기계학습 등이다. 『비정형 데이터분석』(한국방송통신대학교출판문화원, 2020)을 공동 집필했다.

보이는 통계학 with 파이썬 : 인공지능 시대에 필요한 통계적 사고

초판발행 2026년 1월 10일

지은이 손원 / **펴낸이** 전태호
펴낸곳 한빛아카데미(주) / **주소** 서울시 서대문구 연희로2길 62 한빛아카데미(주) 2층
전화 02-336-7112 / **팩스** 02-336-7199
등록 2013년 1월 14일 제2017-000063호 / **ISBN** 979-11-7340-053-7 93310

총괄·책임편집 김은정 / **기획·편집** 윤세은
디자인 최연희, 이아란 / **전산편집** 백지선 / **제작** 박성우, 김정우
영업 김성삼, 이정훈, 임현기, 이성훈, 김주성, 심지연

이 책에 대한 의견이나 오탈자 및 잘못된 내용은 출판사 홈페이지나 아래 이메일로 알려주십시오.
파본은 구매처에서 교환하실 수 있습니다. 책값은 뒤표지에 표시되어 있습니다.

홈페이지 www.hanbit.co.kr / 이메일 question@hanbit.co.kr

Published by HANBIT Academy, Inc. Printed in Korea

STEM@COOKBOOK

인공지능 시대에 필요한 통계적 사고

보이는 통계학

with 파이썬

손원 지음

한빛아카데미 Hanbit Academy, Inc.

지은이 머리말

인공지능의 기본 개념과 원리를 이해하기 위한 통계적 기초

통계학은 관찰된 데이터를 바탕으로 현상을 올바르게 파악하고, 불확실한 미래를 예측하는 학문이다. 우리가 표본이나 실험을 통해 얻는 데이터는 전체 모집단의 일부분에 불과하며, 이러한 제한적인 정보에 근거해 모집단 전체의 특성을 파악해야 한다. 통계학은 이처럼 한정된 정보를 토대로 연구 가설을 확인하거나 관찰되지 않은 값들을 예측하는 방법을 제공한다. 최근에는 인공지능과 기계학습 기술이 급속히 발전하면서 통계학의 기본 원리가 응용 측면에서 다시 주목받고 있다.

필자가 학부에서 통계학을 공부하던 30여 년 전과 비교하면, 데이터의 특성과 분석 방법에 큰 변화가 있었다. 과거에는 통계적으로 타당한 절차에 따라 수집된 정제된 소규모 데이터를 분석하는 것이 전통적인 통계학의 주요 과제였다면, 최근에는 텍스트나 이미지 데이터와 같이 구조가 복잡하고 규모가 큰 데이터가 분석의 주요 대상으로 자리 잡았다. 이에 따라 모집단에 대한 통계적 추론에 초점을 둔 방법뿐만 아니라, 예측 성능을 중시하는 다양한 통계기법이 널리 활용되고 있다. 그 결과 과거에는 학부 과정에서 잘 다루지 않던 기계학습과 인공신경망 등도 기본 교과과정에 포함될 만큼 분석 방법이 빠르게 변화하고 있으며, 통계학 전공자뿐만 아니라 다양한 분야의 학생들이 통계학을 적극적으로 학습하고 있다. 이러한 변화는 통계학의 내용과 교육 방식에도 새로운 관점을 요구하고 있다.

이 책은 이러한 변화를 반영해, 전통적인 통계이론과 현대적인 분석 방법을 균형 있게 제시하는 것을 목표로 한다. 확률론과 추론 등 기본 개념을 충실히 다루면서도 최대가능도추정법과 수치 최적화처럼 현대 통계학에서 폭넓게 활용되지만 대부분의 통계학 기본서에서 충분히 다루지 않는 내용까지 포함했다. 또한 심층학습 등 기계학습의 기초 개념을 소개해 통계학과 기계학습이 어떤 원리로 맞닿아 있는지 자연스럽게 이해할 수 있도록 구성했다.

이 책의 학습법

이 책은 고등학교 교육과정의 「미적분」과 「확률과 통계」를 학습한 학생이라면, 혼자서도 통계학의 기본 내용을 파악할 수 있도록 구성했다. 핵심 이론과 응용 사례를 가능한 한 자세하게 설명했으며, 예제를 통해 이론이 실제로 어떻게 적용되는지 확인할 수 있도록 했다. 또한 파이썬 실습을 포함해, 학습한 내용을 파이썬 명령문으로 직접 구현하고 활용할 수 있게 했다. 4장부터는 파이썬 예제로 익히는 실습 절을 추가하여, 실제 데이터와 함께 본문에서 제시한 개념을 파이썬으로 익히는 프로젝트 형식으로 구성했다. 각 장의 마지막에는 핵심정리와 연습문제, 파이썬 실습문제(1장, 3장 제외)를 수록해 해당 장에서 학습한 내용을 종합적으로 정리할 수 있도록 했다.

많은 사람이 일상생활에서 인공지능을 활용하는 시대가 되었다. 전문가처럼 인공지능을 깊이 이해하기는 쉽지 않지만, 통계학을 통해 인공지능의 기본 개념과 원리를 이해하고 이를 바르게 활용하기 위한 통찰력을 기를 수 있다. 이 책이 인공지능 시대를 살아가는 독자에게 조금이나마 도움이 되길 바란다.

감사의 글

마지막으로 이 책이 완성되기까지 많은 수고를 아끼지 않은 윤세은 책임 에디터님을 포함한 한빛아카데미(주)의 관계자들과 단국대학교 정보통계학과 이태현 학생에게 감사의 뜻을 전한다.

지은이 손원

미리보기

파이썬 실행에 관해

이 책에 수록된 파이썬 코드는 통계 개념과 분석 절차를 이해하는 데 필요한 핵심 내용 위주로 구성되어 있다. 따라서 독자가 사용하는 실행 환경(Jupyter Notebook, Google Colab 등)에 따라 출력 결과의 형식이나 표기 방식이 일부 다르게 나타날 수 있다. 본문에서는 이러한 자료형 표기 차이를 별도로 구분하지 않으며, 동일한 값으로 이해해도 무방하다.

또한 본문에 제시된 시각화 코드는 개념 전달을 위해 최소한의 입력값만 포함했다. 실행 결과로 제시한 그림은 가독성을 높이기 위해 일부 그래픽 옵션을 추가한 것이며, 모든 옵션을 코드에 포함하지는 않았다. 이러한 점을 참고하여 코드를 실행한다면 출력 형식의 차이로 인한 혼란 없이 본문 내용을 충분히 이해할 수 있을 것이다.

이 책의 구성요소

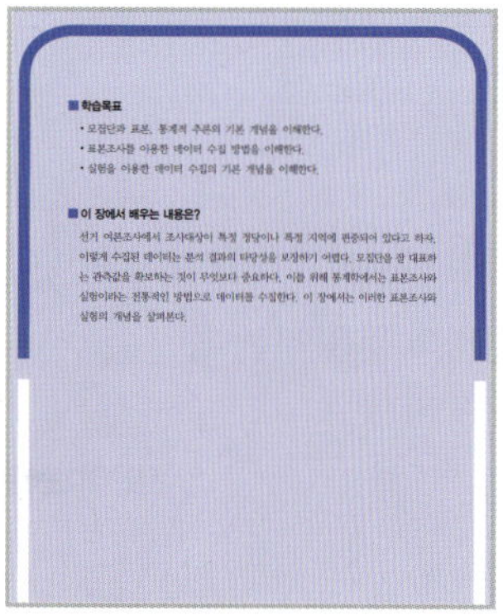

■ 학습목표

- 모집단과 표본, 통계적 추론의 기본 개념을 이해한다.
- 표본조사를 이용한 데이터 수집 방법을 이해한다.
- 실험을 이용한 데이터 수집의 기본 개념을 이해한다.

■ 이 장에서 배우는 내용은?

선거 여론조사에서 조사대상이 특정 정당이나 특정 지역에 편중되어 있다고 하자. 이렇게 수집된 데이터는 분석 결과의 타당성을 보장하기 어렵다. 모집단을 잘 대표하는 관측값을 확보하는 것이 무엇보다 중요하다. 이를 위해 통계학에서는 표본조사와 실험이라는 전통적인 방법으로 데이터를 수집한다. 이 장에서는 이러한 표본조사와 실험의 개념을 살펴본다.

학습목표 / 도입글

학습목표에서는 해당 장을 학습하면서 도달하고자 하는 수준을 제시하고, 도입글에서는 해당 장을 학습해야 하는 이유를 소개한다.

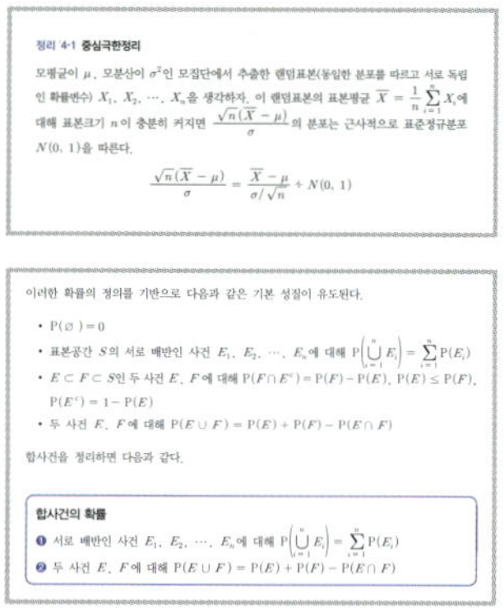

정리 4-1 중심극한정리

모평균이 μ, 모분산이 σ^2인 모집단에서 추출한 랜덤표본(동일한 분포를 따르고 서로 독립인 확률변수) $X_1, X_2, \cdots, X_n$을 생각하자. 이 랜덤표본의 표본평균 $\overline{X} = \frac{1}{n}\sum_{i=1}^{n} X_i$에 대해 표본크기 n이 충분히 커지면 $\frac{\sqrt{n}(\overline{X}-\mu)}{\sigma}$의 분포는 근사적으로 표준정규분포 $N(0, 1)$을 따른다.

$$\frac{\sqrt{n}(\overline{X}-\mu)}{\sigma} = \frac{\overline{X}-\mu}{\sigma/\sqrt{n}} \to N(0, 1)$$

이러한 확률의 정의를 기반으로 다음과 같은 기본 성질이 유도된다.

- $P(\varnothing) = 0$
- 표본공간 S의 서로 배반인 사건 $E_1, E_2, \cdots, E_n$에 대해 $P\left(\bigcup_{i=1}^{n} E_i\right) = \sum_{i=1}^{n} P(E_i)$
- $E \subset F \subset S$인 두 사건 E, F에 대해 $P(F \cap E^c) = P(F) - P(E)$, $P(E) \leq P(F)$, $P(E^c) = 1 - P(E)$
- 두 사건 E, F에 대해 $P(E \cup F) = P(E) + P(F) - P(E \cap F)$

합사건을 정리하면 다음과 같다.

합사건의 확률

❶ 서로 배반인 사건 $E_1, E_2, \cdots, E_n$에 대해 $P\left(\bigcup_{i=1}^{n} E_i\right) = \sum_{i=1}^{n} P(E_i)$

❷ 두 사건 E, F에 대해 $P(E \cup F) = P(E) + P(F) - P(E \cap F)$

정리 / 강조상자

정리에서는 통계학에서 중요하게 다루는 내용을 다루고, 강조상자에서는 해당 주제에서 기억해야 할 개념을 소개한다.

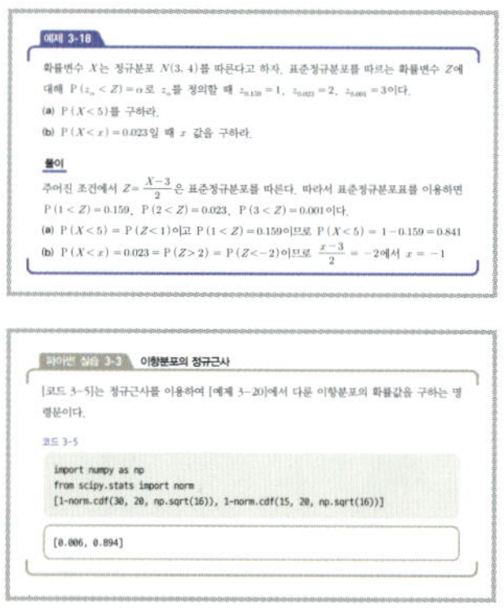

예제 3-18

확률변수 X는 정규분포 $N(3, 4)$를 따른다고 하자. 표준정규분포를 따르는 확률변수 Z에 대해 $P(z_\alpha < Z) = \alpha$로 z_α를 정의할 때 $z_{0.159} = 1$, $z_{0.023} = 2$, $z_{0.001} = 3$이다.

(a) $P(X < 5)$를 구하라.

(b) $P(X < x) = 0.023$일 때 x 값을 구하라.

풀이

주어진 조건에서 $Z = \frac{X-3}{2}$은 표준정규분포를 따른다. 따라서 표준정규분포표를 이용하면 $P(1 < Z) = 0.159$, $P(2 < Z) = 0.023$, $P(3 < Z) = 0.001$이다.

(a) $P(X < 5) = P(Z < 1)$이고 $P(1 < Z) = 0.159$이므로 $P(X < 5) = 1 - 0.159 = 0.841$

(b) $P(X < x) = 0.023 = P(Z > 2) = P(Z < -2)$이므로 $\frac{x-3}{2} = -2$에서 $x = -1$

파이썬 실습 3-3 이항분포의 정규근사

[코드 3-5]는 정규근사를 이용하여 [예제 3-20]에서 다룬 이항분포의 확률값을 구하는 명령문이다.

코드 3-5

```
import numpy as np
from scipy.stats import norm
[1-norm.cdf(30, 20, np.sqrt(16)), 1-norm.cdf(15, 20, np.sqrt(16))]
```

```
[0.006, 0.894]
```

예제 / 파이썬 실습

예제에서는 본문에서 다룬 개념을 적용한 문제를 소개하고, 파이썬 실습에서는 본문 또는 예제 개념을 파이썬 명령문으로 구현한다.

이 책의 구성

PART 01 데이터의 수집과 기초 분석

1장 표본조사와 실험 등 데이터를 수집하는 통계적 과정을 소개한다.

2장 본격적인 통계추론 과정에 앞서 수집된 데이터의 특징을 확인하는 방법을 다룬다.

PART 02 확률이론과 모집단에 대한 통계적 추론

3장 확률이론을 다룬다. 3.5절의 확률분포는 통계적 추론 과정에서 긴요하게 활용된다.

4장 모집단과 표본에 대한 기본 개념, 통계적 추론의 기반이 되는 통계량과 표본분포를 살펴본다.

5장 모수에 대한 추정을 다룬다.

6장 가설검정 방법을 다룬다.

PART 03 통계학습 기법

7장 설명변수의 선형식을 이용하여 반응변수를 예측하는 회귀모형을 살펴본다.

8장 분류나무모형 등의 지도학습 방법과 군집분석 등의 비지도학습 방법을 확인한다.

9장 인공지능 모형에 널리 활용되는 인공신경망의 기본 개념을 다룬다.

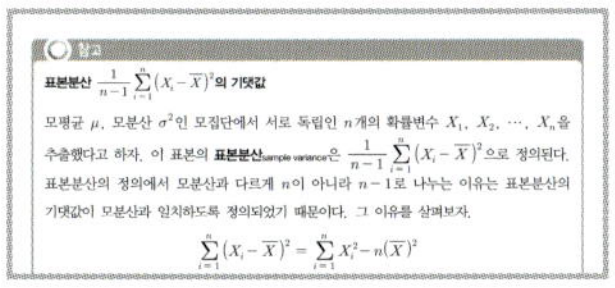

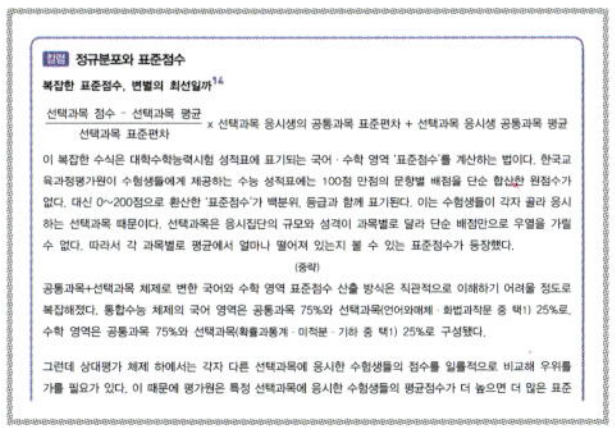

참고 / 칼럼

참고에서는 본문 전개에 참조할 만한 내용을 소개하고, **칼럼**에서는 실제 기사나 기고문을 통계학 관점으로 해석한다.

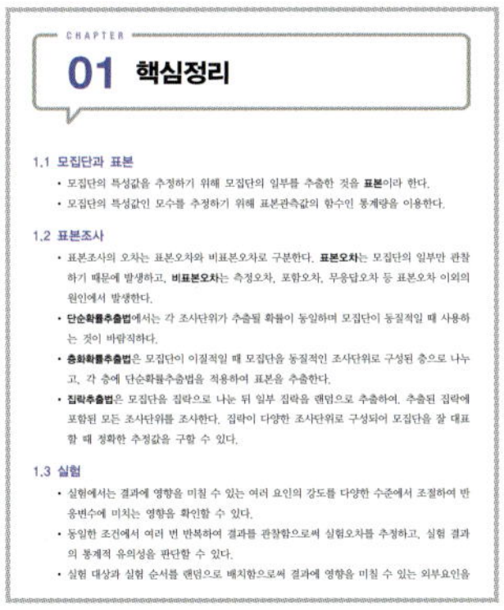

CHAPTER 01 핵심정리

핵심정리

해당 장이 끝날 때마다 본문에서 다룬 주요 내용을 간략하게 정리한다.

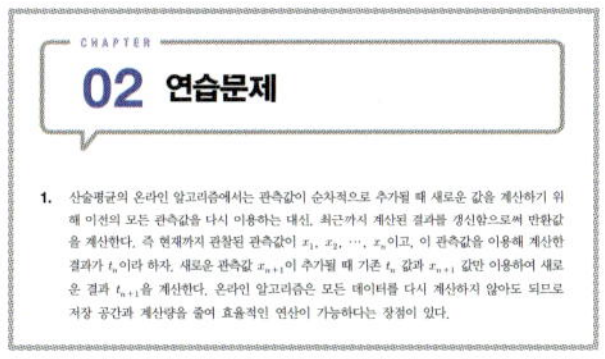

CHAPTER 02 연습문제

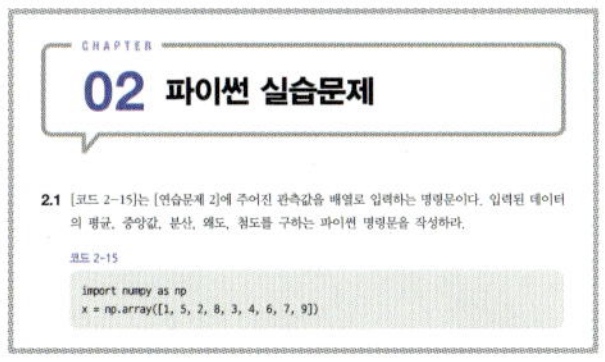

CHAPTER 02 파이썬 실습문제

연습문제 / 파이썬 실습문제

연습문제에서는 해당 장의 개념을 종합적으로 묻는다. 파이썬 명령문으로 푸는 문제는 **파이썬 실습문제**로 소개한다.

학습 로드맵

이 책의 각 장에서 다루는 주제들이 서로 어떤 흐름과 연계성을 갖는지 보여준다. 모든 장의 내용은 기본적으로 1장과 2장의 이해를 바탕으로 한다. 일부 독립적인 장도 있지만, 대부분은 앞선 기본 개념을 바탕으로 좀 더 고차원적인 주제로 확장되므로 각 장을 순서대로 학습하는 것을 권한다.

관계도

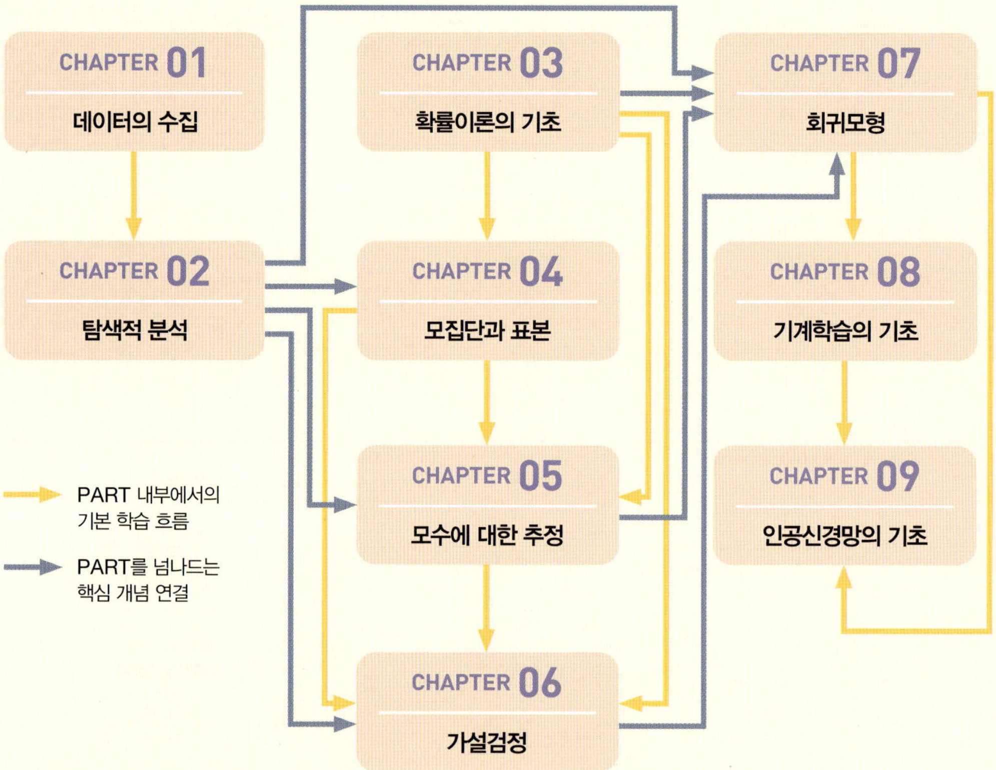

학습 흐름도

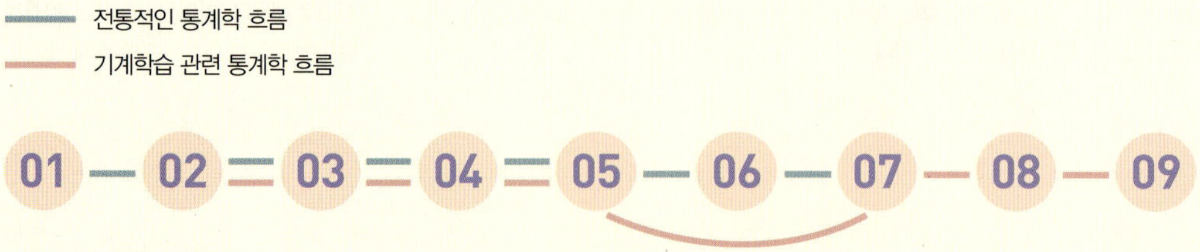

강의 및 학습 보조자료, 참고문헌

강의 및 학습 보조자료

- **강의자용 : 강의 보조자료 다운로드**

  한빛아카데미(https://www.hanbit.co.kr/academy) 접속 →
  [교수전용공간] 클릭 → 도서명 검색

- **학습자용 : 공개용 정답(일부) 및 소스코드 다운로드**

  한빛아카데미(https://www.hanbit.co.kr/academy) 접속 →
  도서명 검색 → 도서 상세 페이지의 [부록/예제소스] 클릭

참고문헌

- Anscombe, F. J. (1973). Graphs in Statistical Analysis. *American Statistician*. *27*(1), 17–21.
- Benjamin et al., (2018). Redefine statistical significance. *Nature human behaviour*, *2*(1), 6–10.
- Bradley E., Trevor H., Iain J. and Tibshirani R. (2004) Least Angle Regression, *Annals of Statistics*, 407–499.
- Hyndman, R. J. and Fan, Y. (1996). Sample quantiles in statistical packages, *American Statistician 50*, 361–365.
- James, G., Witten, D., Hastie, T., Tibshirani, R., and Taylor, J. (2023). *An introduction to statistical learning: With applications in Python*. 2nd ed. Springer.
- Loftus, E. F., & Palmer, J. C. (1974). Reconstruction of automobile destruction: An example of the interaction between language and memory. *Journal of verbal learning and verbal behavior*, *13*(5), 585–589.
- Lohr, S. L. (2021). *Sampling: design and analysis*. 2nd ed. Chapman and Hall/CRC.
- Venables, W. N. and Ripley, B. D. (2002). *Modern Applied Statistics with S-PLUS*. 4th ed. Springer.
- Westfall, P. H. (2014). Kurtosis as peakedness, 1905–2014. RIP. *The American Statistician*, *68*(3), 191–195.
- Wolberg, W.H., Street, W.N. and O.L. (1994). Mangasarian. Machine learning techniques to diagnose breast cancer from fine-needle aspirates. *Cancer Letters 77*, 163–171.

목차

선택 표시가 된 절은 필요에 따라 학습할 수 있다.

PART 01 데이터의 수집과 기초 분석

CHAPTER 01 데이터의 수집

CHAPTER 02 탐색적 분석

PART 02 확률이론과 모집단에 대한 통계적 추론

CHAPTER 03 확률이론의 기초

CHAPTER 04 모집단과 표본

CHAPTER 05 모수에 대한 추정

CHAPTER 06 가설검정

PART 03 통계학습 기법

CHAPTER 07 회귀모형

CHAPTER 08 기계학습의 기초

CHAPTER 09 인공신경망의 기초

CHAPTER

01 데이터의 수집

CONTENTS

학습목표

- 모집단과 표본, 통계적 추론의 기본 개념을 이해한다.
- 표본조사를 이용한 데이터 수집 방법을 이해한다.
- 실험을 이용한 데이터 수집의 기본 개념을 이해한다.

이 장에서 배우는 내용은?

선거 여론조사에서 조사대상이 특정 정당이나 특정 지역에 편중되어 있다고 하자. 이렇게 수집된 데이터는 분석 결과의 타당성을 보장하기 어렵다. 모집단을 잘 대표하는 관측값을 확보하는 것이 무엇보다 중요하다. 이를 위해 통계학에서는 표본조사와 실험이라는 전통적인 방법으로 데이터를 수집한다. 이 장에서는 이러한 표본조사와 실험의 개념을 살펴본다.

SECTION 1.1 모집단과 표본

통계조사를 실시하는 이유는 모집단에 대한 정보를 파악하기 위해서이다. 예를 들어 우리나라의 소득, 생산량, 소비량, 물가 등은 중요한 경제지표이므로 가능하면 빠르고 정확하게 해당 지표를 파악해야 적절한 시기에 올바른 정책을 수립할 수 있다. 하지만 우리나라 전체의 소득이나 생산량을 직접 조사하는 데에는 많은 시간과 비용이 소요되므로, 일반적으로는 표본을 추출하여 조사하고 이를 바탕으로 국가 전체의 지표를 추정한다.

모집단에 대한 통계적 추론의 기본 개념은 [그림 1-1]을 통해 이해할 수 있다. 관심의 대상이 되는 모집단의 특성값을 θ라 하자. 모집단 전체를 조사하여 θ를 관찰하는 것이 불가능하거나 비효율적이라면 모집단에서 일부만 추출한 표본에서 관찰한 특성값 $\hat{\theta}$을 이용하여 모집단의 특징을 추정한다.[1] 이렇게 모집단에서 관심의 대상이 되는 특성값 θ를 **모수**parameter라 하고, 표본에서 관찰한 각 조사단위의 특성값에 대한 함수 $\hat{\theta}$을 **통계량**statistic이라 한다.

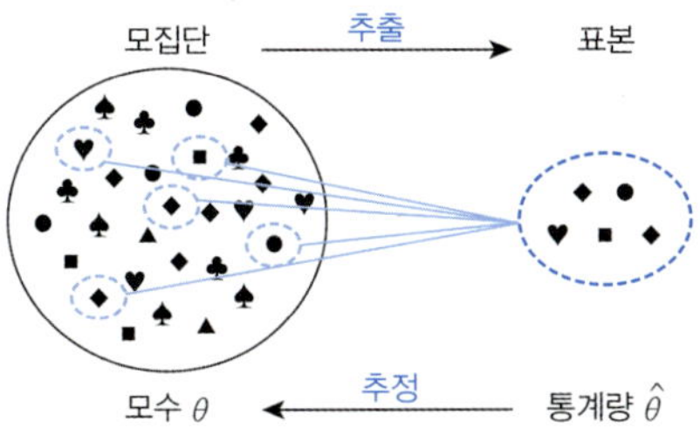

그림 1-1 모집단과 표본

예를 들어 우리나라 성인의 평균 키를 알고 싶다면 우리나라 성인 전체를 모집단[2]으로, 평균 키를 모수 θ로 볼 수 있다. 이 값을 추정하기 위해서는 모집단에서 일부 성인(개체)을 표본으로 추출한 후 그들의 키를 측정하고, 측정값의 평균값을 계산하여 표본통계량 $\hat{\theta}$ 값을 구한다. 이렇게 얻은 $\hat{\theta}$을 우리나라 성인의 평균 키 θ에 대한 추정값으로 사용한다.

1 모수는 그리스 문자 θ(세타)로, 표본통계량은 $\hat{\theta}$으로 표기하는 경우가 많다.

2 **모집단**population을 모든 특성값의 집합으로 정의하기도 한다. 이 정의에 따르면 모집단은 우리나라 성인의 키를 모두 모은 집합이다.

SECTION 1.2 표본조사

모집단에서 관심의 대상이 되는 모수 값(특성값)을 확인하기 위해 모집단의 일부를 표본으로 추출하여 조사하는 방식을 **표본조사**라 한다. 표본조사에서는 올바른 방법으로 표본을 추출하는 것이 중요하다. 표본추출 과정이 잘못되어 왜곡된 표본이 형성되면 아무리 정교한 통계적 방법을 사용하더라도 정확한 결론을 도출할 수 없다. 이러한 이유로 표본조사 방식과 절차를 이해하는 것이 중요하다. 이 절에서는 표본조사의 기본 개념과 다양한 표본조사 방법을 살펴본다.

표본조사의 기본 개념

모집단에서 표본을 추출할 때 추출 대상이 되는 단위를 **추출단위** 또는 **표집단위**sampling unit라 하고, 특성값을 실제로 조사하는 단위를 **조사단위**observation unit라 한다. 추출단위와 조사단위가 일치하는 경우가 많지만 하나의 추출단위에 여러 조사단위가 포함되는 경우도 있다. 예를 들어 인구주택총조사에서는 가구를 추출단위로 하고 가구 구성원 각각을 조사단위로 둔다.

모집단에서 표본을 추출하기 위해서는 추출단위의 목록이 필요한데, 이 목록을 **추출틀** 또는 **표집틀**sampling frame이라 한다. 전화 여론조사에서는 전화번호 목록을 추출틀로 볼 수 있다. 실제 표본조사에서는 완벽한 추출틀을 확보하기 어렵기 때문에 일부 조사대상이 누락되거나 불필요한 단위가 포함되는 경우가 흔하다. 예를 들어 전화 여론조사에서 전화번호 목록에는 전화번호가 없는 사람이 누락되어 있고, 반대로 조사대상이 아니지만 전화번호가 있는 청소년과 어린이가 포함될 수 있다.

표본조사에서는 작은 표본으로 큰 모집단을 추론해야 하므로 모집단의 다양한 개체가 고르게 포함되도록 대표성 있는 표본을 구성하는 것이 중요하다. 이를 위해 모집단의 각 추출단위를 사전에 정해진 추출확률에 따라 랜덤으로 추출[3]해야 한다. 이렇게 랜덤표본을 추출하면 통제하거나 관찰하기 어려운 숨겨진 요인들이 각 표본에 랜덤으로 배치되므로 모집단 추론에 미치는 영향을 최소화할 수 있다.

3 난수표나 컴퓨터의 난수 발생기를 이용하면 랜덤으로 표본을 추출할 수 있다.

이와 반대로 조사하기 쉬운 조사단위 또는 응답률이 높은 조사대상만으로 구성한 **편의표본**sample of convenience이나 조사자의 주관적 판단으로 조사대상을 선정한 **판단표본**judgment sample은 예상치 못한 편향bias을 발생시킬 수 있다. 예를 들어 전화 여론조사에서 전화 응답률이 높은 노년층 유권자 위주로 표본이 구성되면 노년층에 편향된 여론이 과도하게 반영된다. 인터넷 상품평, 리뷰, 블로그 게시물처럼 자발적 응답에 의존하는 데이터 역시 매우 긍정적이거나 부정적인 의견이 과도하게 많이 반영될 수 있다. 이렇게 **특정 성향의 집단이 과대 또는 과소 반영되어 발생하는 왜곡**을 **선택편향**selection bias이라 한다.

표본조사의 오차는 표본오차와 비표본오차로 구분한다. **표본오차**sampling error는 모집단의 일부만 관찰할 수 있고 표본에 포함되지 않은 조사단위를 관찰할 수 없어서 발생하는 통계적 오차이다. 모집단의 특성에 따라 적절한 표본조사 방법을 선택하면 표본오차를 축소할 수 있다.

비표본오차nonsampling error는 표본오차 이외의 원인으로 발생하는 오차로, 표본 설계나 표본조사 과정에서 발생하는 다양한 문제를 포함한다. 예를 들어 마약이나 금지약품 사용 경험처럼 민감한 주제를 다루는 조사나 한 달 동안의 소비 내역처럼 기억하기 어려운 항목을 묻는 조사에서는 **측정오차**measurement error가 발생할 수 있다. 또한 추출틀이 모집단을 적절히 반영하지 못해 모집단 중 일부가 과대 또는 과소 대표되는 **포함오차**coverage error도 비표본오차에 해당한다. 응답자가 조사 참여를 거부하거나 응답할 수 없는 상황에서 발생하는 **무응답오차**nonresponse error도 대표적인 비표본오차이다. 비표본오차는 표본오차보다 표본조사의 품질에 더 큰 영향을 미치는 것으로 알려져 있으므로(Lohr, 2021) 비표본오차를 축소하기 위한 노력이 중요하다.

칼럼 추출틀과 포함오차

"재수생 얼마 써요? 모른다"…N수생 · 유아 등 사교육비 '깜깜이'[4]

정부가 매년 사교육비 통계를 내놓고 있지만 졸업생(N수생) · 유아 사교육비 등이 제외되면서 통계 '사각지대'라는 지적이 나온다. 관련 시장의 사교육비만 수조원으로 예상되는 만큼 현실과 괴리감이 크기 때문이다.

(중략)

20일 교육부 · 통계청이 최근 발표한 사교육비 통계에 따르면 지난해 초 · 중 · 고교 학생들이 쓴 사교육비가 1인당 월평균 43만4000원, 총 27조1000억 원으로 역대 최대치를 기록했다. 문제는 실제 사교육비 부담은 이보다 현저히 크다는 점이다. N수생 · 유아 등 사교육비가 포함되지 않았기 때문이다.

올해 수능을 치르는 N수생은 17만명, 관련 사교육비만 3조원이 넘는 것으로 추정된다. 해당 통계도 짐작하는 수준에 그친다. 재수학원 월 수강료는 200만원 수준이다. 이들의 수강료는 매월 3400억원, 10개월만 수험생활을 하더라도 3조원이 넘는다. 여기에 의대 2000명 증원이 예고되면서 입시 사교육 시장은 더욱 커지고 있다. 재수(再修), 반수(半修)에 이어 군대에서 준비하는 '군수(軍修)', 취업한 직장인까지 입시에 뛰어드는 '취수(就修)' 사례까지 나오고 있다.

(후략)

4 유재희 (2024. 3. 21). "재수생 얼마 써요? 모른다"…N수생·유아 등 사교육비 '깜깜이'. **머니투데이**.

「초중고 사교육비조사」는 국가데이터처(구 통계청) 주관하에 교육부의 협조를 받아 행정 체계를 활용하여 수행되는 일종의 표본조사이다. 이 조사는 조사대상 학교를 랜덤으로 추출한 후 해당 학교에서 다시 학급을 랜덤으로 추출하여, 선정된 학급에 속한 모든 학생에게 조사표를 배부하는 방식을 적용한다. 즉 학교와 학급이 추출단위이고 재학 중인 학생이 조사단위이다. 학교를 기반으로 사교육비를 조사하는 방식은 추출틀을 확보하기 쉽고 조사도 효율적으로 진행할 수 있다는 장점이 있다.

반면에 이 기사에서 제시한 것처럼 N수생이나 유아가 지출한 사교육비를 공식 통계에 포함하는 것은 쉽지 않은 과제이다. 현실적으로 재수학원이나 영어유치원과 같은 기관에 협조를 구하기 어려워 학교 기반 조사 방식을 적용하기 어렵다. 또한 재수생이나 영어유치원생을 직접 조사하려면 이들을 포괄하는 추출틀을 먼저 구축해야 하는데, 이 과정에서 무시할 수 없는 포함오차가 발생할 수 있다.

다양한 표본조사 방법

통계적으로 바람직한 표본은 조사자의 주관을 배제하고 각 추출단위를 사전에 정해진 확률에 따라 랜덤으로 추출한 표본이다. 이러한 확률표본추출법에는 여러 방식이 있으며, 대표적으로 단순확률추출법, 층화확률추출법, 집락추출법이 사용된다.

■ 단순확률추출법

가장 기본적인 표본추출 방법은 모든 추출단위가 동등한 확률로 선택되는 **단순확률추출법**simple random sampling이다. 단순확률추출법은 크기 N인 모집단에서 크기 n인 표본을 추출할 때 모든 가능한 표본의 추출확률이 동일한 표본추출 방법으로 정의된다. 이러한 정의에 따라 단순확률추출법을 적용하면 각 조사단위가 추출될 확률이 모두 동일함을 확인할 수 있다.

참고

단순확률추출법에서 각 추출단위의 추출확률

단순확률추출법은 크기 N인 모집단에서 크기 n인 표본을 비복원추출할 때 추출 가능한 모든 표본의 추출확률이 동일하도록 정의된다. N개에서 n개를 비복원추출하는 경우의 수는 ${}_N C_n$이므로 각 표본이 추출될 확률은 $\frac{1}{{}_N C_n}$이다. 또 N개의 추출단위 중에서 추출단위 x가 추출되는 경우의 수는 x를 반드시 포함하고 나머지 $n-1$개를 자유롭게 추출하는 경우의 수와 같으므로 ${}_{N-1} C_{n-1}$이다. 따라서 x가 표본에 포함될 확률은 다음과 같다.

$$\frac{{}_{N-1}\mathrm{C}_{n-1}}{{}_{N}\mathrm{C}_{n}} = \frac{(N-1)!}{(n-1)!\,(N-n)!}\,\frac{n!\,(N-n)!}{N!} = \frac{n}{N}$$

즉 단순확률추출법에서는 각 추출단위가 추출될 확률이 $\frac{n}{N}$으로 모두 동일하다.

단순확률추출법은 추출단위가 동질적일 때 적용하는 것이 바람직하다. 예를 들어 두 모집단 $P_1 = \{1,\ 2,\ 3,\ 4\}$와 $P_2 = \{1,\ 2,\ 9,\ 10\}$을 생각해보자. 모집단 P_1의 평균값은 2.5이고 모집단 P_2의 평균값은 5.5이다. 이제 크기 $N = 4$인 두 모집단에서 각각 표본크기 $n = 2$인 표본을 추출하는 경우를 생각해보자. 추출 가능한 표본 수는 ${}_4\mathrm{C}_2 = 6$이고 각 표본의 추출확률은 $\frac{1}{6}$이다. [표 1-1]은 추출 가능한 표본과 각 표본의 평균값을 정리한 것이다. 모집단 P_1의 표본평균값은 모집단의 평균값 2.5와 큰 차이가 없지만, 모집단 P_2의 표본평균값 중 일부(예 표본 $\{1,\ 2\}$와 $\{9,\ 10\}$)는 모집단의 평균값 5.5와 큰 차이가 있다.

표 1-1 모집단과 추출 가능한 표본 및 표본평균

모집단	구분	표본 1	표본 2	표본 3	표본 4	표본 5	표본 6
P_1	표본	{1, 2}	{1, 3}	{1, 4}	{2, 3}	{2, 4}	{3, 4}
	표본평균	1.5	2.0	2.5	2.5	3.0	3.5
P_2	표본	{1, 2}	{1, 9}	{1, 10}	{2, 9}	{2, 10}	{9, 10}
	표본평균	1.5	5.0	5.5	5.5	6.0	9.5

■ 층화확률추출법

[표 1-1]의 모집단 P_2와 같이 이질적인 값으로 구성된 모집단에 단순확률추출법을 적용하면 값이 작은 조사단위만 추출되거나 값이 큰 조사단위만 추출되는 경우를 피할 수 없다. 이러한 경우에는 모집단을 동질적인 조사단위로 구성된 하위집단으로 나누고, 각 하위집단에 단순확률추출법을 적용하는 방법을 생각해 볼 수 있다. 이러한 표본추출 방법을 **층화확률추출법** stratified random sampling이라 하고, 나누어진 하위집단들을 **층** strata이라 한다.

모집단 P_2를 크기가 각각 2인 두 개의 층으로 나눈 후 두 층에서 하나씩 조사단위를 추출하는 경우를 생각해보자. 먼저 모집단을 두 층으로 나누는 방법은 $\{1,\ 2\}$와 $\{9,\ 10\}$, $\{1,\ 9\}$와 $\{2,\ 10\}$, $\{1,\ 10\}$과 $\{2,\ 9\}$의 세 가지가 있다. 이 중 두 번째 경우와 세 번째 경우는 작은 값(1, 2)만 추출되거나 큰 값(9, 10)만 추출되는 상황이 다시 발생할 수 있다. 반면에 첫 번째 경우에는 항상 작은 값(1, 2) 중 하나와 큰 값(9, 10) 중 하나가 함께 추출되므로 어떤 표본이 추출되더라도 표본평균값이 모집단 평균값과 비슷해진다. 이를 표로 나타내면 [표 1-2]와 같다.

표 1-2 분할된 층에 따른 표본평균

층	구분	표본 1	표본 2	표본 3	표본 4
{1, 2} {9, 10}	표본	{1, 9}	{1, 10}	{2, 9}	{2, 10}
	표본평균	5.0	5.5	5.5	6.0
{1, 9} {2, 10}	표본	{1, 2}	{1, 10}	{9, 2}	{9, 10}
	표본평균	1.5	5.5	5.5	9.5
{1, 10} {2, 9}	표본	{1, 2}	{1, 9}	{10, 2}	{10, 9}
	표본평균	1.5	5.0	6.0	9.5

이 예에서 살펴본 바와 같이 층화확률추출법에서는 일반적으로 층 내의 조사단위가 동질적일수록 표본평균값이 모집단 평균값에 가깝다. 반대로 층 내의 조사단위가 이질적일수록 표본평균값과 모집단 평균값 사이의 차이가 커질 수 있다.

■ 집락추출법

집락추출법cluster sampling은 모집단을 서로 겹치지 않는 여러 집락으로 분할하고, 일부 집락을 추출하여 추출된 집락에 포함된 모든 조사단위를 조사하는 표본추출 방법이다. 모집단을 하위집단으로 나눈다는 점에서 층화확률추출법과 유사하지만, 층화확률추출법이 모든 층에서 일부 조사단위만 추출하는 것과 달리 집락추출법은 선정된 일부 집락에서 모든 조사단위를 조사한다는 점에 차이가 있다. 조사단위가 지리적으로 넓게 분포해 있으면 단순확률추출법이나 층화확률추출법을 적용할 때 조사 비용이 많이 소요되지만, 집락추출법을 적용하면 조사 비용과 시간을 크게 절약할 수 있다. 예를 들어 여러 마을을 직접 방문해 개별 단위를 조사하는 방법보다 특정 마을을 하나의 집락으로 선정해서 마을 전체를 조사하는 편이 비용과 시간이 적게 든다.

집락추출법의 사례로 칼럼에서 소개한 「초중고 사교육비조사」를 들 수 있다. 「초중고 사교육비조사」는 각 광역시 · 도에서 조사대상 학교를 먼저 추출한 뒤 추출된 학교에서 다시 일부 학급을 선정하고, 선정된 학급의 모든 학생을 조사한다. 여기서 두 번째 단계, 즉 학교에서 일부 학급을 추출하는 과정이 집락추출법에 해당한다.

집락추출법을 이용하여 정확한 추정값을 얻기 위해서는 각 집락이 모집단을 잘 대표할 수 있어야 한다. [표 1-3]은 모집단을 집락으로 나누는 방법에 따라 표본평균값이 어떻게 달라지는지를 보여준다. 모집단 $P_2 = \{1, 2, 9, 10\}$을 크기 2인 두 집락으로 나누고, 두 집락 중 하나를 랜덤으로 추출하여 모집단의 평균을 추정하려 한다. 먼저 모집단을 두 집락 {1, 2}와 {9, 10}으로 나누는 경우를 생각해보자. 집락 {1, 2}가 추출되면 표본평균값은 1.5이고 집락 {9, 10}이 추출되면 표본평균값은 9.5이다. 이와 달리 집락을 {1, 9}와 {2, 10}으로 나눈다면 추출된 집락에 따라 표본평균값이 5.0 또는 6.0일 수 있고, 또 다른 경우로 집락을 {1, 10}과 {2, 9}로 나눈다면 어떤 집락이 추출되더라도 표본평균값이 5.5이다. 따라서 첫 번째 경우에는 모평균의 차이가 큰 표본평균값을 가지는 표본이 추출될 수 있지만 두 번째와 세 번째 경우는 표본평균값이 모집단 P_2의 평균값인 5.5와 큰 차이가 없다.

표 1-3 분할된 집락에 따른 표본평균

집락	구분	표본 1	표본 2
{1, 2} {9, 10}	표본	{1, 2}	{9, 10}
	표본평균	1.5	9.5
{1, 9} {2, 10}	표본	{1, 9}	{2, 10}
	표본평균	5.0	6.0
{1, 10} {2, 9}	표본	{1, 10}	{2, 9}
	표본평균	5.5	5.5

일반적으로 집락이 동질적인 조사단위로 구성되어 있으면 집락추출법으로 모집단의 평균(모평균)을 정확하게 예측하기 어렵다. 반대로 집락이 이질적인 조사단위로 구성되어 있으면 모집단을 잘 대표하여 모평균과 가까운 표본평균값을 구할 수 있다.

■ 계통추출법

선거 출구조사는 익숙한 여론조사 방식 중 하나로, 주요 특징 중 하나는 투표가 종료될 때까지 모집단이 확정되지 않는다는 점이다. 출구조사의 모집단은 선거에 참여하는 유권자인데 투표가 끝나기 전에는 누가 실제로 투표할지 알 수 없으므로 사전에 모집단을 확정할 수 없다. 따라서 단순확률추출법이나 층화확률추출법과 같은 표본조사방법을 적용하기 어렵다.

출구조사에서는 보통 투표소에서 처음으로 나오는 유권자 다섯 명 중 한 명을 랜덤으로 선택하고, 이후에는 다섯 명마다 한 명씩 등간격으로 조사대상을 선정한다. 즉 처음에 i번째 유권자(단, $1 \le i \le 5$)를 선택했다면 $5k+i$번째 유권자(단, $k=0, 1, 2, \cdots$)가 조사대상이다. 이와 같은 표본조사 방법을 **계통추출법**systematic sampling이라 한다.

계통추출법은 최초 조사단위를 선택할 때만 랜덤추출을 적용하고 나머지 조사단위는 등간격으로 결정하기 때문에 엄밀한 의미에서 확률추출법으로 보기 어렵다. 하지만 모집단 내 조사단위가 랜덤으로 섞여 있으면 단순확률추출법과 큰 차이가 없는 결과를 기대할 수 있다.

■ 표본조사 방법의 비교

[그림 1-2]는 단순확률추출법, 층화확률추출법, 집락추출법, 계통추출법의 차이를 시각적으로 비교한 것이다. 각 그림에서 사각형으로 구분된 영역은 층 또는 집락과 같은 조사대상의 집합을 나타낸다. 색칠된 개체( )는 추출되지 않은 조사단위이고, 색칠되지 않은 개체( )는

추출된 조사단위를 의미한다. [그림 1-2(a)]는 단순확률추출법으로 모든 조사단위를 하나의 집단으로 보고 그중 다섯 명을 랜덤으로 추출한다. [그림 1-2(b)]는 층화확률추출법으로 층 1에서 층 3까지 각각 한 명씩 추출하고, 층 4에서 두 명을 추출한다. [그림 1-2(c)]는 집락추출법으로 집락 2와 집락 4의 모든 조사단위를 추출하고 집락 1, 집락 3, 집락 5에서는 조사단위를 하나도 추출하지 않아 총 여섯 명을 추출한다. [그림 1-2(d)]는 계통추출법으로 첫 번째 조사단위를 추출하고 이후에는 매 세 번째 조사단위를 추출한다.

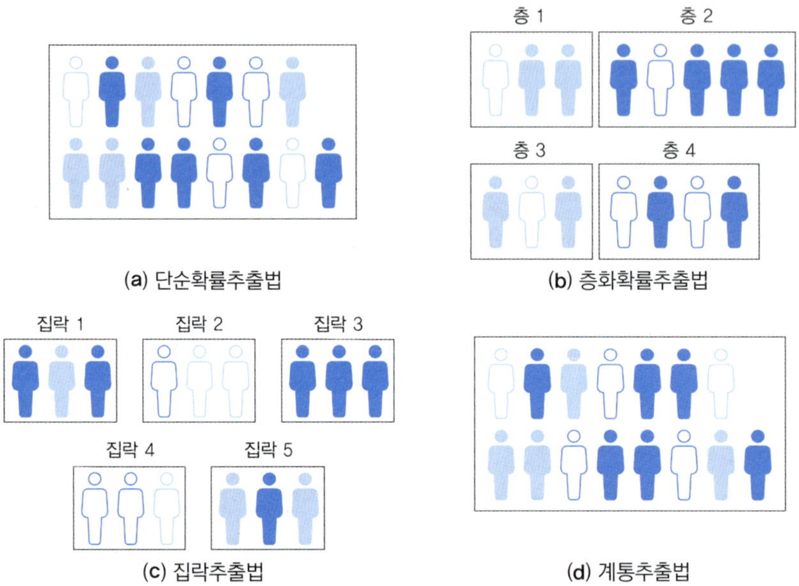

그림 1-2 여러 가지 표본추출법

이러한 표본추출 방법의 차이는 [표 1-4]와 같이 추출단위와 조사단위의 구조에서 더욱 분명하게 드러난다.

표 1-4 표본추출 방법의 비교

표본추출 방법	추출단위	조사단위	특징
단순확률추출법	개별 조사단위	개별 조사단위	모집단의 모든 조사단위를 동일한 확률로 선택
층화확률추출법	층 내 개별 조사단위	개별 조사단위	모집단을 동질적인 층으로 나눈 뒤 각 층에서 일부 조사단위 추출
집락추출법	집락	집락에 포함된 모든 조사단위	일부 집락만 선택하고, 해당 집락의 전체 조사단위를 조사
계통추출법	개별 조사단위	개별 조사단위	첫 조사단위만 랜덤으로 선택하고 이후에는 등간격으로 추출

SECTION 1.3 실험

데이터를 수집하는 또 다른 방법은 **실험**이다. 실험의 장점 중 하나는 표본조사와 달리 조사 결과에 영향을 미칠 수 있는 요인을 통제한 상태에서 다양한 조건하에 데이터를 수집할 수 있다는 점이다. 예를 들어 새로운 치료방법과 기존 치료방법의 효과를 비교하고 싶을 때 치료 효과에 영향을 줄 수 있는 나이, 건강상태 등의 변수를 통제한 뒤 실험을 수행함으로써 두 치료방법의 차이를 명확하게 확인할 수 있다. 이와 반대로 표본조사에서는 결과에 영향을 미칠 수 있는 요인을 충분히 통제하기 어려운 경우가 많다.

실험설계

실험에서는 결과에 영향을 미치는 변수의 강도를 다양한 수준에서 조절하여 반응변수에 미치는 영향을 확인함으로써 설명변수가 반응변수에 미치는 영향을 파악할 수 있다. 이렇게 실험에 사용할 설명변수, 즉 **요인**factor과 설명변수의 **수준**level을 결정하고 전체 실험 절차를 계획하는 과정을 **실험설계**experimental design라 한다. 예를 들어 치료제의 효과를 검증하는 실험에서는 치료제의 용량을 다르게 하면서 효과를 확인할 수 있는데, 여기서 치료제가 요인이고 치료제의 용량이 설명변수의 수준이다. 실험설계는 실험 결과와 결론에 직접 영향을 미치는 중요한 과정이므로 주의를 기울여야 한다.

반복

실험은 동일한 조건에서 여러 번 반복하여 결과를 관찰할 수 있다는 장점이 있다. 반복 실험을 통해 결과를 관찰하면 실험오차를 추정할 수 있고, 이를 바탕으로 실험 결과의 통계적 유의성을 판단할 수 있다. 예를 들어 새로운 약의 약효를 확인하기 위해 실험용 쥐에게 약과 위약placebo을 투여할 때, 약을 여러 마리의 쥐에게 투여하고 위약 역시 여러 마리의 쥐에게 투여하는 과정이 실험의 반복에 해당한다.

반복을 통해 실험오차를 구한 후, 측정한 효과가 오차범위 밖에 있으면 설명변수의 효과가 있는 것으로 판단할 수 있다. 반대로 측정한 효과가 오차범위 내에 있으면 설명변수의 효과가 없는 것으로 판단한다.

랜덤화

새로운 약의 약효를 확인하기 위해 실험용 쥐를 두 집단으로 나누어 약과 위약을 투여하는 경우를 생각해보자. 사육장에서 실험용 쥐를 포획할 때 움직임이 덜 활발하거나 건강이 약한 개체가 먼저 잡히고, 움직임이 활발하고 건강한 개체는 나중에 잡힐 가능성이 있다. 이처럼 포획 순서가 쥐의 건강 상태와 연관되어 있다면 먼저 포획된 쥐에게 위약을 투여하고 나중에 포획된 쥐에게 약을 투여하는 방식은 실험 결과에 예상치 못한 영향을 미칠 수 있다. 이렇게 외부요인이 실험에 영향을 미치는 것을 방지하기 위해 실험 대상은 **랜덤**random으로 배치하여 실험을 진행한다. 이러한 절차를 **랜덤화**randomization라 하며, 랜덤화를 통해 잠재적 외부요인이 두 집단에 랜덤으로 분배되어 서로 상쇄되므로 그 영향력이 축소된다.

CHAPTER

01 핵심정리

1.1 모집단과 표본

- 모집단의 특성값을 추정하기 위해 모집단의 일부를 추출한 것을 **표본**이라 한다.
- 모집단의 특성값인 모수를 추정하기 위해 표본관측값의 함수인 통계량을 이용한다.

1.2 표본조사

- 표본조사의 오차는 표본오차와 비표본오차로 구분한다. **표본오차**는 모집단의 일부만 관찰하기 때문에 발생하고, **비표본오차**는 측정오차, 포함오차, 무응답오차 등 표본오차 이외의 원인에서 발생한다.
- **단순확률추출법**에서는 각 조사단위가 추출될 확률이 동일하며 모집단이 동질적일 때 사용하는 것이 바람직하다.
- **층화확률추출법**은 모집단이 이질적일 때 모집단을 동질적인 조사단위로 구성된 층으로 나누고, 각 층에 단순확률추출법을 적용하여 표본을 추출한다.
- **집락추출법**은 모집단을 집락으로 나눈 뒤 일부 집락을 랜덤으로 추출하여, 추출된 집락에 포함된 모든 조사단위를 조사한다. 집락이 다양한 조사단위로 구성되어 모집단을 잘 대표할 때 정확한 추정값을 구할 수 있다.
- **계통추출법**은 최초 조사단위를 랜덤으로 선택하고, 이후에는 일정한 간격으로 표본을 추출하는 방식이다.

1.3 실험

- 실험에서는 결과에 영향을 미칠 수 있는 여러 요인의 강도를 다양한 수준에서 조절하여 반응변수에 미치는 영향을 확인할 수 있다.
- 동일한 조건에서 여러 번 반복하여 결과를 관찰함으로써 실험오차를 추정하고, 실험 결과의 통계적 유의성을 판단할 수 있다.
- 실험 대상과 실험 순서를 랜덤으로 배치함으로써 결과에 영향을 미칠 수 있는 외부요인을 상쇄시킬 수 있다.

CHAPTER

01 연습문제

1. 모집단과 모수, 표본과 통계량의 관계를 설명하라.

2. 다음은 표본조사의 오차에 대한 설명이다. 적절하지 않은 부분이 있으면 바르게 고쳐라.

(a) 모집단의 일부 조사단위만 표본으로 추출하여 관찰하기 때문에 발생하는 오차를 비표본오차라 한다.

(b) 표본으로 추출된 일부 조사단위가 응답할 수 없을 때 발생하는 오차를 포함오차라 한다.

(c) 응답자가 기억하기 어려운 설문으로 인해 발생하는 오차를 측정오차라 한다.

3. 다음에 적절한 표본조사 방법을 제시하고 그 이유를 설명하라.

(a) A 목장에서 생산한 우유의 유지방 함량 조사

(b) B 고등학교 학생들의 휴대전화 사용시간 조사

(c) 의료시설 접근이 어려운 도서 지역 고령자의 건강 상태를 확인하기 위한 방문 조사

(d) 크리스마스에 C 햄버거 가게를 방문한 고객들의 만족도 조사

4. 크기 $N=27$인 모집단이 다음과 같은 하위집단으로 나누어져 있을 때 크기 $n=9$인 표본을 추출하여 모집단의 평균값을 추정하려 한다. 층화확률추출법과 집락추출법 중 적절한 표본조사 방법을 제시하고 그 이유를 설명하라.

(a) 하위집단 1 : 38, 39, 33, 34, 43, 30, 46, 29, 50 (평균값 38)
하위집단 2 : 2, 18, 24, 7, 6, 20, 14, 23, 12 (평균값 14)
하위집단 3 : 67, 58, 53, 52, 56, 61, 66, 58, 60 (평균값 59)

(b) 하위집단 1 : 21, 7, 48, 25, 54, 33, 17, 61, 40 (평균값 34)
하위집단 2 : 57, 19, 22, 46, 12, 53, 34, 38, 7 (평균값 32)
하위집단 3 : 57, 3, 25, 46, 10, 52, 28, 40, 36 (평균값 33)

5. 표본조사를 위해 크기 $N=15$인 다음 모집단을 크기 $n=5$인 세 층으로 나눈 뒤 층화확률추출법을 적용하려 한다. 적합한 세 층(하위집단)을 제시하라.

21	8	49	18	54	3	46	31
13	25	38	30	26	55	43	

6. 다음은 실험설계에서 발생하는 실험오차와 반복에 대한 설명이다. 참 또는 거짓을 구분하고, 옳지 않은 내용을 있는 대로 찾아 바르게 고쳐라.

(a) 반복을 통해 실험오차를 추정할 수 있다.

(b) 실험설계가 잘못된 경우에 발생하는 오차를 실험오차라 한다.

(c) 반복은 하나의 실험단위를 실험조건을 바꾸어가면서 여러 조건에 배치하는 것을 말한다.

7. A 사료회사는 단백질을 보강한 새로운 사료를 개발하고, 이 새로운 사료를 먹인 소의 항체 생성률이 더 높은지 확인하는 실험을 계획하고 있다. 100마리의 소를 랜덤으로 추출하여 50마리는 기존 사료를, 나머지 50마리는 새로운 사료를 먹이고 항체 생성 여부를 조사하려 한다. 물음에 답하라.

(a) 이 실험에서 적용된 반복에 대해 설명하라.

(b) 이 실험설계 과정에서 적용해야 할 랜덤화에 대해 설명하라.

MEMO

CHAPTER

02

탐색적 분석

CONTENTS

■ 학습목표

- 탐색적 분석을 위한 수치 지표의 특징과 활용방법을 익힌다.
- 탐색적 분석을 위한 시각화 방법의 특징과 활용방법을 익힌다.
- 파이썬 명령문을 이용한 수치 지표 계산 및 시각화 방법을 익힌다.

■ 이 장에서 배우는 내용은?

수집된 데이터를 본격적으로 통계 분석하기 전에, 그 특징을 수치나 그래프로 확인하는 과정을 거치면 데이터의 적절한 분석 방향과 방법을 선택하는 데 도움이 된다. 이렇게 데이터의 전반적인 특징을 확인하는 과정을 **탐색적 분석**exploratory analysis이라 한다. 이 장에서는 수치와 그래프를 이용한 탐색적 분석 방법을 살펴본다.

SECTION 2.1 수치를 이용한 탐색적 분석

모집단 또는 표본에서 관찰된 관측값을 수치로 요약하면 데이터의 주요 특징을 파악할 수 있다. 이때 관심의 대상이 되는 데이터의 특징은 주로 분포의 위치, 흩어진 정도(산포), 분포의 형태 등이다. 많은 통계분석 패키지에서는 이러한 특징을 쉽게 파악할 수 있도록 간단한 명령문을 제공한다.

파이썬 실습 2-1 Hitters 데이터의 요약

[코드 2-1]은 pandas 라이브러리의 describe() 함수를 이용하여 메이저리그 타자의 세부 분야별 성적과 연봉 데이터 Hitters[1]를 요약하는 명령문이다. 이러한 요약 지표를 이용하면 데이터의 전반적인 특징을 파악할 수 있을 뿐만 아니라 개별 타자가 전체에서 어느 정도 수준에 위치하는지 확인할 수 있다.

코드 2-1

```
import pandas as pd
import statsmodels.api as sm
hitterstats = sm.datasets.get_rdataset('Hitters','ISLR').data
df_int = hitterstats.select_dtypes(include=['int64'])
df_int.describe()
```

	AtBat	Hits	HmRun	Runs	RBI	Walks	…	Errors
count	322	322	322	322	322	322	…	322
mean	380.929	101.025	10.77	50.91	48.028	38.742	…	8.04
std	153.405	46.455	8.709	26.024	26.167	21.639	…	6.368
min	16	1	0	0	0	0	…	0
25%	255.25	64	4	30.25	28	22	…	3
50%	379.5	96	8	48	44	35	…	6
75%	512	137	16	69	64.75	53	…	11
max	687	238	40	130	121	105	…	32

1 Hitters 데이터는 James 등(2023)에 소개된 데이터로 파이썬 ISLP 패키지를 설치하면 직접 불러와 확인할 수도 있다.

이 절에서는 크기 N인 유한모집단 $\{x_1,\ x_2,\ \cdots,\ x_N\}$과 크기 n인 표본 $\{x_1,\ x_2,\ \cdots,\ x_n\}$에 대한 탐색적 분석 지표를 파이썬 명령문과 함께 살펴본다.[2]

분포의 위치와 관련된 통계량

분포의 위치와 관련된 통계량에는 평균, 중앙값, 분위수가 있다.

■ 평균

평균mean은 분포의 위치를 파악하기 위해 사용하는 대표적인 통계량이다. 평균을 구하는 방식에 따라 산술평균, 기하평균, 조화평균 등으로 나누기도 하는데 통계분석 과정에서는 주로 산술평균을 사용한다. 크기 N인 유한모집단과 크기 n인 표본에서 모평균 μ와 표본평균 $\overline{x}$는 다음과 같이 정의한다.

$$\mu = \frac{1}{N}\sum_{i=1}^{N} x_i, \quad \overline{x} = \frac{1}{n}\sum_{i=1}^{n} x_i$$

표본평균 $\overline{x} = \frac{1}{n}\sum_{i=1}^{n} x_i$는 다음과 같이 정의된 오차제곱합을 최소화하는 c 값이다.[3]

$$L(c) = \sum_{i=1}^{n}(x_i - c)^2$$

표본평균은 이와 같이 모든 관측값에 동일한 가중치 $\frac{1}{n}$을 적용하여 정의하는 것이 일반적이다. 그러나 상황에 따라 $x_1,\ x_2,\ \cdots,\ x_n$에 서로 다른 가중치 $w_1,\ w_2,\ \cdots,\ w_n$을 부여하여 구한 가중평균 $\sum_{i=1}^{n} w_i x_i$를 사용할 수도 있다. 이 책에서는 특별한 언급이 없으면 평균은 각 관측값에 모두 동일한 가중치를 부여한 산술평균을 의미하는 것으로 정의한다.

파이썬 실습 2-2 데이터프레임 변수별 평균값 계산

pandas 데이터프레임의 변수별 평균값은 [코드 2-2]와 같이 mean() 메서드를 이용하여 구할 수 있다. [코드 2-1]의 데이터프레임 hitterstats로부터 정수형 변수만 추출한 df_int에 따르면 타석수(AtBat)의 평균값은 380.9, 안타수(Hits)의 평균값은 101.0 등이다.

2 numpy 배열과 pandas 데이터프레임에 적용되는 명령문에는 다소 차이가 있다. 2장에서는 pandas 데이터프레임에 적용되는 파이썬 명령문을 중심으로 살펴보고, numpy 배열에 적용되는 명령문은 파이썬 실습문제에서 따로 다룬다.

3 $L(c) = \sum_{i=1}^{n}(x_i - c)^2$을 c에 대해 미분하여 얻은 식이 0이 되는 c 값이 $\overline{x}$이다. 여기서 함수 $L(c)$를 손실함수라 하며 9장에서 다시 다룬다.

코드 2-2

```
df_int.mean()
```

```
AtBat      380.9
Hits       101.0
HmRun       10.8
  ⋮          ⋮
Errors       8.0
dtype: float64
```

산술평균 $\bar{x}$ 값은 **이상점**outlier 등 극단적으로 크거나 작은 값의 영향을 받을 수 있다. 이러한 경우에는 관측값을 크기순으로 나열한 후 상하위 α%에 해당하는 관측값을 제외하고 계산한 α% **절사평균**trimmed mean 또는 truncated mean을 사용하기도 한다.

파이썬 실습 2-3 **절사평균 계산**

절사평균은 scipy 패키지의 stats 모듈(scipy.stats)의 trim_mean() 함수를 이용하여 구할 수 있다. [코드 2-3]에서는 절사평균을 계산할 데이터프레임을 입력한 후, 상하위 각각 10%씩을 제외한 평균값을 구하기 위해 proportiontocut 값을 0.1로 지정했다. [코드 2-2]에서 구한 각 변수의 평균값과 비교하면 [코드 2-3]의 실행 결과로 얻은 절사평균값이 대부분 작은 것을 확인할 수 있다. 다른 관측값에 비해 상대적으로 큰 값이 많으면 절사평균이 평균보다 작은 경향이 있다. 이와 반대로 상대적으로 작은 관측값이 많으면 절사평균이 평균보다 큰 경우가 많다.

코드 2-3

```
from scipy.stats import trim_mean
trim_mean(df_int, proportiontocut=0.1)
```

```
array([ 382.2,   99.4,    9.8,   49.6,   46.2,   37.1,    7. , 2333.1,
        624.2,   51.2,  310.1,  270.9,  213.7,  232.9,   80.5,    7.3])
```

■ 중앙값

소득 데이터의 경우에는 소득이 매우 많은 일부 사람에 의해 평균값이 크게 영향을 받을 수 있다. 이렇게 극단적인 관측값에 영향을 크게 받는다면 평균값 대신 중앙값을 이용해 분포의 중심위치를 확인할 수도 있다. **중앙값**median은 관측값을 크기순으로 정렬했을 때 중앙에 해당한다. 관측값 x_1, x_2, $\cdots$, x_n을 크기순으로 정렬한 결과가 $x_{(1)}$, $x_{(2)}$, $\cdots$, $x_{(n)}$일 때[4] n이 홀수이면 중앙값은 $x_{((n+1)/2)}$이고, n이 짝수이면 중앙값은 $\frac{1}{2}\left(x_{(n/2)}+x_{(n/2+1)}\right)$이다. 따라서 중앙값은 극단적으로 크거나 작은 값의 영향을 받지 않는다.

파이썬 실습 2-4 데이터프레임 변수별 중앙값 계산

[코드 2-4]에서는 데이터프레임의 변수별로 중앙값을 구하기 위해 mean() 메서드를 적용했다. 실행 결과 대부분 중앙값이 평균값보다 작지만, 특히 통산 성적에 해당하는 CAtBat, CHits, PutOuts, Assists 등의 중앙값이 평균값에 비해 상대적으로 작은 편이다. 절사평균과 마찬가지로 다른 관측값에 비해 상대적으로 큰 값이 많으면 중앙값이 평균보다 작고, 반대로 상대적으로 작은 관측값이 많으면 중앙값이 평균보다 큰 경우가 많다.

코드 2-4

```
df_int.median()
```

```
AtBat       379.5
Hits         96.0
HmRun         8.0
  ⋮           ⋮
Errors        6.0
dtype: float64
```

즉 중앙값은 상하위 50%의 경계로 분포의 중심위치를 측정한 지표이며, 이를 일반화하면 분포의 위치 정보를 세밀하게 파악할 수 있다.

■ 분위수

q**-분위수**quantile는 분포에 포함된 관측값을 크기순으로 나열한 후 관측값의 개수가 같도록 q개의 집합으로 분할하는 점들을 의미한다.[5] 예를 들어 **사분위수**quartile는 전체 관측값을 네 개의 집합

4 관측값을 크기순으로 정렬한 결과를 **순서 통계량**order statistic이라 한다.

5 실제로는 관측값을 완벽하게 q등분하기 어려운 경우가 많으므로 분위수를 정의하는 방식에 여러 가지가 존재한다. 이러한 방법에 대한 자세한 내용은 Hyndman과 Fan(1996)에서 확인할 수 있다.

으로 등분하는 점들이다. 관측값이 100개이면 각 집합은 25개씩의 관측값을 포함한다. 사분위수 중 가장 작은 값을 1**사분위수**(Q_1), 두 번째로 작은 값인 중앙값을 2**사분위수**(Q_2), 세 번째로 작은 값을 3 **사분위수**(Q_3)라 한다. **백분위수**percentile는 전체 관측값을 100개의 집합으로 나누는 점들이다. 관측값이 1,000개이면 각 집합이 10개씩의 관측값을 포함한다. p백분위수를 x라 하면 x 이하인 관측값이 $100p\%$, x 이상인 관측값이 $100(1-p)\%$ 이상이 된다.

분포의 산포와 관련된 통계량

평균이나 중앙값은 분포의 위치를 확인할 수 있는 중요한 지표이지만, 이들만으로 분포의 전체적인 형태를 모두 알기는 어렵다. 즉 평균값이나 중앙값이 비슷하더라도 분포의 다른 특징에는 큰 차이가 있을 수 있다. 따라서 분포의 특징을 요약하는 다른 지표를 함께 활용할 필요가 있다. 이 중 대표적인 것이 분포의 흩어진 정도(산포)를 나타내는 분산과 표준편차[6]이다.

분산variance은 관측값 x_i와 평균의 차이를 제곱하여 더한 오차제곱합을 이용하여 정의하며 모집단과 표본에서 서로 다르게 정의한다. 유한모집단에서 정의된 **모분산**(모집단 분산)은 오차제곱합을 모집단의 크기 N으로 나눈 값이고 흔히 σ^2으로 표기한다. 이와 달리 **표본분산**은 오차제곱합을 $n-1$로 나눈 값으로 흔히 s^2으로 표기한다.[7]

$$\sigma^2 = \frac{1}{N}\sum_{i=1}^{N}(x_i-\mu)^2, \quad s^2 = \frac{1}{n-1}\sum_{i=1}^{n}\left(x_i-\overline{x}\right)^2$$

표준편차standard deviation는 분산의 제곱근으로 정의한다. 분산과 표준편차는 극단적 관측값에 큰 영향을 받을 수 있다.

파이썬 실습 2-5 **표준편차와 분산 계산**

표준편차와 분산은 [코드 2-5]와 같이 std()와 var() 메서드를 이용하여 계산할 수 있다.

코드 2-5

```
pd.DataFrame({"std":df_int.std(), "var":df_int.var()})
```

6 각 관측값과 중심위치 사이의 차이를 **편차**deviation라 한다.

7 표본분산을 이렇게 정의하는 이유는 모평균을 모르는 상태에서 모평균 대신 표본평균을 추정량으로 사용했기 때문이다. 보다 자세한 이유는 3장에서 다룬다.

	std	var
AtBat	153.40	23533.09
Hits	46.45	2158.04
HmRun	8.71	75.85
Runs	26.02	677.25
RBI	26.17	684.71
Walks	21.64	468.26
⋮	⋮	⋮
Errors	6.37	40.56

분포의 산포를 파악하기 위해 사용할 수 있는 또 다른 지표로 **사분위수범위(IQR)**interquartile range 가 있다. 사분위수범위는 3사분위수 Q_3과 1사분위수 Q_1의 차이, 즉 $Q_3 - Q_1$ 값이다. 사분위수범위는 극단적 관측값을 제외하고 분포의 중심부에 해당되는 50%의 관측값만으로 범위를 구하므로 분산과 표준편차에 비해 극단적 관측값의 영향을 덜 받는다.

분포의 형태와 관련된 통계량

평균과 분산 외에도 분포의 형태적 특징을 확인할 수 있는 통계량으로 왜도와 첨도가 있다. 왜도와 첨도[8]는 분포의 꼬리와 관련이 있는 지표이다. [그림 2-1]의 두 곡선을 비교해보자. 실선으로 표현된 분포는 중심위치에 비해 큰 값이 상대적으로 많다. 즉 오른쪽으로 멀리 떨어진 관측값이 많아 **오른쪽 꼬리가 긴**right-tailed 분포이다. 반면에 점선으로 표현된 분포는 중심위치에 비해 작은 값의 비중이 크다. 즉 왼쪽으로 멀리 떨어진 관측값이 많아 **왼쪽 꼬리가 긴**left-tailed 분포이다.

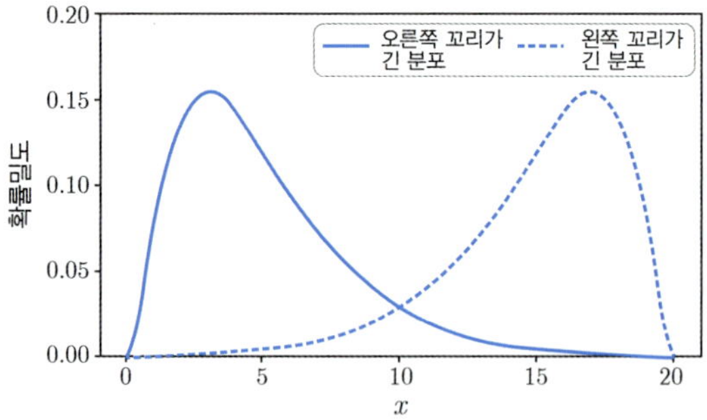

그림 2-1 비대칭분포의 그래프

8 k차 표본적률을 이용하여 정의된 왜도와 첨도는 칼 피어슨(Karl Pearson, 1857~1936)이 제안한 것으로, 이를 **피어슨의 왜도와 첨도**라 부르기도 한다.

피어슨의 왜도와 첨도는 k차 **표본적률**sample moment $m_k = \frac{1}{n}\sum_{i=1}^{n}\left(x_i - \bar{x}\right)^k$을 이용하여 정의한다. **왜도**skewness는 분포가 대칭인지 또는 한쪽으로 치우쳐 있는지를 확인할 수 있는 지표이다. $m_2 = \frac{1}{n}\sum_{i=1}^{n}\left(x_i - \bar{x}\right)^2$과 $m_3 = \frac{1}{n}\sum_{i=1}^{n}\left(x_i - \bar{x}\right)^3$에 대해 다음과 같이 정의하며, 경우에 따라서는 m_2 대신 s^2을 사용하여 정의하기도 한다.

$$\frac{m_3}{m_2^{3/2}}$$

[그림 2-1]의 실선과 같이 오른쪽 꼬리가 긴 분포는 표본평균보다 큰 값이 상대적으로 많아 $\sum_{i=1}^{n}\left(x_i - \bar{x}\right)^3$ 값이 크다. 반대로 [그림 2-1]의 점선과 같이 왼쪽 꼬리가 긴 분포는 표본평균보다 작은 값이 상대적으로 많아 $\sum_{i=1}^{n}\left(x_i - \bar{x}\right)^3$ 값이 작다. 관측값들이 대칭 형태로 분포한 경우 m_3 값은 0에 가깝다. 따라서 왜도의 분자 m_3을 이용하여 분포의 대칭 정도를 측정할 수 있으며, 왜도의 분모 $m_2^{3/2}$은 측정 단위 등 관측값의 분산에 영향을 받지 않도록 표준화[9]하는 부분이다.

첨도kurtosis는 분포의 중심에서 멀리 떨어진 관측값이 많거나 적은지, 즉 분포의 꼬리가 두꺼운지 얇은지를 측정하기 위한 지표[10]이다. $m_2 = \frac{1}{n}\sum_{i=1}^{n}\left(x_i - \bar{x}\right)^2$과 $m_4 = \frac{1}{n}\sum_{i=1}^{n}\left(x_i - \bar{x}\right)^4$에 대해 다음과 같이 정의한다.

$$\frac{m_4}{m_2^2} - 3$$

[그림 2-2]의 실선과 같이 꼬리가 두꺼운 분포는 표본평균과 차이가 큰 관측값이 상대적으로 많아 $\sum_{i=1}^{n}\left(x_i - \bar{x}\right)^4$ 값이 크다. 반대로 [그림 2-2]의 점선과 같이 꼬리가 얇은 분포는 표본평균과 차이가 작은 관측값이 상대적으로 많아 $\sum_{i=1}^{n}\left(x_i - \bar{x}\right)^4$ 값이 작다. 즉 첨도의 분자 m_4를 이용하여 분포의 꼬리 두께를 측정할 수 있으며, 측정 단위 등 관측값의 분산에 영향을 받지 않도록 분모의 m_2를 이용하여 표준화한다. 정규분포이면 $\frac{m_4}{m_2^2} = 3$이므로 정규분포의 첨도가 0이 되도록 상수 3을 뺀 값을 첨도로 정의한다.

9 표준화는 각 관측값에서 평균을 빼고 표준편차로 나누어 관측값을 변환하는 과정으로 자세한 내용은 3.5절에서 다룬다.

10 첨도(尖度)는 단어의 의미상 '뾰족한 정도'를 연상시키므로 분포가 뾰족하거나 평평한 정도를 나타내는 지표로 오해되는 경우가 많다. 그러나 실제로는 분포의 꼬리 두께와 관계된 지표로 해석하는 것이 타당하다. 이와 관련된 자세한 내용은 Westfall(2014)을 참조할 수 있다.

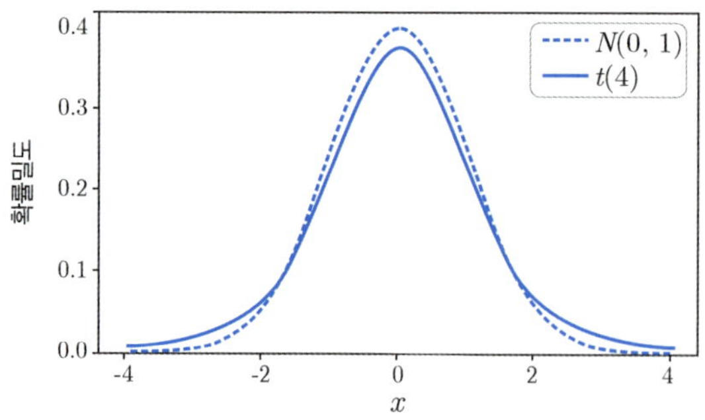

그림 2-2 표준정규분포와 t-분포의 그래프

파이썬 실습 2-6 **왜도와 첨도 계산**

데이터프레임에 저장된 데이터의 각 변수의 왜도와 첨도는 [코드 2-6]을 이용하여 구할 수 있다.[11]

코드 2-6

```
pd.DataFrame({"skewness":df_int.skew(), "kurtosis":df_int.kurtosis()})
```

	skewness	kurtosis
AtBat	-0.078	-0.889
Hits	0.291	-0.503
HmRun	0.905	0.040
Runs	0.416	-0.518
RBI	0.608	-0.301
Walks	0.620	-0.258
⋮	⋮	⋮
Errors	1.055	0.688

실행 결과에 따르면 타석수(AtBat)는 왜도와 첨도가 모두 음수이므로 왼쪽 꼬리가 길고, 정규분포에 비해 관측값이 중심위치에 밀집된 형태로 분포한다고 해석할 수 있다. 반대로 실책(Errors)은 왜도와 첨도가 모두 양수이므로 오른쪽 꼬리가 길고, 정규분포에 비해 중심위치에서 멀리 떨어진 관측값이 상대적으로 많다고 볼 수 있다.

11 pandas의 skew()와 kurtosis() 메서드는 표본의 편향을 제거하기 위해 변형된 식을 사용하므로 본문에 소개한 식으로 계산한 값과는 다소 차이가 있을 수 있다. 예를 들어 왜도는 $\frac{m_3}{m_2^{3/2}}$ 대신 $\frac{\sqrt{n(n-1)}}{n-2} \cdot \frac{m_3}{m_2^{3/2}}$으로, 첨도는 $\frac{m_4}{m_2^2} - 3$ 대신 $\frac{(n+1)(n-1)}{(n-2)(n-3)} \cdot \frac{m_4}{m_2^2} - 3 \cdot \frac{(n-1)^2}{(n-2)(n-3)}$으로 계산하는 식이다.

공분산과 상관계수

두 변수 사이의 관계를 측정하기 위한 지표로는 **공분산**covariance과 **상관계수**correlation coefficient를 사용할 수 있다. 두 변수 (x_i, y_i)의 모평균이 μ_x, μ_y이고 표본평균이 $\overline{x}$, $\overline{y}$일 때 **모공분산**과 **표본공분산**은 다음과 같이 정의한다.

$$\sigma_{xy} = \frac{1}{N}\sum_{i=1}^{N}(x_i - \mu_x)(y_i - \mu_y), \quad s_{xy} = \frac{1}{n-1}\sum_{i=1}^{n}(x_i - \overline{x})(y_i - \overline{y})$$

분산과 마찬가지로 공분산도 측정 단위의 크기에 영향을 받기 때문에 공분산값만으로 두 변수 사이의 관계를 평가하기는 어렵다. 따라서 이를 보정하기 위해 **모상관계수**와 **표본상관계수**를 다음과 같이 정의한다.

$$\rho_{xy} = \frac{\sigma_{xy}}{\sqrt{\sigma_{xx}\sigma_{yy}}}, \quad r_{xy} = \frac{s_{xy}}{\sqrt{s_{xx}s_{yy}}}$$

여기서 $\sigma_{xx} = \frac{1}{N}\sum_{i=1}^{N}(x_i - \mu_x)^2$, $\sigma_{yy} = \frac{1}{N}\sum_{i=1}^{N}(y_i - \mu_y)^2$, $s_{xx} = \frac{1}{n-1}\sum_{i=1}^{n}(x_i - \overline{x})^2$, $s_{yy} = \frac{1}{n-1}\sum_{i=1}^{n}(y_i - \overline{y})^2$이다. 이렇게 정의된 상관계수는 표준화된 두 변수의 공분산으로 볼 수 있으며, 항상 -1에서 1까지의 값을 가진다. $y_i = a + bx_i$ (단, $b \neq 0$)와 같이 두 변수가 완전한 직선 관계이면 상관계수 값은 1 또는 -1이다. 즉 상관계수는 두 변수 사이의 직선 관계의 강도를 측정하는 지표이다. 두 변수가 곡선 관계일 때는 상관계수가 0에 가까울 수 있다. 변수가 여러 개이면 변수를 두 개씩 짝지어 가능한 모든 조합에 대해 공분산 또는 상관계수 값을 계산하여 행렬 형태로 나타낼 수 있다. 이 행렬을 **공분산 행렬** 또는 **상관계수 행렬**이라 한다. 공분산 행렬과 상관계수 행렬의 (i, j)번째 원소는 i번째 변수와 j번째 변수의 공분산 또는 상관계수이다. 따라서 공분산 행렬과 상관계수 행렬은 대칭행렬이 된다.

파이썬 실습 2-7 **공분산과 상관계수 계산**

[코드 2-7], [코드 2-8]과 같이 cov() 메서드와 corr() 메서드를 이용하여 Hitters 데이터의 공분산과 상관계수를 구할 수 있다. 이때 cov()와 corr()는 기본적으로 표본공분산을 반환한다. 모공분산을 계산하려면 cov()의 인수로 ddof=0을 추가한다.

코드 2-7

```
df_int.cov()
```

	AtBat	Hits	HmRun	Runs	RBI	Walks	⋯	Errors
AtBat	23533.1	6897.9	791.2	3645.1	3293.8	2223.6	⋯	344.0
Hits	6897.9	2158.0	227.4	1114.9	985.9	644.6	⋯	91.7
HmRun	791.2	227.4	75.8	147.5	194.9	90.7	⋯	2.2
Runs	3645.1	1114.9	147.5	677.3	543.6	412.3	⋯	39.9
RBI	3293.8	985.9	194.9	543.6	684.7	348.8	⋯	32.2
Walks	2223.6	644.6	90.7	412.3	348.8	468.3	⋯	17.8
⋮	⋮	⋮	⋮	⋮	⋮	⋮	⋱	⋮
Errors	344	91.7	2.2	39.9	32.2	17.8	⋯	40.6

코드 2-8

```
df_int.corr()
```

	AtBat	Hits	HmRun	Runs	RBI	Walks	⋯	Errors
AtBat	1	0.968	0.592	0.913	0.821	0.670	⋯	0.352
Hits	0.968	1	0.562	0.922	0.811	0.641	⋯	0.310
HmRun	0.592	0.562	1	0.651	0.855	0.481	⋯	0.039
Runs	0.913	0.922	0.651	1	0.798	0.732	⋯	0.240
RBI	0.821	0.811	0.855	0.798	1	0.616	⋯	0.193
Walks	0.670	0.641	0.481	0.732	0.616	1	⋯	0.129
⋮	⋮	⋮	⋮	⋮	⋮	⋮	⋱	⋮
Errors	0.352	0.310	0.039	0.240	0.193	0.129	⋯	1

실행 결과에 따르면 동일한 두 변수의 공분산, 즉 해당 변수의 분산값은 변수별로 차이가 있지만 동일한 두 변수의 상관계수 값은 항상 1이다. 타석수(AtBat)와 안타수(Hits), 안타수와 득점(Runs)의 상관계수가 높으므로 이 변수들 사이에는 강한 직선 관계가 존재한다. 반면에 실책(Errors)과 홈런(HmRun)의 상관계수는 0에 가까우므로 두 변수 사이에 직선 관계가 있다고 보기 어렵다.

칼럼 팻테일

2020년 주택시장, 팻테일리스크가 온다[12]

(전략)

강력한 규제 속에서 거래가 예년 수준을 회복하지 못하고 있음에도 집값이 오르는 이유는 뭘까. 주택시장에 '팻테일리스크(fat tail risk)' 징후가 나타나고 있는 것은 아닐까.

팻테일리스크는 통계학의 정규분포에서 나온 말이다. 정규분포란 평균값을 중심으로 종 모양으로 배치돼 가운데가 두껍고 꼬리 부분은 얇아 (중략) 팻테일은 정규분포와 달리 꼬리 부분이 두꺼운 모양을 형성한다. 꼬리가

12 김덕례 (2019.12.16). 2020년 주택시장, 팻테일리스크가 온다. **아시아경제**.

너무 뚱뚱해서 평균에 집중될 확률이 낮아지고, 평균에 근거해서 앞으로 벌어질 일을 예측하면 맞힐 확률보다 틀릴 확률이 높아질 수도 있다. 즉 예측할 수 없는 이례적이고 극단적인 변동성이 자주 나타나면서 예측이 더 어려워지는 상황이 연출된다.

(중략)

팻테일리스크가 잠재된 시장에서는 리스크 정보를 수집해야 한다. 2020년 주택시장에 어떤 리스크가 있고 얼마나 자주 발생할지, 영향력은 어느 정도나 될지 등에 대한 정보를 수집하고, 리스크를 줄일 수 있는 충분한 데이터에 근거해 분석하고 진단해야 한다.

(중략)

ICT와 인공지능(AI)의 발달로 예측 불가한 공간 변화도 10년간 펼쳐질 것이다. 우리가 잘 알고 있는 평균의 시대는 끝났고, 뚱뚱한 꼬리의 현상들이 언제든지 나타날 수 있는 팻테일 시대가 다가오고 있다. 알 수 없는 뚱뚱한 꼬리를 준비해보자.

이 기고문에서 소개하는 팻테일은 정규분포보다 첨도가 큰 분포를 의미한다. 첨도가 높은 분포에서는 정규분포에 비해 극단적인 사건이 자주 발생한다. 예를 들어 지구 온난화로 인해 기온분포의 꼬리가 두꺼워지면 폭염과 혹한도 과거보다 더 자주 발생하는데, 이러한 현상 역시 팻테일의 한 가지 사례로 볼 수 있다.

SECTION 2.2 시각화를 이용한 탐색적 분석

수치를 이용한 탐색적 분석은 데이터의 분포 정보를 객관적으로 요약할 수 있다는 장점이 있지만 특정 정보만 제한적으로 파악할 수 있다는 한계도 존재한다. 반면에 그래프를 이용한 데이터 시각화는 데이터의 분포를 전체적으로 이해하고 서로 다른 분포를 비교할 수 있도록 해준다. 이 절에서는 히스토그램, 상자그림, 산점도 등을 중심으로 기본적인 데이터 시각화 방법을 살펴본다.

히스토그램

히스토그램histogram은 수치형 데이터를 시각화하는 기본적인 방법 중 하나이다. 히스토그램을 이용하면 관측값의 특징을 파악하고 적절한 분포를 찾거나 변수변환을 위한 정보를 확인할 수 있다.

히스토그램은 수치형 관측값을 여러 구간으로 나누어 각 구간에 포함된 관측값 개수를 막대 형태로 표현한다. 따라서 히스토그램을 작성하기 위해서는 구간 폭, 구간 경계, 구간 수 등을 먼저 결정해야 한다. 이러한 결정에는 작성자의 주관적인 판단이 일부 개입되는데, 특히 구간 폭을 어떻게 설정하는지에 따라 히스토그램의 형태가 달라질 수도 있다. 따라서 서로 다른 설정값을 이용하여 관측값의 분포를 다양하게 확인해보는 것이 바람직하다.

파이썬 실습 2-8 히스토그램 작성

히스토그램은 pyplot의 hist() 함수를 이용하여 작성할 수 있다. hist() 함수는 기본적으로 데이터를 10개의 구간으로 나누어 히스토그램을 작성하지만, hist() 함수의 입력값 bins를 수정하여 구간 경계와 구간 폭 등을 직접 지정할 수도 있다. numpy의 histogram() 함수는 다양한 구간 설정 방식을 제공하므로 이를 이용해 구간을 조정할 수도 있다.

[코드 2-9]는 hist() 함수의 기본값을 이용해 히스토그램을 작성하는 명령문이고 [코드 2-10]은 0부터 15단위로 구간을 직접 지정해서 히스토그램을 작성하는 명령문이다. 함수의 입력값 rwidth는 구간 폭에 대한 막대의 상대 너비를 지정하며, 값이 1에 가까울수록

막대 사이의 여백이 줄어들고 0에 가까울수록 여백이 커진다. 두 코드의 실행 결과로 작성된 히스토그램을 살펴보면 동일한 데이터를 사용하더라도 설정에 따라 세부적인 분포 형태가 다소 다르게 나타남을 확인할 수 있다.

코드 2-9

```
import nunpy as np
import matplotlib.pyplot as plt
plt.hist(df_int['Hits'], rwidth=0.95)
```

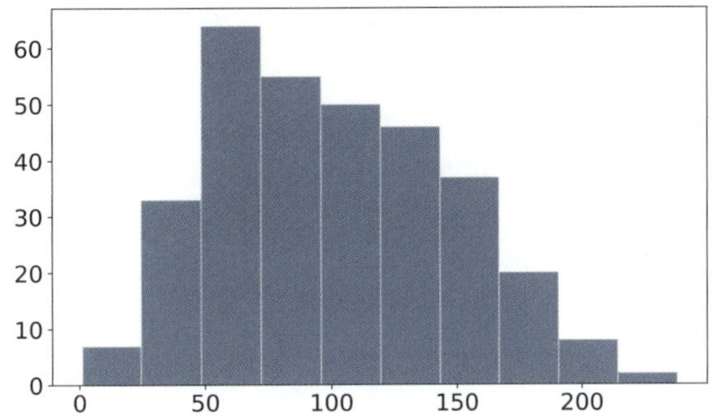

코드 2-10

```
plt.hist(df_int['Hits'], bins=np.arange(0,270,15), rwidth=0.95)
```

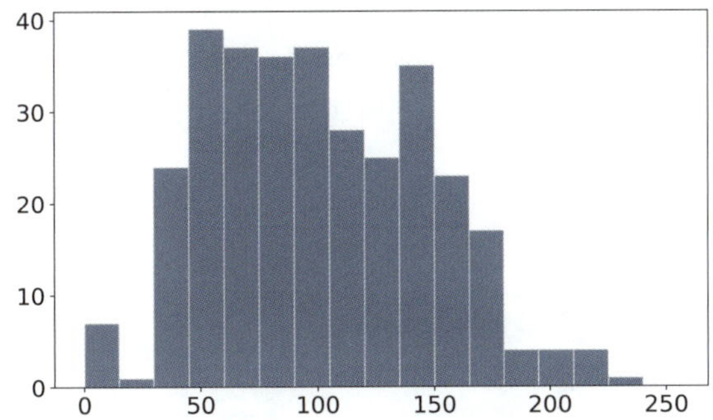

상자그림

상자그림box plot은 사분위수를 이용하여 데이터를 시각화하는 방법이다. 세 개의 사분위수 값으로 상자를 그리고, 사분위수범위(IQR)를 이용하여 수염whisker과 이상점을 함께 표시한다. 상자그림의 구조는 [그림 2-3]과 같다.

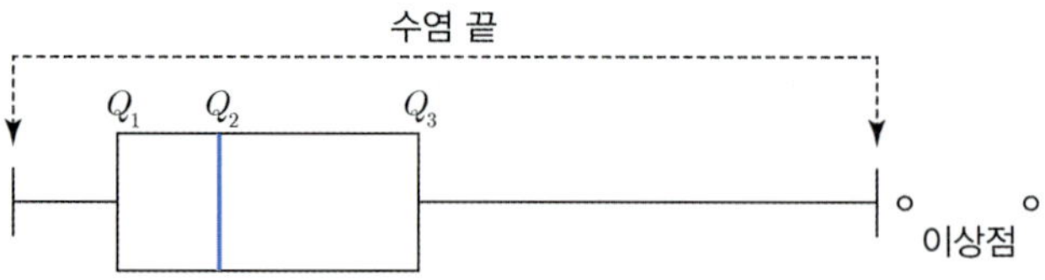

그림 2-3 **상자그림의 예**

상자의 양쪽 끝은 1사분위수(Q_1)와 3사분위수(Q_3)에 해당하고, 상자 내부의 선은 2사분위수(Q_2), 즉 중앙값을 나타낸다. 상자 밖의 가로선(수염) 끝은 Q_1과 Q_3에서 각각 사분위수범위의 1.5배 이내에 포함되는 관측값 중 최솟값과 최댓값인 점이다. 이 범위를 벗어나는 점들은 이상점으로 판단하여 별도의 점으로 표현한다.

상자그림은 데이터의 분포 형태를 파악하는 데 활용된다. [그림 2-3]에서 1사분위수가 3사분위수에 비해 중앙값에 더 가깝고 수염 길이도 상대적으로 짧다. 따라서 이 데이터는 중앙값보다 작은 관측값이 좁은 구간 안에 많이 집중되어 있고, 중앙값보다 큰 관측값이 넓은 구간에 낮은 밀도로 분포해 있음을 의미한다. 즉 이 상자그림이 표현하는 데이터는 오른쪽 꼬리가 긴 분포를 나타낸다고 해석할 수 있다. [그림 2-3]의 데이터는 `Hitters` 데이터의 홈런 수를 나타낸 것으로, 홈런을 많이 치는 선수가 상대적으로 적기 때문에 오른쪽 꼬리가 긴 분포를 보인다.

파이썬 실습 2-9 상자그림 작성

`pyplot`의 `boxplot()` 함수를 이용하면 상자그림을 작성할 수 있다. 여러 변수에 대한 분포를 한번에 비교할 수도 있다. [코드 2-11]은 타점(`RBI`)과 득점(`Runs`)을 상자그림으로 함께 시각화한다.[13] 실행 결과 타점과 득점 모두 홈런 수와 마찬가지로 오른쪽 꼬리가 긴 분포를 보이고, 이상점은 각각 하나씩 관측된다.

코드 2-11

```
vars = ['RBI', 'Runs']
plt.boxplot(df_int[vars], tick_labels=vars)
```

13 [코드 2-11]에는 핵심 개념을 전달하기 위해 최소한의 입력값만 포함한 명령문을 제시했다. 실행 결과로 수록한 상자그림은 동일한 데이터를 대상으로 시각적 완성도를 높이기 위해 `vert=False`, `widths`, `medianprops` 등 추가 시각화 옵션을 적용한 것이다. 이후에도 그림의 가독성을 높이기 위해 그래픽 옵션을 보완한 경우가 있으나, 이러한 입력값을 모두 포함하면 명령문이 과도하게 길어져 핵심을 파악하기 어려울 수 있다. 따라서 본문에는 기본 형태의 코드를 중심으로 설명한다.

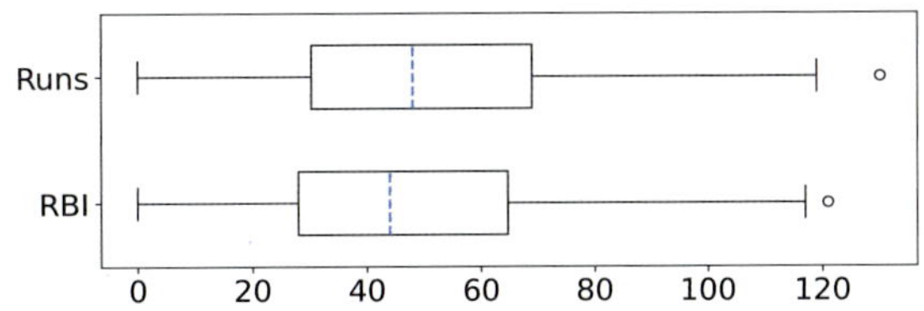

산점도

산점도scatter plot는 두 변수 사이의 관계를 확인하기 위해 널리 사용되는 시각화 방법이다. 상자 그림은 각 변수의 분포 형태를 비교하는 데 유용하지만 두 변수 사이의 관계를 직접 파악할 수는 없다. 예를 들어 득점과 실책의 분포 형태가 비슷하다고 해서 득점이 많은 선수가 실책도 많다고 결론지을 수는 없다. 이러한 관계를 구체적으로 확인할 때는 두 변수 값을 순서쌍으로 해서 좌표평면 위에 나타낸 산점도를 이용하면 된다.

[그림 2-4]는 타점(RBI)과 득점(Runs)의 산점도이다. 산점도를 통해 타점이 높은 선수들이 대체로 득점도 많이 하는 경향이 있음을 알 수 있다. 다만 일부 선수는 득점이 타점의 두 배 수준이거나 반대로 타점이 득점의 두 배 정도인 경우도 있어, 관측값이 부채꼴 형태로 분포하고 있음을 알 수 있다. 이렇게 산점도를 이용하면 두 변수 사이의 선형 관계 또는 비선형 관계를 파악할 수 있으며, 관측값의 군집 형성 여부나 이상점 유무도 함께 확인할 수 있다.

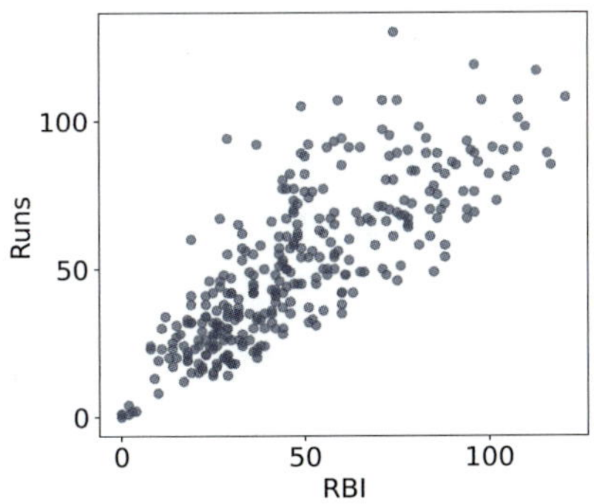

그림 2-4 타점과 득점의 산점도

파이썬 실습 2-10 **산점도 작성**

산점도는 pyplot의 scatter() 함수를 이용하여 작성한다. scatter() 함수의 x와 y 인자에는 각 좌표축에 해당하는 데이터 df_int['PutOuts']와 df_int['Assists']를 입력하고, s 인자에는 점 크기를 결정하는 데이터 df_int['Errors']를 지정한다. [코드 2-12]는 이를 이용해 풋아웃(PutOuts)과 어시스트(Assists)에 대한 산점도를 그리는 명령문이다.

코드 2-12

```
plt.scatter(df_int['PutOuts'], df_int['Assists'], s=df_int['Errors']*5)
plt.xlabel('PutOuts')
plt.ylabel('Assists')
```

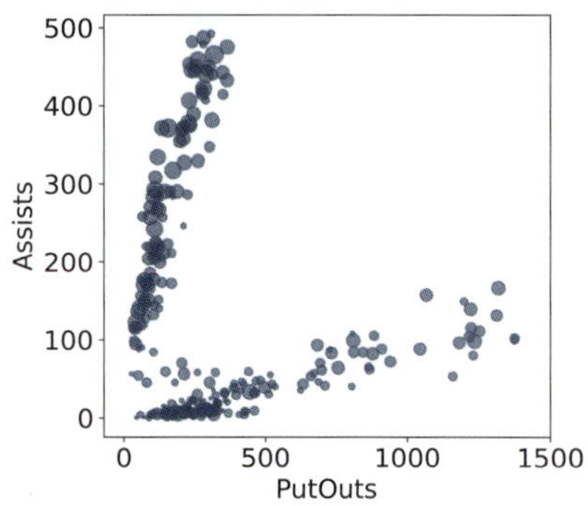

일반적으로 수비 이닝이 많을수록 풋아웃과 어시스트도 많아지므로 풋아웃과 어시스트는 강한 양의 상관관계가 나타난다. 그러나 산점도를 보면 관측값이 크게 두 개의 군집 형태로 분포하고 있음을 확인할 수 있다. 이는 수비 위치에 따라 풋아웃이 많은 선수와 어시스트가 많은 선수가 뚜렷하게 구분되기 때문이다. 예를 들어 포수나 1루수는 수비 특성상 풋아웃이 많은 위치에 해당한다. 각 점의 크기로 표현된 실책(Errors) 개수는 수비 이닝 수가 많을수록 증가하는 경향을 보인다. 따라서 풋아웃과 어시스트가 모두 많은 선수일수록 점이 크게 나타난다.

변수변환

많은 통계모형은 관측값이 정규분포를 따른다고 가정한다. 정규분포는 대칭분포이므로 한쪽 꼬리가 긴 분포에서는 정규분포를 따른다는 가정을 적용하기 어렵다. 예를 들어 타점의 히스토그램은 [그림 2-5]와 같이 오른쪽 꼬리가 긴 분포를 나타내므로 정규분포로 보기 어렵다.

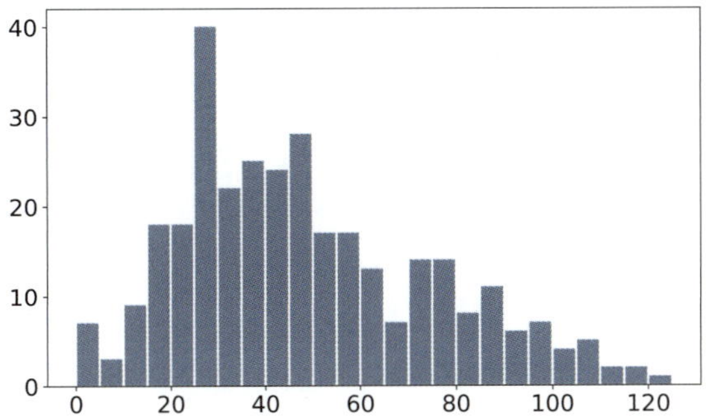

그림 2-5 타점의 히스토그램

이런 경우에는 **변수변환**을 통해 관측값의 분포를 정규분포에 가깝게 만들 수 있다. 오른쪽 꼬리가 긴 관측값 x_i는 ***m*-제곱근변환** $\sqrt[m]{x_i}$ 또는 **로그변환** $\log x_i$를 적용하면 오른쪽 꼬리가 짧아져서 정규분포와 비슷한 형태가 되도록 할 수 있다.

파이썬 실습 2-11 변수변환

[코드 2-13]은 타점(RBI) 데이터에 제곱근변환을 적용하여 히스토그램을 그리고, [코드 2-14]는 로그변환을 적용하여 히스토그램을 그리는 명령문이다. 다만 타점이 0이면 로그함수를 적용할 수 없으므로 로그변환시에는 타점이 0인 선수를 제외해야 한다.

코드 2-13

```
plt.hist(df_int['RBI']**.5, bins=np.arange(0,12,0.5), rwidth=0.95)
```

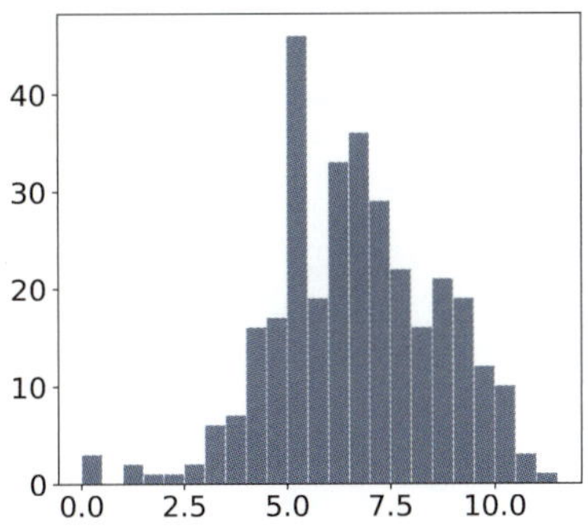

코드 2-14

```
plt.hist(np.log(df_int.loc[df_int['RBI'] != 0, 'RBI']),
         bins=np.arange(0,5.2,0.2), rwidth=0.92)
```

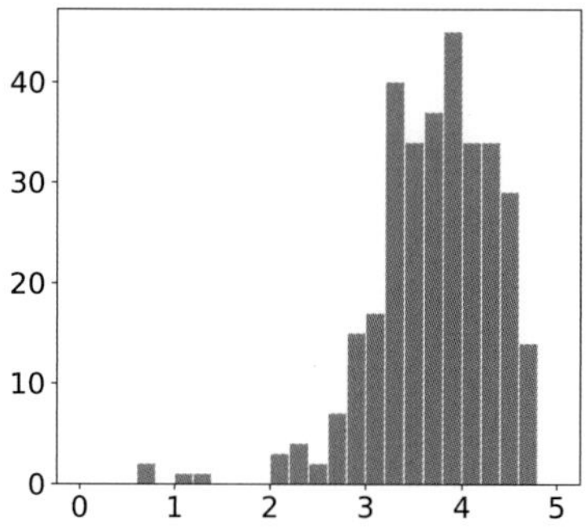

출력 결과를 보면 제곱근변환을 적용했을 때 분포가 대칭분포에 가까워지지만, 로그변환을 적용하면 왼쪽 꼬리가 길어져 오히려 대칭성이 떨어진다. 따라서 타점에 제곱근변환을 적용하는 것이 더 적절하다.

일반적으로 m−제곱근변환에서 m 값이 커질수록 오른쪽 꼬리가 짧아지고 왼쪽 꼬리가 길어진다. 로그변환은 오른쪽 꼬리를 가장 짧게 하고 왼쪽 꼬리를 가장 길게 만든다. 반대로 왼쪽 꼬리를 짧게, 오른쪽 꼬리를 길게 만들기 위해서는 **거듭제곱변환**이나 **지수변환**을 적용한다. 거듭제곱의 차수가 높을수록 오른쪽 꼬리가 길어지고, 지수변환은 오른쪽 꼬리를 가장 길게 만들 수 있다.

CHAPTER

02 핵심정리

2.1 수치를 이용한 탐색적 분석

- 모집단(크기 N)과 표본(크기 n)의 특징을 요약하기 위해 평균, 분산 상관계수 등 다양한 수치 지표를 활용할 수 있다.
- **모평균** $\mu=\frac{1}{N}\sum_{i=1}^{N}x_i$와 **표본평균** $\overline{x}=\frac{1}{n}\sum_{i=1}^{n}x_i$는 오차제곱합 $L(c)=\sum_{i=1}^{n}(x_i-c)^2$을 최소화한다.
- **중앙값**은 극단적 관측값에 영향을 받지 않는다.
- **분위수**는 관측값 분포의 다양한 위치를 파악하는 데 유용하다.
- **모분산**은 $\sigma^2=\frac{1}{N}\sum_{i=1}^{N}(x_i-\mu)^2$으로, **표본분산**은 $s^2=\frac{1}{n-1}\sum_{i=1}^{n}\left(x_i-\overline{x}\right)^2$으로 정의한다.
- $m_k=\frac{1}{n}\sum_{i=1}^{n}\left(x_i-\overline{x}\right)^k$에 대해 **왜도** $\frac{m_3}{m_2^{3/2}}$은 분포의 비대칭도를 파악하는 데 활용하고, **첨도** $\frac{m_4}{m_2^2}-3$은 분포의 꼬리 두께를 파악하는 데 사용한다.
- **모공분산**은 $\sigma_{xy}=\frac{1}{N}\sum_{i=1}^{N}(x_i-\mu_x)(y_i-\mu_y)$로,
  표본공분산은 $s_{xy}=\frac{1}{n-1}\sum_{i=1}^{n}\left(x_i-\overline{x}\right)\left(y_i-\overline{y}\right)$로 정의한다.
- **모상관계수**는 $\rho_{xy}=\frac{\sigma_{xy}}{\sqrt{\sigma_{xx}\sigma_{yy}}}$로, **표본상관계수**는 $r_{xy}=\frac{s_{xy}}{\sqrt{s_{xx}s_{yy}}}$로 정의한다.

2.2 데이터를 이용한 탐색적 분석

- 모집단과 표본의 특징을 파악하기 위해 히스토그램, 상자그림, 산점도와 같은 시각화 방법을 활용할 수 있다.
- **히스토그램**은 수치형 데이터를 구간별로 나누어 분포를 파악하는 데 유용하다.
- **상자그림**은 사분위수와 사분위수범위를 이용하여 수치형 데이터의 분포와 이상점을 파악하는 데 사용된다.
- **산점도**는 두 변수의 순서쌍을 이차원 좌표평면에 표현하여 변수 사이의 관계를 파악하는 데 사용된다.
- 변수변환을 통해 비대칭분포를 대칭분포로 바꾸는 등 통계모형의 가정에 적합하도록 변환할 수 있다.

CHAPTER

02 연습문제

1. 산술평균의 온라인 알고리즘에서는 관측값이 순차적으로 추가될 때 새로운 값을 계산하기 위해 이전의 모든 관측값을 다시 이용하는 대신, 최근까지 계산된 결과를 갱신함으로써 반환값을 계산한다. 즉 현재까지 관찰된 관측값이 x_1, x_2, $\cdots$, x_n이고, 이 관측값을 이용해 계산한 결과가 t_n이라 하자. 새로운 관측값 x_{n+1}이 추가될 때 기존 t_n 값과 x_{n+1} 값만 이용하여 새로운 결과 t_{n+1}을 계산한다. 온라인 알고리즘은 모든 데이터를 다시 계산하지 않아도 되므로 저장 공간과 계산량을 줄여 효율적인 연산이 가능하다는 장점이 있다.

(a) $n+1$번째 관측값 x_{n+1}이 추가로 관찰되었을 때, n번째까지의 관측값에 대한 평균 $\overline{x}_n = \frac{1}{n}\sum_{i=1}^{n} x_i$와 x_{n+1}을 이용하여 $\overline{x}_{n+1} = \frac{1}{n+1}\sum_{i=1}^{n+1} x_i$를 구하기 위한 식을 제시하라.

(b) 추가로 k개의 관측값 x_{n+1}, x_{n+2}, $\cdots$, x_{n+k}가 관찰되었을 때, $\overline{x}_n = \frac{1}{n}\sum_{i=1}^{n} x_i$와 $\sum_{i=n+1}^{n+k} x_i$를 이용하여 평균값 $\overline{x}_{n+k} = \frac{1}{n+k}\sum_{i=1}^{n+k} x_i$를 구하기 위한 식을 제시하라.

2. 표본관측값 x_1, x_2, $\cdots$, x_9가 다음과 같다.

1	5	2	8	3	4	6	7	9

(a) 표본평균을 구하라.
(b) 중앙값을 구하라.
(c) 표본분산을 구하라.
(d) 왜도를 구하라.
(e) 첨도를 구하라.

3. 다음은 고등학교에 재학 중인 A 학생이 등교하는 데 소요된 시간(분)에 대한 통계량이다.

$$n = 25, \qquad \sum_{i=1}^{n} x_i = 375, \qquad \sum_{i=1}^{n} x_i^2 = 6225$$

(a) 표본평균을 구하라.
(b) 표본분산을 구하라.

4. A 병원에서 치료 중인 당뇨병 환자의 나이를 조사하여 다음과 같은 결과를 얻었다.

$$n=442,\qquad \bar{x}=\frac{1}{n}\sum_{i=1}^{n}x_i=48.52$$

$$\frac{1}{n}\sum_{i=1}^{n}(x_i-\bar{x})^2=171.46,\qquad \frac{1}{n}\sum_{i=1}^{n}(x_i-\bar{x})^3=-517.71$$

$$\frac{1}{n}\sum_{i=1}^{n}(x_i-\bar{x})^4=68285.2$$

(a) 표본분산을 구하라.

(b) 표본왜도를 구하고 이를 통해 짐작할 수 있는 분포의 형태를 설명하라.

(c) 표본첨도를 구하고 이를 통해 짐작할 수 있는 분포의 형태를 설명하라.

5. 두 변수 x와 y의 관측값이 [표 2-1]과 같다.

표 2-1 x와 y의 관측값

x	0	0	4	2	4
y	0	2	2	4	2

(a) x와 y의 표본평균을 구하라.

(b) x와 y의 표본분산을 구하라.

(c) x와 y의 표본공분산을 구하라.

(d) x와 y의 표본상관계수를 구하라.

6. 다음은 열 명의 학생이 퀴즈 문제를 푸는 데 걸린 시간(분) x_i와 정답 수 y_i에 대한 표본관측값이다.

$$n=10,\qquad \sum_{i=1}^{n}x_i=90,\qquad \sum_{i=1}^{n}y_i=150$$

$$\sum_{i=1}^{n}x_iy_i=1260,\qquad \sum_{i=1}^{n}x_i^2=1080,\qquad \sum_{i=1}^{n}y_i^2=2430$$

(a) x_i와 y_i의 표본평균을 구하라.

(b) x_i와 y_i의 표본분산을 구하라.

(c) x_i와 y_i의 표본공분산을 구하라.

(d) x_i와 y_i의 표본상관계수를 구하고 두 변수 사이의 관계를 설명하라.

7. 다음은 자동차의 주행 속도(mph) x_i와 제동 거리(ft) y_i에 대한 표본관측값이다.

$n=50$,	$\sum_{i=1}^{n} x_i = 770$,	$\sum_{i=1}^{n} y_i = 2149$
$\sum_{i=1}^{n} x_i y_i = 38482$,	$\sum_{i=1}^{n} x_i^2 = 13228$,	$\sum_{i=1}^{n} y_i^2 = 124903$

(a) x_i와 y_i의 표본평균을 구하라.

(b) x_i와 y_i의 표본분산을 구하라.

(c) x_i와 y_i의 표본공분산을 구하라.

(d) x_i와 y_i의 표본상관계수를 구하고 두 변수 사이의 관계를 설명하라.

8. [그림 2-6]과 같은 히스토그램으로 표현된 데이터에 대한 물음에 답하라.

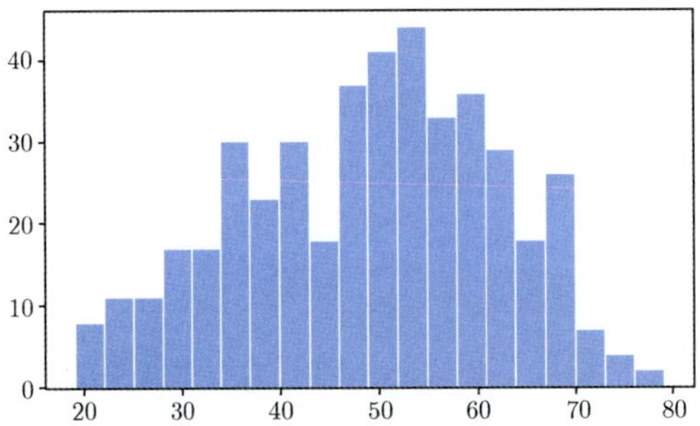

그림 2-6 **히스토그램**

(a) 평균과 중앙값의 크기를 비교하라.

(b) 왜도의 부호를 설명하라.

9. [그림 2-7]과 같은 상자그림으로 표현된 데이터의 특징을 설명하라.

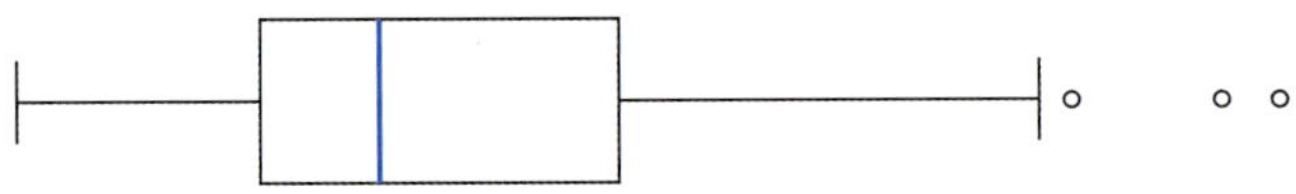

그림 2-7 **상자그림**

10. [그림 2-8]과 같은 산점도로 표현된 데이터의 두 변수 사이의 관계를 설명하라.

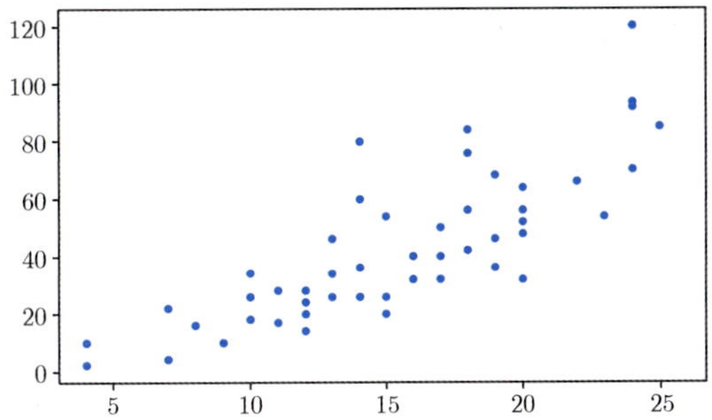

그림 2-8 **산점도**

CHAPTER

02 파이썬 실습문제

2.1 [코드 2–15]는 [연습문제 2]에 주어진 관측값을 배열로 입력하는 명령문이다. 입력된 데이터의 평균, 중앙값, 분산, 왜도, 첨도를 구하는 파이썬 명령문을 작성하라.

코드 2-15

```
import numpy as np
x = np.array([1, 5, 2, 8, 3, 4, 6, 7, 9])
```

2.2 [코드 2–16]은 [연습문제 5]에 주어진 관측값을 데이터프레임으로 입력하는 명령문이다. 입력된 데이터의 변수별 평균과 분산, 공분산, 상관계수를 구하는 파이썬 명령문을 작성하라.

코드 2-16

```
import pandas as pd
xy = pd.DataFrame({'x':[0, 0, 4, 2, 4], 'y':[0, 2, 2, 4, 2]})
```

2.3 [코드 2–17]은 [연습문제 7]의 관측값을 데이터프레임으로 입력하는 명령문이다.

코드 2-17

```
import pandas as pd
import statsmodels.api as sm
cars = sm.datasets.get_rdataset('cars').data
```

(a) 입력된 데이터의 변수별 평균과 분산, 공분산, 상관계수를 구하는 파이썬 명령문을 작성하라.

(b) `cars` 데이터의 변수 중 `dist`의 히스토그램을 생성하는 파이썬 명령문을 작성하라.

(c) (b)에서 생성한 히스토그램을 참고하여 관측값의 분포를 대칭 형태로 변환하기에 적절한 함수를 제시하라.

CHAPTER

03

확률이론의 기초

CONTENTS

학습목표

- 확률과 확률변수의 기본개념을 이해한다.
- 다양한 확률변수의 정의를 익힌다.
- 다양한 확률변수의 기댓값과 분산 등을 구하는 방법을 익힌다.

이 장에서 배우는 내용은?

통계적 추정이나 검정 등 통계학의 이론적 체계는 확률이론에 기반을 두고 있다. 표본에서 구한 통계량은 상황에 따라 다양한 확률분포로 모형화되며, 이들 확률분포의 기댓값과 분산 등을 구하는 과정은 통계적 추론에서 중요한 의미를 가진다. 이 장에서는 표본공간과 사건, 확률의 정의와 독립성, 확률변수 등 기본적인 확률 개념을 다룬다. 이어서 통계적 추론의 기초가 되는 이항분포와 정규분포, t-분포 등 다양한 확률분포의 정의와 기댓값, 분산 등 확률분포의 이론적 성질을 다룬다.

SECTION
3.1 표본공간과 사건, 확률의 공리적 정의

표본공간과 사건

동전 던지기나 주사위 던지기와 같이 불확실성에 의해 결과가 달라질 수 있는 실험을 **확률적 실험**random experiment이라 한다. 확률적 실험에서 관찰할 수 있는 모든 결과를 모은 집합을 **표본공간**sample space이라 하고, 기호 Ω 또는 S로 표기한다. 예를 들어 동전을 한 번 던지는 실험에서 표본공간은 동전의 앞면과 뒷면이고, 주사위를 한 번 던지는 실험에서 표본공간은 1부터 6까지의 눈이다.

이렇게 정의된 표본공간의 부분집합을 **사건**event이라 한다. 예를 들어 주사위를 한 번 던지는 실험을 생각해보면 홀수 눈이 나오는 사건을 $E_1 = \{1, 3, 5\}$, 짝수 눈이 나오는 사건을 $E_2 = \{2, 4, 6\}$이라 할 수 있다. 확률적 실험의 결과로 사건 E의 원소 중 하나가 관찰되면 '사건 E가 발생했다'고 한다. 즉 주사위를 하나 던져 1, 3, 5의 눈 중 하나가 관찰되면 사건 $E_1 = \{1, 3, 5\}$가 발생했다고 한다.

집합에서 연산이 정의되듯이 사건에 대해서도 연산을 정의할 수 있다. 표본공간 S의 두 사건 E, F의 교집합 $E \cap F$를 **곱사건**, 합집합 $E \cup F$를 **합사건**이라 하고, $E \cap F = \varnothing$이면 두 사건을 **서로 배반**이라 한다. 사건 E의 여집합을 **여사건**이라 하고 기호 E^c로 표기한다. 곱사건 $E \cap F$는 두 사건 E와 F가 동시에 발생하는 사건이다. 합사건 $E \cup F$는 사건 E와 F 중 적어도 한 사건이 발생함을 의미한다. 서로 배반인 사건은 두 사건이 동시에 발생할 수 없음을 의미하고, 여사건 E^c는 사건 E가 발생하지 않음을 의미한다.

확률의 공리적 정의

확률 P( )는 표본공간 S의 사건 E를 입력하면 0 이상 1 이하의 실숫값을 반환하는 함수로 다음 세 가지 성질을 가지는 함수로 정의된다.[1]

1 따라서 확률의 정의역은 표본공간의 모든 부분집합으로 이루어진 모임이다.

❶ $\mathrm{P}(E) \geq 0$

❷ $\mathrm{P}(S) = 1$

❸ **가산가법성**countable additivity : 표본공간 S의 서로 배반인 사건 E_1, E_2, $\cdots$에 대해

$$\mathrm{P}\left(\bigcup_{i=1}^{\infty} E_i\right) = \sum_{i=1}^{\infty} \mathrm{P}(E_i)$$

이러한 확률의 정의를 기반으로 다음과 같은 기본 성질이 유도된다.

- $\mathrm{P}(\varnothing) = 0$
- 표본공간 S의 서로 배반인 사건 E_1, E_2, $\cdots$, E_n에 대해 $\mathrm{P}\left(\bigcup_{i=1}^{n} E_i\right) = \sum_{i=1}^{n} \mathrm{P}(E_i)$
- $E \subset F \subset S$인 두 사건 E, F에 대해 $\mathrm{P}(F \cap E^c) = \mathrm{P}(F) - \mathrm{P}(E)$, $\mathrm{P}(E) \leq \mathrm{P}(F)$, $\mathrm{P}(E^c) = 1 - \mathrm{P}(E)$
- 두 사건 E, F에 대해 $\mathrm{P}(E \cup F) = \mathrm{P}(E) + \mathrm{P}(F) - \mathrm{P}(E \cap F)$

합사건을 정리하면 다음과 같다.

합사건의 확률

❶ 서로 배반인 사건 E_1, E_2, $\cdots$, E_n에 대해 $\mathrm{P}\left(\bigcup_{i=1}^{n} E_i\right) = \sum_{i=1}^{n} \mathrm{P}(E_i)$

❷ 두 사건 E, F에 대해 $\mathrm{P}(E \cup F) = \mathrm{P}(E) + \mathrm{P}(F) - \mathrm{P}(E \cap F)$

예제 3-1

표본공간 S의 서로 배반인 사건 E_1, E_2, $\cdots$, E_n에 대해 $\mathrm{P}\left(\bigcup_{i=1}^{n} E_i\right) = \sum_{i=1}^{n} \mathrm{P}(E_i)$임을 이용하여 두 사건 E, F에 대해 $\mathrm{P}(E \cup F) = \mathrm{P}(E) + \mathrm{P}(F) - \mathrm{P}(E \cap F)$가 성립함을 보여라.

풀이

두 사건 E, F에 대해 [그림 3-1]과 같은 관계가 성립한다.

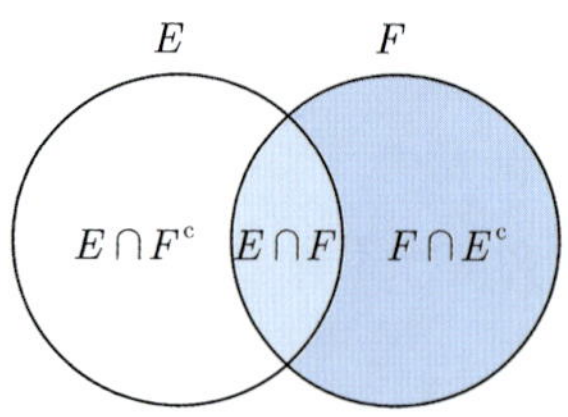

그림 3-1 사건 E와 F의 벤다이어그램

$E \cup F = (E \cap F^c) \cup (E \cap F) \cup (F \cap E^c)$이고 세 사건 $E \cap F^c$, $E \cap F$, $F \cap E^c$가 서로 배반이므로 다음과 같은 등식이 성립한다.

$$P(E \cup F) = P(E \cap F^c) + P(E \cap F) + P(F \cap E^c)$$

또한 $E = (E \cap F) \cup (E \cap F^c)$이고 $E \cap F$와 $E \cap F^c$가 서로 배반사건이므로 다음이 성립한다.

$$P(E) = P(E \cap F^c)$$

마찬가지로 $P(F) = P(E \cap F) + P(F \cap E^c)$이다. 따라서 $P(E \cup F) = P(E) + P(F) - P(E \cap F)$이다.

예제 3-2

표본공간 S의 두 사건 A, B에 대해 $P(A) = 0.3$, $P(B) = 0.2$일 때 다음 확률을 구하라.

(a) $B \subset A$일 때 $P(A^c \cap B^c)$

(b) 두 사건 A, B가 서로 배반일 때 $P(A^c \cap B^c)$

풀이

$A^c \cap B^c = (A \cup B)^c$이므로 $P(A^c \cap B^c) = 1 - P(A \cup B)$이다.

(a) $B \subset A$일 때 $A \cup B = A$이므로 $P(A^c \cap B^c) = 1 - P(A) = 0.7$이다.

(b) A, B가 서로 배반일 때 $A \cap B = \varnothing$이므로 $P(A \cup B) = P(A) + P(B)$이다.
따라서 $P(A^c \cap B^c) = 1 - P(A) - P(B) = 0.5$이다.

SECTION 3.2 조건부확률과 독립성

조건부확률

두 개의 주사위를 던져서 눈의 합이 10 이상이 되는 사건 E를 생각해보자. 눈의 합이 10 이상이 되는 모든 경우의 수는 6이므로 확률은 $\mathrm{P}(E)=\frac{1}{6}$이다. 이때 첫 번째 주사위의 눈이 3 이하라는 조건을 주면 두 번째 주사위의 눈이 얼마가 되더라도 두 눈의 합은 10 이상이 될 수 없다. 반대로 첫 번째 주사위의 눈이 6이면 두 번째 주사위의 눈이 4 이상일 때 두 눈의 합은 10 이상이 된다. 즉 첫 번째 주사위 눈의 값에 따라 사건 E가 일어날 확률이 달라질 수 있다. [표 3-1]에서 볼 수 있듯이 첫 번째 주사위의 눈이 커질수록 두 눈의 합이 10 이상이 되는 경우의 수가 늘어난다.

표 3-1 두 주사위 눈의 합이 10 이상인 경우

주사위 1 / 주사위 2	1	2	3	4	5	6
1	×	×	×	×	×	×
2	×	×	×	×	×	×
3	×	×	×	×	×	×
4	×	×	×	×	×	○
5	×	×	×	×	○	○
6	×	×	×	○	○	○

이렇게 사건 F가 발생했다는 조건 아래에서 사건 E가 발생할 확률이 관심의 대상이 되기도 한다. 이러한 확률을 **조건부확률**conditional probability이라 한다. $\mathrm{P}(F)>0$인 사건 F가 발생했을 때, 사건 E가 발생할 조건부확률은 다음과 같이 정의된다.[2]

$$\mathrm{P}(E|F)=\frac{\mathrm{P}(E\cap F)}{\mathrm{P}(F)} \tag{3.1}$$

2 조건부확률 $\mathrm{P}(E|F)$는 표본공간을 전체 표본공간 S에서 S의 부분집합 F로 축소한 뒤 계산한 확률로 볼 수 있다.

앞선 예에서 F를 첫 번째 주사위의 눈이 3 이하인 사건, E를 두 주사위의 눈의 합이 10 이상인 사건으로 정의하자. $\mathrm{P}(F)=\frac{1}{2}$이고 $\mathrm{P}(E\cap F)=0$이므로 조건부확률 $\mathrm{P}(E|F)$ 값은 0이다. 이제 G를 첫 번째 주사위의 눈이 6인 사건으로, E를 두 주사위의 눈의 합이 10 이상인 사건으로 정의하자. $\mathrm{P}(G)=\frac{1}{6}$이고, 첫 번째 주사위의 눈이 6일 때 두 번째 주사위의 눈이 4 이상이어야 사건 $E\cap G$가 발생하므로 $\mathrm{P}(E\cap G)=\frac{3}{36}=\frac{1}{12}$이다. 따라서 $\mathrm{P}(E|G)=\frac{1}{2}$이다.

식 (3.1)을 이용하면 곱사건 $E\cap F$가 발생할 확률은 사건 F가 발생할 확률 $\mathrm{P}(F)$와 조건부확률 $\mathrm{P}(E|F)$의 곱으로 표현된다. 이를 **곱셈정리**라 한다.

$$\mathrm{P}(E\cap F)=\mathrm{P}(F)\cdot\mathrm{P}(E|F)$$

예제 3-3

주사위 두 개를 던졌을 때 첫 번째 주사위의 눈이 3인 사건을 E, 두 주사위 눈의 합이 짝수인 사건을 F라 하자. 조건부확률 $\mathrm{P}(E|F)$를 구하라.

풀이

주사위 두 개를 던질 때 가능한 모든 경우의 수는 36이다. 이 중 사건 F에 해당하는 경우의 수는 18이므로 $\mathrm{P}(F)=\frac{1}{2}$이다. 첫 번째 주사위의 눈이 3이면서 두 주사위 눈의 합이 짝수인 경우의 수는 3이므로 $\mathrm{P}(E\cap F)=\frac{1}{12}$이다. 따라서 $\mathrm{P}(E|F)=\frac{1}{6}$이다.

사건의 독립

두 주사위를 던지는 예에서 두 주사위 눈의 합이 10 이상일 확률은 $\mathrm{P}(E)=\frac{1}{6}$이다. 첫 번째 주사위 눈이 3 이하라는 조건 F가 주어지면 사건 E가 발생할 조건부확률은 $\mathrm{P}(E|F)=0$이고, 첫 번째 주사위 눈이 6이라는 조건 G가 주어지면 사건 E가 발생할 조건부확률은 $\mathrm{P}(E|G)=\frac{1}{2}$이다. 이 예에서 알 수 있듯이 일반적으로 조건부확률 $\mathrm{P}(E|F)$ 값은 확률 $\mathrm{P}(E)$와 다르지만, 특수한 경우에는 $\mathrm{P}(E)$와 $\mathrm{P}(E|F)$ 값이 서로 같다. 이렇게 사건 F의 발생 여부가 관심의 대상이 되는 사건 E의 발생 확률에 아무런 영향을 미치지 않을 때, 두 사건 E, F를 **서로 독립**mutually independent이라 한다. 두 사건 E, F가 서로 독립이면 식 (3.1)을 다음과 같이 나타낼 수 있다.

$$\mathrm{P}(E)=\mathrm{P}(E|F)=\frac{\mathrm{P}(E\cap F)}{\mathrm{P}(F)}$$

따라서 두 사건 E, F가 서로 독립일 때는 곱사건의 확률을 두 사건의 확률의 곱으로 표현할 수 있다. 이 식은 두 사건의 독립을 판정하거나 정의할 때 자주 사용된다.

$$P(E \cap F) = P(E) \cdot P(F)$$

서로 독립인 두 사건

두 사건 E, F가 서로 독립이면 다음이 성립한다.

❶ $P(E) = P(E|F) = \dfrac{P(E \cap F)}{P(F)}$

❷ $P(E \cap F) = P(E) \cdot P(F)$

예제 3-4

[예제 3-3]에서 정의된 두 사건 E와 F가 서로 독립인지 판단하라.

풀이

$P(E) = \dfrac{1}{6}$, $P(F) = \dfrac{1}{2}$이고 $P(E \cap F) = \dfrac{1}{12}$이므로 E와 F는 서로 독립이다.

별해

$P(E) = \dfrac{1}{6}$이고 $P(E|F) = \dfrac{1}{6}$이므로 사건 F의 발생 여부가 사건 E의 발생 여부에 영향을 미치지 않는다. 따라서 두 사건 E와 F는 서로 독립이다.

셋 이상의 사건에 대해서도 독립성을 정의할 수 있다. 표본공간 S에서 정의된 n개의 사건 E_1, E_2, $\cdots$, E_n에 대해 서로 다른 임의의 두 사건 E_j, E_k가 서로 독립이면 사건 E_1, E_2, $\cdots$, E_n을 **쌍으로 독립**pairwise independent이라 한다. 또한 임의의 집합 $J \subset \{1, 2, \cdots, n\}$에 대해 다음 식이 성립할 때 사건 E_1, E_2, $\cdots$, E_n을 **서로 독립**이라 한다.

$$P\left(\bigcap_{j \in J} E_j\right) = \prod_{j \in J} P(E_j)$$

즉 서로 다른 임의의 k(단, $k = 2, 3, \cdots, n$)개 사건의 곱사건 확률이 각 사건의 확률 곱으로 표현될 때 사건 E_1, E_2, $\cdots$, E_n을 서로 독립이라고 정의한다.

서로 독립인 n개의 사건

사건 E_1, E_2, $\cdots$, E_n이 서로 독립이면 다음이 성립한다.

$$\mathrm{P}\left(\bigcap_{j\in J} E_j\right) = \prod_{j\in J}\mathrm{P}(E_j)$$

서로 독립인 사건들은 반드시 쌍으로 독립이지만, 쌍으로 독립인 사건들이 반드시 서로 독립인 것은 아니다. 따라서 서로 독립이 더 강한 조건이다. 예를 들어 $n=3$이면 세 사건 E_1, E_2, E_3은 쌍으로 독립이면서 $\mathrm{P}(E_1\cap E_2\cap E_3) = \mathrm{P}(E_1)\cdot\mathrm{P}(E_2)\cdot\mathrm{P}(E_3)$을 만족해야만 비로소 서로 독립이라 할 수 있다.

앞면과 뒷면이 나올 확률이 각각 $\frac{1}{2}$인 공정한fair 동전 두 개를 던진다고 하자. 이때 두 동전은 서로 영향을 미치지 않는다고 가정한다. 첫 번째 동전이 앞면이 나오는 사건을 E_1, 두 번째 동전이 앞면이 나오는 사건을 E_2, 동전 두 개 중 하나만 앞면이 나오는 사건을 E_3이라 하면 각 사건의 확률은 다음과 같다.

$$P(E_1) = \frac{1}{2},\quad P(E_2) = \frac{1}{2},\quad P(E_3) = \frac{1}{2}$$

[표 3-2]를 참고하면 $\mathrm{P}(E_1\cap E_2) = \frac{1}{4}$, $\mathrm{P}(E_1\cap E_3) = \frac{1}{4}$, $\mathrm{P}(E_2\cap E_3) = \frac{1}{4}$이므로 세 사건은 쌍으로 독립이다. 하지만 $\mathrm{P}(E_1\cap E_2\cap E_3) = 0$이므로 다음과 같이 등식이 성립하지 않는다.

$$\mathrm{P}(E_1\cap E_2\cap E_3) \neq \mathrm{P}(E_1)\cdot\mathrm{P}(E_2)\cdot\mathrm{P}(E_3) = \frac{1}{8}$$

따라서 세 사건은 쌍으로 독립이지만 서로 독립은 아니다.

표 3-2 두 동전을 던지는 실험에서 각 결과가 관찰될 확률

동전 1 / 동전 2	앞 (사건 E_1)	뒤	합계
앞(사건 E_2)	$\frac{1}{4}$	$\frac{1}{4}$	$\frac{1}{2}$
뒤	$\frac{1}{4}$	$\frac{1}{4}$	$\frac{1}{2}$
합계	$\frac{1}{2}$	$\frac{1}{2}$	1

동전이나 주사위를 여러 개 던지는 실험은 전체 실험을 여러 하위 실험으로 나누어 볼 수 있다. 각 하위 실험에서 관찰 가능한 결과가 모두 동일할 때 각 실험을 **시행**trial이라 한다. 그리고 각 실험이 서로 독립일 때 이러한 실험을 **독립시행**independent trial이라 한다.

예제 3-5

주사위 두 개를 던지는 실험에서 첫 번째 주사위의 눈이 3인 사건을 E, 두 번째 주사위의 눈이 4인 사건을 F, 두 주사위 눈의 차이가 3인 사건을 G라 하자.

(a) 사건 E, F, G가 쌍으로 독립인지 판단하라.

(b) 사건 E, F, G가 서로 독립인지 판단하라.

풀이

$\mathrm{P}(E)=\frac{1}{6}$, $\mathrm{P}(F)=\frac{1}{6}$이다. 두 주사위의 눈이 각각 $(1, 4)$, $(2, 5)$, $(3, 6)$, $(4, 1)$, $(5, 2)$, $(6, 3)$일 때 사건 G가 발생하므로 $\mathrm{P}(G)=\frac{6}{36}=\frac{1}{6}$이다.

(a) $\mathrm{P}(E\cap F)=\frac{1}{36}$, $\mathrm{P}(E\cap G)=\frac{1}{36}$, $\mathrm{P}(F\cap G)=\frac{1}{36}$이므로 사건 E, F, G는 쌍으로 독립이다.

(b) $\mathrm{P}(E\cap F\cap G)=0$이므로 사건 E, F, G는 서로 독립이 아니다.

SECTION 3.3

확률변수

확률변수의 개념

3.1절에서는 표본공간의 부분집합인 사건과, 사건을 입력값으로 하는 함수인 확률을 정의했다. 많은 경우 표본공간을 분할하는 확률변수를 정의하면 사건을 편리하게 표현할 수 있다. **확률변수**는 표본공간 S의 원소를 입력받아 실숫값을 반환하는 함수이며 [그림 3-2]와 같이 확률변수 값에 따라 표본공간이 분할된다.

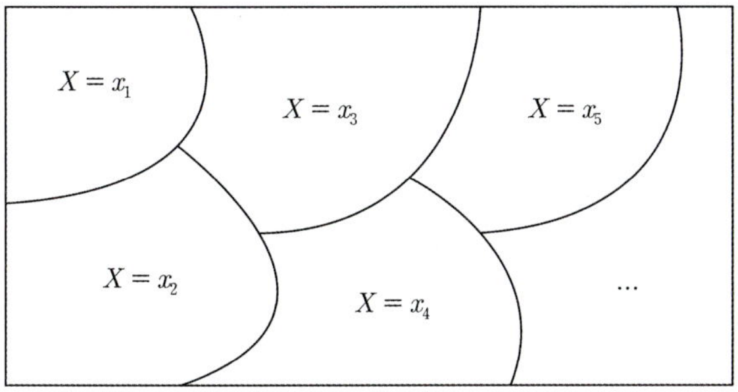

그림 3-2 **확률변수와 표본공간의 분할**

예를 들어 확률변수 X[3]를 '주사위 하나를 던질 때 짝수 눈이 나오면 0, 홀수 눈이 나오면 1 값을 가지는 함수'로 정의하자. 이때 표본공간은 $X=0$에 대응되는 사건 $\{2, 4, 6\}$과 $X=1$에 대응되는 사건 $\{1, 3, 5\}$로 분할된다. 또한 주사위 두 개를 던지는 실험에서 두 주사위 눈의 합을 확률변수 Y로 정의하면 Y 값은 [표 3-3]과 같이 나타낼 수 있다. 이때 표본공간은 확률변수 Y 값이 2인 사건 $\{(1, 1)\}$, 3인 사건 $\{(1, 2), (2, 1)\}$, 4인 사건 $\{(1, 3), (2, 2), (3, 1)\}$, $\cdots$, 12인 사건 $\{(6, 6)\}$으로 분할된다.

3 확률변수와 확률변수의 관측값을 구분하여 표현하기 위해 함수인 확률변수는 대문자로, 함숫값인 확률변수의 관측값은 소문자로 표현하는 경우가 많다. 이 책에서도 별다른 언급이 없으면 확률변수는 대문자로, 확률변수의 관측값은 소문자로 표현한다.

표 3-3 두 주사위 눈의 합으로 정의한 확률변수 Y 값

주사위 1 / 주사위 2	1	2	3	4	5	6
1	2	3	4	5	6	7
2	3	4	5	6	7	8
3	4	5	6	7	8	9
4	5	6	7	8	9	10
5	6	7	8	9	10	11
6	7	8	9	10	11	12

이렇게 정의된 확률변수에 확률값을 대응시킬 수 있다. 예를 들어 앞서 정의한 확률변수 X에 대해 $X=1$은 주사위 눈의 값이 $\{1, 3, 5\}$에 포함되는 사건이 발생하는 것을 의미하므로 $\mathrm{P}(X=1)=\mathrm{P}(\{1, 3, 5\}) = \frac{1}{2}$이다. 또한 확률변수 Y에 대해 $\mathrm{P}(Y=4)$ 값은 사건 $\{(1, 3), (2, 2), (3, 1)\}$이 발생할 확률과 같으므로 $\mathrm{P}(Y=4)=\frac{3}{36}=\frac{1}{12}$이다.

확률분포

확률변수를 이용하면 $\mathrm{P}(X \le x)$ 또는 $\mathrm{P}(X > x)$와 같은 확률을 편리하게 표현할 수 있다. 특히 확률 $\mathrm{P}(X \le x)$를 **누적분포함수**cumulative distribution function 또는 간단히 **분포함수**라 하며, 기호 $F(x)$로 표기한다.[4] $x_1 < x_2$일 때 사건 $X \le x_1$은 사건 $X \le x_2$에 포함되므로 다음 부등식이 성립한다.

$$F(x_1) = \mathrm{P}(X \le x_1) \le \mathrm{P}(X \le x_2) = F(x_2)$$

따라서 $F(x)$는 증가함수이다.

예제 3-6

주사위 두 개를 던지는 실험에서 두 주사위 눈의 차이를 확률변수 X로 정의한다.

(a) $x=1, 2, 3, 4, 5$에 대해 $\mathrm{P}(X=x)$ 값을 구하라.

(b) 누적분포함수 $F(x)$를 구하라.

풀이

(a) 두 주사위 눈은 각각 1부터 6까지의 정수이므로 주사위 눈의 차이 X가 될 수 있는 값은 0, 1, 2, 3, 4, 5이다. 각각의 값에 대한 경우의 수는 [표 3-4]와 같다.

4 확률변수가 여러 개인 경우 확률변수 X의 누적분포함수임을 명시하기 위해 $F_X(x)$로 표기하기도 한다.

표 3-4 두 주사위 눈의 차이 $X=x$에 따른 가능한 주사위 쌍의 개수

x	0	1	2	3	4	5
$X=x$인 경우의 수	6	10	8	6	4	2

따라서 $\mathrm{P}(X=x)>0$인 x에 대해 $\mathrm{P}(X=x)$ 값은 [표 3-5]와 같다.

표 3-5 두 주사위 눈의 차이 $X=x$의 확률분포

x	0	1	2	3	4	5
$\mathrm{P}(X=x)$	$\frac{1}{6}$	$\frac{5}{18}$	$\frac{2}{9}$	$\frac{1}{6}$	$\frac{1}{9}$	$\frac{1}{18}$

(b) 누적분포함수 $F(x)=\mathrm{P}(X\le x)$는 [표 3-6]과 같으며 이를 그래프로 나타내면 [그림 3-3]과 같다.

표 3-6 누적분포함수 $F(x)$

x	$x<0$	$0\le x<1$	$1\le x<2$	$2\le x<3$	$3\le x<4$	$4\le x<5$	$5\le x$
$F(x)$	0	$\frac{1}{6}$	$\frac{4}{9}$	$\frac{2}{3}$	$\frac{5}{6}$	$\frac{17}{18}$	1

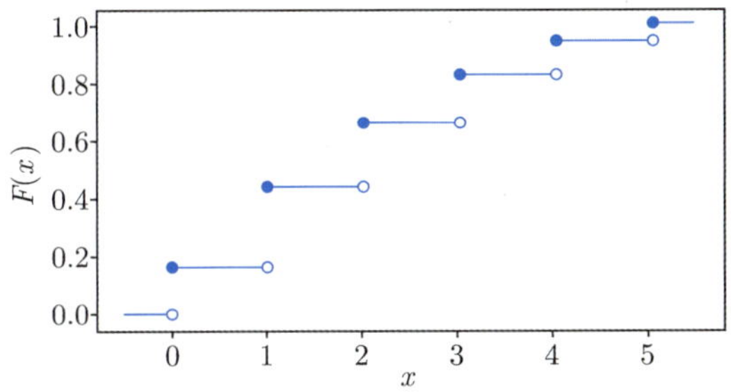

그림 3-3 누적분포함수 $F(x)$의 그래프

누적분포함수의 그래프를 나타내는 [그림 3-3]은 **이산확률변수**discrete random variable의 특징을 보여준다. 이산확률변수의 누적분포함수 $F(x)$는 $x=0,\ 1,\ 2,\ 3,\ 4,\ 5$에서 불연속이고 이 점에서 미분불가능하다. 반면 이 외의 다른 점에서는 연속이고 미분계수가 0이다. 이렇게 이산확률변수는 **셀 수 있는**countable[5] 점에서만 0보다 큰 확률을 가지고 이 외의 다른 점에서는 모두 확률값이 0인 확률변수이다. 따라서 $\mathrm{P}(X=x)>0$인 x 값을 x_i(단, $i=1,\ 2,\ \cdots$)라 할 때 누적분포함수는 다음과 같이 표현할 수 있다.

$$F(x)=\mathrm{P}(X\le x)=\sum_{i:\,x_i\le x}\mathrm{P}(X=x_i)$$

5 '셀 수 있는'이란 유한개이거나 자연수, 정수, 유리수 등에 대응시킬 수 있는 무한개를 의미한다. 이와 달리 **셀 수 없는**uncountable 집합의 대표적인 예로 실수 전체 또는 무리수 전체의 집합이 있다.

즉 x보다 작은 x_i들만 모아서 해당 점에서의 확률 $\mathrm{P}(X=x_i)$를 모두 더한 값이 누적분포함수 $F(x)$ 값이다. 이산확률변수 X의 한 점 x에서의 확률 $\mathrm{P}(X=x)$를 **확률질량함수**probability mass function라 하고 이를 기호 $p(x)$ 또는 $p_X(x)$로 표기한다. 확률질량함수와 누적분포함수 사이에는 다음과 같은 관계가 성립한다.

$$p(x) = \mathrm{P}(X=x) = \lim_{h \to 0+} \{F(x) - F(x-h)\}$$

이산확률변수와 달리 **연속확률변수**continuous random variable는 임의의 한 점 $X=x$에서 확률값이 0이지만 특정 구간에서는 0보다 큰 확률을 가질 수 있다. 연속확률변수의 경우 임의의 x에 대해 다음 식을 만족시키는 **확률밀도함수**probability density function $f(x)$가 존재한다.

$$F(x) = \mathrm{P}(X \leq x) = \int_{-\infty}^{x} f(t)\, dt$$

따라서 누적분포함수를 미분하여 확률밀도함수를 구할 수 있다. 연속확률변수는 임의의 한 점 $X=x$에서 $\mathrm{P}(X=x)=0$이므로 $\mathrm{P}(X \leq x) = \mathrm{P}(X < x)$이다. 연속확률변수 X의 확률밀도함수를 구간 $[a, b]$에서 적분하면 X 값이 구간 $[a, b]$에 포함될 확률 $\mathrm{P}(a \leq X \leq b)$를 구할 수 있다. 이를 식으로 나타내면 다음과 같다.

$$\mathrm{P}(a \leq X \leq b) = \int_{a}^{b} f(x)\, dx$$

또한 확률밀도함수를 실수 전체의 집합에서 적분한 값은 항상 1이다.

$$\int_{-\infty}^{\infty} f(x)\, dx = 1 \qquad (3.2)$$

확률질량함수를 더하거나 확률밀도함수를 적분해서 누적분포함수를 구할 수 있고, 반대로 누적분포함수의 구간별 차이를 계산하거나 누적분포함수를 미분하면 확률질량함수 또는 확률밀도함수를 구할 수 있다. 따라서 확률질량함수 또는 확률밀도함수와 누적분포함수 중 하나를 알면 다른 하나를 구할 수 있다.

예제 3-7

이산확률변수 X의 확률질량함수 $f(x)$는 다음과 같이 정의된다.

$$f(x) = \begin{cases} c \cdot 2^{-x}, & x = 0, 1, 2, \cdots \\ 0, & \text{이 외의 경우} \end{cases}$$

상수 c 값을 구하라.

풀이

$x=0,\ 1,\ 2,\ \cdots$에서 확률질량함수의 합은 1이어야 한다. 확률질량함수가 $f(x) = c \cdot 2^{-x}$이므로 $\sum_{k=0}^{\infty} c \cdot 2^{-k} = 2c$이다. 따라서 $c = \frac{1}{2}$이다.

예제 3-8

연속확률변수 X의 확률밀도함수는 다음과 같다.

$$f(x) = \begin{cases} e^{-x}, & x \geq c \\ 0, & x < c \end{cases}$$

상수 c 값을 구하라.

풀이

확률밀도함수를 실수 전체의 집합에서 적분하면 항상 1이므로 다음이 성립한다.

$$\int_{-\infty}^{\infty} f(x)\, dx = \int_{c}^{\infty} e^{-x}\, dx = e^{-c} = 1$$

따라서 $c=0$이다.

[예제 3-8]에서 정의한 확률변수의 분포는 **지수분포**exponential distribution의 특수한 경우에 해당한다. 일반적으로 지수분포의 확률밀도함수는 0보다 큰 상수 λ에 대해 다음과 같이 정의된다.

$$f(x) = \begin{cases} \lambda e^{-\lambda x}, & x \geq 0 \\ 0, & x < 0 \end{cases}$$

확률변수의 기댓값과 분산

■ 기댓값

이산확률변수 X의 **기댓값**expected value $\mathrm{E}(X)$는 X가 가질 수 있는 값 x를 확률질량함수의 값 $\mathrm{P}(X=x) = p(x)$로 가중평균한 값으로 다음과 같이 표현된다.

$$\mathrm{E}(X) = \sum_{x\,:\,p(x)>0} x \cdot p(x)$$

즉 확률질량함수 값이 0보다 큰 x를 해당 확률질량함수의 값 $p(x)$로 가중평균한 값이 기댓값이다. 마찬가지로 연속확률변수 X의 기댓값은 x 값과 확률밀도함수 $f(x)$의 곱을 적분한 값으로 정의된다.

$$\mathrm{E}(X) = \int_{-\infty}^{\infty} x \cdot f(x)\, dx$$

기댓값은 흔히 그리스 문자 μ로 표기한다.

예제 3-9

이산확률변수 X의 확률질량함수 $f(x)$는 다음과 같이 정의된다.

$$f(x) = \begin{cases} c \cdot 2^{-x}, & x = 0,\ 1,\ 2,\ \cdots \\ 0, & \text{이 외의 경우} \end{cases}$$

X의 기댓값을 구하라.

풀이

[예제 3-7]로부터 $c = \frac{1}{2}$이다. 따라서 X의 기댓값은 다음과 같이 표현된다.

$$\mathrm{E}(X) = \sum_{x : p(x) > 0} x \cdot p(x) = \sum_{k=0}^{\infty} \frac{k}{2^{k+1}}$$

$k = j + 1$로 치환하면 다음 등식을 얻는다.

$$\begin{aligned} 2\mathrm{E}(X) &= \sum_{k=0}^{\infty} \frac{k}{2^k} = \sum_{k=1}^{\infty} \frac{k}{2^k} = \sum_{j=0}^{\infty} \frac{j+1}{2^{j+1}} \\ &= \sum_{j=0}^{\infty} \frac{j}{2^{j+1}} + \sum_{j=0}^{\infty} \frac{1}{2^{j+1}} = \mathrm{E}(X) + \sum_{j=0}^{\infty} \frac{1}{2^{j+1}} = \mathrm{E}(X) + 1 \end{aligned}$$

따라서 $\mathrm{E}(X) = 1$이다.

예제 3-10

연속확률변수 X는 다음과 같은 확률밀도함수를 가진다.

$$f(x) = \begin{cases} e^{-x}, & x \geq c \\ 0, & x < c \end{cases}$$

X의 기댓값을 구하라.

풀이

[예제 3-8]로부터 $c = 0$이다. 따라서 X의 기댓값은 다음과 같이 표현된다.

$$\mathrm{E}(X) = \int_{-\infty}^{\infty} x f(x)\, dx = \int_{0}^{\infty} x e^{-x}\, dx = \left[-x e^{-x}\right]_{x=0}^{x=\infty} + \int_{0}^{\infty} e^{-x}\, dx = 1$$

따라서 $\mathrm{E}(X) = 1$이다.

확률변수의 함수도 확률변수이므로 확률변수의 함수의 기댓값도 정의할 수 있다. 이산확률변수 X에 대해 함수 $g()$를 적용한 $g(X)$의 기댓값은 다음과 같이 계산할 수 있다.

$$\mathrm{E}[g(X)] = \sum_{x\,:\,p(x)\,>\,0} g(x)\cdot p(x)$$

마찬가지로 연속확률변수 X에 대해 함수 $g()$를 적용한 $g(X)$의 기댓값은 다음과 같이 계산된다.

$$\mathrm{E}[g(X)] = \int_{-\infty}^{\infty} g(x)\cdot f(x)\,dx$$

따라서 $g(t)=at+b$이면 기댓값에 대해 다음이 성립한다.

$$\mathrm{E}[g(X)] = \mathrm{E}(aX+b) = a\mathrm{E}(X)+b$$

■ 분산과 표준편차

이산확률변수 X의 **분산**variance $\mathrm{Var}(X)$는 X와 기댓값 $\mathrm{E}(X)=\mu$의 차이의 제곱을 $\mathrm{P}(X)$로 가중평균한 값으로 다음과 같이 정의된다.

$$\mathrm{Var}(X) = \sum_{x\,:\,p(x)\,>\,0} (x-\mu)^2\cdot p(x)$$

여기서 $(x-\mu)^2 = x^2-2\mu x+\mu^2$이므로 X의 분산은 다음과 같다.

$$\begin{aligned}\mathrm{Var}(X) &= \sum_{x\,:\,p(x)\,>\,0} (x^2-2\mu x+\mu^2)\cdot p(x)\\ &= \sum_{x\,:\,p(x)\,>\,0} x^2\cdot p(x) - \sum_{x\,:\,p(x)\,>\,0} 2\mu x\cdot p(x) + \sum_{x\,:\,p(x)\,>\,0} \mu^2\cdot p(x)\\ &= \mathrm{E}(X^2)-2\mu^2+\mu^2\\ &= \mathrm{E}(X^2)-\mu^2\\ &= \mathrm{E}(X^2)-\{\mathrm{E}(X)\}^2\end{aligned}$$

연속확률변수에 대해서도 동일한 결과인 $\mathrm{Var}(X) = \mathrm{E}(X^2)-\{\mathrm{E}(X)\}^2$을 얻을 수 있다. 분산의 제곱근 $\sqrt{\mathrm{Var}(X)}$를 **표준편차**standard deviation라 한다.

확률변수 X의 함수 $g(X)$의 분산 $\mathrm{Var}(g(X))$는 다음과 같이 구할 수 있다.

$$\mathrm{Var}[g(X)] = \mathrm{E}[\{g(X)\}^2] - \{\mathrm{E}[g(X)]\}^2$$

대표적인 예로 $g(t)=at+b$일 때 $\mathrm{Var}(aX+b)$는 다음과 같다.

$$\begin{aligned}
\mathrm{Var}(aX+b) &= \mathrm{E}\left[(aX+b)^2\right] - \{\mathrm{E}(aX+b)\}^2 \\
&= \mathrm{E}(a^2X^2 + 2abX + b^2) - \{\mathrm{E}(aX+b)\}^2 \\
&= \{a^2\mathrm{E}(X^2) + 2ab\mathrm{E}(X) + b^2\} - \{a\mathrm{E}(X) + b\}^2 \\
&= a^2\mathrm{E}(X^2) - a^2\{\mathrm{E}(X)\}^2 \\
&= a^2\mathrm{Var}(X)
\end{aligned}$$

이 관계식으로부터 확률변수의 단위가 달라지면 확률변수의 분산과 표준편차도 함께 달라짐을 알 수 있다. 예를 들어 거리를 마일 단위에서 킬로미터 단위로 변환하면 측정값이 약 1.6배가 되므로 분산은 1.6^2배, 표준편차는 1.6배가 된다.

정리 3-1

확률변수 X의 기댓값과 분산에 대해 다음과 같은 성질이 성립한다(단, a, b는 상수).

❶ $\mathrm{E}(aX+b) = a\mathrm{E}(X) + b$

❷ $\mathrm{Var}(X) = \mathrm{E}(X^2) - \{\mathrm{E}(X)\}^2$

❸ $\mathrm{Var}(aX+b) = a^2\mathrm{Var}(X)$

예제 3-11

주사위를 던져 나오는 눈의 값을 확률변수 X로 정의하자. 다음을 구하라.

(a) X의 기댓값

(b) $2X-7$의 기댓값

(c) X^2의 기댓값

(d) X의 분산

(e) $2X-7$의 분산

(f) $2X-7$의 표준편차

풀이

주사위의 각 눈이 나올 확률은 $\frac{1}{6}$이므로 확률질량함수는 $x=1, 2, \cdots, 6$에 대해 $p(x) = \frac{1}{6}$이고 다른 x 값에 대해서는 $p(x)=0$이다.

(a) $\mathrm{E}(X) = \sum_{x:p(x)>0} x \cdot p(x) = \sum_{x=1}^{6} \frac{1}{6}x = \frac{7}{2}$

(b) $\mathrm{E}(X) = \frac{7}{2}$이고 [정리 3-1]의 ❶에 의해 $\mathrm{E}(2X-7) = 2\mathrm{E}(X) - 7 = 0$

(c) $\mathrm{E}(X^2) = \sum_{x:p(x)>0} x^2 \cdot p(x) = \sum_{x=1}^{6} \frac{1}{6}x^2 = \frac{91}{6}$

(d) [정리 3-1]의 ❷에 $\mathrm{E}(X^2) = \frac{91}{6}$, $\mathrm{E}(X) = \frac{7}{2}$을 대입하면 $\mathrm{Var}(X) = \frac{35}{12}$

(e) $\mathrm{Var}(X) = \frac{35}{12}$이고 $\mathrm{Var}(2X-7) = 2^2\mathrm{Var}(X)$이므로 $\mathrm{Var}(2X-7) = \frac{35}{3}$

(f) $\mathrm{Var}(2X-7) = \frac{35}{3}$이므로 표준편차는 $\sqrt{\frac{35}{3}}$

예제 3-12

연속확률변수 X가 다음과 같은 확률밀도함수 $f(x)$를 가진다.

$$f(x) = \begin{cases} 1, & 0 \le x \le c \\ 0, & \text{이 외의 경우} \end{cases}$$

다음을 구하라.

(a) c 값

(b) X의 기댓값

(c) $2X+1$의 기댓값

(d) X^2의 기댓값

(e) X의 분산

(f) $2X+1$의 분산

(g) $2X+1$의 표준편차

풀이

(a) 식 (3.2)에 의해 $\int_{-\infty}^{\infty} f(x)\,dx = \int_0^c 1\,dx = c = 1$

(b) $\mathrm{E}(X) = \int_{-\infty}^{\infty} x f(x)\,dx = \int_0^1 x\,dx = \frac{1}{2}$

(c) $\mathrm{E}(2X+1) = 2\mathrm{E}(X) + 1 = 2$

(d) $\mathrm{E}(X^2) = \int_{-\infty}^{\infty} x^2 f(x)\,dx = \int_0^1 x^2\,dx = \frac{1}{3}$

(e) [정리 3-1]의 ❷에 (b)와 (d)의 결괏값을 대입하면 $\mathrm{Var}(X) = \frac{1}{12}$

(f) [정리 3-1]의 ❸에 의해 $\mathrm{Var}(2X+1) = 2^2\mathrm{Var}(X)$이므로 $\mathrm{Var}(2X+1) = \frac{1}{3}$

(g) $\mathrm{Var}(2X+1) = \frac{1}{3}$이므로 $2X+1$의 표준편차는 $\frac{1}{\sqrt{3}}$

[예제 3-12]와 같이 정의된 확률변수의 분포를 **균등분포**uniform distribution 또는 **균일분포**라 한다. 일반적으로 균등분포의 확률밀도함수는 $b > a$인 상수 a와 b에 대해 다음과 같이 정의된다.

$$f(x) = \begin{cases} \dfrac{1}{b-a}, & a \le x \le b \\ 0, & \text{이 외의 경우} \end{cases}$$

SECTION 3.4

둘 이상의 확률변수의 결합확률분포

결합확률분포

둘 이상의 확률변수에 대해서도 확률분포를 정의할 수 있다. 예를 들어 흰 공 두 개와 검은 공 두 개가 들어 있는 주머니에서 공을 한 개씩 두 번 꺼내는 실험을 생각해보자. 한 번 꺼낸 공은 다시 넣지 않는다고 가정하고 확률변수 X_i를 'i 번째로 꺼낸 공이 흰 공이면 1, 검은 공이면 0'으로 정의하자. 두 번 모두 흰 공을 꺼낼 확률은 $\frac{2}{4} \cdot \frac{1}{3} = \frac{1}{6}$이고 두 번 모두 검은 공을 꺼낼 확률도 $\frac{1}{6}$이다. 또한 첫 번째로 흰 공을 꺼내고 다음에 검은 공을 꺼낼 확률은 $\frac{2}{4} \cdot \frac{2}{3} = \frac{1}{3}$이고, 반대로 첫 번째로 검은 공을 꺼내고 다음에 흰 공을 꺼낼 확률도 $\frac{1}{3}$이다. 따라서 공을 두 번 꺼낼 때 나올 수 있는 결과는 [표 3-7]과 같다. 표에서 확인할 수 있듯이 X_1 값(첫 번째 공의 색)에 따라 $X_2 = 1$일 확률이 달라지므로 두 확률변수 X_1, X_2는 서로 독립이 아니다.

표 3-7 흰 공과 검은 공이 각각 두 개씩 들어 있는 주머니에서 공 두 개를 차례대로 꺼낼 때의 결합확률분포

두 번째 공 \ 첫 번째 공	흰 공 ($X_1 = 1$)	검은 공 ($X_1 = 0$)	합계
흰 공($X_2 = 1$)	$\frac{1}{6}$	$\frac{1}{3}$	$\frac{1}{2}$
검은 공($X_2 = 0$)	$\frac{1}{3}$	$\frac{1}{6}$	$\frac{1}{2}$
합계	$\frac{1}{2}$	$\frac{1}{2}$	1

두 확률변수의 기댓값을 계산해보면 다음과 같다.

$$E(X_1) = 1 \cdot P(X_1 = 1) + 0 \cdot P(X_1 = 0) = \frac{1}{2}$$

$$E(X_2) = 1 \cdot P(X_2 = 1) + 0 \cdot P(X_2 = 0) = \frac{1}{2}$$

[표 3-7]에서 살펴본 것과 같이 여러 개의 확률변수가 있을 때 각 확률변수가 가질 수 있는 값의 순서쌍을 모두 고려하여 각 순서쌍이 관찰될 확률을 구한 것을 확률변수의 **결합확률분포** joint probability distribution라 한다. 또한 n개의 이산확률변수 $X_1, X_2, \cdots, X_n$에 대해 구한 확률 $P(X_1 = x_1, X_2 = x_2, \cdots, X_n = x_n)$을 **결합확률질량함수** joint probability mass function라 한다. 하나의 확률변수 X_k에 대해 구한 확률 $P(X_k = x_k)$를 **주변확률질량함수** marginal probability mass function라 한다. 연속확률변수에 대해서는 **결합확률밀도함수** joint probability density function와 **주변확률밀도함수** marginal probability density function을 정의할 수 있다.

[표 3-7]의 예에서 $(X_1, X_2) = (x_1, 0)$인 사건과 $(X_1, X_2) = (x_1, 1)$인 사건은 서로 배반이고, 이 두 사건의 합사건이 $X_1 = x_1$인 사건이므로 다음 관계가 성립한다.

$$\begin{aligned}\sum_{x_2} P(X_1 = x_1, X_2 = x_2) &= P(X_1 = x_1, X_2 = 0) + P(X_1 = x_1, X_2 = 1) \\ &= P(X_1 = x_1)\end{aligned}$$

마찬가지로 $\sum_{x_1} P(X_1 = x_1, X_2 = x_2) = P(X_2 = x_2)$이다. 일반적으로 결합확률질량함수의 합을 이용하여 주변확률질량함수를 구할 수 있으며, 결합확률밀도함수를 적분하여 주변확률밀도함수를 구할 수 있다.

확률변수가 서로 독립이면 다음과 같이 결합확률질량함수를 주변확률질량함수의 곱으로 표현할 수 있다.

$$P(X_1 = x_1, X_2 = x_2, \cdots, X_n = x_n) = P(X_1 = x_1)P(X_2 = x_2) \cdots P(X_n = x_n)$$

[표 3-7]의 결합분포 예에서는 $P(X_1 = x_1, X_2 = x_2) \neq P(X_1 = x_1)P(X_2 = x_2)$이므로 두 확률변수는 서로 독립이 아니다. 마찬가지로 연속확률변수의 경우에도 확률변수가 서로 독립이면 결합확률밀도함수 $f(x_1, x_2, \cdots, x_n)$을 각 확률변수의 확률밀도함수 $f(x_i)$의 곱으로 표현할 수 있다. 이를 식으로 나타내면 다음과 같다.

$$f(x_1, x_2, \cdots, x_n) = f(x_1)f(x_2) \cdots f(x_n)$$

예제 3-13

서로 독립인 두 확률변수 X와 Y의 결합확률분포가 [표 3-8]과 같다.

표 3-8 X와 Y의 결합확률분포(일부)

Y \ X	0	1	2	합계
0	0.10			q_0
1	0.06	0.09	0.15	q_1
2				q_2
합계	p_0	p_1	p_2	1.00

(a) p_0, p_1, p_2와 q_0, q_1, q_2 값을 구하라.

(b) [표 3-8]의 빈칸에 알맞은 확률 값을 채워라.

풀이

[표 3-8]에서 $p_i = \mathrm{P}(X=i)$, $q_j = \mathrm{P}(Y=j)$이다(단, $i=0$, 1, 2이고 $j=0$, 1, 2).

(a) 두 확률변수가 서로 독립이므로 $\mathrm{P}(X=x,\ Y=y) = \mathrm{P}(X=x)\,\mathrm{P}(Y=y)$이다. $q_1=0.3$이고 $p_0q_1=0.06$, $p_1q_1=0.09$, $p_2q_1=0.15$이므로 $p_0=0.2$, $p_1=0.3$, $p_2=0.5$임을 알 수 있다. $p_0q_0=0.1$이므로 $q_0=0.5$, $q_2=0.2$이다.

(b) $\mathrm{P}(X=x,\ Y=y) = \mathrm{P}(X=x)\,\mathrm{P}(Y=y) = p_x q_y$이므로 [표 3-8]의 빈칸을 모두 채우면 다음과 같다.

표 3-9 X와 Y의 결합확률분포(완성)

Y \ X	0	1	2	합계
0	0.10	0.15	0.25	0.5
1	0.06	0.09	0.15	0.3
2	0.04	0.06	0.10	0.2
합계	0.2	0.3	0.5	1.00

여러 확률변수의 함수의 기댓값

이산확률변수 X_1, X_2, $\cdots$, X_n의 함수 $g(X_1,\ X_2,\ \cdots,\ X_n)$의 **기댓값**은 다음과 같다.

$$\mathrm{E}[g(X_1,\ X_2,\ \cdots,\ X_n)] = \sum_{x_1}\sum_{x_2}\cdots\sum_{x_n} g(x_1,\ x_2,\ \cdots,\ x_n)\mathrm{P}(X_1=x_1,\ X_2=x_2,\ \cdots,\ X_n=x_n)$$

앞서 결합확률분포를 다룰 때 언급한 흰 공 두 개와 검은 공 두 개가 들어 있는 주머니에서 공 두 개를 꺼내는 예를 상기하자. 이 예에서 정의된 두 확률변수의 곱 $X_1 X_2$의 기댓값을 구해보겠다. $g(X_1, X_2) = X_1 X_2$이고 X_1, X_2 모두 1일 때만 $g(X_1, X_2) = 1$이고 이 외의 경우에는 $g(X_1, X_2) = 0$이다. 따라서 $X_1 X_2$의 기댓값은 다음과 같다.

$$\mathrm{E}(X_1 X_2) = 1 \cdot \mathrm{P}(X_1 = 1, X_2 = 1) = \frac{1}{6}$$

이 예에서 두 확률변수의 곱 $X_1 X_2$의 기댓값과 두 확률변수 X_1, X_2의 기댓값의 곱은 서로 다르다. 일반적으로 두 확률변수 X_1, X_2가 서로 독립이면 $\mathrm{E}(X_1 X_2) = \mathrm{E}(X_1)\,\mathrm{E}(X_2)$인데, 그 이유는 다음과 같다.

$$\begin{aligned}\mathrm{E}(X_1 X_2) &= \sum_{x_1}\sum_{x_2} x_1\, x_2\, \mathrm{P}(X_1 = x_1)\, \mathrm{P}(X_2 = x_2) \\ &= \sum_{x_1} x_1\, \mathrm{P}(X_1 = x_1) \sum_{x_2} x_2\, \mathrm{P}(X_2 = x_2) \\ &= \mathrm{E}(X_1)\mathrm{E}(X_2)\end{aligned}$$

반대로 두 확률변수가 서로 독립이 아닐 때에는 $\mathrm{E}(X_1 X_2) = \mathrm{E}(X_1)\,\mathrm{E}(X_2)$가 성립하지 않는다. 이 관계는 일반적으로 n개의 확률변수에 대해서도 성립하는데, 두 조건이 등치인 것은 아니므로 $\mathrm{E}(X_1 X_2) = \mathrm{E}(X_1)\,\mathrm{E}(X_2)$가 성립하더라도 두 확률변수가 독립이 아닐 수 있다. 이러한 성질은 이산확률변수뿐만 아니라 연속확률변수에도 성립하고, 동일한 표본공간에서 정의된 서로 독립인 n개의 확률변수 X_1, X_2, $\cdots$, X_n에 대해 다음과 같이 확장될 수 있다.

$$\mathrm{E}(X_1 X_2 \cdots X_n) = \mathrm{E}(X_1)\mathrm{E}(X_2) \cdots \mathrm{E}(X_n)$$

또한 $g(X_1, X_2) = X_1 + X_2$로 정의된 함수 $g(\,)$에 대해 $\mathrm{E}(X_1 + X_2) = \mathrm{E}(X_1) + \mathrm{E}(X_2)$가 항상 성립한다. 그 이유는 다음과 같다.

$$\begin{aligned}\mathrm{E}(X_1 + X_2) &= \sum_{x_1}\sum_{x_2}(x_1 + x_2)\, \mathrm{P}(X_1 = x_1, X_2 = x_2) \\ &= \sum_{x_1} x_1 \sum_{x_2} \mathrm{P}(X_1 = x_1, X_2 = x_2) + \sum_{x_2} x_2 \sum_{x_1} \mathrm{P}(X_1 = x_1, X_2 = x_2) \\ &= \sum_{x_1} x_1\, \mathrm{P}(X_1 = x_1) + \sum_{x_2} x_2\, \mathrm{P}(X_2 = x_2) \\ &= \mathrm{E}(X_1) + \mathrm{E}(X_2)\end{aligned}$$

여기서 눈여겨볼 점은 두 확률변수가 서로 독립이 아니면 일반적으로 $\mathrm{E}(X_1 X_2) = \mathrm{E}(X_1)\,\mathrm{E}(X_2)$가 성립하지 않지만, 반대로 두 확률변수가 서로 독립이 아니어도 $\mathrm{E}(X_1 + X_2) = \mathrm{E}(X_1) + \mathrm{E}(X_2)$는 항상 성립한다는 점이다. 일반적으로 동일한 표본공간에서 정의된 n개의 확률변수가 서로 독립이 아니더라도 합의 기댓값은 기댓값의 합이고 다음과 같은 등식이 성립한다.

$$E(X_1+X_2+\cdots+X_n)=E(X_1)+E(X_2)+\cdots+E(X_n)$$

정리 3-2

표본공간 S에서 정의된 n개의 확률변수 $X_1, X_2, \cdots, X_n$에 대해 다음과 같은 성질이 성립한다.

❶ $E(X_1+X_2+\cdots+X_n)=E(X_1)+E(X_2)+\cdots+E(X_n)$

❷ $X_1, X_2, \cdots, X_n$이 서로 독립일 때 $E(X_1X_2\cdots X_n)=E(X_1)E(X_2)\cdots E(X_n)$

예제 3-14

[예제 3-13]의 [표 3-9]에서 정의된 두 확률변수 X와 Y의 결합확률분포에 대해 다음 확률변수의 기댓값을 구하라.

(a) $X+Y$ (b) XY

풀이

$E(X)=\sum_{x:p(x)>0} x\cdot p(x)$로 정의되므로 $E(X)=0\cdot 0.2+1\cdot 0.3+2\cdot 0.5=1.3$이고, $E(Y)=0\cdot 0.5+1\cdot 0.3+2\cdot 0.2=0.7$이다. [정리 3-2]를 적용하면 다음 결과를 얻는다.

(a) $E(X+Y)=E(X)+E(Y)=2$

(b) $E(XY)=E(X)E(Y)=0.91$

별해

(b) $E(XY)=\sum_{x=0}^{2}\sum_{y=0}^{2} xyP(X=x,\ Y=y)$이고 x와 y 둘 중 하나가 0이면 $xy=0$이므로 $E(XY)=\sum_{x=0}^{2}\sum_{y=0}^{2} xyP(X=x,\ Y=y)=\sum_{x=1}^{2}\sum_{y=1}^{2} xyP(X=x,\ Y=y)$이다. 따라서 다음이 성립한다.

$$E(XY)=1\cdot 1\cdot 0.09+1\cdot 2\cdot 0.15+2\cdot 1\cdot 0.06+2\cdot 2\cdot 0.10=0.91$$

공분산과 상관계수

확률변수들 사이의 관계를 파악하기 위한 통계량으로 **공분산**과 **상관계수**를 이용할 수 있다.

■ 공분산

두 확률변수 X_1, X_2 사이의 **공분산**covariance $\mathrm{Cov}(X_1, X_2)$는 다음과 같이 정의된다.

$$\mathrm{Cov}(X_1, X_2) = \mathrm{E}\left[(X_1 - \mathrm{E}(X_1))(X_2 - \mathrm{E}(X_2))\right]$$

정의에 따라 공분산은 $X_1 - \mathrm{E}(X_1)$ 값과 $X_2 - \mathrm{E}(X_2)$ 값이 같은 방향으로 변할 때 양수이고, $X_1 - \mathrm{E}(X_1)$ 값과 $X_2 - \mathrm{E}(X_2)$ 값이 반대 방향으로 변할 때 음수이다. 즉 두 변수가 함께 증가하거나 함께 감소하는 경향이 강할 때 공분산값은 양이고, 한 변수가 증가할 때 다른 변수가 감소하는 경향이 강하면 공분산값은 음이다. [정리 3-2]의 결과를 이용하면 공분산은 다음과 같이 표현할 수도 있다.

$$\begin{aligned}\mathrm{Cov}(X_1, X_2) &= \mathrm{E}\left[(X_1 - \mathrm{E}(X_1))(X_2 - \mathrm{E}(X_2))\right] \\ &= \mathrm{E}\left[X_1X_2 - X_2\mathrm{E}(X_1) - X_1\mathrm{E}(X_2) + \mathrm{E}(X_1)\mathrm{E}(X_2)\right] \\ &= \mathrm{E}(X_1X_2) - \mathrm{E}(X_1)\mathrm{E}(X_2)\end{aligned}$$

[정리 3-2]의 ❷에 따르면 X_1, X_2가 서로 독립일 때 $\mathrm{E}(X_1X_2) = \mathrm{E}(X_1)\mathrm{E}(X_2)$이므로 $\mathrm{Cov}(X_1, X_2) = 0$임을 알 수 있다. 하지만 $\mathrm{Cov}(X_1, X_2) = 0$이어도 두 확률변수가 서로 독립이 아닐 수 있으므로 그 역은 성립하지 않는다.

서로 독립인 n개의 확률변수 X_1, X_2, $\cdots$, X_n의 합으로 확률변수 X를 정의하면 $X = X_1 + X_2 + \cdots + X_n$이다. 이러한 X의 분산을 구해보자. 서로 다른 두 확률변수 X_i, X_j의 공분산이 0이므로 X의 분산은 다음과 같이 표현된다.

$$\begin{aligned}\mathrm{Var}(X) &= \mathrm{E}\left[(X - \mathrm{E}(X))^2\right] \\ &= \mathrm{E}\left[\{(X_1 - \mathrm{E}(X_1)) + (X_2 - \mathrm{E}(X_2)) + \cdots + (X_n - \mathrm{E}(X_n))\}^2\right] \\ &= \mathrm{Var}(X_1) + \mathrm{Var}(X_2) + \cdots + \mathrm{Var}(X_n)\end{aligned}$$

즉 서로 독립인 확률변수들의 합의 분산은 각 확률변수의 분산의 합과 일치한다.[6]

6 확률변수들이 서로 독립이 아닌 경우에는 일반적으로 다음과 같은 식이 성립한다.

$$\begin{aligned}\mathrm{Var}(X) &= \mathrm{E}\left[(X - \mathrm{E}(X))^2\right] \\ &= \mathrm{E}\left[\{(X_1 - \mathrm{E}(X_1)) + (X_2 - \mathrm{E}(X_2)) + \cdots + (X_n - \mathrm{E}(X_n))\}^2\right] \\ &= \sum_{i=1}^{n} \mathrm{Var}(X_i) + \sum_{i \neq j} \mathrm{Cov}(X_i, X_j)\end{aligned}$$

따라서 $n = 2$일 때 다음과 같은 등식이 성립한다.

$$\mathrm{Var}(X_1 + X_2) = \mathrm{Var}(X_1) + \mathrm{Var}(X_2) + 2\mathrm{Cov}(X_1, X_2)$$

정리 3-3

표본공간 S에서 정의된 n개의 서로 독립인 확률변수 X_1, X_2, $\cdots$, X_n에 대해 다음과 같은 성질이 성립한다.

❶ $i \neq j$일 때 $\mathrm{Cov}(X_i, X_j) = 0$

❷ $\mathrm{Var}(X_1 + X_2 + \cdots + X_n) = \mathrm{Var}(X_1) + \mathrm{Var}(X_2) + \cdots + \mathrm{Var}(X_n)$

두 확률변수 X_1, X_2와 상수 a_1, a_2, b_1, b_2에 대해 $a_1 X_1 + b_1$과 $a_2 X_2 + b_2$를 생각하자. 그러면 공분산 $\mathrm{Cov}(a_1X_1 + b_1,\ a_2X_2 + b_2)$는 다음과 같이 구할 수 있다.

$$\begin{aligned}
&\mathrm{Cov}(a_1X_1 + b_1, a_2X_2 + b_2) \\
&\quad = \mathrm{E}\left[\left((a_1X_1 + b_1) - \mathrm{E}(a_1X_1 + b_1)\right)\left((a_2X_2 + b_2) - \mathrm{E}(a_2X_2 + b_2)\right)\right] \\
&\quad = \mathrm{E}\left[a_1(X_1 - \mathrm{E}(X_1)) \cdot a_2(X_2 - \mathrm{E}(X_2))\right] \\
&\quad = a_1 a_2 \mathrm{E}\left[(X_1 - \mathrm{E}(X_1)) \cdot (X_2 - \mathrm{E}(X_2))\right] \\
&\quad = a_1 a_2 \mathrm{Cov}(X_1, X_2)
\end{aligned}$$

따라서 공분산은 두 확률변수의 표준편차 크기에 영향을 받는다. 예를 들어 미터 단위로 측정된 두 변수를 센티미터 단위로 변환하면 각 변수의 표준편차가 100배가 되므로 공분산값은 1만 배가 된다. 이렇게 공분산은 확률변수의 표준편차 크기에 영향을 받으므로 공분산 크기만으로 두 변수 사이의 관계를 정확하게 파악하기 어렵다.

예제 3-15

확률변수 X_1, X_2, $\cdots$, X_n의 기댓값이 μ, 분산이 σ^2이고 서로 독립일 때 $\mathrm{Var}(\overline{X})$를 구하라. 여기서 $\overline{X} = \frac{1}{n}\sum_{i=1}^{n} X_i$이다.

풀이

확률변수 X_1, X_2, $\cdots$, X_n이 서로 독립이므로 [정리 3-3]의 ❷와 [정리 3-1]의 ❸에 의해 $\mathrm{Var}(\overline{X})$는 다음과 같다.

$$\mathrm{Var}(\overline{X}) = \mathrm{Var}\left(\sum_{i=1}^{n} \frac{X_i}{n}\right) = \sum_{i=1}^{n} \mathrm{Var}\left(\frac{X_i}{n}\right) = \frac{1}{n^2}\sum_{i=1}^{n} \mathrm{Var}(X_i) = \frac{\sigma^2}{n}$$

■ **상관계수**

두 확률변수 X_1, X_2 사이의 선형 관계를 파악하기 위해 **상관계수**correlation coefficient를 사용하며 상관계수 $\mathrm{Corr}(X_1, X_2)$는 다음과 같이 정의된다.

$$\mathrm{Corr}(X_1, X_2) = \frac{\mathrm{Cov}(X_1, X_2)}{\sqrt{\mathrm{Var}(X_1) \cdot \mathrm{Var}(X_2)}}$$

$a_1 > 0$, $a_2 > 0$인 상수 a_1, a_2와 임의의 상수 b_1, b_2에 대해 두 확률변수 X_1, X_2를 각각 $a_1 X_1 + b_1$, $a_2 X_2 + b_2$로 변환하면 분산에 대해 다음이 성립한다.

$$\mathrm{Var}(a_1X_1+b_1) = a_1^2\mathrm{Var}(X_1),\ \mathrm{Var}(a_2X_2+b_2) = a_2^2\mathrm{Var}(X_2)$$

따라서 다음과 같이 상관계수 값은 변하지 않는다.

$$\begin{aligned}\mathrm{Corr}(a_1X_1+b_1, a_2X_2+b_2) &= \frac{\mathrm{Cov}(a_1X_1+b_1, a_2X_2+b_2)}{\sqrt{\mathrm{Var}(a_1X_1+b_1) \cdot \mathrm{Var}(a_2X_2+b_2)}} \\ &= \mathrm{Corr}(X_1, X_2)\end{aligned}$$

즉 상관계수는 단위 변경으로 인해 확률변수의 분산이 달라져도 영향을 받지 않는다.[7]

표본상관계수와 마찬가지로 두 확률변수의 상관계수는 -1에서 1 사이의 값을 가진다. 상관계수 값이 1이면 기울기가 양수인 직선으로 두 변수를 표현할 수 있고, -1이면 기울기가 음수인 직선으로 두 변수를 표현할 수 있다. 상관계수 값이 0이면 두 변수 사이에 직선 관계가 없으며, 관측값이 직선 형태에서 멀리 분포할수록 상관계수의 값이 0에 가까워진다.

예제 3-16

[예제 3-13]의 [표 3-9]에서 정의된 결합확률분포를 따르는 두 확률변수 X와 Y에 대해 공분산과 상관계수를 구하라.

풀이

두 확률변수가 서로 독립이므로 공분산이 0이다. 상관계수의 분자에 해당하는 공분산이 0이므로 상관계수도 0이다.

7 a_1 또는 a_2가 음수이면 상관계수의 절댓값은 같지만 부호는 반대가 될 수 있다.

참고

표본분산 $\frac{1}{n-1}\sum_{i=1}^{n}\left(X_i-\overline{X}\right)^2$의 기댓값

모평균 μ, 모분산 σ^2인 모집단에서 서로 독립인 n개의 확률변수 X_1, X_2, $\cdots$, X_n을 추출했다고 하자. 이 표본의 **표본분산**sample variance은 $\frac{1}{n-1}\sum_{i=1}^{n}\left(X_i-\overline{X}\right)^2$으로 정의된다. 표본분산의 정의에서 모분산과 다르게 n이 아니라 $n-1$로 나누는 이유는 표본분산의 기댓값이 모분산과 일치하도록 정의되었기 때문이다. 그 이유를 살펴보자.

$\sum_{i=1}^{n}\left(X_i-\overline{X}\right)^2=\sum_{i=1}^{n}X_i^2-n\left(\overline{X}\right)^2$이고 모평균 μ, 모분산 σ^2이므로 X_i^2의 기댓값은 다음과 같이 $\mu^2+\sigma^2$이다.

$$\mathrm{E}\left(X_i^2\right)=\mathrm{Var}(X_i)+\{\mathrm{E}(X_i)\}^2=\sigma^2+\mu^2$$

마찬가지로 $\left(\overline{X}\right)^2$의 기댓값은 다음과 같이 $\frac{\sigma^2}{n}+\mu^2$이다.

$$\mathrm{E}\left(\overline{X}^2\right)=\mathrm{Var}\left(\overline{X}\right)+\{\mathrm{E}(\overline{X})\}^2=\frac{\sigma^2}{n}+\mu^2$$

이 결과로부터 $\sum_{i=1}^{n}\left(X_i-\overline{X}\right)^2$의 기댓값은 다음과 같이 $(n-1)\sigma^2$이다.

$$\mathrm{E}\left[\sum_{i=1}^{n}\left(X_i-\overline{X}\right)^2\right]=n(\mu^2+\sigma^2)-n\left(\mu^2+\frac{\sigma^2}{n}\right)=(n-1)\sigma^2$$

따라서 표본분산 $\frac{1}{n-1}\sum_{i=1}^{n}\left(X_i-\overline{X}\right)^2$의 기댓값은 σ^2으로 모분산과 일치한다.

SECTION 3.5 다양한 확률분포

지금까지 확률변수와 관련된 일반적인 정의와 성질을 살펴보았다. 실제로 관찰되는 관측값은 여러 형태의 확률변수와 확률분포로 모형화할 수 있으며 각 확률변수와 확률분포는 독특한 특성을 가진다. 이 절에서는 통계적 추론에 자주 활용되는 확률변수와 확률분포를 다룬다.

베르누이시행과 이항분포

■ 베르누이시행

동전 던지기 실험에서는 앞면 또는 뒷면의 두 가지 결과만 나올 수 있다. 확률변수 X를 앞면이 나올 때 1, 뒷면이 나올 때 0으로 정의하자. 앞면이 나올 확률을 p, 뒷면이 나올 확률을 $1-p$라 하면 동전을 한 번 던질 때 $\mathrm{P}(X=1)=p$이고 $\mathrm{P}(X=0)=1-p$이다. 따라서 확률변수 X 값이 x일 확률은 다음과 같이 표현할 수 있다.

$$\mathrm{P}(X=x)=p^x(1-p)^{1-x}$$

이렇게 성공과 실패[8] 두 가지 결과 중 하나가 발생하는 확률적 실험을 **베르누이시행**Bernoulli trial이라 한다. 베르누이시행에서 확률변수 X 값이 1인 사건이 발생할 확률을 p라 할 때 이 확률변수를 성공확률이 p인 **베르누이확률변수**Bernoulli random variable라 한다.

■ 이항분포

베르누이시행을 독립적으로 n번 되풀이하는 경우를 생각해보자. 각 실험에서는 성공과 실패 중 하나가 관찰되고, 전체 반복 시행에서 관찰되는 성공횟수를 확률변수 X라 하면 X는 0 이상 n 이하의 정숫값을 가질 수 있다. 이때 확률 $\mathrm{P}(X=x)$는 다음과 같이 주어진다.

$$\mathrm{P}(X=x)={}_n\mathrm{C}_x\,p^x(1-p)^{n-x}$$

이러한 확률을 가지는 확률변수를 **이항확률변수**binomial random variable라 하고 이항확률변수의 분포

8 편의상 베르누이시행에서 관찰되는 두 가지 결과 중 하나를 성공, 다른 하나를 실패로 지칭한다. 이때 성공을 1로 실패를 0으로 표현한다.

를 **이항분포**binomial distribution라 한다. 이항분포에서 시행횟수 n과 성공확률 p는 분포를 결정하는 중요한 모수이다. 시행횟수 n, 성공확률 p인 이항분포를 $B(n, p)$로 표기하며, 확률변수 X가 이러한 이항분포를 따를 때 $X \sim B(n, p)$로 표기한다. 이때 $\mathrm{P}(X=x)$는 이항확률변수의 확률질량함수이며, 이 함수는 시행횟수 n과 성공확률 p에 의해 결정되므로 $f(x; n, p)$로 표기하기도 한다. 이항확률변수의 확률질량함수의 형태는 [그림 3-4]와 같다.

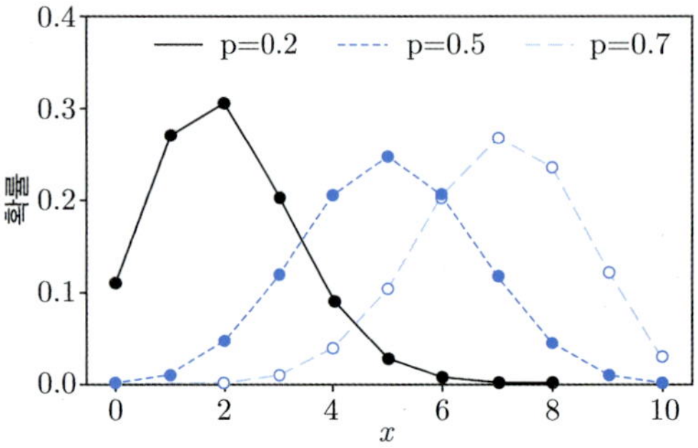

그림 3-4 이항분포의 확률질량함수

참고

이항확률변수의 확률질량함수

이항확률변수의 확률질량함수가 얻어지는 과정을 살펴보자. 먼저 이항확률변수 X 값이 x가 되는 특수한 경우, 즉 첫 번째 시행부터 x번 연속으로 성공한 뒤 $x+1$번째 시행부터 $n-x$번 연속으로 실패하는 경우를 생각할 수 있다. 성공이 나올 확률이 p, 실패가 나올 확률이 $1-p$이므로 이 경우의 확률은 다음과 같다.

$$p \times \cdots \times p \times (1-p) \times \cdots \times (1-p) = p^x (1-p)^{n-x}$$

이번에는 n번의 시행에서 성공이 x번, 실패가 $n-x$번 나오는 사건을 생각하자. 성공과 실패의 순서를 자유롭게 배치할 수 있으므로 그 경우의 수는 ${}_n\mathrm{C}_x$이다. 따라서 확률 $\mathrm{P}(X=x)$는 다음과 같이 경우의 수에 각각의 확률을 곱한 값이다.

$$\mathrm{P}(X=x) = {}_n\mathrm{C}_x \, p^x (1-p)^{n-x}$$

■ 이항확률변수의 기댓값과 분산

이항분포 $B(n, p)$를 따르는 이항확률변수 X는 서로 독립이고 성공확률이 p인 n개의 베르누이확률변수 $X_1, X_2, \cdots, X_n$의 합 $X = \sum_{i=1}^{n} X_i$로 표현할 수 있다. 따라서 X의 기댓값은 다음과 같이 np이다.

$$\mathrm{E}(X) = \mathrm{E}\left[\sum_{i=1}^{n} X_i\right] = \sum_{i=1}^{n} \mathrm{E}(X_i) = \sum_{i=1}^{n} p = np$$

[정리 3-3]의 ❷에 따르면 서로 독립인 확률변수의 합의 분산은 각 확률변수의 분산의 합과 일치한다. 따라서 이항확률변수의 분산은 베르누이확률변수의 분산의 합으로 주어진다. 그리고 성공확률 p인 베르누이확률변수 X_i의 분산은 다음과 같다.

$$\mathrm{Var}(X_i) = \mathrm{E}\left[(X_i - \mathrm{E}(X_i))^2\right] = \mathrm{E}\left(X_i^2\right) - \{\mathrm{E}(X_i)\}^2$$

베르누이확률변수 X_i 값은 1 또는 0이므로 $X_i^2 = X_i$이다. 즉 $\mathrm{E}\left(X_i^2\right) = \mathrm{E}(X_i) = p$이고, X_i의 분산은 $p(1-p)$이다. 따라서 이항확률변수의 분산은 다음과 같다.

$$\mathrm{Var}(X) = \mathrm{Var}(X_1) + \mathrm{Var}(X_2) + \cdots + \mathrm{Var}(X_n) = np(1-p)$$

참고

이항확률변수의 기댓값

이항확률변수의 기댓값은 다음과 같은 방법으로 구할 수도 있다. 먼저 이항확률변수의 정의로부터 기댓값은 다음과 같다.

$$\begin{aligned}\mathrm{E}(X) &= \sum_{x\,:\,p(x)>0} x \cdot p(x) = \sum_{x=0}^{n} x \cdot p(x) \\ &= \sum_{x=0}^{n} x \cdot {}_n\mathrm{C}_x\, p^x (1-p)^{n-x} \\ &= \sum_{x=1}^{n} x \cdot {}_n\mathrm{C}_x\, p^x (1-p)^{n-x}\end{aligned}$$

이때 ${}_n\mathrm{C}_x = \dfrac{n!}{x!\,(n-x)!}$ 임을 이용하면 $x \cdot {}_n\mathrm{C}_x = n \cdot \dfrac{(n-1)!}{(x-1)!\,\{(n-1)-(x-1)\}!}$ 이다. $x-1=k$라 하면 $x \cdot {}_n\mathrm{C}_x = n \cdot \dfrac{(n-1)!}{k!\,\{(n-1)-k\}!}$ 이고 다음이 성립한다.

$$\begin{aligned}\mathrm{E}(X) &= \sum_{x=1}^{n} x \cdot {}_n\mathrm{C}_x\, p^x (1-p)^{n-x} \\ &= np \sum_{k=0}^{n-1} \frac{(n-1)!}{k!\,\{(n-1)-k\}!}\, p^k (1-p)^{(n-1)-k}\end{aligned}$$

우변은 이항분포 $B(n-1,\ p)$의 확률질량함수의 합에 np가 곱해진 형태이고 확률질량함수의 합은 항상 1이므로 $\mathrm{E}(X) = np$이다.

예제 3-17

A 온라인 게임회사에서는 이벤트 기간에 정해진 미션을 완료한 참가자에게 경품을 제공하는 행사를 진행하기로 했다. 각 참가자의 성공 여부는 서로 독립이고, 동일한 베르누이분포를 따른다고 가정한다.

(a) 참가자 수가 1만 명이고 각 참가자의 미션 완료 확률이 10%일 때, 미션을 완료한 참가자 수의 기댓값을 구하라.

(b) A 회사에서는 경품이 모자라지 않도록 (a)에서 구한 기댓값보다 표준편차의 두 배만큼 경품을 더 많이 준비하려 한다. 이때 준비해야 할 경품의 수를 구하라.

풀이

미션을 완료한 참가자 수를 X라 하자. 참가자 수가 $n=10000$이고 각 참가자의 미션 완료 확률이 $p=0.1$이며 각 참가자의 성공 여부가 서로 독립이다. 따라서 X는 이항분포 $B(10000,\ 0.1)$을 따른다.

(a) 이항분포 $B(n,\ p)$를 따르는 확률변수 X의 기댓값은 np이므로 $np=1000$이다. 즉 미션을 완료한 참가자 수의 기댓값은 1,000명이다.

(b) 이항분포 $B(n,\ p)$를 따르는 확률변수 X의 분산은 $np(1-p)$이므로 분산은 900이고 표준편차는 30이다. 따라서 A 회사는 1,060개의 경품을 준비해야 한다.

파이썬 실습 3-1 이항분포의 확률분포

[예제 3-17(b)]에서는 A 회사가 준비한 경품 수를 계산했다. 이제 A 회사가 준비한 경품 수보다 많은 참가자가 미션을 완료할 확률을 구하고자 한다. 이 확률은 `scipy.stats.binom` 모듈의 `cdf()` 함수를 이용하여 [코드 3-1]과 같이 계산한다. `cdf()` 함수의 첫 번째 입력값은 x, 두 번째 입력값은 n, 세 번째 입력값은 p에 해당한다. `cdf()` 함수는 누적분포함수 값을 반환하므로 $\mathrm{P}(X>1060)$ 값은 1에서 누적분포함수 값을 빼서 구한다.

코드 3-1

```
from scipy.stats import binom
1 - binom.cdf(1060, 10000, 0.1)
```

```
0.0226
```

[코드 3-2]와 같이 확률질량함수 값을 반환하는 `pmf()` 함수를 이용해 확률 $\mathrm{P}(X>1060)$ 값을 직접 계산할 수도 있다.

코드 3-2

```
prb = 0
for x in range(1061,10001):
    prb += binom.pmf(x, 10000, 0.1)
prb
```

```
0.0226
```

정규분포

정규분포normal distribution는 대표적인 연속확률분포로 앞으로 살펴볼 통계적 추론에서 중요한 의미를 가진다. 확률변수 X가 기댓값이 μ, 분산이 σ^2인 정규분포를 따를 때 $X \sim N(\mu,\ \sigma^2)$으로 표기한다. 정규분포의 확률밀도함수는 실수 x에 대해 다음과 같이 정의된다.

$$f(x;\mu,\ \sigma^2) = \frac{1}{\sqrt{2\pi}\,\sigma}\ e^{-(x-\mu)^2/2\sigma^2}$$

이러한 확률밀도함수 $f(x;\mu,\ \sigma^2)$을 $-\infty$에서 ∞까지 적분하면 1이 된다. 확률밀도함수 $f(x;\mu,\ \sigma^2)$ 값은 $x=\mu$에서 최대가 되고, $x=\mu$에서 멀어질수록 값이 작아진다. 즉 기댓값 μ는 분포의 중심위치를 결정하는 모수이고, 표준편차 σ는 분포의 산포(흩어진 정도)를 결정하는 모수이다.[9] μ와 σ에 따른 정규분포의 그래프는 [그림 3-5]와 같다.

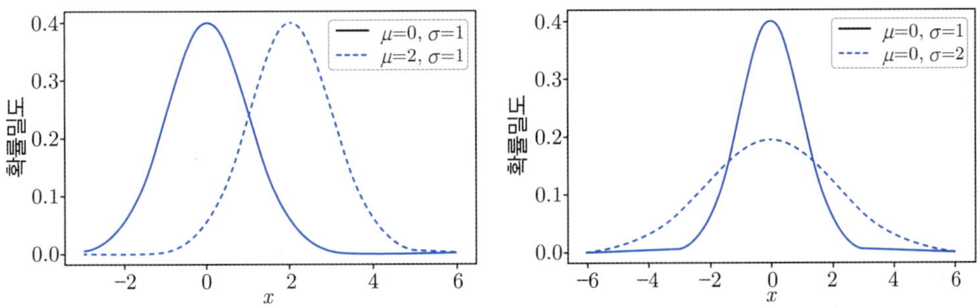

(a) μ에 따른 정규분포의 확률밀도함수　　(b) σ에 따른 정규분포의 확률밀도함수

그림 3-5 μ와 σ 값에 따른 정규분포의 확률밀도함수

9 기댓값 μ와 같이 분포의 중심위치를 결정하는 모수를 **위치모수**location parameter라 하고, 표준편차 σ와 같이 분포의 산포(흩어진 정도)를 결정하는 모수를 **척도모수**scale parameter라 한다.

■ 표준정규분포

정규분포 $N(\mu,\ \sigma^2)$을 따르는 확률변수 X와 상수 a, b(단, $a \neq 0$)에 대해 확률변수 $aX+b$도 정규분포를 따른다. 이때 $aX+b$의 기댓값은 $a\mu+b$이고 분산은 $a^2\sigma^2$이므로 $aX+b$는 정규분포 $N(a\mu+b,\ a^2\sigma^2)$을 따른다. 특히 $a=\dfrac{1}{\sigma}$, $b=-\dfrac{\mu}{\sigma}$일 때 $aX+b=\dfrac{X-\mu}{\sigma}$는 정규분포 $N(0,\ 1)$을 따른다. 이렇게 기댓값이 0이고 분산이 1인 정규분포를 **표준정규분포**standard normal distribution라 한다. 확률변수 X를 $\dfrac{X-\mu}{\sigma}$로 변환하는 것을 **표준화**standardization라 한다. 표준정규분포를 따르는 확률변수를 Z로 표기하는 경우가 많으며 이 책에서도 특별한 언급이 없으면 Z를 표준정규분포를 따르는 확률변수로 정의한다.

정규분포 $N(\mu,\ \sigma^2)$을 따르는 확률변수 X에 대해 확률 $\mathrm{P}(x_1 < X < x_2)$를 구하려면 표준정규분포표를 활용할 수 있다. X를 표준화하면 다음이 성립한다.

$$\mathrm{P}(x_1 < X < x_2) = \mathrm{P}\left(\frac{x_1-\mu}{\sigma} < \frac{X-\mu}{\sigma} < \frac{x_2-\mu}{\sigma}\right)$$

$Z=\dfrac{X-\mu}{\sigma}$는 표준정규분포를 따르므로 $\mathrm{P}(x_1 < X < x_2) = \mathrm{P}\left(\dfrac{x_1-\mu}{\sigma} < Z < \dfrac{x_2-\mu}{\sigma}\right)$이다. Z의 누적분포함수 $F_Z(\,)$를 이용하여 $\mathrm{P}(x_1 < X < x_2)$를 다음 식으로 나타낼 수도 있다.[10]

$$F_Z\left(\frac{x_2-\mu}{\sigma}\right) - F_Z\left(\frac{x_1-\mu}{\sigma}\right)$$

5장과 6장에서 다룰 통계적 추론 과정에서는 표준정규분포를 따르는 확률변수 Z와 확률값 α에 대해 $\mathrm{P}(z < Z) = \alpha$를 만족하는 상수 z 값을 구해야 하는 경우가 많다. 이러한 z 값을 간략하게 z_α로 표기하기로 한다.[11] 따라서 z_α에 대해 다음 식이 성립한다.

$$\mathrm{P}(z_\alpha < Z) = 1 - F_Z(z_\alpha) = \int_{z_\alpha}^{\infty} \frac{1}{\sqrt{2\pi}}\, e^{-z^2/2}\, dz = \alpha$$

표준정규분포의 확률밀도함수는 $z=0$에 대칭이므로 다음이 성립한다.

$$\int_{z_\alpha}^{\infty} \frac{1}{\sqrt{2\pi}}\, e^{-z^2/2}\, dz = \int_{-\infty}^{-z_\alpha} \frac{1}{\sqrt{2\pi}}\, e^{-z^2/2}\, dz = 1 - \int_{-z_\alpha}^{\infty} \frac{1}{\sqrt{2\pi}}\, e^{-z^2/2}\, dz$$

이 식의 좌변은 $\mathrm{P}(z_\alpha < Z)$로 [그림 3-6(**a**)]에 해당하고, 우변은 $1-\mathrm{P}(-z_\alpha < Z)$이다. $\mathrm{P}(z_\alpha < Z) = \alpha$이므로 이항하여 정리하면 다음 등식을 얻는다.

$$\mathrm{P}(-z_\alpha < Z) = 1 - \mathrm{P}(z_\alpha < Z) = 1 - \alpha$$

10 Z의 누적분포함수 $F_Z(z)$를 간략하게 $\Phi(z)$로 표기하기도 한다.

11 일부 문헌에서는 $\mathrm{P}(Z < z) = \alpha$인 z를 z_α로 정의하기도 한다.

$\mathrm{P}(z < Z) = 1 - \alpha$는 [그림 3-6(b)]에 해당하는 영역으로 이 식이 성립하도록 하는 z를 $z_{1-\alpha}$로 정의하면 $z_{1-\alpha} = -z_{\alpha}$임을 알 수 있다.

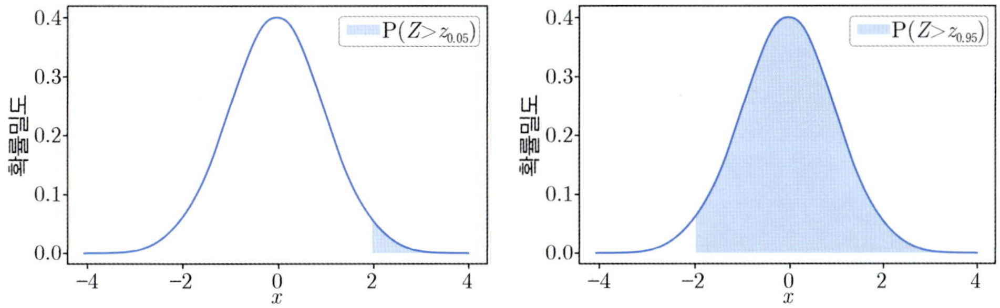

(a) z_{α}와 $\mathrm{P}(z_{\alpha} < Z)$ (b) $-z_{\alpha}$와 $\mathrm{P}(-z_{\alpha} < Z)$

그림 3-6 **표준정규분포의 확률밀도함수에서 z_{α}와 $-z_{\alpha}$ 값의 관계**

예제 3-18

확률변수 X는 정규분포 $N(3,\ 4)$를 따른다고 하자. 표준정규분포를 따르는 확률변수 Z에 대해 $\mathrm{P}(z_{\alpha} < Z) = \alpha$로 z_{α}를 정의할 때 $z_{0.159} = 1$, $z_{0.023} = 2$, $z_{0.001} = 3$이다.

(a) $\mathrm{P}(X < 5)$를 구하라.

(b) $\mathrm{P}(X < x) = 0.023$일 때 x 값을 구하라.

풀이

주어진 조건에서 $Z = \dfrac{X-3}{2}$은 표준정규분포를 따른다. 따라서 표준정규분포표를 이용하면 $\mathrm{P}(1 < Z) = 0.159$, $\mathrm{P}(2 < Z) = 0.023$, $\mathrm{P}(3 < Z) = 0.001$이다.

(a) $\mathrm{P}(X < 5) = \mathrm{P}(Z < 1)$이고 $\mathrm{P}(1 < Z) = 0.159$이므로 $\mathrm{P}(X < 5) = 1 - 0.159 = 0.841$

(b) $\mathrm{P}(X < x) = 0.023 = \mathrm{P}(Z > 2) = \mathrm{P}(Z < -2)$이므로 $\dfrac{x-3}{2} = -2$에서 $x = -1$

파이썬 실습 3-2 **정규분포의 누적확률분포**

[예제 3-18(a)]에서 구한 확률값을 파이썬 명령문으로도 구해보자. 정규분포에서 확률을 계산할 때는 `scipy.stats.norm` 모듈의 `cdf()` 함수를 이용하여 [코드 3-3]과 같이 작성할 수 있다. 누적분포함수 $\mathrm{P}(X < x) = F(x)$ 값을 구할 때 `cdf()` 함수의 첫 번째 입력값은 x, 두 번째 입력값은 정규분포의 평균, 세 번째 입력값은 표준편차에 해당한다.

코드 3-3

```
import numpy as np
from scipy.stats import norm
```

```
norm.cdf(5, 3, np.sqrt(4))
```

```
0.841
```

[예제 3-18(b)]와 같이 $P(X < x) = 0.023$을 만족하는 x 값을 구해보자. 이번에는 `scipy.stats.norm` 모듈의 `ppf()` 함수를 이용하면 된다.

코드 3-4

```
norm.ppf(0.023, 3, np.sqrt(4))
```

```
-0.99
```

■ 정규분포와 표본평균

서로 독립인 확률변수 $X_1, X_2, \cdots, X_n$에 대해 $X_i \sim N(\mu_i, \sigma_i^2)$(단, $i = 1, 2, \cdots, n$)이면 확률변수의 합 $\sum_{i=1}^{n} X_i$도 정규분포를 따른다. $\sum_{i=1}^{n} X_i$의 기댓값은 $\sum_{i=1}^{n} \mu_i$, 분산은 $\sum_{i=1}^{n} \sigma_i^2$이므로 $\sum_{i=1}^{n} X_i$는 다음 정규분포를 따른다.

$$N\left(\sum_{i=1}^{n} \mu_i, \sum_{i=1}^{n} \sigma_i^2\right)$$

특히 $\mu_1 = \mu_2 = \cdots = \mu_n = \mu$이고 $\sigma_1^2 = \sigma_2^2 = \cdots = \sigma_n^2 = \sigma^2$일 때 $\sum_{i=1}^{n} X_i$는 정규분포 $N(n\mu, n\sigma^2)$을 따른다. 따라서 $X_1, X_2, \cdots, X_n$의 평균 $\overline{X} = \frac{1}{n}\sum_{i=1}^{n} X_i$는 정규분포 $N\left(\mu, \frac{\sigma^2}{n}\right)$을 따른다.

정리 3-4

기댓값이 μ, 분산이 σ^2인 정규분포를 따르는 서로 독립인 n개의 확률변수 $X_1, X_2, \cdots, X_n$에 대해 $\overline{X} = \frac{1}{n}\sum_{i=1}^{n} X_i$는 정규분포 $N\left(\mu, \frac{\sigma^2}{n}\right)$을 따른다.

예제 3-19

정규분포 $N(\mu, \sigma^2)$을 따르는 모집단에서 크기 20인 표본을 추출할 때 추출되는 확률변수들이 서로 독립이고 표본평균의 분포가 $N(2, 5)$를 따른다고 한다. μ와 σ 값을 구하라.

풀이

서로 독립인 n개의 확률변수 $X_1, X_2, \cdots, X_n$이 정규분포 $N(\mu, \sigma^2)$을 따를 때 표본평균 $\overline{X} = \frac{1}{n}\sum_{i=1}^{n} X_i$는 정규분포 $N\left(\mu, \frac{\sigma^2}{n}\right)$을 따른다. 따라서 $\mu = 2$이고 $\frac{\sigma^2}{20} = 5$에서 $\sigma = 10$이다.

정규분포가 통계적 추론에서 중요한 역할을 하는 이유는 다양한 분포에서 추출된 표본평균의 분포가 정규분포로 수렴하기 때문이다. 앞서 살펴보았듯이 모집단이 정규분포를 따르면 표본평균의 분포가 정확하게 정규분포를 따르고, 모집단이 정규분포를 따르지 않더라도 표본크기가 충분히 커질 때는 표본평균의 분포가 정규분포에 가까워진다. 이러한 성질은 4장에서 보다 자세히 다루기로 하고, 이 절에서는 이항분포의 정규근사를 살펴본다.

■ 이항분포의 정규근사

시행횟수가 n, 성공확률이 p인 이항확률변수는 0에서 n까지의 정숫값을 가지고 기댓값이 np, 분산이 $np(1-p)$이다. 이항분포는 이산확률분포이고 정규분포는 연속확률분포이므로 n이 작을 때는 두 분포 사이에 큰 차이가 있지만, n이 커질수록 두 분포의 차이가 작아져 이항분포가 정규분포 $N(np, np(1-p))$로 수렴한다[12]는 사실이 알려져 있다. 이를 **이항분포의 정규근사**라 한다. 대체로 $np \geq 5$, $n(1-p) \geq 5$일 때 또는 $np \geq 10$, $n(1-p) \geq 10$일 때 이항분포가 정규분포에 충분히 가까운 것으로 간주한다. 따라서 p가 0.5이면 $n = 10$ 정도로도 정규분포에 가까운 분포가 되지만, p가 0 또는 1에 가깝다면 더 큰 n 값이 필요하다.

[그림 3-7]은 표본크기 n과 성공확률 p에 따른 이항분포의 형태와 이를 근사시킨 정규분포 $N(np, np(1-p))$의 형태를 비교한 그래프로 이루어져 있다. [그림 3-7]의 (a)~(c)는 표본크기가 10일 때의 결과를 나타내며, p가 작을수록 정규분포와 이항분포 사이의 차이가 크다. p가 0.1, 0.2 등으로 작은 값이면 정규분포는 이항확률변수가 가질 수 없는 0 미만의 값이 관찰될 확률(점선 그래프 아래 색칠된 부분)이 무시할 수 없을 정도로 크다. 하지만 [그림 3-7 (d)]와 같이 p가 0.1이어도 표본크기가 100으로 충분히 크다면 이항분포를 정규분포로 잘 근사시킬 수 있다.

12 여기서 수렴은 표본크기 n이 커질 때 이항분포의 분포함수가 정규분포의 분포함수로 수렴함을 의미한다.

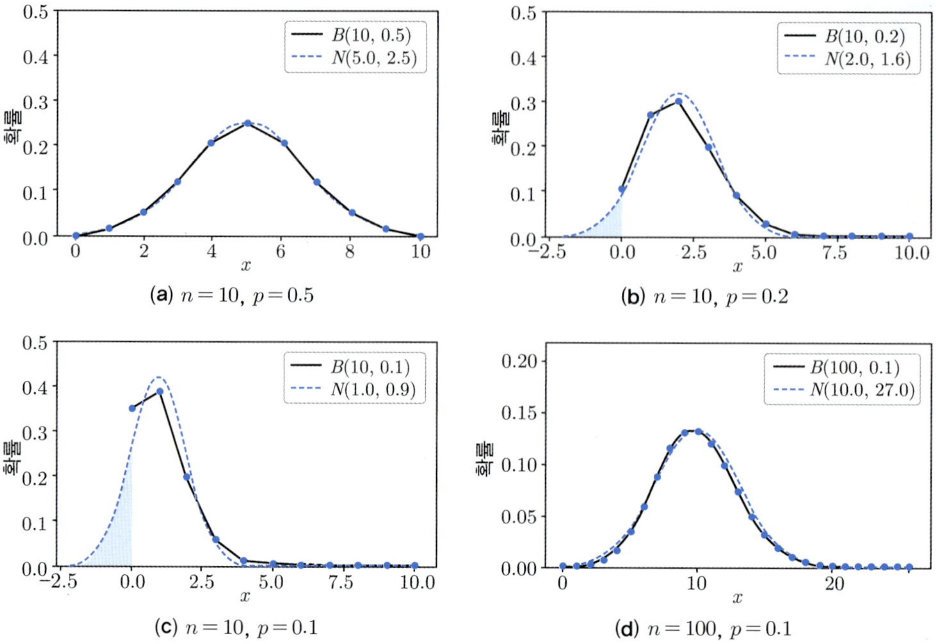

그림 3-7 표본크기 n과 성공확률 p에 따른 이항분포의 정규근사

이항분포가 정규분포로 수렴하는 이유는 이항분포를 서로 독립인 베르누이확률변수의 합으로 표현할 수 있기 때문이다. n이 충분히 클 때는 베르누이확률변수들의 합이 0에 가깝거나 1에 가까울 가능성, 즉 극단적인 값을 가질 가능성이 작아진다. 따라서 분포의 중심에 해당되는 np에 가까운 값이 관찰될 확률이 높아진다.

예제 3-20

이항분포 $B(100, 0.2)$를 따르는 확률변수 X에 대해 다음 확률을 구하라.

(a) $\mathrm{P}(X \geq 30)$

(b) $\mathrm{P}(X \geq 15)$

풀이

정확한 확률값은 $\mathrm{P}(X \geq x) = \mathrm{P}(X=x) + \mathrm{P}(X=x+1) + \cdots + \mathrm{P}(X=100)$으로 계산할 수 있다. 이 식에 이항분포의 확률질량함수 $\mathrm{P}(X=k) = {}_{100}\mathrm{C}_k 0.2^k 0.8^{100-k}$을 대입해서 직접 계산할 수도 있지만, 계산량이 많으므로 근삿값을 이용해 구한다. 여기서 $np=20$, $np(1-p)=100 \cdot 20 \cdot 0.8 = 16$이므로 X는 근사적으로 정규분포 $N(20, 16)$을 따른다. 따라서 $\dfrac{X-20}{4}$은 표분정규분포를 따른다.

(a) $\mathrm{P}(X \geq 30) = \mathrm{P}\left(\dfrac{X-20}{4} \geq \dfrac{30-20}{4}\right) = \mathrm{P}(Z \geq 2.5) = 0.006$

(b) $\mathrm{P}(X \geq 15) = \mathrm{P}\left(\dfrac{X-20}{4} \geq \dfrac{15-20}{4}\right) = \mathrm{P}(Z \geq -1.25) = 0.894$

파이썬 실습 3-3 이항분포의 정규근사

[코드 3-5]는 정규근사를 이용하여 [예제 3-20]에서 다룬 이항분포의 확률값을 구하는 명령문이다.

코드 3-5

```
import numpy as np
from scipy.stats import norm
[1-norm.cdf(30, 20, np.sqrt(16)), 1-norm.cdf(15, 20, np.sqrt(16))]
```

```
[0.006, 0.894]
```

카이제곱분포

표준정규분포를 따르는 확률변수 Z의 제곱 Z^2도 확률변수이며, 이 확률변수가 따르는 분포를 **카이제곱분포**chi-square distribution라 한다. 카이제곱분포를 따르는 서로 독립인 두 확률변수 V_1, V_2의 합 $V_1 + V_2$도 카이제곱분포를 따르는 것으로 알려져 있다. 따라서 표준정규분포를 따르는 서로 독립인 확률변수 Z_1, Z_2, $\cdots$, Z_k에 대해 그 제곱합으로 정의되는 확률변수도 카이제곱분포를 따른다.

$$V = Z_1^2 + Z_2^2 + \cdots + Z_k^2$$

또한 [정리 3-1]의 ❷에 따르면 $\mathrm{E}(Z_i^2) = \mathrm{Var}(Z_i) + \{\mathrm{E}(Z_i)\}^2$인데, Z_i의 기댓값이 0, 분산이 1이므로 $\mathrm{E}(Z_i^2) = 1$이다. 따라서 확률변수 V의 기댓값은 k이다. k 값에 따른 카이제곱분포의 확률밀도함수 그래프는 [그림 3-8]과 같다.

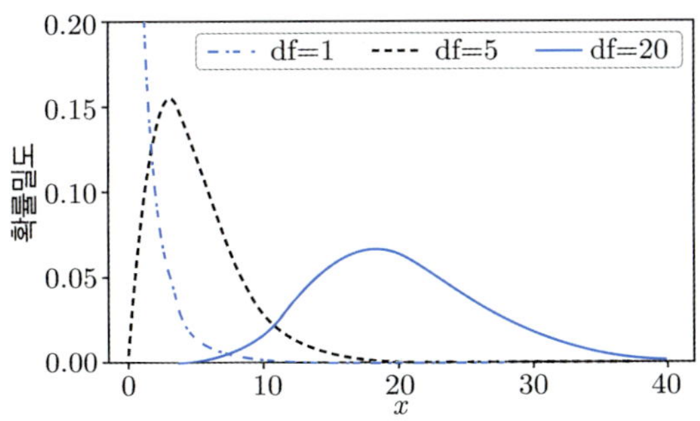

그림 3-8 자유도(df)에 따른 카이제곱분포의 확률밀도함수

이렇게 k가 카이제곱분포를 결정하는 모수이며, 이 k를 **자유도**degree of freedom라 한다. 자유도가 k인 카이제곱분포를 따르는 확률변수를 $V \sim \chi^2(k)$로 표기한다. 카이제곱분포를 따르고 서로 독립인 두 확률변수 V_1, V_2의 자유도가 각각 k_1, k_2일 때 두 확률변수의 합 $V_1 + V_2$의 자유도는 $k_1 + k_2$이므로 $V_1 + V_2 \sim \chi^2(k_1 + k_2)$로 표현할 수 있다. 확률밀도함수의 그래프를 살펴보면 카이제곱분포는 오른쪽 꼬리가 긴 비대칭분포이며 자유도 k가 커질수록 대칭분포에 가까운 형태로 변함을 알 수 있다.

서로 독립인 확률변수 X_1, X_2, $\cdots$, X_k가 기댓값이 μ, 분산이 σ^2인 정규분포를 따를 때 표준화된 확률변수들이 표준정규분포를 따르므로 다음과 같이 표준화된 정규확률변수의 제곱합이 모수가 k인 카이제곱분포를 따른다.

$$\sum_{i=1}^{k} \left(\frac{X_i - \mu}{\sigma} \right)^2 \sim \chi^2(k)$$

실제 문제에서는 정규분포의 기댓값 μ를 알 수 없는 경우가 많으므로 μ 대신 표본평균 $\overline{X}$를 사용한다. 확률변수 X_i와 $\overline{X}$의 차이를 제곱하여 더한 통계량 $\sum_{i=1}^{n} (X_i - \overline{X})^2$을 **오차제곱합(SSE)**sum of squared errors이라 한다. 이때 오차제곱합을 분산 σ^2으로 나눈 통계량은 자유도가 $k-1$인 카이제곱분포를 따른다는 것이 알려져 있다.

$$\sum_{i=1}^{k} \left(\frac{X_i - \overline{X}}{\sigma} \right)^2 \sim \chi^2(k-1)$$

예제 3-21

정규분포 $N(\mu, \sigma^2)$을 따르는 서로 독립인 확률변수 X_1, X_2, $\cdots$, X_n과 표본평균 $\overline{X}$에 대해 오차제곱합이 $Q = \sum_{i=1}^{n} (X_i - \overline{X})^2$이다. 모분산이 $\sigma^2 = 3$, 표본크기가 $n = 10$일 때 물음에 답하라.

(a) 확률 $\mathrm{P}(Q \geq 12.51)$을 구하라.

(b) $\mathrm{P}(Q \geq q) = 0.05$일 때 q 값을 구하라.

풀이

$V = \dfrac{Q}{\sigma^2}$는 자유도가 9인 카이제곱분포를 따르고 문제의 조건에서 $\sigma^2 = 3$이므로 $V = \dfrac{Q}{3} \sim \chi^2(9)$이다. 그리고 [표 3-10]은 카이제곱분포표의 일부를 나타낸다.

표 3-10 카이제곱분포표(일부)

df \ α	0.995	0.99	0.975	0.95	0.9	0.1	0.05	0.025	0.01	0.005
1	0.00	0.00	0.00	0.00	0.02	2.71	3.84	5.02	6.63	7.88
2	0.01	0.02	0.05	0.10	0.21	4.61	5.99	7.38	9.21	10.60
⋮	⋮	⋮	⋮	⋮	⋮	⋮	⋮	⋮	⋮	⋮
9	1.74	2.09	2.70	3.33	4.17	14.68	16.92	19.02	21.67	23.59
10	2.16	2.56	3.25	3.94	4.87	15.99	18.31	20.48	23.21	25.19

(a) $P(Q \geq 12.51) = P(V \geq 4.17)$이다. $V \sim \chi^2(9)$이므로 [표 3-10]에서 df가 9이고 χ^2 값이 4.17인 α 값을 찾으면 0.9이다. 즉 $P(Q \geq 12.5) \approx 0.9$이다.

(b) $P(Q \geq q) = P\left(V = \frac{Q}{3} \geq \frac{q}{3} \right) = 0.05$이다. $V \sim \chi^2(9)$이므로 $P(V \geq v) = 0.05$가 되게 하는 v 값은 16.92이다. 따라서 $P(Q \geq q) = 0.05$인 q 값은 $q = 50.76$이다.

파이썬 실습 3-4 카이제곱분포

[예제 3-21]의 답을 계산하는 명령문을 작성해보자. [코드 3-6]은 `scipy.stats` 패키지의 `chi2` 모듈에 포함된 `cdf()` 함수를 이용하며, 주어진 카이제곱확률변수 값에 대응되는 확률값을 계산한다. `cdf()` 함수의 첫 번째 입력값은 카이제곱확률변수 값이고 두 번째 입력값은 자유도이다.

코드 3-6

```
from scipy.stats import chi2
1-chi2.cdf(12.51/3, df=9)
```

```
0.900
```

[코드 3-7]은 `ppf()` 함수를 이용하여 주어진 확률값에 대응되는 카이제곱확률변수 값을 구하는 명령문이다. `ppf()` 함수의 첫 번째 입력값은 확률이고 두 번째 입력값은 `cdf()` 함수와 동일하게 자유도이다.

코드 3-7

```
chi2.ppf(0.95, df=9) * 3
```

```
50.76
```

t-분포

정규분포 $N(\mu, \sigma^2)$을 따르고 서로 독립인 확률변수 $X_1, X_2, \cdots, X_n$을 생각하자. 표본평균 $\overline{X}$의 기댓값은 μ이고 분산은 $\frac{\sigma^2}{n}$이므로 $\overline{X}$를 표준화한 $\frac{\overline{X}-\mu}{\sigma/\sqrt{n}}$는 표준정규분포를 따른다. 여기서 모표준편차 σ를 모른다고 가정하면 모표준편차 대신 표본에서 구한 표본표준편차 $S=\sqrt{\frac{1}{n-1}\sum_{i=1}^{n}\left(X_i-\overline{X}\right)^2}$를 대입한 $T=\frac{\overline{X}-\mu}{S/\sqrt{n}}$를 이용하고, 이를 **스튜던트화 표본평균**studentized sample mean이라 한다.

이렇게 정의된 스튜던트화 표본평균의 분포를 ***t*-분포**라 하고, 표본크기가 n일 때 자유도가 $n-1$인 t-분포라 한다. [그림 3-9]는 자유도 값에 따른 t-분포의 형태이다. t-분포의 형태는 정규분포와 마찬가지로 좌우대칭인 종 모양이지만 자유도가 작으면 중심부의 확률밀도함수 값이 표준정규분포보다 작고, 꼬리 부분의 확률밀도함수 값은 정규분포에 비해 커 꼬리가 두꺼운 것을 확인할 수 있다. 자유도가 커지면 중심부의 확률밀도가 커지고 꼬리 부분의 확률밀도는 작아져 표준정규분포에 가까워진다.

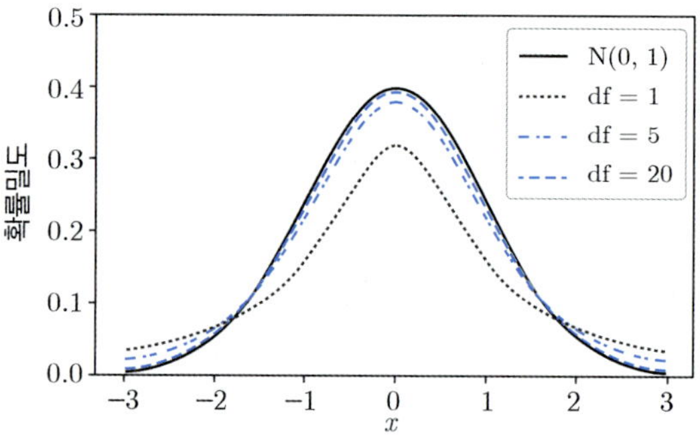

그림 3-9 자유도(df)에 따른 *t*-분포의 확률밀도함수

일반적으로 표준정규분포를 따르는 확률변수 Z와, 자유도 k인 카이제곱분포를 따르는 확률변수 V에 대해 자유도 k인 t-분포는 다음과 같이 정의된다.

$$\frac{Z}{\sqrt{V/k}} \sim t(k)$$

스튜던트화 표본평균의 경우 표준화된 표본평균 $Z=\frac{\overline{X}-\mu}{\sigma/\sqrt{n}}$가 표준정규분포를 따르고, $V=\frac{(n-1)S^2}{\sigma^2}$이 자유도가 $n-1$인 카이제곱분포를 따른다. 따라서 다음과 같이 나타낼 수 있다.

$$\frac{\overline{X}-\mu}{S/\sqrt{n}}=\frac{Z}{\sqrt{V/(n-1)}}$$

즉 이 식은 자유도가 $n-1$인 t–분포를 따른다. 이렇게 정의된 t–분포의 자유도가 2 이상이면 그 기댓값은 0임이 알려져 있다.[13]

예제 3-22

정규분포 $N(\mu, \sigma^2)$을 따르는 서로 독립인 확률변수 X_1, X_2, $\cdots$, X_n과 표본평균 $\overline{X}$에 대해 오차제곱합은 $Q=\sum_{i=1}^{n}\left(X_i-\overline{X}\right)^2$이고 표본크기는 $n=16$이다. 모분산 σ^2을 모를 때 확률 $\mathrm{P}\left(\overline{X} \geq \mu+1.3\times\sqrt{\frac{Q}{60}}\right)$를 구하라.

풀이

$n=16$, $Q=\sum_{i=1}^{n}\left(X_i-\overline{X}\right)^2$에서 $S^2=\frac{Q}{n-1}=\frac{Q}{15}$이고 $\frac{\overline{X}-\mu}{S/\sqrt{n}}=\frac{\overline{X}-\mu}{\sqrt{Q/240}}\sim t(15)$이다. 따라서 구하려는 확률은 다음과 같이 정리할 수 있다.

$$\mathrm{P}\left(\overline{X} \geq \mu+1.3\times\sqrt{\frac{Q}{60}}\right)=\mathrm{P}\left(\frac{\overline{X}-\mu}{\sqrt{Q/240}} \geq 2.6\right)$$

$T\sim t(15)$인 확률변수 T에 대해 t–분포표([표 3–11] 참고)를 이용하면 $\mathrm{P}(T\geq 2.6)\approx 0.01$이므로 구하는 값은 $\mathrm{P}\left(\overline{X} \geq \mu+1.3\times\sqrt{\frac{Q}{60}}\right)\approx 0.01$이다.

표 3-11 t-분포표(일부)

df \ α	0.50	0.25	0.20	0.15	0.10	0.05	0.025	0.01	0.005	0.001	0.0005
1	0.000	1.000	1.376	1.963	3.078	6.314	12.71	31.82	63.66	318.31	636.62
2	0.000	0.816	1.061	1.386	1.886	2.920	4.303	6.965	9.925	22.327	31.599
⋮	⋮	⋮	⋮	⋮	⋮	⋮	⋮	⋮	⋮	⋮	
15	0.000	0.691	0.866	1.074	1.341	1.753	2.131	2.602	2.947	3.733	4.073
16	0.000	0.690	0.865	1.071	1.337	1.746	2.120	2.583	2.921	3.686	4.015

파이썬 실습 3-5 t–분포

[예제 3–22]에서와 같이 자유도가 15인 t–확률변수 T에 대해 확률 $\mathrm{P}(T\geq 2.6)\approx 0.01$을 구하는 명령문은 t 모듈의 cdf() 함수를 이용하여 [코드 3–8]과 같이 작성할 수 있다.

코드 3-8

```
from scipy.stats import t
1-t.cdf(2.6, df=15)
```

13 t–분포의 확률밀도함수 $f(x)$는 $x=0$에 대해 대칭이므로 기댓값이 0이 될 것으로 짐작할 수 있다. 하지만 자유도가 1일 때는 적분 값이 존재하지 않으므로 기댓값이 정의되지 않는다.

```
0.0100
```

F-분포

t-분포를 따르는 확률변수 $T = \frac{Z}{\sqrt{V/k}}$에 대해 분자의 Z는 표준정규분포를 따르고, 분모의 V는 카이제곱분포를 따른다. 따라서 $T^2 = \frac{Z^2}{V/k}$은 자유도가 $(1,\ k)$인 카이제곱확률변수의 비로 표현된다. 이를 일반화하면 서로 독립이고 자유도가 $(k_1,\ k_2)$인 카이제곱분포를 따르는 확률변수 V_1, V_2의 비를 이용하여 확률변수 $F = \frac{V_1/k_1}{V_2/k_2}$를 정의할 수 있고, 이렇게 정의된 확률분포를 ***F*-분포**라 한다.

F-분포는 항상 0 이상의 값만 가지고, 자유도에 따라 분포의 형태가 달라진다는 것을 [그림 3-10]을 통해 알 수 있다. (a) 분자의 자유도만 변할 때, (b) 분모의 자유도만 변할 때, (c) 분자, 분모의 자유도가 함께 변할 때의 분포를 비교해보면 모두 자유도가 작을수록 오른쪽 꼬리가 길고 자유도가 커질수록 대칭분포에 가까워진다.

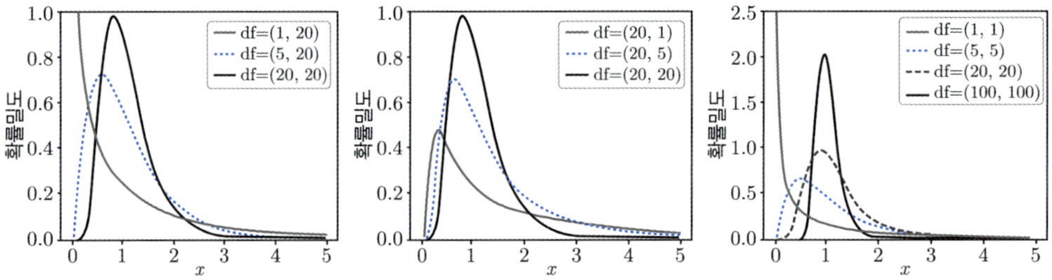

(a) 분자의 자유도만 변할 때　(b) 분모의 자유도만 변할 때　(c) 분자, 분모의 자유도가 함께 변할 때

그림 3-10 자유도(df)에 따른 F-분포의 확률밀도함수

F-분포는 정규분포를 따르는 두 모집단의 분산을 비교하는 등 통계적 검정 과정에서 자주 사용된다. 예를 들어 정규분포 $N(\mu_1,\ \sigma_1^2)$을 따르는 모집단과 정규분포 $N(\mu_2,\ \sigma_2^2)$을 따르는 모집단에서 크기가 k_1, k_2인 표본 $\{X_{11},\ X_{12},\ \cdots,\ X_{1k_1}\}$과 $\{X_{21},\ X_{22},\ \cdots,\ X_{2k_2}\}$를 추출한 경우 오차제곱합과 모분산의 비는 다음과 같이 카이제곱분포를 따른다.

$$V_1 = \frac{\sum_{i=1}^{k_1} \left(X_{1i} - \overline{X}_1\right)^2}{\sigma_1^2} \sim \chi^2(k_1 - 1), \quad V_2 = \frac{\sum_{i=1}^{k_2} \left(X_{2i} - \overline{X}_2\right)^2}{\sigma_2^2} \sim \chi^2(k_2 - 1)$$

따라서 $F=\dfrac{V_1/(k_1-1)}{V_2/(k_2-1)}$은 자유도가 $(k_1-1,\ k_2-1)$인 F-분포를 따른다. 오차제곱합을 이용해 다음을 정의하자.

$$S_1^2=\frac{1}{k_1-1}\sum_{i=1}^{k_1}\left(X_{1i}-\overline{X}_1\right)^2,\quad S_2^2=\frac{1}{k_2-1}\sum_{i=1}^{k_2}\left(X_{2i}-\overline{X}_2\right)^2$$

그러면 통계량 F는 다음과 같이 다시 나타낼 수 있다.

$$F=\frac{V_1/(k_1-1)}{V_2/(k_2-1)}=\frac{S_1^2/\sigma_1^2}{S_2^2/\sigma_2^2}\ \sim F(k_1-1,\ k_2-1)$$

즉 두 모집단의 모분산값이 $\sigma_1^2=\sigma_2^2$으로 서로 같으면 $\dfrac{S_1^2}{S_2^2}$은 자유도가 $(k_1-1,\ k_2-1)$인 F-분포를 따른다.

예제 3-23

정규분포 $N(\mu_1,\ \sigma_1^2)$을 따르는 서로 독립인 확률변수 $X_{11},\ X_{12},\ \cdots,\ X_{1n}$과 정규분포 $N(\mu_2,\ \sigma_2^2)$을 따르는 서로 독립인 확률변수 $X_{21},\ X_{22},\ \cdots,\ X_{2n}$에 대해 오차제곱합이 각각 $S_1^2,\ S_2^2$이다. $n=20$일 때 물음에 답하라. 여기서 $F\sim F(19,\ 19)$인 확률변수 F에 대해 $\mathrm{P}(F\geq 3)=0.01$이다.

(a) $\sigma_1^2=\sigma_2^2$일 때 확률 $\mathrm{P}\left(\dfrac{S_1^2}{S_2^2}\geq 3\right)$ 값을 구하라.

(b) $\mathrm{P}\left(\dfrac{S_1^2}{S_2^2}\geq 6\right)=0.01$일 때 $\dfrac{\sigma_2^2}{\sigma_1^2}$ 값을 구하라.

풀이

$F=\dfrac{S_1^2/\sigma_1^2}{S_2^2/\sigma_2^2}\ \sim F(19,\ 19)$이다.

(a) $\sigma_1^2=\sigma_2^2$일 때는 $F=\dfrac{S_1^2}{S_2^2}\ \sim F(19,\ 19)$이므로 $\mathrm{P}\left(\dfrac{S_1^2}{S_2^2}\geq 3\right)=0.01$이다.

(b) $F=\dfrac{S_1^2/\sigma_1^2}{S_2^2/\sigma_2^2}\ \sim F(19,\ 19)$인 확률변수 F에 대해 $\mathrm{P}(F\geq c)=0.01$인 c 값은 3.0이다. 즉 $\dfrac{S_1^2/\sigma_1^2}{S_2^2/\sigma_2^2}\geq 3.0$일 확률이 0.01이고 문제의 조건에서 $\dfrac{S_1^2}{S_2^2}\geq 3.0\cdot\dfrac{\sigma_1^2}{\sigma_2^2}$일 확률이 0.01이라 했으므로 $3.0\cdot\dfrac{\sigma_1^2}{\sigma_2^2}=6$이고 $\dfrac{\sigma_2^2}{\sigma_1^2}=0.5$이다.

파이썬 실습 3-6 F-분포

[예제 3-23]을 상기하고 자유도가 $(19, 19)$인 F-분포를 따르는 확률변수 F에 대해 확률 $P(F \geq c) = 0.01$이 되는 상수 c를 구하는 명령문을 작성해보자. [코드 3-9]의 실행 결과에서 $c = 3.03$임을 확인할 수 있다.

코드 3-9

```
from scipy.stats import f
f.ppf(1-0.01, dfn=19, dfd=19)
```

```
3.03
```

칼럼 정규분포와 표준점수

복잡한 표준점수, 변별의 최선일까[14]

$$\frac{\text{선택과목 점수} - \text{선택과목 평균}}{\text{선택과목 표준편차}} \times \text{선택과목 응시생의 공통과목 표준편차} + \text{선택과목 응시생 공통과목 평균}$$

이 복잡한 수식은 대학수학능력시험 성적표에 표기되는 국어 · 수학 영역 '표준점수'를 계산하는 법이다. 한국교육과정평가원이 수험생들에게 제공하는 수능 성적표에는 100점 만점의 문항별 배점을 단순 합산한 원점수가 없다. 대신 0~200점으로 환산한 '표준점수'가 백분위, 등급과 함께 표기된다. 이는 수험생들이 각자 골라 응시하는 선택과목 때문이다. 선택과목은 응시집단의 규모와 성격이 과목별로 달라 단순 배점만으로 우열을 가릴 수 없다. 따라서 각 과목별로 평균에서 얼마나 떨어져 있는지 볼 수 있는 표준점수가 등장했다.

(중략)

공통과목+선택과목 체제로 변한 국어와 수학 영역 표준점수 산출 방식은 직관적으로 이해하기 어려울 정도로 복잡해졌다. 통합수능 체제의 국어 영역은 공통과목 75%와 선택과목(언어와매체 · 화법과작문 중 택1) 25%로, 수학 영역은 공통과목 75%와 선택과목(확률과통계 · 미적분 · 기하 중 택1) 25%로 구성됐다.

그런데 상대평가 체제 하에서는 각자 다른 선택과목에 응시한 수험생들의 점수를 일률적으로 비교해 우위를 가를 필요가 있다. 이 때문에 평가원은 특정 선택과목에 응시한 수험생들의 평균점수가 더 높으면 더 많은 표준점수를 주는 변환 방법을 고안했다. 더 우수한 집단 속에서 더 어려운 시험을 치르면 일종의 가산점을 받을 수 있게 했다.

이 때문에 공통과목과 선택과목에서 똑같은 원점수를 받았더라도 어떤 선택과목을 골랐느냐에 따라 표준점수가 달라진다. 특히 수학을 비교적 잘 하는 이과생들이 선택하는 미적분을 골라야 수학영역 점수가 높아지는 현상이 발생했다. 서울중등진학연구회가 87개 고등학교 2만6000명의 수능 성적을 분석한 결과, 지난해 수능에서 수학 1등급의 93.45%가 '미적분'이나 '기하'를 선택한 이과생들이었다. 국어 영역 1등급도 '언어와 매체'를 선택한 학생의 비율이 85.58%에 달했다. 이과생들이 높은 표준점수를 이용해 상위권 인문계열 학과에 진학하는 이른바 '문과침공' 문제까지 발생했다.

(후략)

14 김나연 (2023. 7. 16). 복잡한 표준점수, 변별의 최선일까. **경향신문**.

이 기사에서 소개한 것처럼 표준점수를 계산할 때 다소 복잡해 보이는 공식을 사용하는 이유는 선택과목 간 난이도와 수험생 구성의 차이를 보정하기 위해서이다. 예를 들어 '미적분'이 쉽게 출제되고 '기하'가 어렵게 출제된다면 '기하'를 선택한 학생들이 상대적으로 불리해질 수 있다. 이와 같은 문제점을 보완하기 위해 모든 학생이 응시하는 공통과목 점수를 기준으로 선택과목 점수를 환산한 식을 사용하며, 첫째 줄에 소개된 공식이 바로 그 보정 방식이다. 예를 들어 '미적분'을 선택한 학생들의 공통수학 점수가 정규분포 $N(\mu_0,\ \sigma_0^2)$을 따르고, '미적분' 점수가 정규분포 $N(\mu_1,\ \sigma_1^2)$을 따른다고 하자. '미적분' 점수 y를 $y' = \sigma_0 \dfrac{y-\mu_1}{\sigma_1} + \mu_0$으로 변환하면 이 변환된 점수는 정규분포 $N(\mu_0,\ \sigma_0^2)$을 따른다.

CHAPTER

03 핵심정리

3.1 표본공간과 사건, 확률의 공리적 정의

- 확률적 실험에서 관찰할 수 있는 모든 결과를 모은 집합을 **표본공간**이라 하고, 표본공간의 부분집합을 **사건**이라 한다.
- 사건 E, F에 대해 $E \cap F = \varnothing$일 때 E와 F는 **서로 배반**이라 한다.
- 사건 E, F와 E_1, E_2, $\cdots$, E_n에 대해 다음이 성립한다.
  ❶ $E \subset F$일 때 $\mathrm{P}(E) \leq \mathrm{P}(F)$
  ❷ $\mathrm{P}(E^c) = 1 - \mathrm{P}(E)$
  ❸ 서로 배반인 사건 E_1, E_2, $\cdots$, E_n에 대해 $\mathrm{P}\left(\bigcup_{i=1}^{n} E_i\right) = \sum_{i=1}^{n} \mathrm{P}(E_i)$
  ❹ $\mathrm{P}(E \cup F) = \mathrm{P}(F) + \mathrm{P}(E) - \mathrm{P}(E \cap F)$

3.2 조건부확률과 독립성

- 사건 F가 발생했을 때 사건 E가 발생할 조건부확률은 $\mathrm{P}(E|F) = \dfrac{\mathrm{P}(E \cap F)}{\mathrm{P}(F)}$이다.
- 다음 식이 성립하면 두 사건 E와 F가 서로 독립이고, 사건 F의 발생 여부가 사건 E의 발생 확률에 영향을 미치지 않는다(단, $\mathrm{P}(F) > 0$).

$$\mathrm{P}(E) = \mathrm{P}(E|F) = \frac{\mathrm{P}(E \cap F)}{\mathrm{P}(F)}, \text{ 즉 } \mathrm{P}(E \cap F) = \mathrm{P}(E) \cdot \mathrm{P}(F)$$

- n개의 사건 E_1, E_2, $\cdots$, E_n에 대해 서로 다른 임의의 두 사건 E_j, E_k가 서로 독립일 때 사건 E_1, E_2, $\cdots$, E_n은 **쌍으로 독립**이다.
- 임의의 집합 $J \subset \{1, 2, \cdots, n\}$에 대해 다음과 같은 식이 성립할 때 사건 E_1, E_2, $\cdots$, E_n은 **서로 독립**이다.

$$\mathrm{P}\left(\bigcap_{j \in J} E_j\right) = \prod_{j \in J} \mathrm{P}(E_j)$$

3.3 확률변수

- **확률변수**는 표본공간 S의 원소를 입력받아 실숫값을 반환하는 함수로 확률변수 값에 따라 표본공간을 분할할 수 있다.
- 확률변수 X와 실수 x에 대해 정의된 확률 $\mathrm{P}(X \leq x)$를 **누적분포함수**라 하며 간단하게 $F(x)$로 표기한다.

- 이산확률변수는 셀 수 있는 점에서만 0이 아닌 값을 가지며 확률질량함수는 $p(x)=\mathrm{P}(X=x)=\lim_{h\to 0+}\{F(x)-F(x-h)\}$이다.
- 연속확률변수는 $F(x)=\mathrm{P}(X\le x)=\int_{-\infty}^{x} f(t)\,dt$인 확률밀도함수 $f(x)$를 가지며 $f(x)$를 이용해 $\mathrm{P}(a\le X\le b)=\int_{a}^{b} f(x)\,dx$를 구할 수 있다.
- 이산확률변수 X의 기댓값은 $\mathrm{E}(X)=\sum_{x:p(x)>0} x\cdot p(x)$, 연속확률변수 X의 기댓값은 $\mathrm{E}(X)=\int_{-\infty}^{\infty} x\cdot f(x)\,dx$로 정의한다.
- 이산확률변수 X의 함수 $g(X)$의 기댓값은 $\mathrm{E}[g(X)]=\sum_{x:p(x)>0} g(x)\cdot p(x)$이고, 연속확률변수 X의 함수 $g(X)$의 기댓값은 $\mathrm{E}[g(X)]=\int_{-\infty}^{\infty} g(x)\cdot f(x)\,dx$이다. 따라서 $\mathrm{E}(aX+b)=a\mathrm{E}(X)+b$이다.
- 확률변수 X의 분산은 $\mathrm{Var}(X)=\mathrm{E}(X^2)-\{\mathrm{E}(X)\}^2$이고 분산의 제곱근 $\sqrt{\mathrm{Var}(X)}$를 표준편차라 한다.
- $g(X)$의 분산은 $\mathrm{Var}[g(X)]=\mathrm{E}[(g(X))^2]-\{\mathrm{E}[g(X)]\}^2$으로 계산한다. 특히 $g(X)=aX+b$이면 $\mathrm{Var}(aX+b)=a^2\mathrm{Var}(X)$이다.

3.4 둘 이상의 확률변수와 결합확률분포

- 표본공간 S에서 정의된 n개의 확률변수 X_1, X_2, $\cdots$, X_n에 대해 다음이 성립한다.
  ❶ $\mathrm{E}(X_1+X_2+\cdots+X_n)=\mathrm{E}(X_1)+\mathrm{E}(X_2)+\cdots+\mathrm{E}(X_n)$
  ❷ X_1, X_2, $\cdots$, X_n이 서로 독립일 때 $\mathrm{E}(X_1X_2\cdots X_n)=\mathrm{E}(X_1)\mathrm{E}(X_2)\cdots\mathrm{E}(X_n)$
- 두 확률변수의 공분산은 $\mathrm{Cov}(X_1,X_2)=\mathrm{E}[(X_1-\mathrm{E}(X_1))(X_2-\mathrm{E}(X_2))]$로 정의되고 다음이 성립한다.
  ❶ $\mathrm{Cov}(X_1,X_2)=\mathrm{E}(X_1X_2)-\mathrm{E}(X_1)\mathrm{E}(X_2)$
  ❷ 두 확률변수 X_1, X_2가 서로 독립일 때 $\mathrm{Cov}(X_1,X_2)=0$
  ❸ 서로 독립인 확률변수 X_1, X_2, $\cdots$, X_n에 대해
  $$\mathrm{Var}(X_1+X_2+\cdots+X_n)=\mathrm{Var}(X_1)+\mathrm{Var}(X_2)+\cdots+\mathrm{Var}(X_n)$$
  ❹ 상수 a_1, a_2, b_1, b_2에 대해 $\mathrm{Cov}(a_1X_1+b_1,a_2X_2+b_2)=a_1a_2\mathrm{Cov}(X_1,X_2)$
- 두 확률변수 X_1, X_2 사이의 상관계수는 $\mathrm{Corr}(X_1,X_2)=\dfrac{\mathrm{Cov}(X_1,X_2)}{\sqrt{\mathrm{Var}(X_1)\cdot\mathrm{Var}(X_2)}}$로 정의되고 상수 a_1, a_2, b_1, b_2에 대해 $\mathrm{Corr}(a_1X_1+b_1,a_2X_2+b_2)=\mathrm{Corr}(X_1,X_2)$이다(단, $a_1>0$, $a_2>0$).

3.5 다양한 확률분포

■ 이항분포

- **이항분포** $B(n, p)$는 성공확률 p인 베르누이시행을 n번 독립적으로 반복할 때 성공횟수의 분포로 정의되고 확률질량함수는 $\mathrm{P}(X=x) = {}_n\mathrm{C}_x\, p^x (1-p)^{n-x}$이다.
- 이항분포 $B(n, p)$를 따르는 이항확률변수의 기댓값은 np, 분산은 $np(1-p)$이다.

■ 정규분포

- 정규분포 $N(\mu, \sigma^2)$의 확률밀도함수는 $f(x;\mu, \sigma^2) = \dfrac{1}{\sqrt{2\pi}\,\sigma} e^{-(x-\mu)^2/2\sigma^2}$이다.
- 정규분포 $N(\mu, \sigma^2)$을 따르는 확률변수의 기댓값은 μ, 분산은 σ^2이다.
- 상수 a, b(단, $a \neq 0$)에 대해 $aX+b$도 정규분포를 따르고 그 기댓값은 $a\mu+b$, 분산은 $a^2\sigma^2$이다. 표준화된 확률변수 $\dfrac{X-\mu}{\sigma}$는 표준정규분포 $N(0, 1)$을 따른다.
- $\mathrm{P}(z < Z) = \alpha$인 상수 z 값을 z_α로 표기한다.
- 서로 독립인 확률변수 $X_i \sim N(\mu_i, \sigma_i^2)$(단, $i=1, 2, \cdots, n$)에 대해 $\sum_{i=1}^{n} X_i$도 정규분포를 따른다. 그 기댓값은 $\sum_{i=1}^{n} \mu_i$이고 분산은 $\sum_{i=1}^{n} \sigma_i^2$이다.
- $X_i \sim N(\mu, \sigma^2)$일 때 $\overline{X} = \dfrac{1}{n}\sum_{i=1}^{n} X_i$는 정규분포 $N\left(\mu, \dfrac{\sigma^2}{n}\right)$을 따른다.
- 이항확률분포 $B(n, p)$는 n이 커질 때 정규분포 $N(np, np(1-p))$로 수렴한다.

■ 카이제곱분포

- 표준정규분포를 따르는 서로 독립인 확률변수 Z_1, Z_2, $\cdots$, Z_k에 대해 그 제곱합 $V = Z_1^2 + Z_2^2 + \cdots + Z_k^2$은 자유도가 k인 카이제곱분포를 따르고 $\chi^2(k)$로 표기한다.
- 서로 독립인 두 확률변수 $V_1 \sim \chi^2(k_1)$, $V_2 \sim \chi^2(k_2)$에 대해 $V_1 + V_2 \sim \chi^2(k_1 + k_2)$이다.
- 정규분포 $N(\mu, \sigma^2)$을 따르는 서로 독립인 확률변수 X_1, X_2, $\cdots$, X_n에 대해 $\sum_{i=1}^{k}\left(\dfrac{X_i - \overline{X}}{\sigma}\right)^2 \sim \chi^2(k-1)$이다.

■ t-분포

- 표준정규분포를 따르는 확률변수 Z와 자유도가 k인 카이제곱분포를 따르는 확률변수 V에 대해 $\dfrac{Z}{\sqrt{V/k}}$는 자유도가 k인 t-분포를 따르고 $\dfrac{Z}{\sqrt{V/k}} \sim t(k)$로 표기한다.
- 정규분포 $N(\mu, \sigma^2)$을 따르는 서로 독립인 확률변수 X_1, X_2, $\cdots$, X_n에 대해 $T = \dfrac{\overline{X}-\mu}{S/\sqrt{n}}$는 자유도가 $n-1$인 t-분포를 따른다(단, $S^2 = \dfrac{1}{n-1}\sum_{i=1}^{n}\left(X_i - \overline{X}\right)^2$).

■ *F*-분포

- 서로 독립이고 자유도가 $(k_1,\ k_2)$인 카이제곱분포를 따르는 확률변수 V_1, V_2의 비를 이용하여 정의한 확률변수 $F=\dfrac{V_1/k_1}{V_2/k_2}$는 F-분포를 따른다.
- $V_1=\dfrac{\sum_{i=1}^{k_1}\left(X_{1i}-\overline{X}_1\right)^2}{\sigma_1^2}\sim\chi^2(k_1-1)$, $V_2=\dfrac{\sum_{i=1}^{k_2}\left(X_{2i}-\overline{X}_2\right)^2}{\sigma_2^2}\sim\chi^2(k_2-1)$일 때 확률변수 $F=\dfrac{V_1/(k_1-1)}{V_2/(k_2-1)}$은 자유도가 $(k_1-1,\ k_2-1)$인 F-분포를 따른다.

CHAPTER

03 연습문제

1. 질환을 일으키는 유전자가 성염색체에 존재해 성별에 따라 발현 비율이 달라지는 질환을 **반성유전**sex-linked inheritance 질환이라 한다. 선천적 색각이상은 X 염색체를 통해 전달되는 열성유전이다. 남자는 X 염색체가 하나이므로 어머니로부터 색각이상 유전자가 있는 X' 염색체를 물려받으면 그 형질이 바로 발현된다. 반면에 여자는 X 염색체가 두 개이므로 부모 모두로부터 색각이상 유전자가 있는 X' 염색체를 물려받는 경우에만 발현될 수 있다. 이제 부모 모두 색각이상이 아니지만 어머니가 색각이상 유전자가 있는 X' 염색체를 가지고 있다고 하자.

(a) 남자아이를 출산했을 때 성염색체의 표본공간을 구하라.

(b) 임신한 태아의 성별을 모를 때 태아의 성염색체의 표본공간을 구하라.

2. 표본공간 S의 두 사건 E와 F가 배반사건일 때 물음에 답하라.

(a) 확률 $\mathrm{P}(E\cap F)$ 값을 구하라.

(b) $\mathrm{P}(E\cup F)=1$일 때 $\mathrm{P}(E)\cdot\mathrm{P}(F)$의 최댓값을 구하라.

3. 주사위 두 개를 던지는 실험을 한다. E는 첫 번째 주사위의 눈이 짝수인 사건, F는 두 번째 주사위의 눈이 짝수인 사건, G는 두 주사위 눈의 합이 짝수인 사건이라 하자.

(a) 사건 E, F, G가 발생할 확률 $\mathrm{P}(E)$, $\mathrm{P}(F)$, $\mathrm{P}(G)$를 각각 구하라.

(b) 조건부확률 $\mathrm{P}(E|F)$, $\mathrm{P}(E|G)$, $\mathrm{P}(F|G)$를 각각 구하라.

(c) 사건 E, F, G가 쌍으로 독립인지 판단하라.

(d) 사건 E, F, G가 서로 독립인지 판단하라.

4. 1번부터 20번까지 20명의 학생으로 구성된 학급에서 추첨을 통해 두 명의 학생에게 경품을 주기로 한다. 두 번째로 추첨할 때는 첫 번째로 당첨된 학생은 제외하고, 나머지 19명 중에서 한 명을 뽑는다. 첫 번째 추첨에서 1번 학생이 당첨될 사건을 E, 두 번째 추첨에서 1번 학생이 당첨될 사건을 F라 하자. 각 추첨에서 추첨 대상이 된 학생들이 당첨될 확률은 모두 동일할 때, 물음에 답하라.

(a) 1번 학생이 첫 번째 추첨에서 당첨될 확률 $\mathrm{P}(E)$를 구하라.

(b) 1번 학생이 첫 번째 추첨에서 당첨되지 않았을 때, 두 번째 추첨에서 당첨될 조건부확률 $\mathrm{P}(F|E^c)$를 구하라.

(c) 1번 학생이 두 번째 추첨에서 당첨될 확률 $\mathrm{P}(F)$를 구하라.

(d) 1번 학생이 당첨될 확률 $\mathrm{P}(E\cup F)$를 구하라.

(e) 두 사건 E와 F가 서로 독립인지 판단하라.

5. 표본공간 S의 세 사건 E, F, G에 대해 E와 F, E와 G는 각각 쌍으로 독립이고 F와 G는 서로 배반이다. $\mathrm{P}(E) = 0.2$, $\mathrm{P}(F) = 0.3$, $\mathrm{P}(G) = 0.5$일 때 다음 확률을 구하라.

(a) $\mathrm{P}(F \cup G)$

(b) $\mathrm{P}(E \cap (F \cup G))$

(c) $\mathrm{P}(E | F \cup G)$

(d) $\mathrm{P}(E \cup F \cup G)$

6. 상수 c에 대해 확률변수 X의 확률질량함수 $f(x)$가 다음과 같을 때 물음에 답하라(단, $0 < p < 1$).

$$f(x) = \begin{cases} c(1-p)^x, & x = 1, 2, 3, \cdots \\ 0, & \text{이 외의 경우} \end{cases}$$

(a) $p = \dfrac{1}{3}$일 때 상수 c 값을 구하라.

(b) $p = \dfrac{1}{3}$일 때 자연수 k에 대해 확률변수 X의 누적분포함수 $F(k)$ 값을 구하라.

7. 상수 c에 대해 확률변수 X의 확률밀도함수 $f(x)$가 다음과 같을 때 물음에 답하라.

$$f(x) = \begin{cases} x, & 0 \le x \le c \\ 2c - x, & c < x \le 2c \\ 0, & \text{이 외의 경우} \end{cases}$$

(a) 상수 c 값을 구하라.

(b) X의 누적분포함수 $F(x)$를 구하라.

(c) X의 기댓값을 구하라.

(d) X^2의 기댓값을 구하라.

(e) X의 분산을 구하라.

8. 확률변수 X의 기댓값이 $\mu = \mathrm{E}(X) = 2$, 분산이 $\mathrm{Var}(X) = 1$이고 $\mathrm{E}[(X-\mu)^3] = 0$일 때 $\mathrm{E}(X^3)$을 구하라.

9. 두 학생 A와 B가 1번부터 5번까지 번호가 매겨진 공이 들어있는 주머니에서 랜덤으로 공을 하나씩 꺼낸 뒤 두 학생이 꺼낸 공의 번호 차이에 해당하는 상금을 받는다고 하자. 한 학생이 먼저 공을 꺼내 번호를 확인한 후 집어넣지 않고 다음 학생이 남은 공 중 하나를 꺼내기로 할 때 공의 번호 차이를 확률변수 X라 하자.

(a) X의 확률질량함수를 구하라.

(b) X의 누적분포함수를 구하라.

(c) X의 기댓값을 구하라.

(d) X^2의 기댓값을 구하라.

(e) X의 분산을 구하라.

(f) $3X-1$의 분산을 구하라.

10. 단기 일기예보의 정확도를 평가하기 위해 이틀 전 예보와 당일의 실제 날씨를 조사하여 기록한 결합확률분포표가 [표 3-12]와 같다고 하자.

표 3-12 **예보와 실제 날씨의 결합확률분포표**

예보 \ 실제 날씨	맑음	흐림	비	합계
맑음	0.30	0.10	0.05	q_0
흐림	0.06	0.20	0.05	q_1
비	0.04	0.10	0.10	q_2
합계	p_0	p_1	p_2	1.00

(a) 예보와 실제 날씨의 주변확률질량함수를 구하라.
(b) 예보와 실제 날씨가 서로 독립인지 확인하라.

11. 서로 독립인 두 확률변수 X와 Y의 결합확률분포 일부가 [표 3-13]과 같다고 하자.

표 3-13 **결합확률분포표(일부)**

Y \ X	0	1	2	합계
0	0.12	0.09		q_0
1				q_1
2		0.09	0.09	q_2
합계	p_0	p_1	p_2	1.00

(a) 확률변수 X와 Y의 주변확률질량함수를 구하라.
(b) 확률변수 X와 Y의 기댓값을 구하라.
(c) 두 확률변수의 곱 XY의 기댓값을 구하라.

12. **n 중 k 시스템**k-out-of-n system은 n개의 장비 중 k개의 장비가 고장 없이 작동하면 전체가 정상적으로 작동되는 시스템을 의미한다. A 항공사는 다섯 대의 서버를 이용하여 예약시스템을 구축했는데, 이 시스템은 다섯 대 중 네 대가 고장 없이 작동하면 정상 가동되는 '5 중 4 시스템'이라 할 수 있다. 이 항공사는 다음 주부터 프로모션을 진행할 예정이며 프로모션 기간 중 각 서버에 고장이 발생할 확률은 0.1로 예상된다. 프로모션 기간 중 고장이 발생하는 서버의 수를 확률변수 X로 정의하자. 각 서버의 고장 여부는 서로 독립이고, 서버에 고장이 발생하면 해당 서버는 프로모션 기간 중에 정상 작동이 불가능하다고 가정한다. 물음에 답하라.

(a) 프로모션 기간 중 모든 서버가 고장 없이 작동할 확률 $P(X=0)$을 구하라.
(b) 프로모션 기간 중 서버 네 대가 고장 없이 작동할 확률 $P(X=1)$을 구하라.
(c) 프로모션 기간 중 전체 시스템(5 중 4 시스템)이 정상적으로 작동할 확률을 구하라.

13. A 제약회사는 새로운 간염 백신을 개발했다. 백신의 항체 생성률을 확인하기 위해 100명을 랜덤으로 추출하여 임상시험을 진행했다. A 제약회사는 간염 백신의 항체 생성률을 80%로 추정하고 있다. 백신이 생성된 피험자 수를 확률변수 X라 하고, 각 피험자의 항체 생성 여부는 서로 독립이라고 할 때 물음에 답하라.

(a) 항체 생성률이 80%일 때 확률변수 X의 기댓값과 분산을 각각 구하라.

(b) 임상시험을 통해 확인한 결과 100명 중 항체가 생성된 피험자가 70명이었다. 항체 생성률이 80%일 때 항체가 생성된 피험자가 70명 이하일 확률 $\mathrm{P}(X \le 70)$을 구하라.

14. 곡물의 무게를 측정하기 위해 곡식 낟알의 무게를 개별적으로 측정하는 대신 낟알 100톨 또는 1,000톨 단위로 무게를 측정한 백립중 또는 천립중을 이용하기도 한다. 쌀은 주로 천립중을 이용하여 무게를 측정하는데, 쌀알이 균일하지 않고 깨진 부분이 많으면 천립중 값이 작거나 변동폭이 커지는 것으로 알려져 있다. 쌀 한 톨의 무게가 평균 0.02g이고 표준편차가 $0.001 \times \sqrt{10}$인 정규분포를 따른다고 하자.

(a) 쌀 천립중의 분포를 구하라.

(b) 쌀 천립중이 20.2g 이상일 확률을 구하라.

15. 확률변수 $X_1, X_2, \cdots, X_n$은 서로 독립이고 동일한 정규분포 $N(\mu, \sigma^2)$을 따른다. 단, $z_{0.1} = 1.28$, $z_{0.05} = 1.64$, $z_{0.01} = 2.33$이다. 조건을 만족하는 상수 c 값을 구하라.

(a) $n = 25$, $\mu = 2$, $\sigma = 5$일 때 $\mathrm{P}\left(\overline{X} \le c\right) = 0.1$

(b) $n = 36$, $\mu = 2$, $\sigma = 3$일 때 $\mathrm{P}\left(2 - c \le \overline{X} \le 2 + c\right) = 0.9$

16. 확률변수 $X_1, X_2, \cdots, X_n$은 서로 독립이고 정규분포 $N(0, 4)$를 따른다. $n = 5$이고 $V = \sum_{i=1}^{n} X_i^2$이라 할 때 물음에 답하라.

(a) 확률 $\mathrm{P}(V \ge 20)$을 구하라.

(b) 확률 $\mathrm{P}(V \ge v) = 0.01$이 되게 하는 v 값을 구하라.

17. 확률변수 $X_1, X_2, \cdots, X_n$은 서로 독립이고 정규분포 $N(0, \sigma^2)$을 따른다. 표본크기 $n = 10$, $Q = \sum_{i=1}^{n} \left(X_i - \overline{X}\right)^2$이고 모분산 σ^2을 모를 때 확률 $\mathrm{P}\left(\overline{X} \ge \sqrt{\dfrac{Q}{10}}\right)$를 구하라.

18. 주유기의 주유량은 온도 변화, 펌프 압력 등에 따라 달라질 수 있으며 정부에서는 주유기의 오차를 0.5% 이내로 제한하고 있다. 예를 들어 20L를 주유하면 허용되는 오차는 ± 0.1L 이내이다. A 주유소에서는 기존 주유기보다 정확한 새로운 주유기를 도입했다. 새로운 주유기와 기존 주유기로 20L씩 10번 주유할 때, 새로운 주유기의 주유량 $X_1,\ X_2,\ \cdots,\ X_{10}$은 정규분포 $N(20,\ \sigma_1^2)$을 따르고 기존 주유기의 주유량 $Y_1,\ Y_2,\ \cdots,\ Y_{10}$은 정규분포 $N(20,\ \sigma_2^2)$을 따른다. 두 주유기의 오차제곱합을 각각 $Q_1 = \sum_{i=1}^{10}(X_i - 20)^2,\ Q_2 = \sum_{i=1}^{10}(Y_i - 20)^2$이라 하자.

(a) 새로운 주유기의 분산이 $\sigma_1^2 = 0.04^2$일 때 확률 $\mathrm{P}(Q_1 \le 0.04)$를 구하라.

(b) 측정 결과 기존 주유기의 오차제곱합 Q_2가 새로운 주유기의 오차제곱합 Q_1에 비해 두 배로 나타났다. 두 주유기의 주유량 분산에 차이가 없다(즉 $\sigma_1^2 = \sigma_2^2$)고 가정할 때 확률 $\mathrm{P}\left(\dfrac{Q_2}{Q_1} \ge 2\right)$를 구하라.

CHAPTER

04

모집단과 표본

CONTENTS

■ 학습목표

- 모집단과 모수의 개념을 이해한다.
- 랜덤표본과 통계량의 의미를 확인하고 표본분포의 개념을 익힌다.
- 표본크기가 클 때의 표본평균의 표본분포인 중심극한정리를 이해한다.

■ 이 장에서 배우는 내용은?

통계조사를 통해 파악하고자 하는 것은 모집단의 특성이다. 이를 위해 모집단에 속하는 모든 조사단위를 조사하는 전수조사 방식을 사용하기도 하지만, 모집단 중 일부 조사단위를 표본으로 선택하여 모집단의 특성을 추정하는 경우가 많다. 이때는 모집단을 잘 대표할 수 있는 표본을 추출하고, 표본에 속한 개체들의 특성을 조사하여 모집단의 특성을 추정한다. 이 장에서는 먼저 모집단과 모수의 개념을 살펴보고 랜덤표본의 의미를 확인한다. 다음으로 표본통계량의 개념과 표본통계량의 분포를 소개하고, 표본평균의 분포로 잘 알려진 중심극한정리를 살펴본다.

SECTION 4.1 모집단과 모수

모집단population은 관심의 대상이 되는 조사단위 전체의 집합을 의미하고, **모수**parameter는 모집단의 특성을 요약한 상수를 의미한다. 예를 들어 우리나라 청소년의 평균 휴대전화 사용시간과 평균 운동시간을 파악하기 위한 표본조사에서 모집단은 우리나라의 모든 청소년이고, 모수는 평균 휴대전화 사용시간과 평균 운동시간이다. 선거 여론조사에서 모집단은 유권자 전체이고, 모수는 유권자 전체의 (정당이나 후보자 또는 정책에 대한) 지지도이다.

모수는 관심의 대상인 모집단의 특성이라는 점 외에도 다른 측면에서 중요한 의미를 가진다. 예를 들어 일차함수 $f(x) = ax + b$(단, $a \neq 0$)에서 기울기를 나타내는 상수 a와 y절편 b 값이 주어지면 함수의 모든 정보가 구체화되듯이, 3장에서 살펴본 다양한 확률분포의 경우에도 모수가 주어지면 확률밀도함수 또는 확률질량함수를 구체화할 수 있다. 예를 들어 정규분포는 다음과 같은 확률밀도함수를 가지므로 μ와 σ 값에 의해 확률밀도함수가 구체적으로 결정된다.

$$f(x) = \frac{1}{\sqrt{2\pi}\,\sigma} e^{-(x-\mu)^2/2\sigma^2} \quad (\text{단, } \sigma \neq 0)$$

다시 말해 μ와 σ 값만 알면 모집단의 분포와 관련된 모든 특성을 알 수 있다. 따라서 모수는 모집단의 분포를 결정하는 중요한 값이다.

일반적으로 모집단이 어떤 분포를 따르는지 알고 있다면 해당 분포의 모수를 바르게 추정함으로써 모집단의 분포를 구체적으로 알 수 있다. 이러한 이유로 모수에 대한 추정은 매우 중요한 의미가 있다. 모수의 추정과 관련된 내용은 5장에서 자세히 다룬다.

SECTION
4.2 랜덤표본과 통계량

랜덤표본

모집단 전체를 조사하는 것이 어렵거나 비효율적인 경우에는 모집단의 모수를 직접 확인하기보다 모집단의 일부만 표본으로 추출하여 모수를 추정한다. 이때 확률이론을 적용하여 이론적 타당성을 갖춘 추정량을 얻으려면 **랜덤표본**random sample을 사용해야 한다. 랜덤표본은 **확률표본**probability sample이라고도 한다.[1]

유한모집단에서 랜덤표본은 단순랜덤비복원추출로 추출된 표본, 즉 **단순랜덤표본**simple random sample으로 정의한다. 구체적으로 유한모집단에서의 랜덤표본은 비복원추출법을 적용하여 조사단위를 추출한 표본으로, 각 조사단위가 표본으로 선택될 확률이 모두 동일하다. 이러한 가정에서는 크기가 N인 모집단에서 크기가 n(단, $n < N$)인 표본을 추출할 때 각 표본이 추출될 확률이 $\frac{1}{{}_N\mathrm{C}_n}$로 동일하다.[2] 반면에 무한모집단에서 랜덤표본은 모든 조사단위가 동일한 분포를 따르고, 조사단위가 서로 독립인 표본으로 정의한다.[3] 모집단별로 랜덤표본의 정의를 요약하면 다음과 같다.

- **유한모집단에서의 랜덤표본** : 단순랜덤비복원추출로 추출된 표본
- **무한모집단에서의 랜덤표본** : 모든 조사단위가 모집단과 동일한 분포를 따르고, 조사단위가 서로 독립인 표본

1 랜덤표본이 중요한 이유는 두 가지이다. 첫째, 랜덤추출을 통해 모집단 중 일부가 과대 또는 과소 대표되는 것을 막아 조사 결과에 의도하지 않은 편향이 발생하는 것을 방지할 수 있다. 둘째, 랜덤표본을 사용해야만 확률이론을 바탕으로 한 통계적 분석이 가능하다. 랜덤표본에서는 조사단위가 사전에 정해진 확률에 따라 추출되므로 확률이론을 적용할 수 있다. 반대로 조사자가 주관적인 판단으로 조사단위를 선택한 판단표본이나 응답을 잘해주는 조사단위를 중심으로 구성된 편의표본(Lohr, 2019) 등 랜덤표본이 아닌 경우에는 확률이론을 적용하여 조사 결과를 분석할 수 없다.

2 간단한 예를 살펴보자. 다음과 같이 세 학생 a, b, c로 이루어진 모집단에서 두 학생을 랜덤으로 추출해 표본을 구성한다고 하자. a 학생은 두 표본 S_1과 S_3에 포함되고 b 학생은 두 표본 S_1과 S_2에 포함된다. 랜덤표본에서는 a 학생과 b 학생이 표본에 포함될 확률이 동일하므로 표본 S_2와 S_3이 추출될 확률이 동일하다. 마찬가지로 표본 S_1과 S_3이 추출될 확률도 동일함을 알 수 있다. 이러한 과정을 일반화하면 각 표본이 추출될 확률은 $\frac{1}{{}_N\mathrm{C}_n}$이다.

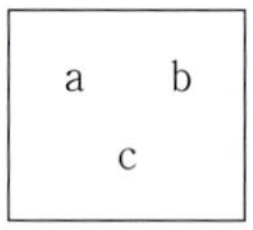

➜ S_1 : {a, b}
➜ S_2 : {b, c}
➜ S_3 : {a, c}

3 무한모집단에서 랜덤표본은 각 조사단위가 서로 독립independent이고 모집단과 동일한 분포를 따르므로 이를 IID independent and identically distributed로 표현하기도 한다.

예제 4-1

네 명의 학생 {A, B, C, D}로 구성된 모집단에서 크기 2인 랜덤표본을 추출하려 한다. 추출 가능한 표본을 모두 제시하고, 각 표본의 추출확률을 구하라.

풀이

유한모집단에서 랜덤표본은 비복원추출법으로 추출한다. 크기 $N=4$인 모집단에서 크기 $n=2$인 표본을 뽑을 때 추출 가능한 표본의 개수는 ${}_4C_2=\frac{4!}{2!\,2!}=6$이다. 각 표본이 추출될 확률이 동일하므로 추출확률은 $\frac{1}{6}$이다. 추출 가능한 표본과 추출확률은 [표 4-1]과 같다.

표 4-1 **표본과 추출확률**

표본	{A, B}	{A, C}	{A, D}	{B, C}	{B, D}	{C, D}
추출확률	$\frac{1}{6}$	$\frac{1}{6}$	$\frac{1}{6}$	$\frac{1}{6}$	$\frac{1}{6}$	$\frac{1}{6}$

예제 4-2

30명의 학생으로 구성된 학급에서 크기 3인 랜덤표본을 추출하여 조사하려 한다. 추출 가능한 표본의 개수와 각 표본의 추출확률을 구하라.

풀이

크기 $N=30$인 모집단에서 크기 $n=3$인 표본을 뽑는 문제이므로 추출 가능한 표본의 개수는 ${}_{30}C_3=\frac{30!}{3!\,27!}=\frac{30\cdot 29\cdot 28}{3\cdot 2\cdot 1}=4060$이다. 유한모집단에서 랜덤표본을 추출할 때는 각 표본이 추출될 확률이 동일하므로 추출확률은 $\frac{1}{4060}$이다.

통계량

통계량statistic은 표본으로 추출된 각 조사단위의 특성값으로 정의되는 함수이며, 모수를 추정하기 위해 사용된다. 대표적인 표본통계량으로 표본평균과 표본분산이 있으며 표본평균은 모평균을, 표본분산은 모분산을 추정하기 위해 사용된다. 표본으로 추출된 n개의 조사단위의 특성값이 $y_1, y_2, \cdots, y_n$이라 하자. 표본평균은 표본관측값의 합을 표본크기, 즉 관측된 조사단위의 수 n으로 나눈 값으로 다음과 같다.

$$f(y_1, y_2, \cdots, y_n)=\frac{1}{n}\sum_{i=1}^{n} y_i=\bar{y}$$

표본분산은 편차제곱합을 $n-1$로 나눈 값으로 다음 식과 같이 나타낼 수 있다.

$$f(y_1, y_2, \cdots, y_n) = \frac{1}{n-1}\sum_{i=1}^{n}(y_i - \bar{y})^2$$

랜덤표본을 사용해 모집단의 특성을 추정할 때 표본크기, 즉 추출되는 조사단위의 수를 늘릴수록 더 정확한 추론이 가능하다.

예제 4-3

네 명의 학생 {A, B, C, D}로 구성된 모집단에서 크기 2인 랜덤표본을 추출하여 몸무게를 확인하려 한다. A, B, C, D 네 학생의 몸무게가 각각 60kg, 70kg, 50kg, 60kg일 때 추출 가능한 모든 표본과 각 표본의 표본평균값을 구하라.

풀이

[예제 4-1]의 추출 가능한 표본에 대해 구한 두 학생의 몸무게 평균값은 [표 4-2]와 같다.

표 4-2 **표본과 표본평균**

표본	{A, B}	{A, C}	{A, D}	{B, C}	{B, D}	{C, D}
표본평균	65	55	60	60	65	55

예제 4-4

네 명의 학생 {A, B, C, D}로 구성된 모집단에서 크기 3인 랜덤표본을 추출하여 몸무게를 확인하려 한다. A, B, C, D 네 학생의 몸무게가 각각 60kg, 70kg, 50kg, 60kg일 때 추출 가능한 모든 표본과 해당 표본이 추출될 확률, 각 표본의 표본평균값을 구하라.

풀이

추출 가능한 표본의 개수는 ${}_4C_3 = \frac{4!}{3!1!} = 4$이고 각 표본이 추출될 확률이 동일하므로 추출 확률은 $\frac{1}{4}$이다. 추출 가능한 모든 표본과 추출확률, 표본평균값은 [표 4-3]과 같다.

표 4-3 **각 표본의 추출확률과 표본평균(소수점 이하 세 자리에서 반올림)**

표본	{A, B, C}	{A, B, D}	{A, C, D}	{B, C, D}
추출확률	$\frac{1}{4}$	$\frac{1}{4}$	$\frac{1}{4}$	$\frac{1}{4}$
표본평균	60	63.33	56.67	60

[예제 4-3]과 [예제 4-4]로부터 추출되는 표본에 따라 관찰되는 통계량 값이 달라질 수 있음을 알 수 있다. 또한 표본크기가 커질 때 모평균 60에 더 가까운 표본평균값이 관찰된다.

SECTION 4.3 표본분포

4.2절에서는 랜덤표본을 추출할 때마다 선택된 조사단위가 달라지고, 이에 따라 표본통계량 값도 달라질 수 있음을 확인했다. 이제 랜덤표본에서 구한 표본평균의 기댓값과 분산을 살펴보자. 표본평균의 기댓값과 분산은 3장에서 살펴본 확률변수의 합의 기댓값과 분산을 이용해 쉽게 구할 수 있다. 확률변수 X_i(단, $i=1, 2, \cdots, n$)의 기댓값이 μ일 때 $X_1, X_2, \cdots, X_n$의 합 $\sum_{i=1}^{n} X_i$의 기댓값은 다음과 같다.

$$\mathrm{E}\left(\sum_{i=1}^{n} X_i\right) = \sum_{i=1}^{n} \mathrm{E}(X_i) = n\mu$$

표본평균은 $\overline{X} = \frac{1}{n}\sum_{i=1}^{n} X_i$이므로 표본평균의 기댓값은 다음과 같이 μ이다.

$$\mathrm{E}(\overline{X}) = \mathrm{E}\left(\frac{1}{n}\sum_{i=1}^{n} X_i\right) = \frac{1}{n}\sum_{i=1}^{n} \mathrm{E}(X_i) = \mu$$

무한모집단에서 랜덤표본은 추출된 확률변수가 서로 독립이고 동일한 분포를 따른다고 가정한다. 따라서 $X_1, X_2, \cdots, X_n$의 합 $\sum_{i=1}^{n} X_i$의 분산은 다음과 같다.

$$\mathrm{Var}\left(\sum_{i=1}^{n} X_i\right) = \sum_{i=1}^{n} \mathrm{Var}(X_i) = n\sigma^2$$

표본평균의 분산은 다음과 같이 $\frac{\sigma^2}{n}$이다.

$$\begin{aligned}\mathrm{Var}(\overline{X}) &= \mathrm{Var}\left(\frac{1}{n}\sum_{i=1}^{n} X_i\right) \\ &= \frac{1}{n^2}\mathrm{Var}\left(\sum_{i=1}^{n} X_i\right) \underset{(*)}{=} \frac{1}{n^2}\sum_{i=1}^{n} \mathrm{Var}(X_i) = \frac{\sigma^2}{n} \qquad (4.1)\end{aligned}$$

유한모집단에서의 랜덤표본은 비복원추출을 가정한다. 따라서 추출된 확률변수는 서로 독립이 아니며, 식 (4.1)의 세 번째 등호 (*)가 성립하지 않는다.

다만 표본크기 n에 비해 모집단의 크기 N이 매우 크면 유한모집단에서 랜덤표본에 대한 표본평균의 분산도 무한모집단에서와 같이 $\frac{\sigma^2}{n}$에 가까워진다.[4] 표본평균의 분산이 $\frac{\sigma^2}{n}$이므로 표본평균값은 표본에 따라 달라질 수 있으며, 표본크기 n이 커지면 분산이 0에 가까워지므로 표본평균이 모평균과 거의 일치한다.

4.2절에서 확인했듯이 표본평균이나 표본분산과 같은 통계량은 어떤 조사단위가 표본으로 추출되는지에 따라 값이 달라진다. 일반적으로 통계량은 표본으로 추출된 관측값의 함수이므로 함수의 입력값, 즉 표본이 달라지면 반환되는 함숫값도 달라진다. 랜덤표본은 난수를 사용해 표본을 추출하므로 표본을 추출할 때마다 통계량 값이 달라지는 것은 당연하다. 이렇게 랜덤 표본에서 구한 표본통계량의 확률분포를 **표본분포**sampling distribution 또는 **표집분포**라 한다.

유한모집단에서 표본분포를 구하려면 먼저 가능한 모든 표본을 나열하고 각 표본에서 생성되는 통계량 값을 구한 후 그 값이 관찰될 확률을 계산한다. 예를 들어 [표 4-4]와 같이 네 명의 학생의 시험점수로 이루어진 모집단을 생각해보자.

표 4-4 학생별 점수(모집단)

학생	A	B	C	D
점수	60	90	70	80

이 모집단에서 크기 2인 표본을 비복원추출할 때 추출 가능한 표본은 모두 ${}_4C_2 = 6$개이다. 유한모집단에서 각 랜덤표본이 추출될 확률이 동일하므로 그 확률은 [표 4-5]와 같이 모두 $\frac{1}{6}$이다. 다음으로 표본통계량 중 하나인 표본평균을 구해보자. 표본평균은 각 표본에 포함된 조사단위(점수)의 평균값이고 [표 4-5]의 3행과 같이 주어진다.

표 4-5 각 표본의 추출확률과 표본평균

표본	{A(60), B(90)}	{A(60), C(70)}	{A(60), D(80)}	{B(90), C(70)}	{B(90), D(80)}	{C(70), D(80)}
추출확률	$\frac{1}{6}$	$\frac{1}{6}$	$\frac{1}{6}$	$\frac{1}{6}$	$\frac{1}{6}$	$\frac{1}{6}$
표본평균	75	65	70	80	85	75

예를 들어 평균점수가 75점인 경우는 {A(60), B(90)}과 {C(70), D(80)}의 두 가지가 있으므로 그 확률은 $\frac{1}{3}$이다. 나머지 표본평균값이 관찰될 확률은 모두 $\frac{1}{6}$이다. 이를 요약한

4 유한모집단에서 랜덤표본의 경우 표본평균의 분산이 $\text{Var}(\overline{X}) = \frac{N-n}{N-1} \cdot \frac{\sigma^2}{n}$임이 알려져 있다. 이 식에서 표본 크기 n에 비해 모집단의 크기 N이 매우 크다면 $N-n \approx N-1$이므로 유한모집단에서 랜덤표본에 대한 표본평균의 분산도 $\frac{\sigma^2}{n}$에 가까워진다.

표본평균의 표본분포는 [표 4-6]에서 확인할 수 있다.

표 4-6 표본평균의 표본분포

표본평균	65	70	75	80	85
확률	$\frac{1}{6}$	$\frac{1}{6}$	$\frac{1}{3}$	$\frac{1}{6}$	$\frac{1}{6}$

표본분포는 모집단에 포함된 모든 조사단위의 특성값을 알고 있어야만 구할 수 있다는 점에 유의해야 한다.[5] 현실적으로는 모집단에 대한 정보를 모르는 상태에서 표본을 관찰하므로 표본분포를 실제로 확인하기 어렵다. 실제 표본조사에서는 비용이나 시간의 제약으로 인해 모집단에서 표본을 하나만 추출하는 것이 일반적이며, 여러 표본을 뽑아 각각의 표본통계량을 관찰할 기회는 흔하지 않다.

예외적으로 선거 여론조사에서는 하나의 모집단에 대해 여러 언론사나 정당이 비슷한 시기에 서로 다른 표본을 추출해 조사한다. 이는 완전한 표본분포는 아니지만, 제한적으로 여러 표본에서 구한 표본통계량 값을 비교할 수 있다.

예제 4-5

네 명의 학생 {A, B, C, D}로 구성된 모집단에서 랜덤표본을 추출하여 몸무게를 확인하려 한다. A, B, C, D 네 학생의 몸무게가 각각 60kg, 70kg, 50kg, 60kg이라 하자.

(a) 표본크기가 2인 경우와 3인 경우의 몸무게 표본평균의 표본분포를 구하라.

(b) 표본크기가 2인 경우와 3인 경우의 표본평균의 기댓값과 분산을 구하라.

풀이

(a) [예제 4-1], [예제 4-3], [예제 4-4]의 결과를 바탕으로 표본분포를 구하면 [표 4-7], [표 4-8]과 같다.

표 4-7 표본크기 2

표본평균	55	60	65
확률	$\frac{1}{3}$	$\frac{1}{3}$	$\frac{1}{3}$

표 4-8 표본크기 3(소수점 이하 세 자리에서 반올림)

표본평균	56.67	60	63.33
확률	$\frac{1}{4}$	$\frac{1}{2}$	$\frac{1}{4}$

5 유한모집단에서 모집단에 포함된 모든 조사단위의 특성값을 알고 있다고 하더라도 모집단의 크기 N과 표본크기 n이 큰 경우에는 가능한 모든 표본을 구하는 것이 현실적으로 어려운 경우도 있다. 우리나라 전체 유권자 수는 수천만 명에 달하고 이 중 1,000명을 표본으로 선택하는 경우의 수는 매우 많으므로 추출 가능한 모든 표본을 구하는 데에는 많은 시간이 소요될 것이다. 따라서 모집단의 크기 N과 표본크기 n이 큰 경우에는 근사적으로 무한모집단으로 간주하여 표본분포를 구한다.

(b) (a)에서 구한 결과를 바탕으로 표본크기가 2일 때 표본평균의 기댓값과 분산을 계산하면 다음과 같다.

$$E(\overline{X}) = \frac{1}{3}\cdot 55 + \frac{1}{3}\cdot 60 + \frac{1}{3}\cdot 65 = 60$$

$$Var(\overline{X}) = \frac{1}{3}(55-60)^2 + \frac{1}{3}(60-60)^2 + \frac{1}{3}(65-60)^2 = \frac{50}{3}$$

표본크기가 3일 때 표본평균의 기댓값과 분산을 계산하면 다음과 같다.

$$E(\overline{X}) = \frac{1}{4}\cdot \frac{170}{3} + \frac{1}{2}\cdot 60 + \frac{1}{4}\cdot \frac{190}{3} = 60$$

$$Var(\overline{X}) = \frac{1}{4}\left(\frac{170}{3}-60\right)^2 + \frac{1}{2}(60-60)^2 + \frac{1}{4}\left(\frac{190}{3}-60\right)^2 = \frac{50}{9}$$

예제 4-6

[표 4-9]와 같이 이루어진 무한모집단에서 크기 $n=100$인 랜덤표본 $\{X_1, X_2, \cdots, X_{100}\}$을 추출했다.

표 4-9 확률변수 X_i의 확률분포

특성값	-1	0	2
추출확률	$\frac{1}{2}$	$\frac{1}{4}$	$\frac{1}{4}$

(a) 확률변수 X_i의 기댓값과 분산을 구하라.

(b) 표본평균 $\overline{X}$의 기댓값과 분산을 구하라.

풀이

(a) $$E(X_i) = \sum_{x:p(x)>0} x\,p(x) = (-1)\cdot\frac{1}{2} + 0\cdot\frac{1}{4} + 2\cdot\frac{1}{4} = 0$$

$$Var(X_i) = \sum_{x:p(x)>0} \{x - E(X_i)\}^2 p(x)$$
$$= (-1-0)^2\cdot\frac{1}{2} + (0-0)^2\cdot\frac{1}{4} + (2-0)^2\cdot\frac{1}{4} = \frac{3}{2}$$

(b) $E(\overline{X}) = E\left(\frac{1}{n}\sum_{i=1}^{n} X_i\right) = \frac{1}{n}\sum_{i=1}^{n} E(X_i)$이고 $E(X_i) = 0$이므로 $E(\overline{X}) = 0$이다.

$Var(\overline{X}) = Var\left(\frac{1}{n}\sum_{i=1}^{n} X_i\right) = \frac{1}{n^2} Var\left(\sum_{i=1}^{n} X_i\right) = \frac{1}{n^2}\sum_{i=1}^{n} Var(X_i) = \frac{\sigma^2}{n}$이고

$\sigma^2 = Var(X_i) = \frac{3}{2}$이므로 $Var(\overline{X}) = \frac{3}{200}$이다.

[예제 4-6]에서는 무한모집단에서 추출한 표본평균의 기댓값과 분산을 구했다. 하지만 표본평균의 기댓값과 분산은 표본분포의 일부 특성에 불과하고, 전체 표본분포를 설명하지는 않는다. 전체 표본분포에 대한 내용은 다음 절에서 다룬다.

칼럼 **표본분포의 개념을 이용하여 해석해보는 선거 여론조사의 사례**

"이거 제대로 조사한거 맞아?"…들쑥날쑥 여론조사 대체 왜?[6]

#1. A 후보 29.8% vs B 후보 26.8%(TBS-KSOI), A 후보 24.8% vs B 후보 26.9%(데일리안-여론조사공정(주)). 8월 21일과 22일 하루 차이를 두고 발표된 두 기관의 대통령선거 지지율(지지도) 조사 결과다. 여야 선두 주자의 우세가 뒤바뀐다.

(중략)

전문가들은 "여론조사 결과는 조사 방식, 표본, 질문지 등에 따라 결과가 서로 '다른' 것이지 어느 기관의 조사가 '틀렸다'고는 말할 수 없다"고 말한다.

정치 분야 20여 개 여론조사기관이 시행하고 있는 여론조사 간 차이는 크게 봐서 △물어보는 방식 △질문지 구성 방식 △응답률의 차이 등이다.

(후략)

위 기사는 하루 차이로 발표된 두 선거 여론조사에서 1위 후보가 서로 다르게 나타났다는 사실과, 그 이유에 대한 전문가들의 견해를 소개한다. 기사는 설문 내용과 구성 방식, 응답률 차이를 주요 원인으로 언급한다. 그러나 설문 문항이 완벽하게 동일하고 응답률에 차이가 없더라도 표본으로 추출되는 사람들이 매번 달라질 수 있다. 이 때문에 여론조사 결과는 서로 차이가 날 수 있으며, 이를 표본분포와 표본오차의 개념으로 이해할 수 있다.

6 박제완 (2021. 8. 29). "이거 제대로 조사한거 맞아?"…들쑥날쑥 여론조사 대체 왜?. **매일경제**.

SECTION 4.4 중심극한정리

4.3절에서 표본분포를 살펴보았지만 현실적으로 표본분포를 직접 관찰하는 일은 드물다. 이렇게 표본분포를 관찰하기 어렵더라도 합리적인 가정을 바탕으로 이론적 표본분포를 구할 수 있다면 모집단에 대한 추론을 할 수 있다. 즉 이론적 표본분포를 구할 수 있다면 모집단 추론을 위한 많은 정보를 파악할 수 있다. 표본분포를 활용한 모집단의 구체적인 추론 과정은 5장에서 자세히 다루기로 하고, 이 절에서는 표본평균의 분포를 구하기 위해 자주 활용되는 중심극한정리를 살펴본다.

중심극한정리

3.5절에서 이항분포의 정규근사 성질을 살펴보았다. 이 성질은 중심극한정리의 특수한 경우에 해당한다. 시행횟수가 n이고 성공확률이 p 인 이항확률변수 $X \sim B(n,\ p)$에 대해 n이 커질 때 다음 근사식이 성립한다. 이때 기호 $\div$는 n이 커질 때의 근사분포를 뜻한다.

$$\frac{X - np}{\sqrt{np(1-p)}} \div N(0,\ 1)$$

즉 시행횟수 n이 커지면 표준화된 이항확률변수의 분포가 표준정규분포에 가까워진다. 한편 시행횟수가 n이고 성공확률이 p 인 이항확률변수는 성공확률이 p 인 베르누이분포를 따르는 무한모집단에서 랜덤추출한 n개의 확률변수 $X_1,\ X_2,\ \cdots,\ X_n$의 합 $X = X_1 + X_2 + \cdots + X_n$으로 표현된다. 따라서 $X = X_1 + X_2 + \cdots + X_n = n\overline{X}$라 할 때 $X - np = n(\overline{X} - p)$이므로 다음 식이 성립한다.

$$\frac{\sqrt{n}\,(\overline{X} - p)}{\sqrt{p(1-p)}} = \frac{\overline{X} - p}{\sqrt{p(1-p)/n}} \div N(0,\ 1)$$

이 식은 베르누이확률변수의 표준화된 표본평균의 분포가 근사적으로 표준정규분포로 수렴한다는 의미로 해석된다. 이와 같은 성질을 일반화한 것이 **중심극한정리**central limit theorem이다. 중심극한정리는 [정리 4-1]과 같이 표현된다.

정리 4-1 중심극한정리

모평균이 μ, 모분산이 σ^2인 모집단에서 추출한 랜덤표본(동일한 분포를 따르고 서로 독립인 확률변수) X_1, X_2, $\cdots$, X_n을 생각하자. 이 랜덤표본의 표본평균 $\overline{X} = \frac{1}{n}\sum_{i=1}^{n} X_i$에 대해 표본크기 n이 충분히 커지면 $\frac{\sqrt{n}(\overline{X} - \mu)}{\sigma}$의 분포는 근사적으로 표준정규분포 $N(0,\ 1)$을 따른다.

$$\frac{\sqrt{n}(\overline{X} - \mu)}{\sigma} = \frac{\overline{X} - \mu}{\sigma/\sqrt{n}} \doteq N(0,\ 1)$$

3장에서 서로 독립이고 동일한 정규분포에서 추출한 확률변수들의 합과 평균이 정규분포를 따른다는 사실을 살펴보았다. **중심극한정리는 모집단의 분포가 정규분포가 아니더라도 표본크기 n이 커질수록 표준화된 표본평균의 분포가 근사적으로 표준정규분포를 따른다**는 것을 의미한다. 즉 모집단의 분포가 이항분포와 같은 이산확률분포이거나 정규분포와 형태가 다른 균등분포, 지수분포 등 연속확률분포인 경우에도 표본크기가 충분히 커지면 표본평균의 분포가 정규분포와 가까운 형태로 표현된다. 다만 표본크기가 작거나 '서로 독립' 또는 '동일한 분포를 따른다'는 가정이 성립되지 않으면 표본평균을 정규분포로 근사시키기 어려운 경우도 있다는 점에 유의해야 한다. 중심극한정리를 적용할 수 있을 만큼 충분한 표본크기는 모집단의 분포에 따라 달라지는데, 대체로 표본크기가 25 또는 30 이상이면 중심극한정리를 적용할 수 있다고 본다.

표준화된 표본평균의 분포는 $\overline{X} \doteq N\left(\mu,\ \frac{\sigma^2}{n}\right)$으로 표현된다. 즉 표본크기 n이 커지면 표본평균 $\overline{X}$의 표준편차가 작아지고, 각 표본에서 구한 표본평균값이 모평균 μ 주변에 더욱 밀집해서 분포함을 의미한다. 따라서 표본크기를 크게 할수록 변동성이 줄고 더 정확한 추정량을 구할 수 있다.

모평균과 표본크기에 따른 표본평균의 분포

중심극한정리를 이용하여 구한 표본평균의 분포로부터 표본평균이 특정 구간에 포함될 확률을 구할 수 있다. 예를 들어 모평균이 μ, 모분산이 σ^2인 모집단에서 크기 n인 표본을 추출했을 때 표본평균은 n이 충분히 크면 근사적으로 정규분포 $N\left(\mu,\ \frac{\sigma^2}{n}\right)$을 따른다. 따라서 표본평균이 상수 c보다 클 확률 $\mathrm{P}(\overline{X} > c)$는 표준정규분포를 따르는 확률변수 Z에 대해 다음과 같이 주어진다.

$$\mathrm{P}(\overline{X} > c) = \mathrm{P}\left(\frac{\overline{X} - \mu}{\sigma/\sqrt{n}} > \frac{c - \mu}{\sigma/\sqrt{n}}\right) = \mathrm{P}\left(Z > \frac{c - \mu}{\sigma/\sqrt{n}}\right)$$

반대로 표본평균이 상수 c보다 작을 확률 $\mathrm{P}(\overline{X} < c)$는 표준정규분포를 따르는 확률변수 Z에 대해 다음과 같이 주어진다.

$$\mathrm{P}(\overline{X} < c) = \mathrm{P}\left(\frac{\overline{X} - \mu}{\sigma/\sqrt{n}} < \frac{c - \mu}{\sigma/\sqrt{n}}\right) = \mathrm{P}\left(Z < \frac{c - \mu}{\sigma/\sqrt{n}}\right)$$

먼저 모분산은 고정되어 있고 모평균 μ 값이 변할 때를 생각해보자. μ가 커지면 $\frac{c - \mu}{\sigma/\sqrt{n}}$ 값이 작아지고, 반대로 μ가 작아지면 $\frac{c - \mu}{\sigma/\sqrt{n}}$ 값이 커지므로 확률 $\mathrm{P}(\overline{X} > c)$는 [그림 4-1]에서 확인할 수 있듯이 μ가 클 때 더 큰 값을 가진다.

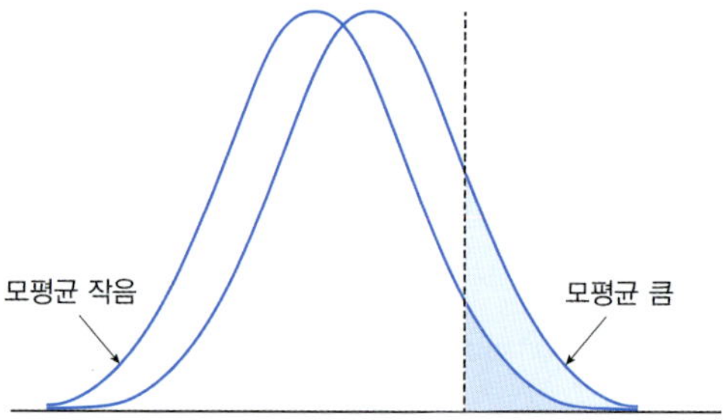

그림 4-1 **모평균 크기에 따른 표본평균의 분포**

다음으로 모평균 μ는 고정되어 있고 표본크기 n이 변할 때를 생각해보자. n이 커지면 표본평균의 표준편차 $\frac{\sigma}{\sqrt{n}}$가 작아지고, $c - \mu < 0$일 때 $\frac{c - \mu}{\sigma/\sqrt{n}}$ 값이 작아진다. 따라서 [그림 4-2]에서 볼 수 있듯이 n이 커질수록 확률 $\mathrm{P}(\overline{X} < c)$가 작아진다. 반대로 $c - \mu > 0$이면 n이 커질수록 $\frac{c - \mu}{\sigma/\sqrt{n}}$ 값이 커지므로 확률 $\mathrm{P}(\overline{X} < c)$가 커진다.

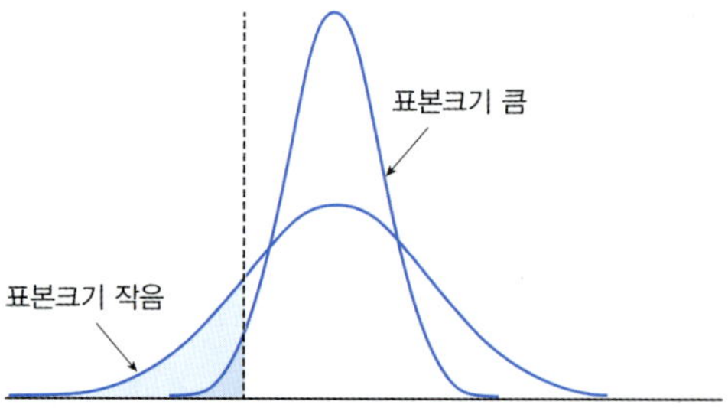

그림 4-2 **표본크기에 따른 표본평균의 분포**

예제 4-7

[표 4-9]와 같은 분포를 가진 무한모집단에서 크기 $n=100$인 랜덤표본 $\{X_1, X_2, \cdots, X_{100}\}$을 추출하여 구한 표본평균 $\overline{X}$의 표본분포를 구하라.

풀이

[예제 4-6]에서 표본평균 $\overline{X}$의 기댓값이 $\mu=0$이고 분산이 $\frac{\sigma^2}{n}=\frac{3}{200}=0.015$임을 확인했다. 표본크기 $n=100$은 충분히 크므로 중심극한정리를 적용하면 표본평균의 분포는 다음과 같다.

$$\frac{\overline{X}-\mu}{\sigma/\sqrt{n}}=\frac{\overline{X}-0}{\sqrt{3/200}} \doteqdot N(0,\ 1)$$

따라서 $\overline{X} \doteqdot N(0,\ 0.015)$이다.

예제 4-8

모평균 2, 모분산 25인 무한모집단에서 크기 n인 랜덤표본을 추출하여 표본평균 $\overline{X}$를 구했다. $\overline{X}$가 0 이하일 확률이 0.025 이하가 되도록 하는 표본크기 n의 최솟값을 구하라.

풀이

표본크기가 충분히 크다고 가정할 수 있으므로 중심극한정리를 적용하면 표준화된 표본평균은 표준정규분포를 따른다.

$$Z=\frac{\overline{X}-\mu}{\sigma/\sqrt{n}}=\frac{\overline{X}-2}{5/\sqrt{n}} \doteqdot N(0,\ 1)$$

구하려는 확률에 대해서는 다음이 성립해야 한다.

$$\mathrm{P}(\overline{X}\le 0)=\mathrm{P}\left(\frac{\overline{X}-2}{5/\sqrt{n}}\le -\frac{2}{5/\sqrt{n}}\right)=\mathrm{P}\left(Z\le -\frac{2}{5/\sqrt{n}}\right)\le 0.025$$

즉 $-\frac{2}{5/\sqrt{n}}\le -z_{0.025}\approx -1.96$이어야 하므로 $n\ge\left(\frac{1.96\cdot 5}{2}\right)^2$이고, 표본크기 n의 최솟값은 25이다.

예제 4-9

모분산 100인 무한모집단에서 크기 $n=64$인 랜덤표본을 추출하여 표본평균 $\overline{X}$를 구했다. $\overline{X} \geq 0$일 확률이 0.001 이하가 되도록 하는 모평균 μ의 최댓값을 구하라. 단, $z_{0.001}=3.09$이다.

풀이

표본크기가 충분히 크다고 가정할 수 있으므로 중심극한정리를 적용하여 $\overline{X}$가 0 이상일 확률을 다음과 같이 구할 수 있다.

$$P(\overline{X} \geq 0) = P\left(\frac{\overline{X}-\mu}{\sigma/\sqrt{n}} \geq \frac{-\mu}{10/\sqrt{64}}\right) = P\left(Z \geq -\frac{8\mu}{10}\right) \leq 0.001$$

즉 $-0.8\mu \geq 3.09$이어야 하고 $\mu \leq -3.863$이다. 따라서 모평균 μ의 최댓값은 -3.863이다.

SECTION 4.5

파이썬 예제로 익히는 랜덤표본과 표본분포 선택

이 절에서는 앞에서 살펴본 랜덤표본과 표본분포의 개념을 파이썬 명령문을 이용해 직접 확인해본다.

랜덤표본과 통계량

4.2절

여러 개의 표본을 실제로 추출하여 표본통계량을 구하고, 그 값이 표본에 포함된 조사단위에 의해 달라질 수 있음을 확인해보자. 이를 위해 Venables & Ripley(2002)에 수록된 `Animals` 데이터를 사용한다. 이 데이터는 28종 동물의 몸무게와 뇌무게를 담고 있으며, 관측값을 표와 산점도로 나타내면 각각 [표 4-10], [그림 4-3]과 같다. 28종의 모든 동물들을 모집단으로, 평균 몸무게와 평균 뇌무게를 모수로 보고 랜덤표본과 통계량을 작성해보자.

표 4-10 Animals 데이터

	몸무게(kg)	뇌무게(g)
mountain beaver	1.35	8.1
cow	465.00	423.0
grey wolf	36.33	119.5
goat	27.66	115.0
guinea pig	1.04	5.5
diplodocus	11700.00	50.0
asian elephant	2547.00	4603.0
donkey	187.10	419.0
horse	521.00	655.0
potar monkey	10.00	115.0
cat	3.30	25.6
⋮		
pig	192.00	180.0

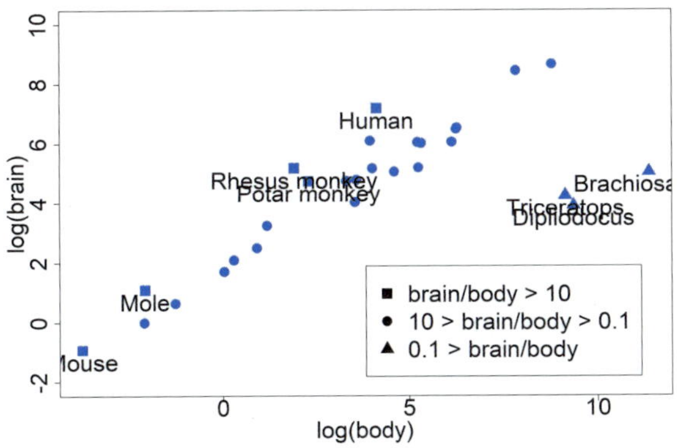

그림 4-3 Animals 데이터의 산점도

❶ 탐색적 분석

먼저 필요한 파이썬 모듈과 데이터를 불러온 뒤, 데이터를 데이터프레임으로 저장한다. [코드 4-1]을 실행해보자.

코드 4-1

```
import numpy as np
import pandas as pd
import matplotlib.pyplot as plt
import statsmodels.api as sm
animals = sm.datasets.get_rdataset('Animals','MASS')
df = animals.data
```

데이터프레임 df의 행과 열의 개수를 확인해보자. [코드 4-2]를 실행하면 행의 개수는 28개이고 열의 개수는 2개임을 알 수 있다. 행의 개수는 모집단에 포함된 동물의 종 수, 즉 조사단위의 수에 해당하고 열의 개수는 변수의 수에 해당한다. 이후 과정에서 사용하기 위해 행의 개수를 nrow라는 변수에 저장한다.

코드 4-2

```
nrow = df.shape[0]
df.shape
```

```
(28, 2)
```

[코드 4-3]은 모집단, 즉 28종 동물 전체에서 모평균값을 구하기 위해 데이터프레임 df에 mean() 메서드를 적용한 것이다. mean()의 기본값은 axis=0이므로 열별 평균값, 즉 변수별 평균값을 반환한다. 실행 결과 몸무게는 평균 4,278.4kg, 뇌무게는 평균 574.5g이다. 몸무게 평균값이 큰 이유는 디플로도쿠스(공룡)나 코끼리처럼 몸무게가 무거운 동물이 포함되어 있기 때문이다.

코드 4-3

```
df.mean()
```

```
body     4278.4
brain     574.5
dtype: float64
```

데이터 전체를 확인하기 위해 산점도를 그려보자. 몸무게와 뇌무게는 종에 따라 차이가 크므로 축을 로그변환(2.2절 참고)해 표현한다. 이를 위해 matplotlib.pyplot 모듈의 plot() 함수 대신 loglog() 함수를 이용했다.

코드 4-4

```
plt.loglog(df.body, df.brain, marker="o", ls="")
plt.xlabel("body weight (kg)")
plt.ylabel("brain weight (g)")
```

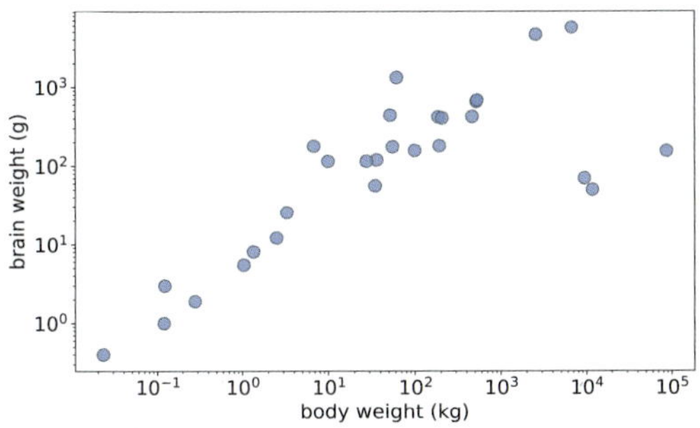

❷ 랜덤표본 추출

이제 표본을 추출해보자. 먼저 시드값을 부여해 명령문을 다시 실행하더라도 동일한 결과를 얻을 수 있도록 했다. 다음으로 표본크기 smplsz와 표본추출 횟수 nreps를 지정했다. 여기서는 크기 5인 표본을 추출하기 위해 smplsz=5로, 이 과정을 10번 반복하기 위해 nreps=10으로 지정했다.

모집단은 28종의 동물로 구성되어 있으므로 가능한 표본의 수는 ${}_{28}C_5 = 98280$개이고, 각 표본이 추출될 확률은 모두 $\dfrac{1}{{}_{28}C_5} = \dfrac{1}{98280}$이다. 이 중 표본을 10개만 추출했는데, 3행에서 choice() 함수를 이용해 구현했다. nrow개의 행 중 smplsz=5개의 행번호를 랜덤으로 추출하는 과정을 nreps=10번 반복하고, 그 결과를 리스트 rndsmpl에 저장했다. 참고로 비복원추출을 하려면 choice() 함수에 replace=False를 지정하면 된다. 크기 5인 표본을 하나만 추출하기 위해서는 np.random.choice(nrow, size=smplsz, replace=False)만 실행하면 된다. 마지막으로 rndsmpl을 조회해서 각 표본에서 추출된 관측값의 번호를 확인했다.

코드 4-5

```
np.random.seed(0)
smplsz, nreps = 5, 10
rndsmpl = [np.random.choice(nrow, size=smplsz, replace=False)
           for i in range(nreps)]
rndsmpl
```

```
[array([ 2, 22, 14, 17,  5]),
 array([13, 11, 10, 23,  2]),
 array([19, 11, 23, 26, 14]),
      ⋮
 array([16, 20, 19, 21,  6])]
```

rndsmpl[i]에 i번째 표본으로 추출된 관측값의 행번호가 저장되어 있다. 따라서 데이터프레임 df에서 해당 행을 선택하면 표본으로 추출된 동물의 종류와 몸무게, 뇌무게를 확인할 수 있다. [코드 4-6]에서는 3번 표본을, [코드 4-7]에서는 4번 표본을 확인했다.

코드 4-6

```
df.iloc[rndsmpl[3]]
```

rownames	body	brain
Grey wolf	36.33	119.5
Rhesus monkey	6.80	179.0
Chimpanzee	52.16	440.0
Jaguar	100.0	157.0
Potar monkey	10.0	115.0

코드 4-7

```
df.iloc[rndsmpl[4]]
```

```
                       body      brain
rownames
Brachiosaurus       87000.00     154.5
Gorilla               207.00     406.0
Asian elephant       2547.00    4603.0
Chimpanzee             52.16     440.0
African elephant     6654.00    5712.0
```

❸ 표본통계량

각 표본에서 표본통계량, 즉 몸무게 평균값과 뇌무게 평균값을 구해보자. 이 과정을 nreps개의 표본에 대해 반복한 후 결과를 리스트 smplmeans에 저장하는 명령문으로 작성할 수 있다.

코드 4-8

```
smplmeans = [df.iloc[rndsmpl[i]].mean() for i in range(nreps)]
smplmeans
```

```
[body     3705.066
 brain    1218.900
 dtype: float64,
   ⋮
 body     522.3646
 brain    993.9000
 dtype: float64]
```

마지막으로 추출된 표본들의 표본평균값을 변수별로 정리해보자. [코드 4-9]와 같이 몸무게의 표본평균값은 일차원 배열 bdsmplmeans에 저장하고, 뇌무게의 표본평균값은 일차원 배열 brsmplmeans에 저장할 수 있다.

코드 4-9

```
bdsmplmeans = np.array([smplmeans[i].body for i in range(nreps)])
brsmplmeans = np.array([smplmeans[i].brain for i in range(nreps)])
```

bdsmplmeans를 확인해보면 표본을 뽑을 때마다 표본평균값이 크게 달라짐을 알 수 있다. 몸무게의 모평균값은 4,278.4kg인데 비해 표본평균값은 이보다 훨씬 크거나 작은 값으로도 나타난다. 이는 공룡처럼 몸무게가 무거운 동물이 표본에 포함되는지 여부에 따라 값이 크게 달라지기 때문이다. 예를 들어 브라키오사우루스가 포함된 4번 표본은 몸무게 평균값이 크게 관찰되었지만, 무거운 동물이 없는 3번 표본은 평균값이 작게 관찰되었다.

코드 4-10

```
bdsmplmeans.round(1)
```

```
array([3705.1,   136.6,  1447.1,    41.1, 19292. ,  2388.5,  1991.1,
        1344. ,  3305.2,   522.4])
```

brsmplmeans 또한 표본을 뽑을 때마다 표본평균값이 달라짐을 알 수 있다. 뇌무게의 표본평균값도 모평균값 574.5g과 다소 차이가 있지만, 몸무게에 비해 차이가 크지 않다.

코드 4-11

```
brsmplmeans.round(1)
```

```
array([1218.9,  517. , 1367.1,  202.1, 2263.1,  129.5,  202.9,
        1181.9, 1276.9,  993.9])
```

앞서 살펴본 바와 같이 표본크기 5인 경우에는 공룡처럼 무거운 동물이 표본에 포함되는지 여부가 표본평균값에 큰 영향을 미친다. 그러나 이러한 차이는 표본크기를 키우면 줄어든다.

[코드 4-5]의 변수 smplsz 값을 10 또는 15로 수정한 후 명령문을 다시 실행해 표본통계량 값을 확인해보자.

중심극한정리

4.4절

표본평균의 표본분포로 자주 활용되는 중심극한정리를 살펴보자. 균등분포 $U(0,\ 1)$에서의 랜덤표본 $X_1,\ X_2,\ \cdots,\ X_n$, 즉 확률변수 X_i(단, $i=1,\ 2,\ \cdots,\ n$)가 모두 균등분포 $U(0,\ 1)$을 따르고 서로 독립이라고 하자. X_i의 확률밀도함수는 다음과 같다.

$$f(x) = \begin{cases} 1, & 0 \le x \le 1 \\ 0, & x > 1 \text{ 또는 } x < 0 \end{cases}$$

기댓값과 분산은 확률밀도함수의 적분을 통해 다음과 같이 구할 수 있다.

$$\mathrm{E}(X_i) = \int_{-\infty}^{\infty} x f(x)\,dx = \int_0^1 x\,dx = \frac{1}{2}$$

$$\mathrm{E}(X_i^2) = \int_{-\infty}^{\infty} x^2 f(x)\,dx = \int_0^1 x^2\,dx = \frac{1}{3}$$

$$\mathrm{Var}(X_i) = \mathrm{E}\left(X_i^2\right) - \{\mathrm{E}(X_i)\}^2 = \frac{1}{3} - \frac{1}{4} = \frac{1}{12}$$

따라서 확률변수 X_i의 표준편차는 $\frac{1}{\sqrt{12}} \approx 0.289$이다.

이제 파이썬 명령문을 활용하여 균등분포 $U(0,\ 1)$을 따르는 모집단에서 크기 n인 랜덤표본을 추출하고, 표본평균의 분포를 관찰해보자. 중심극한정리가 잘 적용된다면 표본평균 $\overline{X}$의 분포는 정규분포 $N\left(0.5,\ \frac{1}{12n}\right)$에 가까워진다. 또한 표준화한 표본평균의 근사분포는 다음과 같다.

$$\frac{\sqrt{n}(\overline{X} - \mu)}{\sigma} = \frac{\sqrt{n}(\overline{X} - 0.5)}{\sqrt{1/12}} = \sqrt{12n}(\overline{X} - 0.5) \div N(0,\ 1)$$

❶ 랜덤표본과 표본평균

표본평균의 분포를 확인하기 위해 필요한 파이썬 모듈을 [코드 4-12]와 같이 불러온다.

코드 4-12

```
import numpy as np
import pandas as pd
import matplotlib.pyplot as plt
```

이제 표본크기 n을 1, 2, 3, 10, 50, 100으로 변화시키며 균등확률변수들의 표본평균을 100만 번씩 계산해 표본평균의 분포를 살펴보자. 먼저 다시 실행해도 동일한 난수가 생성되도록 시드값을 특정 숫자로 고정한다. `numpy.random` 모듈의 `uniform()` 함수를 이용하여 균등확률변수를 n개 생성한 후 생성된 확률변수들의 평균(표본평균)을 구하는 과정을 100만 번 반복한다.

이 과정은 다음과 같이 구현할 수 있다. 먼저 `uniform()` 함수의 `size`를 `(1000000,n)`으로 지정해 $1000000 \times n$ 형태의 균등확률변수 난수 행렬 `rndunif`를 생성한다. `rndunif`의 각 행이 크기 n인 하나의 표본에 해당한다. 표본평균, 즉 행별 평균값을 구하기 위해 `mean()` 메서드를

axis=1로 지정하여 rndunif에 적용한다. 이러한 과정을 거쳐 생성한 100만 개의 표본 smplmeans 에 저장한다.

다음으로 표본평균을 $\frac{\sqrt{n}(\overline{X}-\mu)}{\sigma} = \sqrt{12n}(\overline{X}-0.5)$로 표준화하여 배열 stdsmplmeans 에 저장한다. [코드 4-13]은 이 과정을 $n=3$일 때로 한정하여 작성한 명령문이다.

코드 4-13

```
np.random.seed(0)
n = 3
rndunif = np.random.uniform(low=0, high=1, size=(1000000,n))
smplmeans = rndunif.mean(axis=1)
stdsmplmeans = np.sqrt(12*n) * (smplmeans - 0.5)
```

❷ 표본분포

표준화된 표본평균의 분포를 확인하기 위해 matplotlib.pyplot 모듈의 hist() 함수를 이용하여 100만 개의 표본평균값에 대한 히스토그램을 작성하고, 평균값과 표준편차, 왜도와 첨도를 계산해보자. 예를 들어 [코드 4-14]의 실행 결과에 따르면 $n=3$일 때 표준화된 표본평균의 분포는 좌우대칭인 종 모양이므로 정규분포에 가깝다고 볼 수 있다.

코드 4-14

```
plt.hist(stdsmplmeans, bins=100)
```

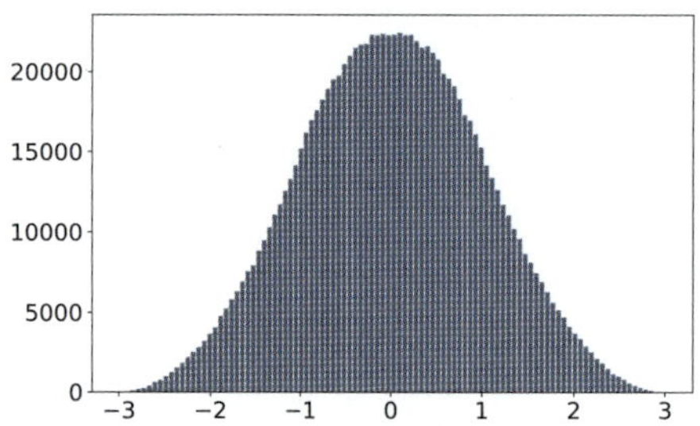

수치로 요약된 지표를 확인해보면 평균값이 0, 표준편차가 1이고 왜도가 0에 가까워 표준정규분포의 평균, 표준편차, 왜도와 일치한다고 볼 수 있다. 다만 첨도는 -0.402로 표준정규분포의 첨도 0과 약간 차이가 있다.[7]

7 pandas 시리즈 객체에 적용되는 kurtosis() 메서드는 표준정규분포의 첨도 값을 0으로 반환한다.

코드 4-15

```
[stdsmplmeans.mean(),
 stdsmplmeans.std(),
 pd.Series(stdsmplmeans).skew(),
 pd.Series(stdsmplmeans).kurtosis()]
```

```
[0.0, 1.0, -0.001, -0.402]
```

지금까지 소개한 예를 일반화해보자. 표본크기 n을 1, 2, 3, 10, 50, 100으로 변화시키며 표준화된 표본평균의 표본분포를 구한 뒤 평균(A), 표준편차(B), 왜도(C), 첨도(D) 값을 구한 결과는 [표 4-11]과 같다.

표 4-11 **표본크기별 표준화된 표본평균의 평균, 표준편차, 왜도, 첨도**

n	평균(A)	표준편차(B)	왜도(C)	첨도(D)
1	0.001	1.000	−0.002	−1.201
2	0.001	1.001	0.000	−0.601
3	0.000	1.000	−0.001	−0.402
10	0.000	0.999	−0.001	−0.112
50	−0.001	0.999	−0.001	−0.029
100	−0.001	1.000	0.000	−0.007

평균, 표준편차, 왜도는 표본크기와 관계없이 표준정규분포의 평균, 표준편차, 왜도와 일치한다. 왜도는 분포의 대칭 여부를 나타내는 지표이고, 균등분포도 정규분포와 마찬가지로 대칭분포이므로 0에 가까운 값이 관찰된다. 반면 첨도는 표본크기가 작을 때 정규분포와 큰 차이를 보이지만, 표본크기가 커질수록 정규분포의 첨도 0에 가까워진다. 즉 표본크기 n이 충분히 커야 정규분포에 가깝게 수렴한다.

[그림 4-4]의 히스토그램으로 표본평균의 분포 형태를 확인해보면 n이 커질수록 표준화된 표본평균값이 표준정규분포에 가까워지는 것을 알 수 있다. $n=1$일 때는 균등분포 형태이고, $n=2$일 때는 삼각형 형태의 분포를 보인다. 표본크기 n이 2 이하이면 표본평균의 분포가 정규분포에 가깝다고 보기 어렵지만, n이 커지면 분포 형태가 점차 종 모양의 정규분포와 가까워진다.

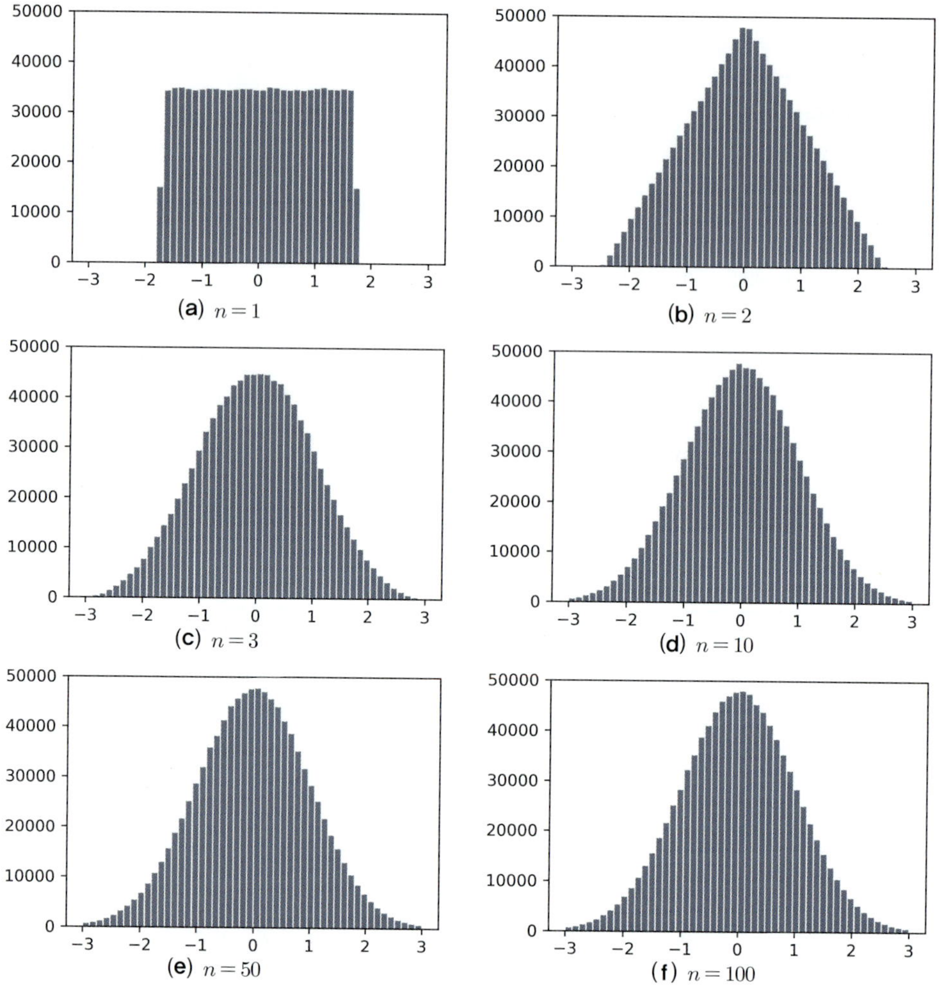

그림 4-4 **균등분포를 따르는 모집단에서 추출한 표준화된 표본평균의 분포 형태**

지금까지의 실습을 통해 확률변수의 분포 형태가 정규분포와 크게 달라도 표본크기 n이 커지면 표본평균의 분포가 정규분포로 수렴함을 알 수 있다. 균등분포에서는 정해진 구간에서 확률변수 값이 고르게 관찰된다. 따라서 균등분포를 따르는 모집단에서 조사단위를 하나만 추출한 경우($n=1$)에는 표본분포가 균등분포 형태를 보인다. $n = 2$인 경우에는 표준화된 표본평균의 분포가 삼각형 형태로 중심에 더 밀집하는 경향을 보이고, $n \geq 3$인 경우에는 분포 형태가 종 모양 곡선으로 나타난다.

균등분포와 정규분포는 형태가 다르다. 그러나 균등분포에서 추출된 확률변수의 표본평균은 추출 과정에서 극단적으로 큰 값 또는 극단적으로 작은 값들만 반복해 관찰될 확률이 낮고 큰 값과 작은 값이 비교적 고르게 섞여 관찰될 확률이 높기 때문에 결국 정규분포로 수렴한다. 다시 말해 여러 관측값을 모으면 큰 값과 작은 값이 상쇄되어 표본평균값이 모평균값에 가까워질 가능성이 높다.

중심극한정리가 중요한 이유는 표본크기 등 특정한 조건이 충족되면 모집단의 분포가 정규분포가 아니라도 표본평균의 근사 분포를 구할 수 있기 때문이다. 따라서 모집단이 정규분포를 따르지 않는 경우에도 모평균의 추정과 검정 등에 정규분포를 표본평균의 근사분포로 활용할 수 있다.

CHAPTER

04 핵심정리

4.1 모집단과 모수

- **모집단**은 관심의 대상인 조사단위의 집합이다.
- **모수**는 모집단의 특성을 요약하는 상수이며, 모집단의 분포를 결정하는 중요한 값이다.

4.2 랜덤표본과 통계량

■ 랜덤표본의 정의

- 유한모집단에서의 **랜덤표본**(확률표본)은 모집단에서 각 조사단위가 표본으로 선택될 확률이 모두 동일하도록 비복원추출한 표본이다.
- 무한모집단에서의 랜덤표본은 모집단과 동일한 분포를 따르고 서로 독립인 조사단위로 구성된 표본이다.

■ 통계량과 추론

- 표본평균, 표본분산 등의 **통계량**은 표본으로 추출된 각 조사단위 특성값의 함수이며 모평균, 모분산 등의 모수를 추정하기 위해 사용할 수 있다.
- 표본크기가 커질수록 통계량의 분산이 작아져 더 정확한 추론이 가능해진다.

4.3 표본분포

■ 표본평균의 성질

- 모평균이 μ, 모분산이 σ^2인 모집단에서 추출한 랜덤표본에 대해 표본평균의 기댓값은 μ이다.
- 모평균이 μ, 모분산이 σ^2인 무한모집단에서 추출한 랜덤표본에 대해 표본평균의 분산은 $\frac{\sigma^2}{n}$이다. 유한모집단에서 추출한 경우에도 모집단의 크기 N이 표본크기 n에 비해 충분히 클 때 표본평균의 분산이 $\frac{\sigma^2}{n}$에 가까워진다.

■ 표본분포

- 모집단에서 표본을 추출할 때마다 포함되는 조사단위가 달라질 수 있으며, 이에 따라 표본 통계량 값도 달라진다.
- 모집단에서 추출할 수 있는 모든 표본과 그에 대응하는 표본통계량을 구하고 이들 통계량의 확률분포를 나타낸 것을 **표본분포**라 한다.

4.4 중심극한정리

- **중심극한정리**는 모집단의 분포가 정규분포가 아니더라도 표본크기 n이 커지면 표준화된 표본평균의 분포가 근사적으로 표준정규분포를 따른다는 것을 의미한다.

CHAPTER 04 연습문제

1. 주어진 설명에 해당하는 통계학 용어를 제시하라.

(a) 관심의 대상이 되는 조사단위 전체의 집합
(b) 모집단의 특성을 요약하는 상수이자 모집단 분포를 결정하는 값
(c) 표본으로 추출된 각 조사단위 특성값의 함수
(d) 유한모집단에서 단순랜덤비복원추출로 추출된 표본 또는 무한모집단에서 모든 조사단위가 모집단과 동일한 분포를 따르고, 조사단위가 서로 독립인 표본
(e) 표본통계량의 확률분포

2. 주어진 표본조사에서 모집단, 모수, 표본통계량을 제시하라.

(a) 대통령선거 출구조사는 대통령 당선자를 예측하기 위해 투표를 마치고 나오는 유권자를 대상으로 어떤 후보에게 투표했는지 조사하는 것이다.
(b) 초 · 중 · 고 사교육비 조사는 우리나라 초 · 중 · 고 재학생의 평균 사교육비를 파악하기 위해 재학 중인 학생들의 사교육비 지출액을 조사하는 것이다.

3. 유한모집단 $\{1, 2, 3\}$에서 크기 2인 표본을 추출하려 한다. 물음에 답하라.

(a) 비복원추출을 하는 경우 추출 가능한 모든 표본을 제시하라.
(b) 복원추출을 하는 경우 추출 가능한 표본을 제시하라.

4. 유한모집단 $\{1, 2, 3, 4, 5\}$에서 표본크기 $n=2$인 랜덤표본을 추출한다. 물음에 답하라.

(a) 추출 가능한 표본의 개수를 구하라.
(b) 추출 가능한 모든 표본을 구하라.
(c) 각 표본의 추출확률과 해당 표본의 표본평균값을 구하라.
(d) 각 표본평균값이 관찰될 확률을 구하고, 표본평균의 표본분포를 제시하라.
(e) 표본평균 $\overline{X}$의 기댓값을 구하라.
(f) 표본평균 $\overline{X}$의 분산을 구하라.

5. 유한모집단 $\{1, 2, 3, 4, 5\}$에서 표본크기 $n=3$인 랜덤표본을 추출한다. 물음에 답하라.

(a) 추출 가능한 표본의 개수를 구하라.
(b) 추출 가능한 모든 표본을 구하라.
(c) 각 표본이 추출될 확률과 해당 표본에서의 표본평균값을 구하라.
(d) 각 표본평균값이 관찰될 확률(표본평균의 표본분포)을 제시하라.
(e) 표본평균 $\overline{X}$의 기댓값을 구하라.
(f) 표본평균 $\overline{X}$의 분산을 구하라.

6. [표 4-12]와 같이 이루어진 무한모집단에서 표본크기 $n=2$인 랜덤표본을 추출하려 한다. 물음에 답하라.

표 4-12 **무한모집단에서 특성값과 추출확률**

특성값	-1	0	1
추출확률	$\frac{1}{4}$	$\frac{1}{2}$	$\frac{1}{4}$

(a) 모평균과 모분산을 구하라.
(b) 추출 가능한 표본과 각 표본이 추출될 확률을 제시하라.
(c) 추출 가능한 각 표본에 대해 표본평균값을 구하라.
(d) 표본평균의 기댓값과 분산을 구하라.

7. 모평균 2, 모분산 16인 무한모집단에서 크기 25인 랜덤표본을 추출해 표본평균 $\overline{X}$를 구했다. 물음에 답하라.

(a) $\overline{X}$의 표본분포를 구하라.
(b) $\overline{X}$가 0 이상일 확률을 구하라.

8. 모평균이 -1인 무한모집단에서 크기 36인 랜덤표본을 추출해 표본평균 $\overline{X}$를 구했다. $\overline{X}$가 1 이상일 확률이 0.023 이상일 때 모분산의 최솟값을 구하라.

9. 모평균 1, 모분산 100인 무한모집단에서 크기 n인 랜덤표본을 추출해 표본평균 $\overline{X}$를 구했다. $\overline{X}$가 -1 이상일 확률이 0.975 이상이 되도록 하는 표본크기 n의 최솟값을 구하라.

10. 모분산 25인 무한모집단에서 크기 $n=25$인 랜덤표본을 추출해 표본평균 $\overline{X}$를 구했다. $\overline{X} \geq 0$일 확률이 0.975 이상일 때 모평균 μ의 최솟값을 구하라.

11. 모평균이 1, 모표준편차가 4인 모집단에서 크기 100인 랜덤표본을 추출했다. 물음에 답하라.

(a) 표본평균의 기댓값과 분산을 구하라.

(b) 표본평균의 분포를 구하라.

(c) 표본평균값이 2 이상인 확률을 구하라.

(d) 표본평균의 분산이 1 이하가 되게 할 때 필요한 최소 표본크기를 구하라.

(e) 표본평균값이 -1 이상인 확률이 99.9% 이상이 되기 위해 필요한 최소 표본크기를 구하라.

CHAPTER

04 파이썬 실습문제

4.1 지수확률변수는 `numpy.random` 모듈의 `exponential()` 함수로 생성할 수 있다. 이때 함수 `exponential()`의 입력값 `scale`은 지수분포의 모수 λ의 역수에 해당한다. 표본크기 n을 10, 25, 100으로, 지수분포의 모수 λ를 0.5, 1, 2로 변화시키면서 표준화된 표본평균의 분포를 확인하려 한다. (a)~(c)를 수행하는 파이썬 명령문을 작성하라.

(a) 모수 λ인 지수분포에서 크기 n인 표본을 각각 100만 개씩 추출한다.

(b) (a)의 각 경우에 대해 표본평균의 평균값, 표준편차, 왜도, 첨도를 구한다.

(c) (a)의 각 경우에 대해 표본평균의 히스토그램을 작성한다.

4.2 [실습문제 4.1]의 (a)~(c)를 수행하는 명령문이 다음 이론적 설명에 부합하는지 확인하라.

지수분포 $\text{Exp}(\lambda)$(단, $\lambda > 0$)를 따르는 모집단에서 추출된 서로 독립인 확률변수 X_i (단, $i=1, 2, \cdots, n$)를 생각하자. 이 확률변수 X_i의 확률밀도함수는 다음과 같다.

$$f(x) = \begin{cases} \lambda e^{-\lambda x}, & 0 \le x \\ 0 & , x < 0 \end{cases}$$

그러므로 기댓값은 $\text{E}(X_i) = \int_{-\infty}^{\infty} x f(x)\,dx = \int_0^{\infty} x\,\lambda e^{-\lambda x} dx = \frac{1}{\lambda}$이다. 분산의 성질에 따르면 $\text{Var}(X_i) = \text{E}(X_i^2) - \{\text{E}(X_i)\}^2$이며, 다음이 성립한다.

$$\text{E}(X_i^2) = \int_{-\infty}^{\infty} x^2 f(x)\,dx = \int_0^{\infty} x^2 \lambda e^{-\lambda x} dx = \frac{2}{\lambda^2}$$

따라서 분산은 $\text{Var}(X_i) = \frac{1}{\lambda^2}$, 표준편차는 $\frac{1}{\lambda}$이다. 즉 지수분포 $\text{Exp}(\lambda)$를 따르는 모집단에서 크기 n인 랜덤표본을 추출하면 n이 클 때 중심극한정리에 의해 표준화된 표본평균 $\frac{\sqrt{n}(\overline{X}-1/\lambda)}{1/\lambda}$의 분포는 표준정규분포 $N(0, 1)$에 가까워진다고 짐작할 수 있다.

CHAPTER

05

모수에 대한 추정

CONTENTS

■ 학습목표

- 최대가능도추정법을 이용한 점추정 방법을 이해한다.
- 상황에 따른 구간추정법을 익힌다.
- 두 모집단의 비교를 위한 구간추정법을 익힌다.

■ 이 장에서 배우는 내용은?

모수는 모집단의 특성을 요약하는 상수이자 모집단 분포를 결정하는 중요한 값이다. 이러한 모수의 추정은 표본을 통해 모집단을 추론하는 통계적 분석 과정의 핵심이다. 이 장에서는 모수를 추정하는 통계적 방법을 살펴본다.

SECTION

5.1 점추정

점추정 point estimation 이란 표본통계량을 이용하여 모수 값을 하나의 숫자로 추정하는 것을 말한다. 모수를 추정하기 위해 사용하는 표본통계량을 **추정량** estimator 이라 하고, 표본에서 관찰한 추정량의 구체적인 값을 **추정값** estimate 이라 한다. 추정량은 조사단위 특성값의 함수이고, 추정값은 추출된 특정 표본에서 구한 추정량의 함숫값이다. 예를 들어 모평균을 추정하기 위해 사용하는 표본평균은 확률변수 X_1, X_2, ⋯, X_n의 함수 $\overline{X}$ 로서 표본에서 특성값을 확인하기 전에는 값이 확정되지 않은 추정량이다.

$$\overline{X} = \frac{1}{n}(X_1 + X_2 + \cdots + X_n)$$

그러나 표본을 통해 각 확률변수가 구체적인 값 x_1, x_2, ⋯, x_n으로 주어지면 그때 계산된 추정량 $\overline{X}$ 값인 $\bar{x} = \frac{1}{n}(x_1 + x_2 + \cdots + x_n)$은 구체적인 값, 즉 추정값이 된다.

이 절에서는 모수를 추정하는 대표적인 방법인 최대가능도추정법의 개념을 살펴보고 추정량을 평가하는 지표에 대해서도 확인해본다.

가능도함수를 이용한 모수의 추정

최대가능도추정량(MLE) maximum likelihood estimator 의 개념은 다음과 같은 간단한 예를 통해 직관적으로 확인할 수 있다. [그림 5-1]에는 세 정규분포의 확률밀도함수와 하나의 관측값(**X**로 표시)이 제시되어 있다. 모표준편차 σ가 고정되어 있을 때 정규분포의 확률밀도함수는 모평균 μ 값에 따라 평행이동한다. (A)는 모평균이 0, (B)는 모평균이 3, (C)는 모평균이 0.75인 정규분포의 확률밀도함수이다.

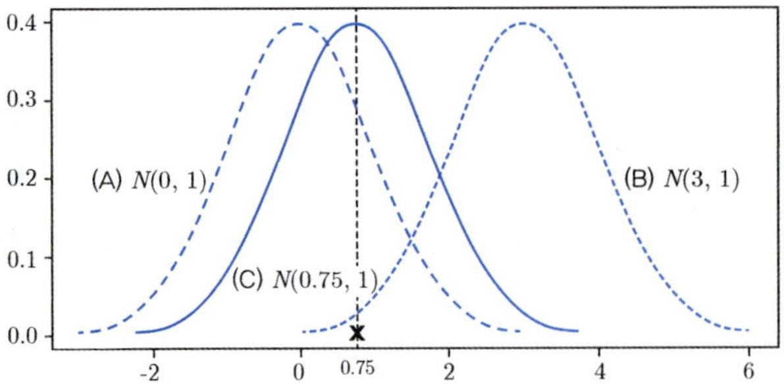

그림 5-1 정규분포의 가능도함수

관측값 $x = 0.75$가 주어졌을 때 이 값이 (A), (B), (C) 중 어떤 분포에서 관찰되었을 가능성이 더 높은지 생각해보자. 먼저 (A)와 (B)를 비교하면 관측값 x는 (A)의 중심부에 가깝고 (B)에서는 왼쪽 꼬리 부분에 해당하므로 x는 (A)에서 관찰되었을 가능성이 더 높다고 판단된다. 다음으로 (A)와 (C)를 비교하면 x는 (A)의 중심부에서 다소 벗어나 있지만, (C)에서는 정중앙에 위치하므로 x가 (C)에서 관찰되었을 가능성이 더 높다고 판단된다.

이 예에서 세 정규분포의 차이는 모수 μ에 의해 결정되는 중심위치이다. 따라서 관측값 x를 이용하여 $\mu = 0,\ 0.75,\ 3$ 중 어떤 μ 값이 타당한지 파악할 수 있다. 이렇게 주어진 관측값을 바탕으로 해당 관측값이 관찰될 가능성이 가장 높은 모수를 찾는 방법을 **최대가능도추정법 (MLE)**Maximum Likelihood Estimation이라 한다.

이 과정을 수식으로 나타내보자. 정규분포의 확률밀도함수는 다음과 같이 표현되고 모수 μ와 σ가 주어지면 x 값에 의해 함숫값이 결정된다.

$$f(x \mid \mu,\ \sigma) = \frac{1}{\sqrt{2\pi}\,\sigma} e^{-(x-\mu)^2/2\sigma^2} \quad (\text{단},\ \sigma \neq 0)$$

반면에 최대가능도추정법은 관측값 x와 모표준편차 σ가 주어진 상태에서 모수 μ를 찾는 과정이므로 이 함수를 다음과 같은 형태로 표현하고 **가능도함수**likelihood function라고 부른다.[1]

$$L(\mu \mid \sigma,\ x) = \frac{1}{\sqrt{2\pi}\,\sigma} e^{-(x-\mu)^2/2\sigma^2} \quad (\text{단},\ \sigma \neq 0) \tag{5.1}$$

즉 두 식은 우변의 함수 형태가 동일하고 무엇을 변수로 보느냐에 차이가 있다. 관측값을 변수로 보면 확률밀도함수 또는 확률질량함수이고, 모수를 변수로 보면 가능도함수이다.

σ를 알고 있고 x가 주어질 때 가능도함수 (5.1)을 최대로 하는 μ를 찾으려면 지수부분에서 μ의 이차함수 값 $-(\mu - x)^2$이 최대가 되어야 한다. 따라서 $\mu = x$일 때 가능도함수는 최대

1 이 책에서는 모표준편차 σ를 주어진 상수로 간주했지만 σ도 추정 대상이 되는 경우를 생각할 수 있다. 이때는 μ와 σ를 동시에 추정해야 하므로 다변수함수와 관련된 지식이 필요하다. 이러한 일반적인 최대가능도추정법은 이 책의 범위를 벗어나며, 깊이 있는 설명은 수리통계학 책을 참조할 수 있다.

가 된다. 즉 관측값 x가 가능도함수 값을 최대로 하는 모수 μ의 추정량이다.

이러한 모수 추정 방법은 관측값이 여러 개인 경우로 확장할 수 있다. 관측값이 x_1, x_2, $\cdots$, x_n일 때 가능도함수는 x_1, x_2, $\cdots$, x_n의 결합확률밀도함수를 모수의 함수로 정의하고, 이렇게 정의된 가능도함수 값이 최대인 모수를 구한다. 정규분포 $N(\mu,\ \sigma^2)$을 따르는 무한모집단의 랜덤표본에서는 가능도함수가 다음과 같이 표현된다.[2]

$$L(\mu|\sigma,\ x_1,\ x_2,\ \cdots,\ x_n) = \prod_{i=1}^{n} \frac{1}{\sqrt{2\pi}\,\sigma} e^{-(x_i-\mu)^2/2\sigma^2} = \frac{1}{(\sqrt{2\pi}\,\sigma)^n} e^{-\sum_{i=1}^{n}(x_i-\mu)^2/2\sigma^2}$$

이 가능도함수 값을 최대로 하는 모수 μ를 찾으면 된다. 이를 위해 지수부분을 다음과 같이 정리하면 μ에 대한 이차함수가 되고, 그 함숫값이 최대가 되게 하는 μ를 찾으면 된다.

$$-\sum_{i=1}^{n}(x_i-\mu)^2 = -\left(n\mu^2 - 2\sum_{i=1}^{n}x_i\,\mu + \sum_{i=1}^{n}x_i^2\right)$$

따라서 관측값이 여러 개일 때 μ의 최대가능도추정량 값은 다음과 같은 표본평균이다.[3]

$$\hat{\mu} = \frac{1}{n}\sum_{i=1}^{n}x_i = \bar{x}$$

관측값이 여러 개일 때 최대가능도추정법을 이해하기 위해 [그림 5-2]의 예를 살펴보자. 다섯 개의 관측값 $\{0.0,\ 0.3,\ 0.8,\ 1.1,\ 1.55\}$가 주어졌다고 하자. 첫 번째 관측값 0.0은 세 정규분포 (A), (B), (C) 중 정규분포 (A), 즉 $N(0,\ 1)$에서 관찰될 가능성이 높다. 하지만 다섯 개의 관측값 전체를 고려하면 전체 표본은 정규분포 (B), 즉 $N(0.75,\ 1)$에서 관찰될 가능성이 높다는 것을 그래프로 짐작할 수 있다. 실제로 관측값 다섯 개의 평균값은 0.75이므로 최대가능도추정량 값이 $\hat{\mu} = 0.75$임을 알 수 있다.

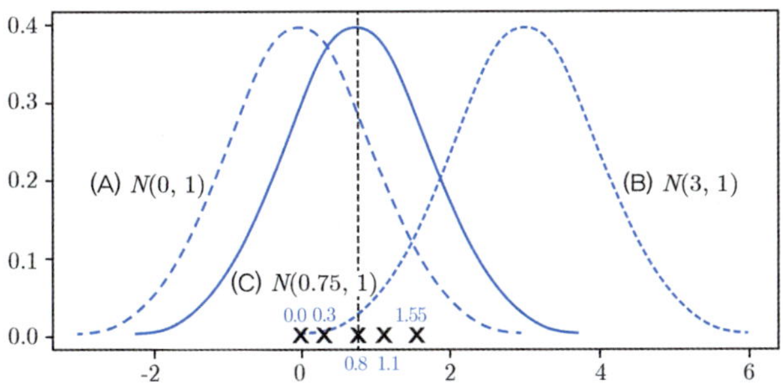

그림 5-2 정규분포의 가능도함수

2 이렇게 개별 확률밀도함수의 곱으로 결합확률밀도함수를 정의하는 이유는, 랜덤표본에서는 각 확률변수가 서로 독립이므로 3장에서 살펴본 것과 같이 결합확률밀도함수가 주변확률밀도함수의 곱으로 표현될 수 있기 때문이다.

3 여기서 기호 $\hat{\mu}$은 관측값 x_1, x_2, $\cdots$, x_n의 함수로 정의된 μ의 추정량을 의미하며, 실제 모수 값과 구분하기 위해 사용된다. 추정량을 계산한 방법을 명시하기 위해 $\hat{\mu}^{\text{MLE}}$로 표기하기도 한다.

일반적으로 최대가능도추정량을 구하는 절차는 다음과 같이 요약할 수 있다.

❶ 모수가 θ인 확률밀도함수 또는 확률질량함수 $f(x|\theta)$가 주어질 때, 이를 관측값 x 대신 모수 θ의 함수로 보고 가능도함수 $L(\theta|x)$를 구한다.

❷ n개의 관측값 $x_1, x_2, \cdots, x_n$에 대해 각 관측값의 가능도함수 $L(\theta|x_i)$의 곱을 가능도함수로 정의한다.

$$L(\theta|x_1, x_2, \cdots, x_n) = L(\theta|x_1) \times L(\theta|x_2) \times \cdots \times L(\theta|x_n)$$

❸ 모수 θ에 대해 미분(또는 편미분)해서 $L(\theta|x_1, x_2, \cdots, x_n)$ 값이 최대가 되게 하는, 즉 $x_1, x_2, \cdots, x_n$의 함수로 표현되는 (θ의) 추정량 $\hat{\theta}$을 구한다.[4]

경우에 따라서는 가능도함수 대신 로그를 적용한 로그-가능도함수log-likelihood function를 이용하여 최대가능도추정량을 구하기도 한다.[5]

예제 5-1

정규분포 $N(\mu, 1)$에서 추출된 랜덤표본이 $\{2, 0, -1, 3, 0, 4\}$일 때 모수 μ의 최대가능도추정량 값을 구하라.

풀이

모분산이 주어져 있을 때 정규분포의 모평균에 대한 최대가능도추정량은 표본평균이다. 랜덤표본에서 관측값의 합이 8이고 표본크기가 6이므로 표본평균은 $\frac{4}{3}$이다. 따라서 최대가능도추정량의 값은 $\frac{4}{3}$이다.

범주형 확률변수 중 성공과 실패, 찬성과 반대처럼 범주가 두 개인 경우에는 성공확률, 찬성비율처럼 모집단에서 특정 범주의 비율을 추정하는 것에 관심이 있을 수 있다. 이 경우에는 베르누이분포를 이용하여 최대가능도추정량을 구할 수 있다. 보다 구체적으로 모집단이 성공확률 p(단, $0<p<1$)인 베르누이분포를 따른다고 하자. 모집단에서 추출된 랜덤표본 $\{x_1, x_2, \cdots, x_n\}$을 이용하여 모비율 p를 추정하는 경우를 생각해보자. 베르누이분포는 $x=0$ 또는 $x=1$인 두 값만 가질 수 있고 확률질량함수는 $f(x|p) = p^x(1-p)^{1-x}$이다. 따라서 가능도함수와 로그-가능도함수는 다음과 같다.

---

4 모수가 한 개일 때 가능도함수 $L(\theta|x_1, x_2, \cdots, x_n)$을 최대로 하는 통계량을 구하려면 이 가능도함수를 θ에 대해 미분한 $L'(\theta|x_1, x_2, \cdots, x_n)$ 값이 0이 되게 하는 $x_1, x_2, \cdots, x_n$의 함수를 찾는다. 모수가 여러 개이면 편미분해서 얻은 방정식을 연립하여 해를 구한다. 만약 $L'(\theta|x_1, x_2, \cdots, x_n)=0$의 해를 완결된 식closed form으로 구하기 어렵다면 수치적 방법으로 해를 구한다.

5 $f(x)>0$인 함수 $f(x)$에 대해 $\{\log(f(x))\}' = \frac{f'(x)}{f(x)} = 0$의 해는 $f'(x)=0$의 해와 일치한다.

$$L(p|x_1,\ x_2,\ \cdots,\ x_n) = \prod_{i=1}^{n} p^{x_i}(1-p)^{1-x_i} = p^{\sum_{i=1}^{n} x_i}(1-p)^{n-\sum_{i=1}^{n} x_i}$$

$$\ell(p|x_1,\ x_2,\ \cdots,\ x_n) = \sum_{i=1}^{n} x_i \log p + \left(n - \sum_{i=1}^{n} x_i\right)\log(1-p)$$

최대가능도추정량을 구하기 위해 로그-가능도함수를 p에 대해 미분하면 다음과 같은 방정식을 얻는다.

$$\frac{d}{dp}\ell(p|x_1,\ x_2,\ \cdots,\ x_n) = \frac{1}{p}\sum_{i=1}^{n} x_i - \frac{1}{1-p}\left(n - \sum_{i=1}^{n} x_i\right) = 0$$

따라서 모비율 p의 최대가능도추정량은 이 방정식의 해 $\hat{p} = \frac{1}{n}\sum_{i=1}^{n} x_i = \bar{x}$이다.

예제 5-2

새로 개발한 백신의 항체 생성률을 확인하기 위해 20명의 사람을 랜덤으로 추출하여 백신을 접종하고 항체 생성 여부를 확인한 결과가 다음과 같다.

○	○	○	×	○	×	○	○	○	×	×	○	○	○	○	○	×	○	○	×

여기서 ○는 항체 생성을, ×는 항체 미생성을 의미한다. 모집단이 베르누이분포를 따른다고 할 때 항체 생성률의 최대가능도추정량 값을 구하라.

풀이

모집단이 베르누이분포를 따르므로 최대가능도추정량은 표본평균이다. 주어진 자료에서 항체가 생성된 사람이 14명, 생성되지 않은 사람이 6명이므로 표본평균은 0.7이다. 따라서 항체 생성률의 최대가능도추정량 값은 0.7이다.

파이썬 실습 5-1 가능도함수와 최대가능도추정량

[그림 5-2]의 예와 [예제 5-2]에서 살펴본 정규분포와 베르누이분포의 가능도함수를 직접 작성해보자. 가능도함수는 `scipy.stats` 모듈에 내장된 확률밀도함수 또는 확률질량함수를 활용하여 작성할 수 있다. 먼저 [코드 5-1]과 같이 필요한 패키지와 모듈을 불러온다.

코드 5-1

```
import numpy as np
from scipy.stats import norm, bernoulli
```

❶ 정규분포의 가능도함수 값

[그림 5-2]에 소개한 예에서 가능도함수 값을 구하는 명령문을 작성해보자. 관측값 벡터를 일차원 배열 xs로 입력하고 세 정규분포의 모평균 μ 값인 [0, 3, 0.75]를 mus에, 모표준편차 σ 값인 1을 sigma에 입력했다.

코드 5-2

```
xs = np.array([0, 0.3, 0.8, 1.1, 1.55])
mus, sigma = [0, 3, 0.75], 1
```

[코드 5-3]의 norm.pdf()에는 x, loc, scale을 입력할 수 있는데, 여기서 x는 관측값, loc는 모평균, scale은 모표준편차를 의미한다. 관측값 배열 xs와 scale을 고정한 상태에서 mus에 저장된 모수 값을 차례대로 norm.pdf() 함수의 loc에 입력해서 가능도함수 값을 계산한다. 관측값 배열 xs의 각 원소에 대해 계산된 가능도함수 값은 pdfs라는 이름의 일차원 배열로 저장된다. 그 다음 np.prod() 함수를 이용해 배열 pdfs에 저장된 가능도함수 값을 모두 곱하면 전체 표본을 이용한 가능도함수 값을 구할 수 있다. 이 값은 pdfs와 함께 LA, LB, LC 등의 딕셔너리에 저장할 수 있다. [코드 5-3]의 실행 결과를 비교하면 μ 값이 0.75인 경우(C)의 가능도함수 값이 가장 큰 것을 확인할 수 있다.

코드 5-3

```
pdfs = norm.pdf(xs, loc=mus[0], scale=sigma)
LA = dict({"pdfs:":pdfs.round(3),
           "likelihood":np.prod(pdfs).round(4)})
pdfs = norm.pdf(xs, loc=mus[1], scale=sigma)
LB = dict({"pdfs:":pdfs.round(3),
           "likelihood":np.prod(pdfs).round(4)})
pdfs = norm.pdf(xs, loc=mus[2], scale=sigma)
LC = dict({"pdfs:":pdfs.round(3),
           "likelihood":np.prod(pdfs).round(4)})
dict({"A:":LA, "B:":LB, "C:":LC})
```

```
{'A:': {'pdfs:': array([0.399, 0.381, 0.29 , 0.218, 0.12 ]),
        'likelihood': 0.0012},
 'B:': {'pdfs:': array([0.004, 0.01 , 0.035, 0.066, 0.139]),
        'likelihood': 0.0},
 'C:': {'pdfs:': array([0.301, 0.361, 0.398, 0.375, 0.29 ]),
        'likelihood': 0.0047}}
```

❷ 베르누이분포의 가능도함수 값

이번에는 [예제 5-2]에 소개된 베르누이분포를 따르는 모집단의 가능도함수를 계산해보자. [코드 5-2]와 마찬가지로 관측값 벡터는 일차원 배열 xs로 입력한다. 모비율 p 값을 0부터 0.99까지 0.01씩 증가하는 수열로 생성하여 일차원 배열 ps에 저장한다.

코드 5-4

```
xs = np.array([1, 1, 1, 0, 1, 0, 1, 1, 1, 0, 0, 1, 1, 1, 1, 1, 0, 1,
               1, 0 ])
ps = np.arange(0, 1, 0.01)
```

[코드 5-5]와 같이 가능도함수 값과 로그-가능도함수 값을 저장할 리스트 lklhd와 리스트 loglklhd를 생성한다. 이어서 bernoulli.pmf() 함수와 bernoulli.logpmf() 함수에 관측값과 모수 p를 입력하여 함숫값을 계산한다. 두 함수에는 k(관측값), p(모비율)를 입력할 수 있다. 관측값 배열 xs를 고정한 상태에서 p 값을 0부터 0.99까지 변화시켜 가능도함수값과 로그-가능도함수 값을 계산한다. 전체 가능도함수 값은 각 관측값의 가능도함수 값을 곱해서 얻고, 전체 로그-가능도함수 값은 각 관측값의 로그-가능도함수 값을 더해서 구한다. 두 경우 모두 최대가능도추정량 값은 $p=0.7$임을 확인할 수 있다.

코드 5-5

```
lklhd, loglklhd = [], []
for p in ps:
    pmfs = bernoulli.pmf(k=xs, p=p)
    lklhd.append(np.prod(pmfs))
    logpmfs = bernoulli.logpmf(k=xs, p=p)
    loglklhd.append(np.sum(logpmfs))
[ps[lklhd.index(max(lklhd))], ps[loglklhd.index(max(loglklhd))]]
```

```
[0.70, 0.70]
```

비편향추정량

최대가능도추정법은 모수를 추정하기 위해 널리 사용되는 방법이지만, 이 외에도 다양한 방법으로 모수를 추정할 수 있다. 따라서 모수에 대한 다양한 추정량이 있을 수 있고, 이 중 어떤 추정량이 더 좋은 추정량인지 판단할 합리적 기준이 필요하다. 추정량을 평가하는 다양한 기준 중 흔히 사용되는 것이 추정량의 **비편향성**unbiasedness이다.

추정량 $\hat{\theta}$ 의 기댓값이 모수 θ와 일치할 때, 즉 $\mathrm{E}(\hat{\theta}) = \theta$일 때 추정량 $\hat{\theta}$ 을 모수 θ의 **비편향추정량**unbiased estimator 또는 **불편추정량**이라 한다. 일반적으로 추정량 값은 추출된 표본에 따라 달라지므로 하나의 랜덤표본에서 관찰한 추정량 값이 모수와 정확하게 일치하지 않을 수 있다. 그러나 여러 랜덤표본에서 관찰한 추정량 값의 평균을 구했을 때 이 평균값이 모수와 일치한다면 이 추정량을 비편향추정량이라 한다.

비편향추정량의 대표적인 예는 모평균 μ(단, $-\infty < \mu < \infty$)를 추정하기 위한 표본평균 $\overline{X}$ 이다. 무한모집단에서의 랜덤표본 정의에 따르면 무한모집단에서 추출된 각 확률변수의 기댓값 $\mathrm{E}(X_i)$는 모평균 μ와 일치한다. 따라서 표본평균의 기댓값은 다음 식과 같이 표현할 수 있고, 표본평균 $\overline{X}$는 모평균 μ에 대한 비편향추정량이다.

$$\mathrm{E}(\overline{X}) = \mathrm{E}\left(\frac{1}{n}\sum_{i=1}^{n} X_i\right) = \frac{1}{n}\sum_{i=1}^{n}\mathrm{E}(X_i) = \mu$$

비편향추정량의 다른 예로 모분산 σ^2을 추정하기 위한 표본분산 $S^2 = \dfrac{1}{n-1}\sum_{i=1}^{n}(X_i - \overline{X})^2$ 을 들 수 있다. 3.4절에서 살펴본 바와 같이 표본분산 S^2은 모분산 σ^2의 비편향추정량임이 알려져 있다.

예제 5-3

모평균 μ, 모분산 σ^2인 무한모집단에서 랜덤표본 $\{X_1, X_2, \cdots, X_n\}$을 추출하여 모평균 μ에 대한 추정량을 작성하려 한다. 주어진 추정량이 μ에 대한 비편향추정량인지 판단하라.

(a) X_1

(b) $\dfrac{X_1 + X_3}{2}$

(c) $X_1 - X_2 + X_3$

(d) $X_1^2 - X_2^2 + X_3$

풀이

모든 i에 대해 $\mathrm{E}(X_i) = \mu$이다.

(a) X_1은 비편향추정량이다.

(b) $\mathrm{E}\left(\dfrac{X_1 + X_3}{2}\right) = \dfrac{1}{2}\mathrm{E}(X_1 + X_3) = \dfrac{1}{2}(\mathrm{E}(X_1) + \mathrm{E}(X_3)) = \mu$이므로 비편향추정량이다.

(c) $\mathrm{E}(X_1 - X_2 + X_3) = \mathrm{E}(X_1) - \mathrm{E}(X_2) + \mathrm{E}(X_3) = \mu$이므로 비편향추정량이다.

(d) $\mathrm{E}(X_1^2 - X_2^2 + X_3) = \mathrm{E}(X_1^2) - \mathrm{E}(X_2^2) + \mathrm{E}(X_3) = (\mu^2 + \sigma^2) - (\mu^2 + \sigma^2) + \mu = \mu$ 이므로 비편향추정량이다.

평균제곱오차

앞에서 살펴보았듯이 비편향추정량은 유일하지 않다. 예를 들어 표본평균 $\overline{X}$ 는 모평균 μ에 대한 비편향추정량이지만, 랜덤표본 중 하나의 관측값만으로 생성한 추정량 $T = X_i$ 도 μ에 대한 비편향추정량이다. T의 기댓값도 $\mathrm{E}(T) = \mathrm{E}(X_i) = \mu$이기 때문이다. 이렇게 여러 비편향추정량 중 분산이 작은 추정량이 더 바람직한 추정량이라 볼 수 있다. 분산이 크면 모수와 차이가 큰 통계량이 관찰될 확률이 높고, 분산이 작으면 모수에 가까운 통계량이 관찰될 확률이 높기 때문이다. 모분산이 σ^2일 때 표본평균 $\overline{X}$ 의 분산은 $\dfrac{\sigma^2}{n}$이고 $T = X_i$ 의 분산은 σ^2이므로 두 통계량 중 $\overline{X}$ 가 더 좋은 통계량이라 볼 수 있다.

이제 관심의 대상을 편향추정량으로 확장해보자. 경우에 따라 다소 편향이 있더라도 비편향추정량보다 분산이 작은 추정량을 선호할 수도 있다. 예를 들어 [그림 5-3]에 주어진 두 추정량 (A)와 (B)의 표본분포를 살펴보자. 모평균이 0일 때 추정량 (A)의 표본분포는 표준정규분포이고 기댓값이 0이므로 비편향추정량이다. 그러나 분산이 상대적으로 크다. 반대로 추정량 (B)의 표본분포는 정규분포 $N(0.2,\ 0.5^2)$이고 기댓값이 0.2로 편향이 존재한다. 그러나 통계량의 분산이 상대적으로 작으므로 추정량 (B)에서 모평균과 가까운 값을 관찰할 가능성이 높다.

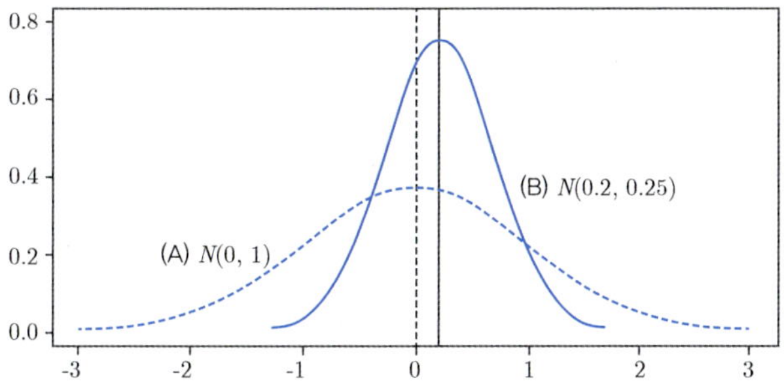

그림 5-3 추정량 (A), (B)의 표본분포

모수에 대한 추정량은 편향이 작을수록, 또 분산이 작을수록 좋은 추정량으로 볼 수 있다. 따라서 편향과 분산을 동시에 고려하여 적절한 추정량을 찾기 위해 **평균제곱오차(MSE)**mean squared error를 사용한다.[6] 모수가 θ, 모수에 대한 추정량이 $\hat{\theta}$ 일 때 평균제곱오차는 다음과 같이 정의된다.

$$\mathrm{MSE}(\hat{\theta}) = \mathrm{E}\left[(\hat{\theta} - \theta)^2\right]$$

6 실제로 최근 널리 활용되는 기계학습(ML)machine learning 모형에서는 편향이 작으면 분산이 크고, 반대로 분산이 작으면 편향이 큰 경우를 자주 볼 수 있다. 이렇게 편향과 분산의 상충작용bias-variance tradeoff이 있을 때 평균제곱오차를 사용하여 적절한 모형을 선택할 수 있다.

이 식을 정리하면 $\text{MSE}(\hat{\theta}) = \text{Var}(\hat{\theta}) + \{\text{bias}(\hat{\theta})\}^2$ 임을 알 수 있다. 표본평균 $\overline{X}$ 의 경우 편향이 없으므로 추정량의 평균제곱오차는 분산과 일치하며, 관측값이 서로 독립이라고 가정하면 그 분산은 다음과 같이 구한다.

$$\begin{aligned}\text{E}\left[(\overline{X} - \text{E}(\overline{X}))^2\right] &= \text{E}\left[(\overline{X} - \mu)^2\right] = \text{E}\left[\left(\frac{1}{n}\sum_{i=1}^{n} X_i - \mu\right)^2\right] \\ &= \frac{1}{n^2}\text{E}\left[\sum_{i=1}^{n}(X_i - \mu)^2\right] = \frac{1}{n^2}\sum_{i=1}^{n}\text{E}\left[(X_i - \mu)^2\right] \\ &= \frac{\sigma^2}{n}\end{aligned}$$

즉 표본평균의 평균제곱오차는 $\text{MSE}(\overline{X}) = \dfrac{\sigma^2}{n}$ 이다.

정리 5-1

모수가 θ, 모수에 대한 추정량이 $\hat{\theta}$ 일 때 평균제곱오차는 분산과 편향 제곱의 합이다.

$$\text{MSE}(\hat{\theta}) = \text{E}\left[(\hat{\theta} - \theta)^2\right] = \text{Var}(\hat{\theta}) + \{\text{bias}(\hat{\theta})\}^2$$

참고

평균제곱오차에 대한 이론적 배경

평균제곱오차는 다음과 같이 분해할 수 있다.

$$\begin{aligned}\text{MSE}(\hat{\theta}) &= \text{E}\left[(\hat{\theta} - \theta)^2\right] = \text{E}\left[(\hat{\theta} - \text{E}(\hat{\theta}) + \text{E}(\hat{\theta}) - \theta)^2\right] \\ &= \text{E}\left[(\hat{\theta} - \text{E}(\hat{\theta}))^2 + 2(\hat{\theta} - \text{E}(\hat{\theta}))(\text{E}(\hat{\theta}) - \theta) + (\text{E}(\hat{\theta}) - \theta)^2\right] \\ &= \text{E}\left[(\hat{\theta} - \text{E}(\hat{\theta}))^2\right] + 2(\text{E}(\hat{\theta}) - \theta)\text{E}\left[\hat{\theta} - \text{E}(\hat{\theta})\right] + (\text{E}(\hat{\theta}) - \theta)^2 \\ &= \text{E}\left[(\hat{\theta} - \text{E}(\hat{\theta}))^2\right] + (\text{E}(\hat{\theta}) - \theta)^2\end{aligned}$$

앞선 식의 세 번째 줄 두 번째 항에서 $\text{E}\left[\hat{\theta} - \text{E}(\hat{\theta})\right] = 0$이므로 네 번째 등호가 성립한다. 여기서 $\text{E}\left[(\hat{\theta} - \text{E}(\hat{\theta}))^2\right]$은 추정량 $\hat{\theta}$ 의 분산, $\text{E}(\hat{\theta}) - \theta$는 추정량의 편향 $\text{bias}(\hat{\theta})$이므로 $\text{MSE}(\hat{\theta}) = \text{Var}(\hat{\theta}) + \{\text{bias}(\hat{\theta})\}^2$이다.

예제 5-4

모평균이 μ, 모분산이 σ^2인 무한모집단에서 랜덤표본 $\{X_1, X_2, \cdots, X_n\}$을 추출하여 모평균 μ를 추정하려 한다. $\mu = \frac{\sigma}{2}$일 때 추정량 ①~④를 평균제곱오차가 가장 작은 것부터 오름차순으로 나열하라. 여기서 $\sigma > 0$이다.

① X_1

② $\frac{X_1 + X_3}{2}$

③ $X_1 - X_2 + X_3$

④ $\frac{1}{3}(X_1 - X_2 + X_3)$

풀이

[예제 5-3]에 의해 추정량 ①, ②, ③은 비편향추정량이고, ④는 다음이 성립하므로 비편향추정량이 아니다.

$$\mathrm{E}\left[\frac{1}{3}(X_1 - X_2 + X_3)\right] = \frac{1}{3}\mathrm{E}(X_1 - X_2 + X_3) = \frac{1}{3}(\mathrm{E}(X_1) - \mathrm{E}(X_2) + \mathrm{E}(X_3)) = \frac{\mu}{3}$$

모든 i에 대해 $\mathrm{Var}(X_i) = \sigma^2$이고 $X_1, X_2, \cdots, X_n$은 서로 독립이므로 평균제곱오차는 다음과 같이 구할 수 있다.

① $\mathrm{MSE}(X_1) = \mathrm{Var}(X_1) = \sigma^2$

② $\mathrm{Var}\left(\frac{X_1 + X_3}{2}\right) = \frac{1}{4}\mathrm{Var}(X_1 + X_3) = \frac{1}{4}(\mathrm{Var}(X_1) + \mathrm{Var}(X_3)) = \frac{\sigma^2}{2}$이므로

$\mathrm{MSE}\left(\frac{X_1 + X_3}{2}\right) = \mathrm{Var}\left(\frac{X_1 + X_3}{2}\right) = \frac{\sigma^2}{2}$

③ $\mathrm{Var}(X_1 - X_2 + X_3) = \mathrm{Var}(X_1) + \mathrm{Var}(X_2) + \mathrm{Var}(X_3) = 3\sigma^2$이므로

$\mathrm{MSE}(X_1 - X_2 + X_3) = \mathrm{Var}(X_1 - X_2 + X_3) = 3\sigma^2$

④ $\mathrm{Var}\left[\frac{1}{3}(X_1 - X_2 + X_3)\right] = \frac{1}{9}(\mathrm{Var}(X_1) + \mathrm{Var}(X_2) + \mathrm{Var}(X_3)) = \frac{\sigma^2}{3}$이고 편향이 $-\frac{2\mu}{3}$이므로 [정리 5-1]에 의해

$$\begin{aligned}\mathrm{MSE}\left[\frac{1}{3}(X_1 - X_2 + X_3)\right] &= \mathrm{Var}\left[\frac{1}{3}(X_1 - X_2 + X_3)\right] + \left\{\mathrm{bias}\left[\frac{1}{3}(X_1 - X_2 + X_3)\right]\right\}^2 \\ &= \frac{\sigma^2}{3} + \left(-\frac{2\mu}{3}\right)^2 = \frac{4\sigma^2}{9}\end{aligned}$$

따라서 평균제곱오차 값 사이에 다음과 같은 부등식이 성립한다.

$$\mathrm{MSE}\left[\frac{1}{3}(X_1 - X_2 + X_3)\right] < \mathrm{MSE}\left(\frac{X_1 + X_3}{2}\right) < \mathrm{MSE}(X_1) < \mathrm{MSE}(X_1 - X_2 + X_3)$$

즉 평균제곱오차가 작은 것부터 오름차순으로 나열하면 ④, ②, ①, ③이다.

SECTION

5.2 구간추정

5.1절에서 살펴본 점추정은 모수를 하나의 값으로 추정하므로 랜덤표본 추출에 따른 불확실성을 반영할 수 없다. 표본을 추출할 때마다 관찰된 추정값이 달라질 수 있으며, 실제 모수와 상당히 차이가 있을 수도 있다. 이러한 불확실한 상황을 반영하여 모수의 추정값을 확률과 함께 구간 형태로 제시하는 추정방법을 **구간추정**interval estimation이라 한다.

구체적으로는 랜덤표본 $X_1,\ X_2,\ \cdots,\ X_n$의 함수인 두 통계량 $L=L(X_1,\ X_2,\ \cdots,\ X_n)$과 $U=U(X_1,\ X_2,\ \cdots,\ X_n)$을 구해 다음 식이 성립하는 모수 θ의 구간을 제시한다.

$$\mathrm{P}(L<\theta<U)=1-\alpha$$

이때 구간 $(L,\ U)$를 모수 θ의 $100(1-\alpha)\%$ **신뢰구간**confidence interval이라 하고, L을 **신뢰하한**, U를 **신뢰상한**, $1-\alpha$를 **신뢰수준**confidence level 또는 **신뢰계수**confidence coefficient라 한다. 표본통계량 값이 표본을 추출할 때마다 달라지는 것처럼, 생성되는 $100(1-\alpha)\%$ 신뢰구간도 랜덤표본을 추출할 때마다 달라진다. $100(1-\alpha)\%$ 신뢰구간의 의미는 모집단에서 크기 n인 랜덤표본을 추출하여 신뢰구간을 생성하는 과정을 반복할 때 $1-\alpha$의 확률로 모수 θ가 신뢰구간에 포함된다는 것이다. 즉 100개의 랜덤표본으로 신뢰구간을 생성하면 이 중 약 $100(1-\alpha)$개의 신뢰구간이 모수 θ를 포함한다고 해석한다.

모평균에 대한 구간추정

표본평균 $\overline{X}$의 기댓값이 모평균과 일치하므로 표본평균은 모평균에 대한 비편향추정량이다. 또한 표본크기 n이 커짐에 따라 분산은 0으로 수렴한다. 4장에서 표본분포를 살펴보았듯이 모평균이 μ, 모분산이 σ^2인 모집단에서 모집단 분포가 정규분포일 때 표본평균 $\overline{X}$는 정규분포 $N\left(\mu,\ \dfrac{\sigma^2}{n}\right)$을 따른다. 모집단 분포가 정규분포가 아니더라도 중심극한정리([정리 4-1] 참고)에 의해 $\overline{X}$의 분포가 근사적으로 정규분포 $N\left(\mu,\ \dfrac{\sigma^2}{n}\right)$에 가까워진다. 이와 같은 표본평균의 표본분포를 기반으로 모평균에 대한 구간추정을 수행할 수 있다.

■ 모집단이 정규분포를 따르고 모분산을 알 때

모집단이 정규분포 $N(\mu,\ \sigma^2)$을 따르고 모분산 σ^2을 알고 있다고 하자. 이때 표본평균 $\overline{X}$의 분포는 정규분포 $N\left(\mu,\ \dfrac{\sigma^2}{n}\right)$을 따르므로 $\overline{X}$가 구간 $\left(\mu - z_{\alpha/2}\dfrac{\sigma}{\sqrt{n}},\ \mu + z_{\alpha/2}\dfrac{\sigma}{\sqrt{n}}\right)$에 포함될 확률이 $100(1-\alpha)\%$이다. 따라서 다음이 성립한다.

$$\begin{aligned}\mathrm{P}\left(\mu - z_{\alpha/2}\frac{\sigma}{\sqrt{n}} < \overline{X} < \mu + z_{\alpha/2}\frac{\sigma}{\sqrt{n}}\right) &= \mathrm{P}\left(\overline{X} - z_{\alpha/2}\frac{\sigma}{\sqrt{n}} < \mu < \overline{X} + z_{\alpha/2}\frac{\sigma}{\sqrt{n}}\right)\\ &= 1-\alpha\end{aligned}$$

그러므로 $\left(\overline{X} - z_{\alpha/2}\dfrac{\sigma}{\sqrt{n}},\ \overline{X} + z_{\alpha/2}\dfrac{\sigma}{\sqrt{n}}\right)$는 모평균 μ의 $100(1-\alpha)\%$ 신뢰구간이다. 표본을 추출하여 표본평균을 구하는 과정을 여러 번 반복하면 표본평균 $\overline{X}$ 값이 구간 $\left(\mu - z_{\alpha/2}\dfrac{\sigma}{\sqrt{n}},\ \mu + z_{\alpha/2}\dfrac{\sigma}{\sqrt{n}}\right)$ 밖에서 관찰되는 경우도 있으며, 이때는 μ의 신뢰구간 $\left(\overline{X} - z_{\alpha/2}\dfrac{\sigma}{\sqrt{n}},\ \overline{X} + z_{\alpha/2}\dfrac{\sigma}{\sqrt{n}}\right)$가 모평균 μ를 포함하지 못한다.

예제 5-5

한 식품회사에서 생산하는 저지방 우유의 100mL당 지방 함량은 정규분포 $N(\mu,\ 0.5^2)$을 따른다고 한다. 지방 함량을 측정하기 위해 100mL씩 크기 n인 랜덤표본 $\{x_1,\ x_2,\ \cdots,\ x_n\}$을 추출했을 때, 지방 함량의 표본평균이 $\overline{x} = 2.1$이고 모평균 μ의 95% 신뢰구간이 $(1.9,\ 2.3)$이었다고 한다. 표본크기 n 값을 구하라. 여기서 $z_{0.025} = 2$로 계산한다.

풀이

95% 신뢰구간이므로 $\alpha = 0.05$이고 $z_{\alpha/2} = 2$이다. 표본평균 $\overline{x} = 2.1$에서 신뢰하한과 신뢰상한까지의 거리가 0.2로 동일하므로 신뢰구간은 다음과 같다.

$$\left(\overline{x} - z_{\alpha/2}\frac{\sigma}{\sqrt{n}},\ \overline{x} + z_{\alpha/2}\frac{\sigma}{\sqrt{n}}\right) = \left(\overline{x} - \frac{1}{\sqrt{n}},\ \overline{x} + \frac{1}{\sqrt{n}}\right)$$

여기서 $\overline{x} - \dfrac{1}{\sqrt{n}} = 1.9$, $\overline{x} + \dfrac{1}{\sqrt{n}} = 2.3$이므로 $\dfrac{1}{\sqrt{n}} = 0.2$에서 $n = 5^2 = 25$이다.

■ 모집단이 정규분포를 따르고 모분산을 모를 때

앞에서 다룬 '모집단이 정규분포를 따르고 모분산을 알 때'의 신뢰구간은 모집단의 분산 σ^2을 포함했다. 그러나 실제로는 모분산 σ^2을 모르는 경우가 많다. 이때는 3장에서 살펴본 t-분포를 이용하여 신뢰구간을 구할 수 있다. 3.5절에서 확인해보았듯이 t-통계량 $T = \dfrac{\sqrt{n}\,(\overline{X} - \mu)}{S}$

는 자유도 $n-1$인 t-분포를 따르므로 다음 식이 성립한다.

$$\begin{aligned}
&\mathrm{P}(-t_{\alpha/2,n-1} < T < t_{\alpha/2,n-1}) \\
&= \mathrm{P}\left(-t_{\alpha/2,n-1} < \frac{\sqrt{n}(\overline{X}-\mu)}{S} < t_{\alpha/2,n-1}\right) \\
&= \mathrm{P}\left(-t_{\alpha/2,n-1}\frac{S}{\sqrt{n}} < \overline{X}-\mu < t_{\alpha/2,n-1}\frac{S}{\sqrt{n}}\right) \\
&= \mathrm{P}\left(\overline{X}-t_{\alpha/2,n-1}\frac{S}{\sqrt{n}} < \mu < \overline{X}+t_{\alpha/2,n-1}\frac{S}{\sqrt{n}}\right)
\end{aligned} \tag{5.2}$$

여기서 $t_{\alpha/2,n-1}$은 자유도가 $n-1$인 t-분포를 따르는 확률변수 T에 대해 다음을 만족하는 상수이다.

$$\mathrm{P}(T < t_{\alpha/2,n-1}) = 1-\frac{\alpha}{2}$$

따라서 식 (5.2)에 주어진 확률은 $1-\alpha$이고, 모분산 σ^2을 모를 때 모평균 μ의 $100(1-\alpha)\%$ 신뢰구간은 다음과 같다.

$$\left(\overline{X}-t_{\alpha/2,n-1}\frac{S}{\sqrt{n}},\ \overline{X}+t_{\alpha/2,n-1}\frac{S}{\sqrt{n}}\right)$$

예제 5-6

과속 단속장비의 오차를 확인하기 위한 실험을 했다. 시속 100km로 달리는 자동차의 속도를 측정한 결과가 정규분포 $N(\mu, \sigma^2)$을 따른다고 알려져 있다. 과속 단속장비를 랜덤으로 추출하여 시속 100km로 달리는 자동차의 속도를 16번 측정한 결과 표본평균은 $\overline{x}=102$, 표본분산은 $s^2=4$였다. 모평균 μ의 95% 신뢰구간을 구하라.

풀이

모집단이 정규분포를 따르고 표본크기 16이 작으므로 t-분포를 이용하여 신뢰구간을 구할 수 있다. 신뢰구간 $\left(\overline{x}-t_{\alpha/2,n-1}\frac{s}{\sqrt{n}},\ \overline{x}+t_{\alpha/2,n-1}\frac{s}{\sqrt{n}}\right)$에서 $\overline{x}=102$, $\alpha=0.05$이고, 표본크기 $n=16$에서 자유도 15이므로 [표 3-11]을 참고하면 $t_{0.025,15}\approx 2.131$이다. 즉 신뢰구간은 다음과 같다.

$$\begin{aligned}
\left(\overline{x}-t_{0.025,15}\frac{s}{\sqrt{n}},\ \overline{x}+t_{0.025,15}\frac{s}{\sqrt{n}}\right) &\approx \left(102-2.131\cdot\frac{2}{4},\ 102+2.131\cdot\frac{2}{4}\right) \\
&\approx (100.935,\ 103.066)
\end{aligned}$$

자유도 $n-1$인 t-분포는 표본크기 n이 커지면 점차 정규분포로 수렴한다. $t_{\alpha/2,n-1}$이 $z_{\alpha/2}$에 가까워지므로 모분산 σ^2을 모를 때의 모평균 μ에 대한 $100(1-\alpha)\%$ 신뢰구간 $\left(\overline{X}-t_{\alpha/2,n-1}\frac{S}{\sqrt{n}},\ \overline{X}+t_{\alpha/2,n-1}\frac{S}{\sqrt{n}}\right)$를 구간 $\left(\overline{X}-z_{\alpha/2}\frac{S}{\sqrt{n}},\ \overline{X}+z_{\alpha/2}\frac{S}{\sqrt{n}}\right)$로 근사시킬 수 있다.

예제 5-7

[예제 5-6]의 과속 단속장비 오차 확인 실험을 생각하자. 과속 단속장비를 랜덤으로 추출하여 시속 100km로 달리는 자동차의 속도를 n번 측정한 결과 표본평균은 $\overline{x}=102$, 표본분산은 $s^2=4$였다. 또한 관측값은 정규분포를 따르는 것으로 알려져 있다. 표본크기 n이 충분히 크다고 가정할 때 모평균 μ의 95% 신뢰구간의 폭이 1 이하가 되도록 하는 n의 최솟값을 구하라. 여기서 $z_{0.025}=1.96$으로 계산한다.

풀이

95% 신뢰구간이므로 $\alpha=0.05$이다. 표본크기 n이 충분히 크다고 가정했으므로 신뢰구간은 다음과 같다.

$$\left(\overline{x}-z_{0.025}\frac{s}{\sqrt{n}},\ \overline{x}+z_{0.025}\frac{s}{\sqrt{n}}\right)$$

신뢰구간의 폭이 1 이하여야 하므로 $z_{0.025}\frac{s}{\sqrt{n}} \le \frac{1}{2}$, 즉 $n \ge 16\ z_{0.025}^2$이다. $z_{0.025}=1.96$이므로 $n \ge 62$이어야 하고, n의 최솟값은 62이다.

파이썬 실습 5-2 모집단이 정규분포를 따를 때의 구간추정

[예제 5-6]의 신뢰구간과 [예제 5-7]의 최소 표본크기를 구하는 명령문을 작성해보자.

❶ [예제 5-6]의 신뢰구간

코드 5-6

```
import numpy as np
from scipy.stats import t
xbar, s2, n = 102, 4, 16      # 표본평균, 표본분산, 표본크기 입력
[xbar + t.ppf(q=0.025, df=n-1) * np.sqrt(s2/n),
 xbar + t.ppf(q=1-0.025, df=n-1) * np.sqrt(s2/n)]
```

```
[100.934, 103.066]
```

[코드 5-6]의 4행에서 자유도 $n-1$인 t-분포의 분위수 $t_{\alpha,n-1}$을 구하기 위해 t.ppf() 함수를 사용했다. scipy.stats 모듈의 ppf() 함수는 분포의 분위수를 구하는 함수로, 확률변수 X에 대해 $\mathrm{P}(X \le x) = \alpha$가 되도록 하는 x 값을 반환한다. 즉 인수 q에 값을 입력하면 대응하는 분위수 x를 반환한다. 따라서 명령문 t.ppf(q=0.025, df=n-1)은 자유도 $n-1$인 t-분포를 따르는 확률변수 T에 대해 $\mathrm{P}(T \le t) = 0.025$인 t 값을 반환한다. [코드 5-6]의 실행 결과 신뢰구간은 [100.934, 103.066]이다.

❷ [예제 5-7]의 최소 표본크기

앞에서와 마찬가지로 표본분산 s^2 값을 s2에 저장하고, 부등식 $n \ge (2s\, z_{0.025})^2$의 우변에 해당하는 값을 계산하기 위한 명령문을 입력했다. 여기서 명령문 norm.ppf(q=1-0.025)는 표준정규분포를 따르는 확률변수 Z에 대해 $\mathrm{P}(Z \le z) = 1-0.025$, 즉 $\mathrm{P}(Z \ge z) = 0.025$가 되게 하는 z 값을 반환한다. [코드 5-7]의 실행 결과 표본크기가 61.463보다 커야 함을 알 수 있다. 표본크기는 자연수여야 하므로 구하려는 표본크기의 최솟값은 62이다.

코드 5-7

```
from scipy.stats import norm
s2 = 4
(2 * np.sqrt(s2) * norm.ppf(q=1-0.025))**2
```

```
61.463
```

칼럼 표본분포의 개념을 이용하여 이해하는 신뢰구간의 개념

신뢰수준과 표본오차의 이해[7]

(전략)

신뢰수준이 95%이라는 건 이 여론조사를 95% 믿을 수 있다는 뜻이 아니라 같은 조사를 100번 하면 표본오차 범위 내에서 동일한 결과가 나올 횟수가 95번이라는 의미다. … ①

(중략)

예를 들어 신뢰수준이 95%이고 포본오차가 ±3%인 여론조사 결과 A후보의 지지율은 40%, B후보의 지지율은 36% 라면 같은 조사를 각각 다른 표본을 뽑아 100번 시행했을 때 95번은 A후보 지지율이 37~43%, B후보 지지율이 33~39% 범위 내에서 나온다는 뜻이다. … ②

(후략)

이 기고문은 여론조사를 예로 들어 신뢰구간의 의미를 설명하는데, 오해의 소지가 있다. 신뢰구간을 정확하게 이해하기 위해서는 4장에서 살펴본 표본분포 개념을 이용해야 한다. 모비율

7 강신욱 (2019. 11. 19). [60초통계]신뢰수준과 표본오차의 이해. **머니투데이**.

p인 모집단에서 크기 n인 랜덤표본을 추출하는 경우를 생각해보자. 표본평균 $\overline{X}$의 분포는 표본크기 n이 충분히 클 때 중심극한정리에 의해 근사적으로 정규분포 $N\left(p, \dfrac{p(1-p)}{n}\right)$를 따른다. 따라서 ①은 다음과 같은 의미로 해석해야 한다.

"랜덤표본을 100번 추출하면 약 95개의 표본비율은 구간 $\left(p - z_{0.025}\sqrt{\dfrac{p(1-p)}{n}},\ p + z_{0.025}\sqrt{\dfrac{p(1-p)}{n}}\right)$ 안에서 관찰된다."

②는 관찰된 표본비율 40%와 36%를 기준으로 구간을 설정하고, 해당 구간에 95%의 표본비율이 포함된다고 설명하지만 이는 이론적으로 잘못된 해석이다. 관찰된 표본비율은 실제 모비율에서 멀리 떨어진 값일 수 있으므로 표본비율을 기준으로 구간을 설정하는 것은 옳지 않다. 신뢰구간은 표본비율이 아니라 모비율을 기준으로 ±3% 안에 표본비율의 95%가 포함된다고 수정해야 한다.

■ 모집단이 정규분포를 따르지 않을 때

모평균의 신뢰구간을 구하기 위해서는 표본평균의 표본분포가 필요하다. 앞에서는 모집단이 정규분포를 따를 때 정규분포 또는 t-분포를 이용할 수 있음을 살펴보았다. 모집단이 정규분포를 따르지 않더라도 표본크기 n이 충분히 크면 [정리 4-1]의 중심극한정리에 의해 표본평균 $\overline{X}$의 분포가 근사적으로 정규분포와 가까워진다.

따라서 모집단이 정규분포를 따르지 않을 때의 신뢰구간은 다음과 같이 구할 수 있다. 먼저 표본크기 n이 충분히 크고 모분산 σ^2을 알 때는 표본평균 $\overline{X}$의 분포가 근사적으로 정규분포를 따르므로 모평균 μ의 $100(1-\alpha)\%$ 신뢰구간은 $\left(\overline{X} - z_{\alpha/2}\dfrac{\sigma}{\sqrt{n}},\ \overline{X} + z_{\alpha/2}\dfrac{\sigma}{\sqrt{n}}\right)$이다. 다음으로 n이 충분히 크고 모분산 σ^2을 모를 때는 표본평균 $\overline{X}$의 분포가 근사적으로 정규분포를 따르고, 표본분산 S^2이 모분산 σ^2과 가까워지므로 모평균 μ의 $100(1-\alpha)\%$ 신뢰구간을 $\left(\overline{X} - z_{\alpha/2}\dfrac{S}{\sqrt{n}},\ \overline{X} + z_{\alpha/2}\dfrac{S}{\sqrt{n}}\right)$로 설정할 수 있다.

모집단의 분포가 정규분포가 아닌 경우의 잘 알려진 예로 모집단이 베르누이분포를 따르는 경우의 모비율에 대한 구간추정 문제를 생각해볼 수 있다. 앞서 살펴본 바와 같이 이때 최대가능도추정량은 표본평균 $\hat{p} = \overline{X}$이고, $\hat{p} = \overline{X}$의 분포는 n이 충분히 클 때 근사적으로 정규분포를 따른다. 성공확률이 p인 베르누이분포의 기댓값은 p, 분산은 $p(1-p)$이다. 따라서 성공확률이 p인 베르누이분포를 따르는 무한모집단에서 크기 n인 랜덤표본을 추출했을 때, n이 충분히 크면 모비율 p의 $100(1-\alpha)\%$ 신뢰구간은 다음과 같이 표현한다.

$$\left(\overline{X} - z_{\alpha/2}\sqrt{\frac{\overline{X}(1-\overline{X})}{n}},\ \overline{X} + z_{\alpha/2}\sqrt{\frac{\overline{X}(1-\overline{X})}{n}}\right)$$

흔히 표본평균 $\overline{X}$ 대신 $\hat{p}$을 사용해 신뢰구간을 다음과 같이 표현하기도 한다.

$$\left(\hat{p} - z_{\alpha/2}\sqrt{\frac{\hat{p}(1-\hat{p})}{n}},\ \hat{p} + z_{\alpha/2}\sqrt{\frac{\hat{p}(1-\hat{p})}{n}}\right)$$

예제 5-8

새로 개발한 백신의 항체 생성률을 확인하기 위해 1,200명을 랜덤으로 추출해서 백신을 접종하고, 항체 생성 여부를 확인하는 임상시험을 실시했다. 항체가 생성된 사람은 900명, 항체가 생성되지 않은 사람은 300명이었다. 항체 생성 여부는 서로 독립이고 성공확률이 p인 베르누이분포를 따른다고 할 때 신뢰수준 95%에서 항체 생성률의 신뢰구간을 구하라. 여기서 $z_{0.025}=2$로 계산한다.

풀이

항체 생성 여부는 서로 독립이고 확률 p인 베르누이분포를 따른다. 표본크기 $n=1200$이 충분히 크므로 항체 생성률은 근사적으로 정규분포를 따른다. 따라서 95% 신뢰구간은 $\left(\hat{p}-z_{\alpha/2}\sqrt{\frac{\hat{p}(1-\hat{p})}{n}},\ \hat{p}+z_{\alpha/2}\sqrt{\frac{\hat{p}(1-\hat{p})}{n}}\right)$이다.

임상시험 결과에서 항체 생성률이 $\hat{p}=\frac{3}{4}$이므로 항체 생성률의 95% 신뢰구간은 다음과 같이 계산한다.

$$\left(\frac{3}{4} - 2\sqrt{\frac{3/4 \cdot 1/4}{1200}},\ \frac{3}{4} + 2\sqrt{\frac{3/4 \cdot 1/4}{1200}}\right) = \left(\frac{3}{4} - \frac{1}{40},\ \frac{3}{4} + \frac{1}{40}\right) = \left(\frac{29}{40},\ \frac{31}{40}\right)$$

즉 $(0.725, 0.775)$이다.

파이썬 실습 5-3 **모집단이 정규분포를 따르지 않을 때의 구간추정**

[예제 5-8]의 신뢰구간을 구하는 명령문은 [코드 5-8]과 같다.

코드 5-8

```
import numpy as np
from scipy.stats import norm
n, phat = 1200, 900 / 1200
[phat + norm.ppf(q=0.025) * np.sqrt(phat*(1-phat)/n),
 phat + norm.ppf(q=1-0.025) * np.sqrt(phat*(1-phat)/n)]
```

```
[0.726, 0.774]
```

표본크기와 모비율의 추정량 $\hat{p}$ 값을 입력하고 norm.ppf() 함수로 표준정규분포의 분위수를 구해 신뢰구간을 계산했다. 그 결과 모비율에 대한 95% 신뢰구간은 [0.726, 0.774]로 계산되었다. [예제 5-8]과 계산 결과가 다른 이유는 [예제 5-8]에서 실제 $z_{0.025}$ 값과는 다르게 $z_{0.025}=2$로 계산했기 때문이다.

지금까지 살펴본 각 경우에서 표본평균을 이용하여 모평균에 대한 신뢰구간을 구할 때 사용되는 표본분포를 요약하면 [표 5-1]과 같다. 표본크기 n을 기준으로 보면 n이 충분히 클 때는 정규분포를 이용해 신뢰구간을 구할 수 있고, n이 작을 때는 모집단이 정규분포를 따를 때만 t-분포를 이용하여 신뢰구간을 구할 수 있다.

표 5-1 모집단의 분포와 모분산에 따른 표본평균의 표본분포

모집단 분포	모분산	표본평균의 표본분포
정규분포	알고 있음	정규분포 이용
	모름	t-분포(n이 충분히 클 때는 정규분포) 이용
정규분포 아님	알고 있음	n이 충분히 클 때 정규분포 이용
	모름	n이 충분히 클 때 정규분포 이용

모분산에 대한 구간추정 선택

5.1절에서 비편향추정량을 다루면서 정규분포 $N(\mu,\ \sigma^2)$을 따르는 무한모집단에서 추출한 랜덤표본의 표본분산 $S^2=\dfrac{1}{n-1}\sum_{i=1}^{n}\left(X_i-\overline{X}\right)^2$이 모분산 σ^2에 대한 비편향추정량임을 살펴보았다. 모분산에 대한 구간추정을 하려면 S^2의 표본분포를 알아야 하는데, $V=\dfrac{(n-1)S^2}{\sigma^2}$이 자유도 $n-1$인 카이제곱분포를 따른다는 사실이 알려져 있다. 따라서 다음과 같은 식이 성립한다.

$$
\begin{aligned}
&\mathrm{P}\left(\chi^2_{1-\alpha/2,\,n-1}\le V=\frac{(n-1)S^2}{\sigma^2}\le\chi^2_{\alpha/2,\,n-1}\right)\\
&=\mathrm{P}\left(\frac{(n-1)S^2}{\chi^2_{\alpha/2,\,n-1}}\le\sigma^2\le\frac{(n-1)S^2}{\chi^2_{1-\alpha/2,\,n-1}}\right)\\
&=0.95
\end{aligned}
$$

따라서 모분산의 $100(1-\alpha)\%$ 신뢰구간은 다음과 같다.

$$\left(\frac{(n-1)S^2}{\chi^2_{\alpha/2,\, n-1}},\ \frac{(n-1)S^2}{\chi^2_{1-\alpha/2,\, n-1}} \right)$$

여기서 $\chi^2_{\alpha/2,\, n-1}$은 자유도 $n-1$인 카이제곱분포를 따르는 확률변수 V에 대해 확률 $P(V > \chi^2_{\alpha/2,\, n-1}) = \frac{\alpha}{2}$를 만족하는 값을 의미한다.

예제 5-9

수돗물 수질검사 항목 중 하나인 잔류염소는 1L당 4.0mg 이내로 기준이 설정되어 있다. 잔류염소 농도는 정규분포 $N(\mu,\ \sigma^2)$을 따르는 것으로 알려져 있으며, 한 도시에서 지역에 따라 수돗물 속 잔류염소 농도의 차이가 크다는 주장이 제기됐다. 모집단에서 크기 $n=25$인 표본을 추출했을 때 잔류염소 농도의 모분산 σ^2에 대한 95% 신뢰구간이 $(2.44,\ 7.74)$라고 하자. 표본분산 s^2 값을 구하라.

풀이

95% 신뢰구간이므로 $\alpha=0.05$이고 자유도는 $n-1=24$이다. 따라서 신뢰구간은 다음과 같이 계산된다.

$$\left(\frac{(n-1)s^2}{\chi^2_{\alpha/2,\, n-1}},\ \frac{(n-1)s^2}{\chi^2_{1-\alpha/2,\, n-1}} \right) = \left(\frac{24s^2}{\chi^2_{0.025,\, 24}},\ \frac{24s^2}{\chi^2_{0.975,\, 24}} \right)$$

[표 5-2]에 따르면 $\chi^2_{0.025,\, 24}=39.36$, $\chi^2_{0.975,\, 24}=12.40$이므로 $s^2 \approx 4$이다.

표 5-2 카이제곱분포표(일부)

df \ α	0.995	0.99	0.975	0.95	0.9	0.1	0.05	0.025	0.01	0.005
1	0.00	0.00	0.00	0.00	0.02	2.71	3.84	5.02	6.63	7.88
2	0.01	0.02	0.05	0.10	0.21	4.61	5.99	7.38	9.21	10.60
⋮	⋮	⋮	⋮	⋮	⋮	⋮	⋮	⋮	⋮	⋮
24	9.89	10.86	12.40	13.85	15.66	33.20	36.42	39.36	42.98	45.56
25	10.52	11.52	13.12	14.61	16.47	34.38	37.65	40.65	44.31	46.93

파이썬 실습 5-4 모분산에 대한 구간추정

[예제 5-9]의 모분산에 대한 신뢰구간을 이용하여 표본분산값을 구하는 명령문은 [코드 5-9]와 같다.

코드 5-9

```
from scipy.stats import chi2
n = 25
[2.44 * chi2.ppf(q=1-0.025, df=n-1) / (n-1),
 7.74 * chi2.ppf(q=0.025, df=n-1) / (n-1)]
```

```
[4.002, 3.999]
```

이 명령문은 표본크기를 저장한 뒤 신뢰구간 (2.44, 7.74)가 $\left(\frac{24\,s^2}{\chi^2_{0.025,\,24}},\ \frac{24\,s^2}{\chi^2_{0.975,\,24}}\right)$임을 이용하여 구한 두 방정식의 해 $s^2 = \frac{2.44\,\chi^2_{0.025,\,24}}{24}$, $s^2 = \frac{7.74\,\chi^2_{0.975,\,24}}{24}$를 작성한 것이다. [코드 5-9]의 실행 결과 표본분산은 약 4.0임을 확인할 수 있다.

SECTION
5.3 두 집단의 차이에 대한 추정

지금까지는 한 모집단에서 모수를 점추정하거나 구간추정하는 방법을 살펴보았다. 그러나 상황에 따라서는 두 집단 사이의 차이를 검토해야 할 때도 있다. 예를 들어 제약회사가 새로 개발한 고지혈증 치료제의 효과를 확인한다고 하자. 고지혈증 환자를 랜덤으로 두 집단으로 나눈 후 한 집단에는 새로운 약품을, 다른 집단에는 기존 약품을 처방한다. 이후 두 집단 환자의 콜레스테롤 수치를 측정하고 이 값들 사이에 차이가 있는지 확인하는 것이 이 실험의 목적이다. 이 절에서는 이처럼 두 모집단을 비교하기 위한 통계적 추정 방법을 살펴본다.

두 모집단의 각 개체를 짝지어 비교할 수 있을 때

두 모집단의 개체가 비슷한 속성을 가지면 각 개체를 짝지어 비교할 수 있으며, 이를 **대응비교** paired comparison라 한다. 예를 들어 고혈압 환자에게 혈압강하제를 투여하기 전과 후의 혈압을 비교하는 실험을 생각해보자. 한 환자의 혈압을 혈압강하제 복용 전후에 각각 측정하고 그 차이를 비교해볼 수 있다([그림 5-4(a)] 참고). 또 다른 예로 쌍둥이 중 한 명에게 실제 약을 투약하고 다른 한 명에게 위약을 투약해서 두 사람의 반응 차이를 확인할 수도 있다([그림 5-4(b)] 참고).

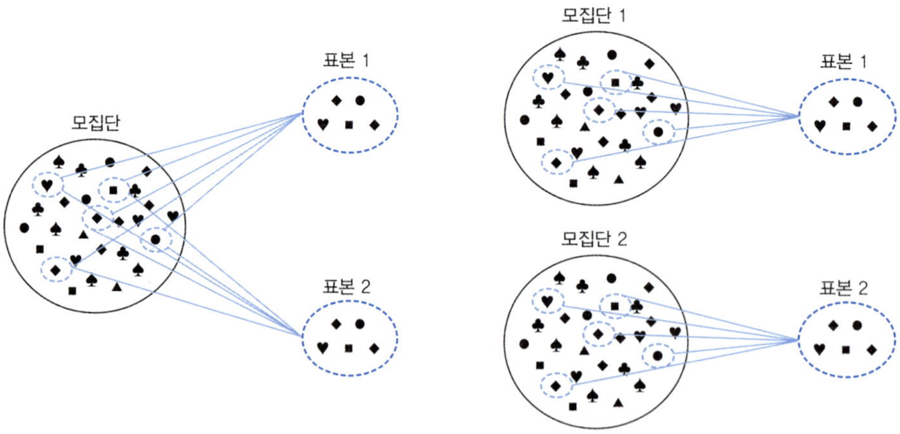

(a) 동일한 개체에 대한 대응비교 (b) 비슷한 속성을 가진 개체들의 대응비교

그림 5-4 대응비교

비슷한 특성을 가진 개체를 짝지어 비교하면 확인하고자 하는 요인 이외의 여러 교란요인을 상쇄시킬 수 있다. 따라서 관심의 대상이 되는 요인의 효과를 보다 확실하게 파악할 수 있다.

이렇게 얻은 차이를 이용한 점추정과 구간추정 과정은 본질적으로 5.2절에서 살펴본 추정과정과 동일하다. 먼저 점추정값은 차이의 표본평균값을 이용해 구한다. 구간추정은 다음과 같이 신뢰구간을 구한다.

- 차이가 정규분포를 따르고 그 모분산을 알고 있으면 정규분포를 이용한다.
- 차이가 정규분포를 따르지만 그 모분산을 모르면 t–분포를 이용한다. 이때 표본크기가 충분히 크면 근사적으로 정규분포를 적용할 수 있다.
- 차이가 정규분포를 따르지 않으면 표본크기가 클 때 [정리 4–1]의 중심극한정리를 적용하여 정규분포를 근사분포로 사용한다.

예제 5-10

100명의 청소년을 랜덤으로 추출하여 고카페인 음료가 청소년의 혈압 변화에 미치는 영향을 확인하는 실험을 진행했다. 카페인 함량이 150mg인 음료를 마시기 전과 마신 뒤 20분 경과한 시점에 혈압을 측정했다. 관찰 결과 전후 혈압 차이 x_i(단, $i=1, 2, \cdots, 100$)의 표본평균값이 14mmHg이고, 차이의 제곱합 $\sum_{i=1}^{100} x_i^2$은 59200이었다. 평균 혈압 차이의 99% 신뢰구간을 구하라.

풀이

주어진 조건에서 혈압 차이의 표본평균값은 $\bar{x} = 14$이고 표본크기 100이 충분히 크므로 표본평균은 정규분포를 따른다고 볼 수 있다. 다음과 같이 계산하면 표본분산은 $s^2 = 400$이다.

$$s^2 = \frac{1}{n-1}\sum_{i=1}^{n}\left(x_i - \bar{x}\right)^2 = \frac{1}{n-1}\left(\sum_{i=1}^{n} x_i^2 - n\bar{x}^2\right)$$
$$= \frac{1}{99}(59200 - 100 \cdot 14^2) = 400$$

따라서 신뢰구간은 다음과 같다.

$$\left(\bar{x} - z_{\alpha/2}\frac{s}{\sqrt{n}},\ \bar{x} + z_{\alpha/2}\frac{s}{\sqrt{n}}\right) = \left(14 - 2.576\frac{20}{\sqrt{100}},\ 14 + 2.576\frac{20}{\sqrt{100}}\right)$$
$$= (8.848,\ 19.152)$$

파이썬 실습 5-5 대응비교에서의 구간추정

[예제 5-10]의 대응비교에서 신뢰구간을 구하는 명령문은 [코드 5-10]과 같다.

코드 5-10

```
import numpy as np
from scipy.stats import norm
xbar, xsq, n = 14, 59200, 100
s2 = (xsq - n * (xbar ** 2)) / (n-1)
[xbar + norm.ppf(q=0.005) * np.sqrt(s2/n),
 xbar + norm.ppf(q=1-0.005) * np.sqrt(s2/n)]
```

```
[8.848, 19.152]
```

먼저 표본평균과 x_i의 제곱합, 표본크기를 xbar, xsq, n에 저장한다. 이를 이용해 표본분산 s^2을 계산하고 모평균 차이에 대한 99% 신뢰구간을 계산한다. 신뢰수준이 99%이므로 norm.ppf() 함수에 q=0.005와 q=1-0.005를 입력했다. [코드 5-10]의 실행 결과 신뢰구간은 $[8.848,\ 19.152]$임을 알 수 있다.

두 모집단의 각 개체를 짝지어 비교할 수 없을 때

앞에서 살펴본 대응비교는 두 모집단에 완전히 동일하거나 비슷한 속성을 가진 개체가 포함되어 있을 때 가능하다. 예를 들어 쌍둥이와 같이 유전적 특징과 생활환경이 유사한 사람을 대상으로 대응비교를 적용할 수 있다. 이를 도식화하면 [그림 5-4(b)]와 같다.

하지만 현실적으로는 이러한 조건을 만족하는 개체를 두 모집단에서 관찰하기 어려운 경우가 많다. 이 경우에는 각 모집단에서 별도로 추정량을 구한 뒤 두 추정량의 차이를 이용하여 두 모집단의 차이를 확인한다. 정규분포를 따르는 서로 독립인 두 확률변수 $X,\ Y$를 생각하자. 확률변수 X의 모평균이 μ_X, 모분산이 σ_X^2이고 확률변수 Y의 모평균이 μ_Y, 모분산이 σ_Y^2이면 두 확률변수의 차이 $X-Y$는 모평균이 $\mu_X-\mu_Y$, 모분산이 $\sigma_X^2+\sigma_Y^2$인 정규분포를 따른다는 사실이 알려져 있다.

모평균이 각각 $\mu_X,\ \mu_Y$이고 모분산이 $\sigma_X^2,\ \sigma_Y^2$인 정규분포를 따르는 서로 독립인 두 모집단을 생각하자. 모평균 차이 $\mu_X-\mu_Y$를 추정하려면 크기 n과 m인 랜덤표본 $\{X_1,\ X_2,\ \cdots,\ X_n\}$과 $\{Y_1,\ Y_2,\ \cdots,\ Y_m\}$에서 각각 얻은 표본평균 $\overline{X}=\frac{1}{n}\sum_{i=1}^{n}X_i$와 $\overline{Y}=\frac{1}{m}\sum_{i=1}^{m}Y_i$의

차이 $\overline{X} - \overline{Y}$를 점추정량으로 사용한다. 이때 기댓값이 $\mathrm{E}(\overline{X} - \overline{Y}) = \mathrm{E}(\overline{X}) - \mathrm{E}(\overline{Y}) = \mu_X - \mu_Y$이므로 점추정량 $\overline{X} - \overline{Y}$는 두 모평균 차이에 대한 비편향추정량이다.

두 모집단의 모평균 차이에 대한 구간추정은 모집단의 분포와 모분산에 대한 정보, 표본크기에 따라 서로 다른 방법을 적용한다. 정규분포를 사용하여 신뢰구간을 구하는 대표적인 경우로는 다음 세 가지가 있다.

■ 모집단이 정규분포를 따르고 모분산을 알 때

$\overline{X} - \overline{Y}$는 표본크기와 관계없이 모평균이 $\mu_X - \mu_Y$이고 모분산이 $\dfrac{\sigma_X^2}{n} + \dfrac{\sigma_Y^2}{m}$인 정규분포를 따른다. 따라서 모분산 σ_X^2과 σ_Y^2을 알 때 두 모평균 차이의 $100(1-\alpha)\%$ 신뢰구간은 다음과 같다.

$$\left((\overline{X} - \overline{Y}) - z_{\alpha/2}\sqrt{\frac{\sigma_X^2}{n} + \frac{\sigma_Y^2}{m}},\ (\overline{X} - \overline{Y}) + z_{\alpha/2}\sqrt{\frac{\sigma_X^2}{n} + \frac{\sigma_Y^2}{m}}\right)$$

■ 정규모집단의 모분산을 모르고 표본크기가 클 때

모분산 σ_X^2과 σ_Y^2을 모르더라도 표본크기 n, m이 충분히 크면 모분산 σ_X^2, σ_Y^2 대신 두 집단의 표본분산 $S_X^2 = \dfrac{1}{n-1}\sum_{i=1}^{n}(X_i - \overline{X})^2$, $S_Y^2 = \dfrac{1}{m-1}\sum_{i=1}^{m}(Y_i - \overline{Y})^2$을 사용할 수 있다. 따라서 모평균 차이 $\mu_X - \mu_Y$의 $100(1-\alpha)\%$ 신뢰구간은 다음과 같다.

$$\left((\overline{X} - \overline{Y}) - z_{\alpha/2}\sqrt{\frac{S_X^2}{n} + \frac{S_Y^2}{m}},\ (\overline{X} - \overline{Y}) + z_{\alpha/2}\sqrt{\frac{S_X^2}{n} + \frac{S_Y^2}{m}}\right)$$

■ 모집단이 정규분포를 따르지 않고 표본크기가 클 때

모집단이 정규분포를 따르지 않더라도 표본크기 n, m이 클 때 각 모집단의 표본평균은 중심극한정리([정리 4-1] 참고)에 의해 근사적으로 정규분포를 따른다. 따라서 이때 모분산을 아는지 또는 모르는지에 따라 앞선 두 가지 과정을 적용해 다음과 같이 신뢰구간을 구할 수 있다.

- **모분산을 아는 경우**

$$\left((\overline{X} - \overline{Y}) - z_{\alpha/2}\sqrt{\frac{\sigma_X^2}{n} + \frac{\sigma_Y^2}{m}},\ (\overline{X} - \overline{Y}) + z_{\alpha/2}\sqrt{\frac{\sigma_X^2}{n} + \frac{\sigma_Y^2}{m}}\right)$$

- **모분산을 모르는 경우**

$$\left((\overline{X} - \overline{Y}) - z_{\alpha/2}\sqrt{\frac{S_X^2}{n} + \frac{S_Y^2}{m}},\ (\overline{X} - \overline{Y}) + z_{\alpha/2}\sqrt{\frac{S_X^2}{n} + \frac{S_Y^2}{m}}\right)$$

예제 5-11

한 출판사에서 새로 개발한 영어 교재의 효과를 확인하기 위해 180명의 학생을 랜덤으로 추출했다. 그중 100명은 새로운 교재로 학습하고, 나머지 80명은 기존 교재로 학습한 뒤 시험을 치렀다. 시험점수를 확인해보니 두 집단의 표본평균값이 각각 78점과 73점, 표본분산이 각각 80, 64였다고 하자. 두 집단의 모분산을 모를 때 점수 차이의 99% 신뢰구간을 구하라.

풀이

모평균 차이의 추정량은 표본평균의 차이 $\bar{x}-\bar{y}$이고, 이 값은 5이다. 표본크기가 충분히 크고 모분산을 모르므로 표본분산을 이용하여 모분산을 추정하고 정규분포로 근사시킬 수 있다. 표본분산 추정값 $s_X^2=80$, $s_Y^2=64$에서 $\sqrt{\frac{s_X^2}{n}+\frac{s_Y^2}{m}}=\sqrt{\frac{80}{100}+\frac{64}{80}}=\frac{2\sqrt{10}}{5}$이고 $z_{0.005}=2.576$이므로 시험점수 차이의 99% 신뢰구간은 (1.742, 8.258)이다.

파이썬 실습 5-6 두 모집단 모평균 차이에 대한 구간추정

[예제 5-11]의 두 모집단 모평균 차이에 대한 신뢰구간을 구하는 명령문은 [코드 5-11]이다.

코드 5-11

```
import numpy as np
from scipy.stats import norm
xbar, ybar, xs2, ys2, n, m = 78, 73, 80, 64, 100, 80
[xbar - ybar + norm.ppf(q=0.005) * np.sqrt(xs2/n + ys2/m),
 xbar - ybar + norm.ppf(q=0.995) * np.sqrt(xs2/n + ys2/m)]
```

```
[1.742, 8.258]
```

두 표본의 표본평균과 표본분산, 표본크기를 입력하고 norm.ppf() 함수를 이용하여 신뢰구간을 계산했다. [코드 5-11]의 실행 결과 신뢰구간은 [1.742, 8.258]로 확인된다.

두 모집단이 정규분포를 따르지 않을 때 모평균 차이에 대한 구간추정의 대표적인 예로 두 모집단의 모비율 p_X와 p_Y의 차이에 대한 신뢰구간을 들 수 있다. 5.2절에서 살펴본 것처럼 모집단이 베르누이분포를 따를 때 랜덤표본을 추출하면 모비율의 추정량인 표본비율 $\hat{p}=\overline{X}$는 표본크기 n이 충분히 클 때 근사적으로 정규분포를 따른다. 따라서 두 모비율의 차이 p_X-p_Y

에 대한 $100(1-\alpha)\%$ 신뢰구간은 두 모비율 추정량 $\hat{p}_X = \overline{X}$와 $\hat{p}_Y = \overline{Y}$를 이용하여 다음과 같이 표현할 수 있다.

$$\left((\hat{p}_X - \hat{p}_Y) - z_{\alpha/2}\sqrt{\frac{\hat{p}_X(1-\hat{p}_X)}{n} + \frac{\hat{p}_Y(1-\hat{p}_Y)}{m}}, \right.$$
$$\left. (\hat{p}_X - \hat{p}_Y) + z_{\alpha/2}\sqrt{\frac{\hat{p}_X(1-\hat{p}_X)}{n} + \frac{\hat{p}_Y(1-\hat{p}_Y)}{m}} \right)$$

지금까지는 표본크기가 충분히 큰 경우를 중심으로 살펴보았다. 그러나 표본이 작으면 별도의 방법이 필요하다. 대표적으로 다음 두 가지 경우가 있다.

■ 두 정규모집단의 공통모분산을 모르고 표본크기가 작을 때 선택

'모집단이 정규분포를 따르고 모분산을 알 때'의 특수한 경우로 두 모집단의 분산이 $\sigma_X^2 = \sigma_Y^2 = \sigma^2$으로 알려져 있다고 해보자. $\sigma_X = \sigma_Y = \sigma$이므로 두 모평균 차이의 $100(1-\alpha)\%$ 신뢰구간은 다음과 같다.

$$\left((\overline{X} - \overline{Y}) - z_{\alpha/2}\,\sigma\sqrt{\frac{1}{n} + \frac{1}{m}},\ (\overline{X} - \overline{Y}) + z_{\alpha/2}\,\sigma\sqrt{\frac{1}{n} + \frac{1}{m}} \right)$$

여기서 공통모분산 σ^2 값을 모를 때는 이를 추정해야 하는데, 두 모집단에서 추출한 랜덤표본을 이용하면 공통모분산을 다음과 같이 추정할 수 있다.

$$S_p^2 = \frac{\{(n-1)S_X^2 + (m-1)S_Y^2\}}{n+m-2} = \frac{1}{n+m-2}\left\{\sum_{i=1}^{n}\left(X_i - \overline{X}\right)^2 + \sum_{i=1}^{m}\left(Y_i - \overline{Y}\right)^2\right\}$$

이렇게 두 표본의 표본분산을 이용해 얻은 공통모분산의 추정량을 **합동추정량**pooled estimator이라 한다. 여기서 $(n+m-2)\dfrac{S_p^2}{\sigma^2}$은 자유도 $n+m-2$인 카이제곱분포를 따르므로 다음 통계량은 자유도 $n+m-2$인 t-분포를 따른다.

$$\frac{\left((\overline{X} - \overline{Y}) - (\mu_X - \mu_Y)\right)/\sigma\sqrt{1/n + 1/m}}{S_p/\sigma} = \frac{(\overline{X} - \overline{Y}) - (\mu_X - \mu_Y)}{S_p\sqrt{1/n + 1/m}}$$

따라서 모평균 차이의 $100(1-\alpha)\%$ 신뢰구간은 다음과 같다.

$$\left((\overline{X} - \overline{Y}) - t_{\alpha/2,\,n+m-2}\,S_p\sqrt{\frac{1}{n} + \frac{1}{m}},\ (\overline{X} - \overline{Y}) + t_{\alpha/2,\,n+m-2}\,S_p\sqrt{\frac{1}{n} + \frac{1}{m}} \right)$$

■ 두 정규모집단의 서로 다른 모분산을 모르고 표본크기가 작을 때 선택

정규분포를 따르는 두 모집단의 분산이 σ_X^2, σ_Y^2으로 서로 다르면 스튜던트화 표본평균의 차이 $\dfrac{(\overline{X}-\overline{Y})-(\mu_X-\mu_Y)}{\sqrt{S_X^2/n+S_Y^2/m}}$를 이용하여 신뢰구간을 구할 수 있다. 다만 표본크기가 작으므로 정규분포 대신 t-분포를 사용해서 통계량의 분포를 추정한다. 분모는 자유도를 정확하게 계산하기 어려우므로 근삿값을 이용한다. 새터스웨이트Satterthwaite 근삿값은 다음과 같다.[8]

$$df=\frac{(S_X^2/n+S_Y^2/m)^2}{(S_X^2/n)^2/(n-1)+(S_Y^2/m)^2/(m-1)}$$

자유도를 df라 할 때 모평균 차이의 $100(1-\alpha)\%$ 신뢰구간은 다음과 같다.

$$\left((\overline{X}-\overline{Y})-t_{\alpha/2,\,df}\sqrt{\frac{S_X^2}{n}+\frac{S_Y^2}{m}},\ (\overline{X}-\overline{Y})+t_{\alpha/2,\,df}\sqrt{\frac{S_X^2}{n}+\frac{S_Y^2}{m}}\right)$$

8 프랭클린 E. 새터스웨이트(Franklin E. Satterthwaite)가 제안했다.

SECTION 5.4 파이썬 예제로 익히는 모수의 추정 선택

앞에서 살펴본 모수 추정 방법을 파이썬 명령문을 통해 직접 확인하고 익혀보자.

최대가능도추정량

5.1절

파이썬 명령문을 이용하여 최대가능도추정량 값을 구해보자. 정규분포의 확률밀도함수를 계산하기 위해 [코드 5-12]와 같이 scipy.stats.norm 모듈, numpy 등을 불러온다.

코드 5-12

```
from scipy.stats import norm
import numpy as np
import matplotlib.pyplot as plt
```

먼저 관측값 벡터를 리스트 obs에 입력한다. 그리고 μ 값을 -3부터 3까지 0.01씩 증가시키며 가능도함수 값을 구하기 위해 일차원 배열 mus를 생성한다. 모표준편차 값은 1로 두고 변수 sigma에 저장한다. 마지막으로 가능도함수 값을 저장할 수 있도록 빈 리스트 lklhd를 생성한다. 이 과정을 구현한 파이썬 명령문은 [코드 5-13]과 같다.

코드 5-13

```
obs = [2,0,-1,3,0,4]
mus, sigma = np.arange(-3,3,0.01), 1
lklhd = []
```

이제 반복문을 이용하여 μ 값을 증가시키면서 가능도함수 값을 계산한다. 관측값 리스트 obs의 각 원소를 norm.pdf() 함수에 입력하여 가능도함수(여기서는 확률밀도함수) 값[9]을 계산한

9 모수와 관측값이 주어지면 확률밀도함수 또는 확률질량함수의 값과 가능도함수의 값이 일치한다.

뒤, 이를 pdfs에 저장한다. np.prod() 함수를 이용해 pdfs에 저장된 확률밀도함수 값들을 모두 곱해서 가능도함수 값을 계산하고, 이를 리스트 lklhd에 저장한다. 이 과정을 반복하면 lklhd에서 최댓값에 대응되는 인덱스 번호는 433이고, 이때의 mus 값이 모수 μ의 추정값이다. 즉 최대가능도추정량 값은 1.33이고 그때 가능도함수 값은 2.55-07임을 확인할 수 있다. 또한 가능도함수 값이 최대가 되는 점, 즉 최대가능도추정량 값 1.33은 표본평균값과 일치함을 알 수 있다. 이 과정은 [코드 5-14]에 제시되어 있다.

코드 5-14

```
for mu in mus:
    pdfs = norm.pdf(obs, loc=mu, scale=sigma)
    lklhd.append(np.prod(pdfs))
maxidx = lklhd.index(max(lklhd))
[maxidx, mus[maxidx], lklhd[maxidx]]
```

```
[433, 1.33, 2.55-07]
```

마지막으로 [코드 5-15]와 같이 matplotlib.pyplot을 이용하여 가능도함수의 그래프를 생성한다.

코드 5-15

```
plt.plot(mus, lklhd)
plt.vlines(1.33, ymin=0, ymax=max(lklhd), ls="dotted")
plt.xlabel("mu", fontsize=16)
plt.ylabel("likelihood", fontsize=16)
plt.show()
```

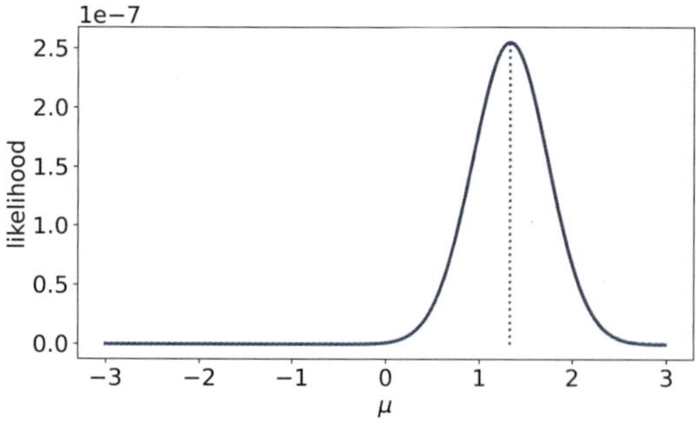

구간추정

5.2절

모집단이 정규분포를 따를 때와 따르지 않을 때로 나누어 구간추정을 수행해보자.

■ 모집단이 정규분포를 따를 때

신뢰구간의 개념을 확인하기 위해 파이썬 명령문을 작성해보자. 정규분포의 확률밀도함수를 구하기 위해 [코드 5-16]과 같이 numpy와 scipy.stats.norm, scipy.stats.t 모듈을 불러온다.

코드 5-16

```
import numpy as np
from scipy.stats import norm, t
```

먼저 모평균 μ 값을 5, 모표준편차를 2로 지정한다. 그런 다음 크기 25인 표본 1백만 개를 생성하여 rndnorm에 저장한다. 이 과정은 [코드 5-17]에서 확인할 수 있다.

코드 5-17

```
mu, sigma = 5, 2
n, nreps = 25, 1000000
np.random.seed(0)
rndnorm = np.random.normal(loc=mu, scale=sigma, size=(nreps,n))
```

생성된 각 표본의 표본평균을 구해 smplmeans에 저장한다. 다음으로 편차제곱합을 구하기 위해 이차원 배열 형태로 변환시킨 후 smplmeans2d로 저장한다. rndnorm에서 smplmeans2d를 차감하고 제곱하여 편차제곱을 계산하고, 이를 sqrerrs에 저장한다. 마지막으로 각 표본의 편차제곱합을 계산한 후 $n-1$로 나누어 표본분산값을 구한다. 이 과정은 [코드 5-18]에서 확인할 수 있다.

코드 5-18

```
smplmeans = rndnorm.mean(axis=1)
smplmeans2d = smplmeans.reshape(nreps,1)
sqrerrs = (rndnorm - smplmeans2d)**2
smplvars = sqrerrs.sum(axis=1) / (n-1)
```

이제 다음 세 가지 상황에서 계산한 신뢰구간이 실제 모평균을 포함하는 비율을 확인해보자.

❶ 모표준편차 σ를 아는 상태에서 정규분포를 이용

95% 신뢰구간은 norm.ppf() 함수로 $z_{0.025}$ 값을 구한다. 이 과정은 [코드 5-19]와 같다.

코드 5-19

```
z_a = norm.ppf(1-0.025, loc=0, scale=1)
z_a
```

```
1.96
```

다음으로 오차의 한계인 $z_{\alpha/2}\dfrac{\sigma}{\sqrt{n}}$ 값을 구해 merr에 저장한다. 그 다음 [코드 5-18]의 표본평균값에 이를 가감하여 신뢰하한(smplmeans-merr)과 신뢰상한(smplmeans+merr)을 구하고, 두 값을 하나의 배열로 묶어 confint에 저장한다. 이 배열의 각 열이 하나의 표본에서 얻은 신뢰구간이다. 모평균 $\mu=5$가 신뢰구간 안에 포함되면 신뢰상한은 5보다 크고 신뢰하한은 5보다 작다. 따라서 배열 confint의 각 열(표본)에서 5보다 큰 값이 정확히 하나인지 확인하여 모평균의 포함 여부를 판별한다. 이 과정은 [코드 5-20]과 같다. 실행 결과 1백만 개 표본에서 생성한 신뢰구간 중 모평균 $\mu=5$를 포함하는 신뢰구간의 비율은 94.96%이다.

코드 5-20

```
merr = z_a * sigma / np.sqrt(n)
confint = np.vstack((smplmeans - merr, smplmeans + merr))
((confint > mu).sum(axis=0) == 1).sum()
```

```
949587
```

❷ 모표준편차 σ를 모르는 상태에서 t-분포를 이용

t-분포로 95% 신뢰구간을 구하기 위해 $t_{0.025,\,n-1}$ 값을 구한다. 이 과정은 [코드 5-21]과 같다. 실행 결과 $t_{0.025,\,n-1}$ 값은 2.064로 $z_{0.025}$ 값인 1.960에 비해 조금 큰 것을 알 수 있다.

코드 5-21

```
t_a = t.ppf(1-0.025, df=n-1)
t_a
```

```
2.064
```

❶에서와 마찬가지로 오차의 한계인 $t_{\alpha/2,n-1}\dfrac{s}{\sqrt{n}}$ 값을 구하여 merr에 저장한다. 단 ❶에서는 모표준편차 sigma를 사용했지만 ❷에서는 표본표준편차 np.sqrt(smplvars)를 사용했다는 차이점이 있다. 이후 과정은 [코드 5-20]의 confint를 계산하고 모평균 포함 여부를 판별하는 과정과 동일하며, [코드 5-22]와 같다. 실행 결과 모평균을 포함하는 신뢰구간의 비율은 94.99%이다.

코드 5-22

```
merr = t_a * np.sqrt(smplvars) / np.sqrt(n)
confint = np.vstack((smplmeans - merr, smplmeans + merr))
((confint > mu).sum(axis=0) == 1).sum()
```

```
949907
```

❸ 모표준편차 σ를 모르는 상태에서 정규분포로 근사

모표준편차를 모르므로 t-분포 대신 중심극한정리([정리 4-1] 참고)를 적용해 정규분포로 근사할 수 있다. 이후 과정은 ❶, ❷와 동일하며, [코드 5-23]과 같다. 계산 결과 모평균을 포함하는 신뢰구간의 비중은 93.80%이다.

코드 5-23

```
merr = z_a*np.sqrt(smplvars) / np.sqrt(n)
confint = np.vstack((smplmeans - merr, smplmeans + merr))
((confint > mu).sum(axis=0) == 1).sum()
```

```
937981
```

이렇게 모표준편차를 알고 정규분포를 이용한 ❶과 모표준편차를 모르고 t-분포를 이용한 ❷는 모평균을 포함하는 신뢰구간의 비중이 신뢰수준 95%에 가까운 것을 확인할 수 있다. 반면에 모표준편차를 모르고 표본분산과 정규분포를 이용한 ❸은 신뢰수준 95%에 비해 모평균을 포함하는 신뢰구간의 비중이 작게 나타났다. 이는 $t_{0.025,25-1} \approx 2.064$가 $z_{0.025} \approx 1.96$보다 커서 ❸의 신뢰구간 폭이 ❷에 비해 좁아졌기 때문이다. 즉 모표준편차 σ를 모르고 표본크기

n이 충분히 크지 않으면 t-분포를 이용하는 것이 바람직하다.

■ 모집단이 정규분포를 따르지 않을 때

모집단이 정규분포를 따르지 않더라도 중심극한정리를 적용하면 표본평균의 근사분포를 이용해 모평균의 신뢰구간을 구할 수 있다. 정규분포의 확률밀도함수를 구하기 위해 [코드 5-16]과 같이 numpy와 scipy.stats.norm, scipy.stats.t 모듈을 불러온다.

그 뒤에 크기 25인 표본 1백만 개를 생성하여 rndunif에 저장한다. 다음으로 생성된 각 표본의 표본평균을 구해 smplmeans에 저장하고, 편차제곱을 계산한 뒤 sqrerrs에 저장한다. 각 표본의 편차제곱합을 계산한 후 $n-1$로 나누어 표본분산값을 smplvars에 저장한다. 마지막으로 오차의 한계 merr과 신뢰구간 confint를 구한 뒤 균등분포의 모평균값 0.5[10]를 포함하는 구간의 개수를 계산한다. 이 과정은 [코드 5-24]에서 확인할 수 있다. 참고로 8행의 z_a 값은 [코드 5-19]에서 정의한 것을 사용한다.

코드 5-24

```
np.random.seed(0)
n, nreps = 25, 1000000
rndunif = np.random.uniform(low=0, high=1, size=(nreps,n))
smplmeans = rndunif.mean(axis=1)
smplmeans2d = smplmeans.reshape(nreps,1)
sqrerrs = (rndunif - smplmeans2d)**2
smplvars = sqrerrs.sum(axis=1) / (n-1)
merr = z_a*np.sqrt(smplvars) / np.sqrt(n)
confint = np.vstack((smplmeans - merr, smplmeans + merr))
((confint > 0.5).sum(axis=0) == 1).sum()
```

```
937804
```

이 예에서 $n = 25$일 때 모평균을 포함하는 신뢰구간의 비중은 93.78%로, 95% 신뢰수준과 차이가 있다. 표본크기를 100, 400으로 늘리면 모평균을 포함하는 신뢰구간의 비중이 94.69%, 94.92%가 되어 신뢰수준에 가까워짐을 확인할 수 있다.

10 균등분포 $U(1, 0)$을 따르는 확률변수의 기댓값은 [예제 3-12]에서 확인할 수 있다.

모분산에 대한 신뢰구간

5.2절

파이썬 명령문을 이용하여 모분산에 대한 신뢰구간을 구해보자. 카이제곱분포의 확률밀도함수를 계산하기 위해 [코드 5-25]와 같이 numpy와 scipy.stats.chi2를 불러온다.

코드 5-25

```
import numpy as np
from scipy.stats import chi2
```

모평균 μ 값을 5, 모표준편차를 2로 지정한다. 그런 다음 크기 25인 표본 1백만 개를 생성하여 rndnorm에 저장한다. 생성된 각 표본의 표본평균을 구해 smplmeans에 저장한다. 다음으로 편차제곱합을 구하기 위해 이차원 배열 형태로 변환시킨 후 smplmeans2d로 저장한다. rndnorm에서 smplmeans2d를 차감하고 제곱하여 편차제곱을 계산하고, 이를 sqrerrs에 저장한다. 마지막으로 각 표본의 편차제곱합을 계산한 후 $n-1$로 나누어 표본분산값을 구한다. 이 과정은 [코드 5-26]에서 확인할 수 있다.

코드 5-26

```
mu, sigma = 5, 2
n, nreps = 25, 1000000
np.random.seed(0)
rndnorm = np.random.normal(loc=mu, scale=sigma, size=(nreps,n))
smplmeans = rndnorm.mean(axis=1)
smplmeans2d = smplmeans.reshape(nreps,1)
sqrerrs = (rndnorm - smplmeans2d)**2
smplvars = sqrerrs.sum(axis=1) / (n-1)
```

95% 신뢰구간을 구하기 위해 chi2.ppf() 함수로 $\chi^2_{0.025,24}$, $\chi^2_{0.975,24}$ 값을 구한다. 이 과정은 [코드 5-27]과 같다.

코드 5-27

```
chi2_a1 = chi2.ppf(1-0.025, df=n-1, loc=0, scale=1)
chi2_a2 = chi2.ppf(0.025, df=n-1, loc=0, scale=1)
[chi2_a1, chi2_a2]
```

```
[39.364, 12.401]
```

다음으로 신뢰하한 $\frac{(n-1)s^2}{\chi^2_{\alpha/2,\ 24}} = \frac{24s^2}{\chi^2_{0.025,\ 24}}$ 과 신뢰상한 $\frac{(n-1)s^2}{\chi^2_{1-\alpha/2,\ 24}} = \frac{24s^2}{\chi^2_{0.975,\ 24}}$ 값을 구해 배열 confint를 생성한다. 마지막으로 모분산 $\sigma^2 = 4$가 신뢰구간 안에 포함되는지 확인한다. 이 과정은 [코드 5-28]과 같다. 코드 실행 결과 1백만 개 표본에서 생성한 신뢰구간 중 모분산을 포함하는 신뢰구간의 비율은 95.00%이다.

코드 5-28

```
confint = np.vstack(((n-1)*smplvars/chi2_a1, (n-1)*smplvars/chi2_a2))
((confint > sigma**2).sum(axis=0) == 1).sum()
```

```
950017
```

CHAPTER

05 핵심정리

5.1 점추정

■ 점추정

- **점추정**은 표본통계량을 이용해 모수 값을 하나의 숫자로 추정하는 것이다.
- 모수를 추정하기 위해 사용하는 표본통계량을 **추정량**이라 하고, 특정한 표본에서 계산된 추정량의 값을 **추정값**이라 한다.

■ 가능도함수를 이용한 모수의 추정

- **가능도함수**는 확률밀도함수 또는 확률질량함수와 동일한 형태를 가지지만, 관측값을 주어진 상수로 두고 모수를 변수로 본다는 점에서 차이가 있다.
- 가능도함수 값을 최대가 되게 하는 통계량으로 모수를 추정하는 방법을 최대가능도추정법이라 하고, 이때의 추정량을 **최대가능도추정량**MLE이라 한다. 최대가능도추정량은 다음과 같은 방법으로 구한다.

  ❶ 모집단의 확률밀도함수 또는 확률질량함수가 $f(x|\theta)$일 때, 다음의 가능도함수를 구한다.

$$L(\theta|x_1,\ x_2,\ \cdots,\ x_n) = \prod_{i=1}^{n} f(x_i|\theta)$$

  ❷ 가능도함수 $L(\theta|x_1,\ x_2,\ \cdots,\ x_n)$이 최대가 되게 하는 통계량, 즉 $x_1,\ x_2,\ \cdots,\ x_n$의 함수를 구한다.

- 정규분포를 따르는 모집단에서 모분산을 알고 있는 경우에 모평균의 최대가능도추정량은 표본평균 $\hat{\mu} = \overline{X} = \frac{1}{n}\sum_{i=1}^{n} X_i$이다.
- 베르누이분포를 따르는 모집단에서 모비율의 최대가능도추정량은 표본비율 $\hat{p} = \overline{X} = \frac{1}{n}\sum_{i=1}^{n} X_i$이다.

■ 비편향추정량

- 모수 θ와 추정량 $\hat{\theta}$에 대해 $\mathrm{E}(\hat{\theta}) = \theta$일 때 $\hat{\theta}$을 θ의 **비편향추정량**이라 한다.
- 무한모집단에서의 랜덤표본 $\{X_1,\ X_2,\ \cdots,\ X_n\}$에 대해

  ❶ 표본평균 $\overline{X} = \frac{1}{n}\sum_{i=1}^{n} X_i$: 모평균에 대한 비편향추정량

  ❷ 표본분산 $S^2 = \frac{1}{n-1}\sum_{i=1}^{n}\left(X_i - \overline{X}\right)^2$: 모분산에 대한 비편향추정량

■ **평균제곱오차**

모수가 θ, 모수에 대한 추정량이 $\hat{\theta}$ 일 때 **평균제곱오차**MSE는 분산과 편향 제곱의 합이다.

$$\text{MSE}(\hat{\theta}) = \text{E}[(\hat{\theta}-\theta)^2] = \text{Var}(\hat{\theta}) + \{\text{bias}(\hat{\theta})\}^2$$

5.2 구간추정

■ **신뢰구간과 신뢰수준**

모수가 θ인 모집단에서 랜덤표본 $X_1, X_2, \cdots, X_n$을 추출해 구한 두 통계량 $L = L(X_1, X_2, \cdots, X_n)$과 $U = U(X_1, X_2, \cdots, X_n)$을 생각하자. $\text{P}(L < \theta < U) = 1-\alpha$이면 구간 (L, U)를 θ의 $100(1-\alpha)\%$ **신뢰구간**이라 하고, $1-\alpha$를 **신뢰수준**이라 한다.

■ **모평균에 대한 구간추정 : 모집단이 정규분포를 따를 때**

정규분포 $N(\mu, \sigma^2)$을 따르는 무한모집단에서 크기 n인 랜덤표본을 추출했을 때

❶ 모분산 σ^2을 알면 모평균 μ의 $100(1-\alpha)\%$ 신뢰구간은

$\left(\overline{X}-z_{\alpha/2}\dfrac{\sigma}{\sqrt{n}},\ \overline{X}+z_{\alpha/2}\dfrac{\sigma}{\sqrt{n}}\right)$이다.

❷ 모분산 σ^2을 모르면 모평균 μ의 $100(1-\alpha)\%$ 신뢰구간은

$\left(\overline{X}-t_{\alpha/2,n-1}\dfrac{S}{\sqrt{n}},\ \overline{X}+t_{\alpha/2,n-1}\dfrac{S}{\sqrt{n}}\right)$이고 표본크기 n이 충분히 크면 신뢰구간은 근사적으로 $\left(\overline{X}-z_{\alpha/2}\dfrac{S}{\sqrt{n}},\ \overline{X}+z_{\alpha/2}\dfrac{S}{\sqrt{n}}\right)$이다.

■ **모평균에 대한 구간추정 : 모집단이 정규분포를 따르지 않을 때**

- 모평균이 μ, 모분산이 σ^2인 무한모집단에서 크기 n인 랜덤표본을 추출했을 때 n이 충분히 크면 모집단 분포가 정규분포가 아니더라도 중심극한정리를 적용할 수 있다.

  ❶ 모분산 σ^2을 알면 모평균 μ의 $100(1-\alpha)\%$ 신뢰구간은

  $\left(\overline{X}-z_{\alpha/2}\dfrac{\sigma}{\sqrt{n}},\ \overline{X}+z_{\alpha/2}\dfrac{\sigma}{\sqrt{n}}\right)$이다.

  ❷ 모분산 σ^2을 모르면 표본분산 $S^2 = \dfrac{1}{n-1}\sum_{i=1}^{n}(X_i - \overline{X})^2$을 이용해서 구한다. 따라서 모평균 μ의 $100(1-\alpha)\%$ 신뢰구간은 $\left(\overline{X}-z_{\alpha/2}\dfrac{S}{\sqrt{n}},\ \overline{X}+z_{\alpha/2}\dfrac{S}{\sqrt{n}}\right)$이다.

  ❸ 성공확률 p인 베르누이분포를 따르는 무한모집단에서 크기 n인 랜덤표본을 추출했을 때 표본비율 $\hat{p} = \overline{X}$를 이용해서 구한 모비율 p의 $100(1-\alpha)\%$ 신뢰구간은

  $\left(\hat{p}-z_{\alpha/2}\sqrt{\dfrac{\hat{p}(1-\hat{p})}{n}},\ \hat{p}+z_{\alpha/2}\sqrt{\dfrac{\hat{p}(1-\hat{p})}{n}}\right)$ 이다.

■ **모분산에 대한 구간추정**

- 정규분포 $N(\mu, \sigma^2)$을 따르는 무한모집단에서 크기 n인 랜덤표본을 추출했을 때, 표본분산 S^2에 대한 모분산 σ^2의 $100(1-\alpha)\%$ 신뢰구간은 $\left(\dfrac{(n-1)S^2}{\chi^2_{\alpha/2,\, n-1}},\ \dfrac{(n-1)S^2}{\chi^2_{1-\alpha/2,\, n-1}}\right)$이다.

5.3 두 집단의 차이에 대한 추정

■ **두 모평균의 차이에 대한 신뢰구간**

- 정규분포 $N(\mu_X, \sigma_X^2)$, $N(\mu_Y, \sigma_Y^2)$을 따르는 서로 독립인 두 무한모집단에서 크기 n, m인 랜덤표본을 추출했을 때 두 모평균의 차이 $\mu_X - \mu_Y$에 대한 $100(1-\alpha)\%$ 신뢰구간은 표본평균 $\overline{X} = \dfrac{1}{n}\sum_{i=1}^{n} X_i$, $\overline{Y} = \dfrac{1}{m}\sum_{i=1}^{m} Y_i$와 표본분산 $S_X^2 = \dfrac{1}{n-1}\sum_{i=1}^{n}\left(X_i - \overline{X}\right)^2$, $S_Y^2 = \dfrac{1}{m-1}\sum_{i=1}^{m}\left(Y_i - \overline{Y}\right)^2$에 대해 다음과 같이 구한다.

  ❶ 모분산 σ_X^2과 σ_Y^2을 알면

  $$\left(\left(\overline{X}-\overline{Y}\right) - z_{\alpha/2}\sqrt{\frac{\sigma_X^2}{n}+\frac{\sigma_Y^2}{m}},\ \left(\overline{X}-\overline{Y}\right) + z_{\alpha/2}\sqrt{\frac{\sigma_X^2}{n}+\frac{\sigma_Y^2}{m}}\right)$$
  이다.

  ❷ 모분산 σ_X^2과 σ_Y^2을 모르고 n, m이 충분히 크면 근사적으로

  $$\left(\left(\overline{X}-\overline{Y}\right) - z_{\alpha/2}\sqrt{\frac{S_X^2}{n}+\frac{S_Y^2}{m}},\ \left(\overline{X}-\overline{Y}\right) + z_{\alpha/2}\sqrt{\frac{S_X^2}{n}+\frac{S_Y^2}{m}}\right)$$
  이다.

- 모집단이 정규분포를 따르지 않더라도 표본크기가 크면 모분산을 아는지 모르는지에 따라 앞선 신뢰구간을 적용할 수 있다. 대표적인 예로 모집단이 베르누이분포를 따르면 두 모비율 p_X와 p_Y의 차이에 대한 $100(1-\alpha)\%$ 신뢰구간은 두 집단의 모비율 추정량 $\hat{p}_X = \overline{X}$, $\hat{p}_Y = \overline{Y}$와 표본분산 $S_X^2 = \hat{p}_X(1-\hat{p}_X)$, $S_Y^2 = \hat{p}_Y(1-\hat{p}_Y)$에 대해 근사적으로 다음과 같다.

  $$\left(\left(\hat{p}_X-\hat{p}_Y\right) - z_{\alpha/2}\sqrt{\frac{S_X^2}{n}+\frac{S_Y^2}{m}},\ \left(\hat{p}_X-\hat{p}_Y\right) + z_{\alpha/2}\sqrt{\frac{S_X^2}{n}+\frac{S_Y^2}{m}}\right)$$

CHAPTER

05 연습문제

1. 추정량과 추정값의 개념을 설명하라.

2. 점추정량의 예를 제시하라.

3. 특정 자동차 모델의 연비를 추정하기 위해 다음과 같은 랜덤표본을 추출했다.

(단위 : km/L)

19	21	14	21	21	15	17	15	32	30

자동차 연비가 정규분포 $N(\mu, \sigma^2)$을 따르고 σ는 주어진 상수라 할 때, 자동차 연비의 최대가능도추정량 값을 구하라.

4. 새로운 연금 제도에 대한 찬반 여부를 조사하기 위해 실시한 여론조사에서 다음과 같은 결과를 얻었다.

찬성	찬성	반대	찬성	찬성	찬성	찬성	찬성	반대	반대
반대	반대	반대	찬성	반대	찬성	반대	찬성	반대	반대

찬성 비율에 대한 최대가능도추정량 값을 구하라.

※ **[5~7번]** 모평균이 μ(단, $\mu \neq 0$), 모분산이 σ^2인 무한모집단에서 크기 n인 랜덤표본 $\{X_1, X_2, \cdots, X_n\}$을 이용하여 구한 다음 통계량을 생각하자.

(a) X_2	(b) $X_1 + X_2$
(c) $\dfrac{X_1 + X_3}{4} + \dfrac{X_2}{2}$	(d) $X_1 - X_2$

5. (a)~(d)가 각각 모평균에 대한 비편향추정량인지 판정하라.

6. (a)~(d)의 분산을 각각 구하라.

7. (a)~(d)의 평균제곱오차를 각각 구하라.

8. 우리나라 20대 여성의 심폐지구력을 확인하기 위해 20대 여성 25명을 랜덤추출하여 최대산소섭취량(VO_2max)을 측정했다. 관측값은 다음과 같다.

(단위 : mL/kg/min)

24	29	37	28	32	37	30	28	28	34	46	48	38
36	32	39	49	30	42	43	41	29	42	28	38	

최대산소섭취량 측정값의 합은 $\sum_{i=1}^{25} x_i = 900$이고 제곱합은 $\sum_{i=1}^{25} x_i^2 = 33576$이라 하자. 최대산소섭취량이 정규분포를 따른다고 가정할 때 다음을 구하라.

(a) 모평균(우리나라 20대 여성의 최대산소섭취량)의 최대가능도추정량 값

(b) 모분산이 6^2임이 알려져 있을 때 모평균의 95% 신뢰구간

(c) 모분산을 알 수 없을 때 모평균의 95% 신뢰구간

(d) 모집단의 분포가 정규분포가 아닐 때 모평균의 95% 신뢰구간(단, 표본크기가 충분히 큰 것으로 가정)

9. 햄스터 수명을 확인하기 위해 갓 태어난 햄스터 16마리를 랜덤으로 추출하여 수명을 측정한 결과가 다음과 같다.

(단위 : 개월)

13	21	12	26	14	17	25	28
15	14	22	23	11	13	10	24

수명 측정값의 합은 $\sum_{i=1}^{16} x_i = 288$이고 제곱합은 $\sum_{i=1}^{16} x_i^2 = 5724$이라 하자. 햄스터 수명이 정규분포를 따른다고 가정할 때 다음을 구하라.

(a) 모평균(햄스터의 평균 수명)의 최대가능도추정량 값

(b) 모분산이 5^2임이 알려져 있을 때 모평균의 95% 신뢰구간

(c) 모분산을 알 수 없을 때 모평균의 95% 신뢰구간

10. 한 목장에서 갓 태어난 송아지 100마리의 몸무게를 측정한 결과 표본평균은 $\bar{x} = 26$, 표본분산은 $s^2 = \frac{1}{n-1}\sum_{i=1}^{n}\left(x_i - \bar{x}\right)^2 = 6^2$으로 측정되었다(단, 단위는 kg). 모평균의 99% 신뢰구간을 구하라.

11. 고등학교 학생 400명을 랜덤으로 추출하여 체질량지수(BMI)를 측정했을 때 표본평균은 $\overline{x} = 21$, 표본분산은 $s^2 = \dfrac{1}{n-1}\sum_{i=1}^{n}\left(x_i - \overline{x}\right)^2 = 2.5^2$으로 측정되었다. 물음에 답하라. 여기서 $z_{0.025} \approx 2$로 계산한다.

(a) 모평균의 95% 신뢰구간을 구하라.

(b) 모표준편차가 $\sigma = 3$일 때 모평균의 95% 신뢰구간 폭이 0.4 이하가 되게 하는 표본크기 n의 최솟값을 구하라.

(c) 모분산의 95% 신뢰구간을 구하라. 선택

12. 한 OTT 서비스 업체는 시청자 150명을 랜덤으로 추출하여 새로 방영하려는 드라마의 파일럿 프로그램에 대한 선호도를 조사했다. 조사 결과 긍정 응답이 90명, 부정 응답이 60명이었을 때 선호 비율 p에 대한 물음에 답하라. 여기서 $z_{0.025} \approx 2$로 계산한다.

(a) p의 95% 신뢰구간을 구하라.

(b) p의 신뢰구간 폭이 0.06 이하가 되게 하는 표본크기 n의 최솟값을 구하라.

13. 한 전기자동차 회사는 새로 개발한 자동차의 전비(에너지 효율성)가 기존 모델보다 개선되었다고 광고했다. 새로운 자동차 모델과 기존 자동차 모델을 각각 20대씩 랜덤으로 추출하여 전비를 측정한 결과, 평균 전비가 각각 $\overline{x} = 5.5$, $\overline{y} = 5.2$이었고 모집단이 각각 정규분포를 따른다고 알려졌다. 모분산이 각각 $\sigma_X^2 = 0.17$, $\sigma_Y^2 = 0.15$일 때 전비의 차이 $\mu_X - \mu_Y$에 대한 99% 신뢰구간을 구하라.

14. 사육환경에 따른 계란의 단백질 함량 차이를 확인하기 위해 X 양계장과 Y 양계장에서 각각 계란을 100개씩 랜덤으로 추출하여 계란 100g당 단백질 함량을 측정했다. 표본평균값은 각각 $\overline{x} = 14$g, $\overline{y} = 13.4$g이라 하자. 물음에 답하라.

(a) 모분산이 각각 $\sigma_X^2 = 4$, $\sigma_Y^2 = 2.25$일 때 $\mu_X - \mu_Y$의 95% 신뢰구간을 구하라.

(b) 모분산을 모르고 표본분산이 각각 $s_X^2 = 6$, $s_Y^2 = 3$일 때 $\mu_X - \mu_Y$의 95% 신뢰구간을 구하라.

15. 한 제약회사에서 새로 개발한 독감진단키트의 성능을 확인하기 위해 두 집단을 각각 100명씩 랜덤으로 추출하여 임상시험을 진행했다. 새로 개발한 진단키트를 사용한 집단에서 독감이 정확하게 진단된 사람이 90명, 기존 진단키트를 사용한 집단에서 독감이 정확하게 진단된 사람이 80명이었다. 두 집단의 진단 성공률을 p_X와 p_Y라 할 때, 차이 $p_X - p_Y$의 99% 신뢰구간을 구하라.

CHAPTER 05 파이썬 실습문제

5.1 정규분포 $N(0,\ 1)$을 따르는 모집단에서 구한 표본평균을 이용하여 모수 $\mu=0$을 추정하려 한다.

(a) 크기 $n=16$인 랜덤표본을 추출하여 표본평균과 모분산을 알 때와 모를 때의 95% 신뢰구간을 구하고 신뢰구간을 비교하라.

(b) 크기 $n=400$인 랜덤표본을 추출하여 표본평균과 모분산을 알 때와 모를 때의 95% 신뢰구간을 구하고 신뢰구간을 비교하라.

(c) (a)~(b)를 100만 번 반복하여 모평균 0을 포함하는 신뢰구간 비중을 구하라.

5.2 서로 다른 두 모집단에서 모집단 1은 정규분포 $N(0,\ 1)$을 따르고 모집단 2는 정규분포 $N(2,\ 1)$을 따른다.

(a) 두 모집단에서 각각 $n=200$인 랜덤표본을 추출하여 표본평균 차이 $\bar{x}_2-\bar{x}_1$을 구하라.

(b) 모분산을 알 때 95% 신뢰구간을 구하라.

(c) 모분산을 모를 때 99% 신뢰구간을 구하라.

(d) (a)~(c)를 100만 번 반복하여 모평균 차이 2를 포함하는 신뢰구간 비중을 구하라.

5.3 서로 다른 두 모집단에서 모집단 1은 모비율이 0.4인 베르누이분포를 따르고 모집단 2는 모비율이 0.5인 베르누이분포를 따른다.

(a) 두 모집단에서 각각 $n=200$인 랜덤표본을 추출하여 표본비율의 차이 $\hat{p}_2-\hat{p}_1$을 구하라.

(b) 95% 신뢰구간을 구하라.

(c) (a)~(b)를 100만 번 반복하여 모비율 차이 0.1을 포함하는 신뢰구간 비중을 구하라.

MEMO

CHAPTER

06

가설검정

CONTENTS

■ 학습목표

- 유의성검정의 개념을 이해한다.
- 모평균과 모분산에 대한 유의성검정 방법을 익힌다.
- 두 집단 사이의 차이에 대한 유의성검정 방법을 익힌다.

■ 이 장에서 배우는 내용은?

5장에서는 모집단에서 추출한 표본을 통해 모수 값이나 구간을 예측하는 점추정과 구간추정을 살펴보았다. 이제 모집단에 대한 어떤 주장이나 추측을 확인하기 위한 통계적 방법도 생각해 볼 수 있는데, 이를 통계적 가설검정이라 한다. 추정과 검정은 모집단에 대한 통계적 추론 과정으로 중요한 의미가 있다. 이 장에서는 통계적 가설검정의 절차를 다룬다.

SECTION 6.1 유의성검정

통계적 가설검정의 기본 개념

통계적 가설이란 모집단의 특성에 대한 주장이나 추측을 의미하며, 일반적으로 모수에 관한 식으로 표현된다. 예를 들어 "A사의 LED 전등의 평균 수명이 20,000시간 이상이다."라는 주장이나 "비타민 C를 복용하는 사람은 그렇지 않은 사람보다 평균적으로 면역력이 높다."라는 주장은 모집단의 모평균에 대한 주장이므로 통계적 가설에 해당한다. 이러한 통계적 가설이 어느 정도나 타당한지 표본을 통해 평가하고 이를 바탕으로 가설을 채택할지 기각할지를 결정하는 과정을 **통계적 가설검정**statistical hypothesis test이라 한다. 즉 관찰된 표본을 바탕으로 추론했을 때 어떤 통계적 가설이 참일 가능성이 희박하다고 판단되면 그 가설을 기각하고, 반대로 참일 가능성이 무시할 수 없을 정도로 크다고 판단되면 가설을 채택한다. 따라서 통계적 가설검정에서는 관찰된 표본을 통해 해당 가설이 참일 확률을 평가하는 것이 핵심이다.

예를 들어 O/X 문제를 출제하여 한 학생의 학업 성취도를 평가하는 과정을 생각해보자. 먼저 이 학생이 학습한 내용을 전혀 익히지 못했다면 모든 문제에 랜덤으로 답할 것이므로 각 문제의 정답률은 50%이다. 한 문제만 제시하면 정답을 모르더라도 맞힐 확률이 50%이므로 정확한 판단을 하기 어렵다. 따라서 여러 문제를 출제하여 평가하는 것이 바람직하다. 이렇게 여러 문제에 대한 응답 결과를 확인하면 확률에 기반한 판단이 가능해진다. 이 예에서는 학생이 학습한 내용을 전혀 파악하지 못해 모든 문제에 랜덤으로 답하는 경우와 어느 정도 학습해서 바르게 답하는 경우라는 상반된 두 가지 가능성을 고려할 수 있다. 이렇게 확인할 대상이 되는 가정이나 추측을 **가설**hypothesis이라 한다.[1]

■ 귀무가설과 대립가설

통계적 가설검정에서는 이렇게 상반되는 두 가지 가설을 생각한다. 많은 경우에 과거부터 사실로 받아들여져 온 가설을 **귀무가설**null hypothesis, 새롭게 입증하고자 하는 가설을 **대립가설**alternative hypothesis로 설정한다. 귀무가설을 보통 H_0으로 대립가설은 H_1 또는 H_a로 표기한다. 앞

1 통계적인 방법으로 가설을 입증하거나 부정하기 위해서는 가설을 확률변수의 분포로 표현하는 경우가 많다. 이렇게 확률변수의 분포로 표현된 가설을 **통계적 가설**statistical hypothesis이라 부르기도 한다.

선 예에서 귀무가설을 "학생이 학습 내용을 익히지 못해 랜덤으로 답한다.", 즉 "학생이 답을 맞힐 확률 p가 $\frac{1}{2}$이다."라고 하자. 그러면 대립가설은 "학생이 답을 맞힐 확률 p가 $\frac{1}{2}$보다 크다."로 둘 수 있다. 이처럼 귀무가설과 대립가설은 다음과 같이 수식으로 표현할 수도 있다.

$$\mathrm{H}_0 : p = \frac{1}{2} \quad \text{vs} \quad \mathrm{H}_1 : p > \frac{1}{2}$$

대립가설의 형태가 $p > \frac{1}{2}$과 같이 귀무가설 $p = \frac{1}{2}$을 기준으로 한쪽 방향으로만 주어지면 **단측가설**one-sided hypothesis이라 한다. 반대로 대립가설의 형태가 $p \neq \frac{1}{2}$과 같이 귀무가설을 기준으로 양쪽 방향으로 주어지면 **양측가설**two-sided hypothesis이라 한다.

유의성검정

유의성검정significance test은 통계적 가설검정의 한 가지 방법이다. 유의성검정 과정에서는 귀무가설이 참일 때 주어진 표본이 관찰될 확률을 평가하여 가능성이 희박하다고 판단되면 귀무가설을 기각하고, 반대로 가능성이 충분히 높다고 판단되면 귀무가설을 채택한다. 즉 표본에서 얻은 정보를 바탕으로 귀무가설에 대한 반증이 얼마나 강한지를 평가하는 과정이 유의성검정 과정이다. 다만 귀무가설이 참이더라도 우연에 의해 귀무가설에 다소 불리한 증거가 관찰될 수도 있으므로 유의성검정에서는 불리한 증거가 충분히 클 때에만 귀무가설을 기각한다.

귀무가설과 대립가설을 설정한 다음에는 가설이 참인지 거짓인지 판단할 확률값을 계산하기 위해 통계량을 설정한다. 앞선 예에서는 정답 수가 적을수록 귀무가설이 참일 가능성이 높고, 반대로 정답 수가 많을수록 대립가설이 참일 가능성이 높다고 볼 수 있다. 따라서 가설검정을 위해 정답 수를 통계량으로 이용한다. 확률변수 X_i를 i번째 문제를 맞혔을 때 1, 틀렸을 때 0 값을 가지는 확률변수로 정의하면 정답 수는 $T = \sum_{i=1}^{n} X_i$로 표현된다. 이렇게 통계적 가설검정에 사용되는 통계량을 **검정통계량**test statistic이라 한다.

다음으로 귀무가설이 참이라는 가정 아래에서 관찰된 검정통계량 값 이상으로 '귀무가설에 반대되는 검정통계량 값'이 관찰될 확률을 구한다. 예를 들어 귀무가설이 참이어서 정답을 맞힐 확률이 $\frac{1}{2}$일 때는 10문제 중 9문제를 맞히는 것보다 10문제를 모두 맞히는 것이 더 어렵다. 따라서 맞힌 문제 수가 많을수록 귀무가설에 반대되는 증거가 더 크다고 평가할 수 있다. 따라서 귀무가설이 참일 때(정답을 맞힐 확률이 $p = \frac{1}{2}$일 때) n문제 중 k문제를 맞힐 확률은 ${}_n\mathrm{C}_k p^k (1-p)^{n-k} = \frac{{}_n\mathrm{C}_k}{2^n}$이므로 $\mathrm{P}(T \geq 9) = \frac{{}_{10}\mathrm{C}_{10}}{2^{10}} + \frac{{}_{10}\mathrm{C}_9}{2^{10}} = \frac{11}{2^{10}} \approx 0.011$이다.

이 예에서와 같이 귀무가설이 참일 때 귀무가설에 반대되는 표본이 관찰될 확률이 0.011이라면, 과연 귀무가설을 거짓이라고 판단하는 것이 타당할까? 이 물음에 대한 답은 가설을 검정하는 사람의 주관적인 판단에 따라 달라질 수 있다. 어떤 사람은 1% 정도의 확률을 매우 낮다고 볼 수도 있지만, 다른 사람은 1%도 그리 낮지 않다고 판단할 수도 있다.

■ 유의수준, 기각역, *p*−값

가설검정에서는 귀무가설이 참일 확률이 일정 수준 이하로 낮으면, 귀무가설을 기각하도록 하는 기준을 사전에 정해둔다. 이 기준에 따라 귀무가설을 기각(대립가설을 채택)하거나 채택(대립가설을 기각)하는데, 이때의 기준이 되는 확률값을 **유의수준**significance level이라 한다. 즉 유의수준은 귀무가설이 참일 때 귀무가설을 기각하는 오류가 발생할 확률의 허용한계이다.

앞선 예에서처럼 귀무가설이 참일 때도 우연히 9문제 이상 정답을 맞힐 가능성은 존재한다. 그러나 그 확률이 0.011로 매우 작으므로 '9문제 이상 정답을 맞히면 귀무가설을 기각한다.'고 가정해보자. 통계적 가설검정에서는 이렇게 귀무가설이 참일 때도 귀무가설을 기각하게 될 가능성이 있다. 귀무가설이 참임에도 귀무가설을 기각할 확률의 최댓값이 유의수준이다. 유의수준은 1%, 5%, 10% 등으로 설정한다. 앞선 예에서 학생이 9문제를 맞혔을 때 유의수준을 5%로 설정하면 귀무가설을 기각할 수 있고, 유의수준을 1%로 설정하면 귀무가설을 기각할 수 없다.

검정통계량의 범위를 이용하여 귀무가설의 채택과 기각을 결정할 수도 있다. 귀무가설을 채택하게 되는 검정통계량의 범위를 **채택역**acceptance region이라 하고, 반대로 귀무가설을 기각하게 되는 검정통계량의 범위를 **기각역**rejection region이라 한다. 그리고 채택역과 기각역의 경계가 되는 값을 **임곗값**critical value이라 한다. 앞선 예에서 귀무가설이 참일 때 검정통계량 T 값에 따른 확률은 [표 6-1]과 같다. 따라서 유의수준을 1%로 설정하면 기각역은 $T=10$, 채택역은 $T \leq 9$이고, 유의수준을 5%로 설정하면 기각역은 $T \geq 9$, 채택역은 $T \leq 8$이다.

표 6-1 정답률이 50%일 때 t문제가 정답일 확률

t(정답 수)	0	1	2	3	4	5	6	7	8	9	10
$P(T=t)$	$\frac{1}{2^{10}}$	$\frac{10}{2^{10}}$	$\frac{45}{2^{10}}$	$\frac{120}{2^{10}}$	$\frac{210}{2^{10}}$	$\frac{252}{2^{10}}$	$\frac{210}{2^{10}}$	$\frac{120}{2^{10}}$	$\frac{45}{2^{10}}$	$\frac{10}{2^{10}}$	$\frac{1}{2^{10}}$
$P(T \geq t)$	1	0.999	0.989	0.945	0.828	0.623	0.377	0.172	0.055	0.011	0.001

귀무가설이 참일 때 검정통계량 T의 관측값 t 이상으로 대립가설을 지지하는 강도가 강한 검정통계량 값이 관찰될 확률을 **유의확률**significance probability 또는 ***p*−값**p-value이라 한다.[2] [그림 6-1]은 검정통계량의 분포(곡선)와 귀무가설(점선), p−값(곡선 아래 색칠된 부분)을 나타낸다.

2 유의확률(p−값)은 엄밀하게는 현재 관찰된 검정통계량 값으로, 귀무가설을 기각할 수 있는 유의수준의 최솟값으로 정의하기도 한다.

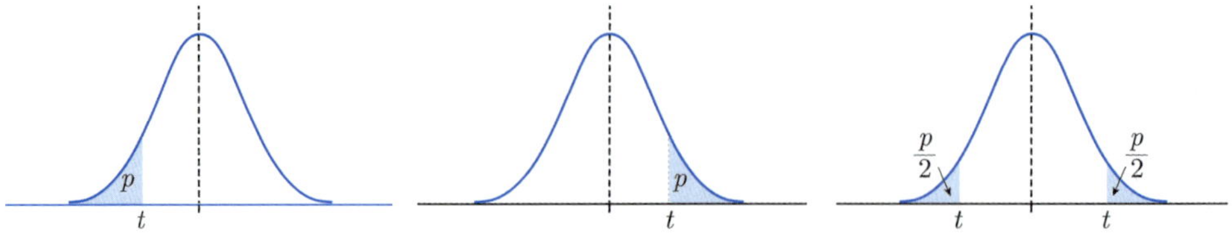

(a) 단측가설 $H_1 : \theta < \theta_0$ (b) 단측가설 $H_1 : \theta > \theta_0$ (c) 양측가설 $H_1 : \theta \neq \theta_0$

그림 6-1 대립가설의 형태에 따른 p-값(여기서 t는 검정통계량의 관측값이고 p는 유의확률)

귀무가설이 $H_0 : \theta = \theta_0$, 대립가설이 $H_1 : \theta < \theta_0$이고 검정통계량 값이 작을수록 대립가설을 지지하는 강도가 커진다고 하자. 검정통계량이 t 이상으로 대립가설을 지지하는 강도가 큰 값이 관찰될 확률은 $P(T \leq t)$[3]이므로 p-값은 $P(T \leq t)$이다. 반대로 대립가설이 $H_1 : \theta > \theta_0$이고 검정통계량 값이 클수록 귀무가설을 지지하는 강도가 커진다면, 검정통계량이 t 이상으로 대립가설을 지지하는 강도가 큰 값이 관찰될 확률은 $P(T \geq t)$이다. 따라서 p-값은 $P(T \geq t)$이다. 마지막으로 대립가설이 $H_1 : \theta \neq \theta_0$이고 검정통계량 값이 θ_0에서 멀어질수록 대립가설을 지지하는 강도가 커진다고 하면, 검정통계량이 t 이상으로 대립가설을 지지하는 강도가 큰 값이 관찰될 확률은 $2P(T \geq t)$ 또는 $2P(T \leq t)$ 중 작은 값이다. 양측가설에서 p-값이 $P(T \geq t)$ 또는 $P(T \leq t)$가 아닌 $2P(T \geq t)$ 또는 $2P(T \leq t)$가 되는 이유는 검정통계량 관측값의 반대 방향에서도 귀무가설에 반대되는 검정통계량이 관찰될 수 있기 때문이다.

앞선 예에서 10문제 중 9문제를 맞혔을 때 p-값은 $P(T \geq 9)$이므로 이때의 p-값은 0.011이다.

이상의 유의성검정 과정은 다음과 같이 요약할 수 있다.

❶ 귀무가설과 대립가설을 설정한다.
❷ 유의수준을 결정한다.
❸ 검정통계량을 정하고, 표본관측값을 이용해 검정통계량 값을 구한다.
❹ 귀무가설이 참이라고 가정했을 때의 검정통계량 분포를 이용하여 채택역과 기각역을 정하거나 p-값(유의확률)을 계산한다.
❺ 관측된 검정통계량 값이 채택역에 포함되거나 p-값이 유의수준보다 크면 귀무가설을 채택하고, 검정통계량 값이 기각역에 포함되거나 p-값이 유의수준보다 작으면 귀무가설을 기각한다.

3 귀무가설이 참이라는 가정 아래에서 계산된 유의확률은 $P_{\theta_0}(\ )$로 표기하기도 한다.

■ 오류와 검정력

앞서 유의수준을 귀무가설이 참일 때 귀무가설을 기각하게 될 확률의 허용한계로 정의했다. 즉 통계적 가설검정에서는 **귀무가설이 참일 때도 귀무가설을 기각하는 오류**를 범할 수 있으며 이러한 오류를 범할 확률이 유의수준이다. 이러한 오류를 **제1종 오류**type I error라 한다. 반대로 **대립가설이 참인데도 대립가설을 기각하는 오류**가 있을 수 있다. 이러한 오류를 **제2종 오류**type II error라 한다.

유의수준은 사전에 결정되므로 유의수준이 주어진 상태에서 제2종 오류를 작게 만드는 검정 방법이 좋은 검정 방법이라 볼 수 있다. 제2종 오류를 범할 확률을 β라 할 때, **대립가설이 참일 때도 귀무가설을 기각할 확률** $1-\beta$를 **검정력**power of test이라 한다.[4] 지금까지의 내용을 정리하면 [표 6-2]와 같다.

표 6-2 유의성검정 결과의 분류

검정 결과 \ 실제 상황	귀무가설이 참 (대립가설이 거짓)	귀무가설이 거짓 (대립가설이 참)
귀무가설 채택 (대립가설 기각)	옳은 결과	제2종 오류 (β)
귀무가설 기각 (대립가설 채택)	제1종 오류 (유의수준 α 이하)	옳은 결과 (검정력 $1-\beta$)

예제 6-1

한 온라인 게임회사가 신규 게임 출시를 기념하여 추첨을 통해 게임 아이템을 제공하는 행사를 진행하며, 당첨 확률이 0.2라고 홍보했다. 이 주장이 타당한지 확인해보기 위해 행사 참여자 중 20명을 랜덤으로 추출하여 유의성검정을 수행하려 한다. 물음에 답하라. 단, 각 참여자의 당첨 확률은 모두 동일하고 당첨 여부는 서로 독립이다.

(a) 귀무가설과 대립가설을 제시하라.

(b) 적절한 검정통계량을 제시하라.

(c) 귀무가설이 참일 때 검정통계량의 분포를 구하라.

(d) 유의수준이 5%일 때 기각역과 채택역을 구하라.

(e) 당첨자가 두 명일 때 p-값을 구하라.

(f) 대립가설을 "당첨 확률이 $p=0.1$이다."라 할 때 제2종 오류를 범할 확률을 구하라.

4 검정력은 모수에 따라 달라지므로 모수의 함수 형태로 검정력 함수를 정의하기도 한다.

풀이

귀무가설이 참일 때의 확률을 $P_0()$로, 대립가설이 참일 때의 확률을 $P_1()$로 표기하자.

(a) 귀무가설은 "아이템 당첨 확률이 0.2이다."로, 대립가설은 "아이템 당첨 확률이 0.2보다 작다."로 설정할 수 있다. 아이템 당첨 확률을 p라 할 때 $H_0 : p=0.2$ vs $H_1 : p<0.2$로 표현할 수 있다.

(b) 당첨자가 많을수록 업체의 주장을 지지하고, 당첨자가 적을수록 업체의 주장을 기각하므로 검정통계량을 당첨자 수 $T=\sum_{i=1}^{n} X_i$로 설정할 수 있다. 여기서 X_i는 i번째 참여자가 당첨이면 1, 당첨되지 않으면 0인 확률변수로 정의하고, $n=20$이다.

(c) 확률변수 X_i는 서로 독립이고 귀무가설이 참일 때 성공확률이 $p=0.2$인 베르누이확률변수이므로 검정통계량 T는 성공확률이 $p=0.2$, 시행횟수가 $n=20$인 이항분포를 따른다. 따라서 $P_0(T=t) = {}_{20}C_t\, 0.2^t 0.8^{20-t}$이고 당첨자 수가 t일 때 검정통계량의 분포는 [표 6-3]과 같다.

표 6-3 당첨자 수 t에 따른 검정통계량 분포

t	0	1	2	3	4	5	6	7	8	9	⋯
$P_0(T=t)$	0.012	0.058	0.137	0.205	0.218	0.175	0.109	0.055	0.022	0.007	⋯
$P_0(T\le t)$	0.012	0.069	0.206	0.411	0.630	0.804	0.913	0.968	0.990	0.997	⋯

(d) $P_0(T=0)=0.012$이고 $P_0(T\le 1)=0.069$이므로 유의수준이 5%일 때 기각역은 $T=0$이고 채택역은 $T\ge 1$이다. 즉 20명 중 아무도 당첨되지 않았을 때만 귀무가설(당첨 확률이 0.2이다)을 기각한다.

(e) 당첨자 수가 적을수록 대립가설을 지지하는 강도가 커지므로 p-값은 $P_0(T\le 2)=0.206$이다.

(f) 대립가설이 참일 때 검정통계량 T는 성공확률이 $p=0.1$, 시행횟수가 $n=20$인 이항분포를 따르므로 $P_1(T=t) = {}_{20}C_t\, 0.1^t 0.9^{20-t}$이고 검정통계량의 분포는 [표 6-4]와 같다.

표 6-4 당첨자 수 t에 따른 검정통계량 분포

t	0	1	2	3	4	5	6	7	8	9	⋯
$P_0(T=t)$	0.122	0.270	0.285	0.190	0.090	0.032	0.009	0.002	0	0	⋯
$P_0(T\le t)$	0.122	0.392	0.677	0.867	0.957	0.989	0.998	1.000	1.000	1.000	⋯

$T\ge 1$일 때 귀무가설을 채택하고 대립가설을 기각하므로 대립가설이 참일 때도 귀무가설을 채택할 확률은 $P_1(T\ge 1) = 1-P_1(T=0) = 1-0.122 = 0.878$이다.

칼럼 유의성검정의 오용과 연구의 재현 가능성

통계적 유의성검정의 위기[5]

(전략)

p 값이 유의수준 0.05 보다 작다면, 이는 귀무가설이 참인 경우 20번 중 한번 일어나기도 힘든 관측치를 관측했다는 뜻이다. 이렇게 일어나기 힘든 사건이 일어났으므로 귀무가설은 참이 아닐 것이고, 따라서 대립가설이 참이라고 결론짓는다.

(중략)

많은 경우 연구자는 하나의 자료에서 통상적인 유의수준보다 작은 p 값을 갖는 가설이 나타날 때까지 무수히 많은 가설을 만든다. 이 중 유의한 가설을 보고할 때는 마치 처음부터 이 가설만 검정한 것처럼 보고한다. 문제는 많은 가설을 만들다 보면 p 값이 작은 가설을 만들어 낼 수 있다는 것이다. 유의수준 5%일 때 효과가 없는 가설을 20개를 만들어 내면 그 중 하나 정도는 효과가 있다고 귀무가설을 기각하게 된다. 미국통계학회는 2016년 발표한 정책 성명에서 유의한 p 값만을 선택적으로 보고하지 말고 자료수집과정과 수행된 모든 통계분석을 함께 보고하라고 추천했다.

(후략)

이 기고문은 유의성검정을 통해 왜곡된 결론에 이를 수 있다는 문제점을 지적하고 있다. p–값이 낮을수록 의미 있는 결과로 인정받는 관행 속에서 연구자들은 p–값이 작은 모형을 만들기 위해 많은 시도를 한다. 이는 마치 동전의 앞면이 나올 때까지 계속 던지는 것과 같은 이치이다. 결국 p–값이 작은 모형을 찾았다 하더라도, 이후 다른 연구자가 새롭게 확보한 관측값에 제안된 모형을 적용하면 보고된 것과 같은 결과를 얻기 힘든 경우가 많다. 이러한 문제점이 발생하는 근본적인 원인은 통계적 유의성검정 절차가 확률에 기반을 두고 있고, 제1종 오류나 제2종 오류의 가능성을 완전히 무시할 수 없다는 데 있다. 이에 따라 유의수준을 기존 5%에서 더 엄격한 0.5% 수준으로 낮춰야 한다는 주장도 제기되고 있다.[6]

5 이재용 (2017. 4. 9). 통계적 유의성검정의 위기. **대학신문**.

6 Benjamin et al., (2018). Redefine statistical significance. Nature human behaviour, 2(1), 6–10.

SECTION 6.2 모수에 대한 유의성검정

지금까지 살펴본 유의성검정 절차를 적용하면 모평균과 모분산과 같은 모수에 대한 가설을 검정할 수 있다. 유의성검정에서 채택역과 기각역 또는 p-값을 구하려면 구간추정과 마찬가지로 검정통계량의 표본분포가 필요하다. 구간추정에서는 모수를 모르는 상태에서 검정통계량의 분포를 예측한 반면에, 유의성검정에서는 귀무가설에서 주어진 모수 값을 이용해 검정통계량의 분포를 계산한다는 점에서 차이가 있다.

모평균에 대한 유의성검정

모평균에 대한 점추정과 구간추정에서는 모평균을 추정하기 위해 표본평균을 사용했다. 표본평균은 모평균의 최대가능도추정량이자 비편향추정량이다. 모평균에 대한 검정에서도 표본평균과 그 분포를 이용할 수 있다.

예를 들어 귀무가설 $H_0 : \mu = \mu_0$과 대립가설 $H_1 : \mu \neq \mu_0$을 생각해보자. 모집단에서 추출된 랜덤표본의 표본평균 $\overline{X}$ 값이 μ_0에 가까울수록 귀무가설이 사실일 가능성이 크다. 반대로 $\overline{X}$ 값이 μ_0에서 멀수록 귀무가설이 사실일 가능성이 낮다고 볼 수 있다. 이때 표본평균 $\overline{X}$의 분포를 함께 고려해야 귀무가설이 사실일 가능성을 보다 정확하게 평가할 수 있다. 표본평균 $\overline{X}$의 분포는 구간추정에서 살펴보았듯이 모집단이 정규분포를 따르고 모분산을 알 때, 모분산을 모를 때, 또 모집단의 분포를 모르지만 표본크기가 충분히 클 때 등으로 나누어 생각할 수 있다. 이를 정리하면 [표 6-5]와 같다.

표 6-5 모평균이 μ, 모분산이 σ^2인 모집단에서 추출한 표본평균의 표본분포

모집단 분포 / 표본크기	모집단이 정규분포를 따를 때		모집단이 정규분포가 아닐 때	
	σ^2을 알 때	σ^2을 모를 때	σ^2을 알 때	σ^2을 모를 때
표본크기 큼	$\frac{\overline{X}-\mu}{\sigma/\sqrt{n}} \sim N(0,\ 1)$	$\frac{\overline{X}-\mu}{S/\sqrt{n}} \sim N(0,\ 1)$	$\frac{\overline{X}-\mu}{\sigma/\sqrt{n}} \doteq N(0,\ 1)$	$\frac{\overline{X}-\mu}{S/\sqrt{n}} \doteq N(0,\ 1)$
표본크기 작음	$\frac{\overline{X}-\mu}{\sigma/\sqrt{n}} \sim N(0,\ 1)$	$\frac{\overline{X}-\mu}{S/\sqrt{n}} \sim t(n-1)$	모집단 분포에 따라 다름	모집단 분포에 따라 다름

이제 [표 6-5]의 경우를 다음 세 가지로 나누어 살펴보자.

■ 모집단이 정규분포를 따르고 모분산을 알 때

모집단이 정규분포 $N(\mu,\ \sigma^2)$을 따르고 모분산 σ^2을 알 때 표본크기와 관계없이 표본평균이 정규분포 $N\left(\mu,\ \dfrac{\sigma^2}{n}\right)$을 따른다. 귀무가설 $\mathrm{H_0} : \mu = \mu_0$이 참일 때 표본평균의 분포는 정규분포 $N\left(\mu_0,\ \dfrac{\sigma^2}{n}\right)$이다. 따라서 표준화된 표본평균 $Z = \dfrac{\overline{X} - \mu_0}{\sigma/\sqrt{n}}$을 검정통계량으로 설정할 수 있다. 이렇게 정규분포를 따르는 검정통계량을 이용하는 방법을 ***z*-검정**z-test이라 한다.

대립가설이 양측가설 $\mathrm{H_1} : \mu \neq \mu_0$일 때 표본평균값이 μ_0에 가까울수록 귀무가설을 지지하는 증거가 커진다. 반대로 표본평균값이 μ_0에서 멀어질수록 귀무가설을 반대하고 대립가설을 지지하는 증거가 커진다. 따라서 p-값은 관측된 표본평균값 $\overline{x}$보다 모평균 μ_0에서 멀리 떨어진 표본평균이 관찰될 확률이고 다음과 같이 표현된다.

- ***p*-값** : $\mathrm{P}\left(\left|\overline{X} - \mu_0\right| \geq \left|\overline{x} - \mu_0\right|\right) = \mathrm{P}\left(\dfrac{\left|\overline{X} - \mu_0\right|}{\sigma/\sqrt{n}} \geq \dfrac{\left|\overline{x} - \mu_0\right|}{\sigma/\sqrt{n}}\right)$

$$= \mathrm{P}\left(|Z| \geq \dfrac{\left|\overline{x} - \mu_0\right|}{\sigma/\sqrt{n}} = |z|\right)$$

같은 이유로 검정통계량 Z에 대해 채택역은 $-c < Z < c$, 즉 $|Z| < c$ 형태로, 기각역은 $|Z| \geq c$ 형태로 표현된다. $\mathrm{P}(-z_{\alpha/2} \leq Z \leq z_{\alpha/2}) = 1 - \alpha$이므로 대립가설이 양측가설 $\mathrm{H_1} : \mu \neq \mu_0$일 때 유의수준 α에서 귀무가설의 채택역과 기각역은 다음과 같다.

- **채택역** : $(-z_{\alpha/2},\ z_{\alpha/2})$
- **기각역** : $(-\infty,\ -z_{\alpha/2}) \cup (z_{\alpha/2},\ \infty)$

대립가설이 단측가설 $\mathrm{H_1} : \mu > \mu_0$일 때 표본평균값이 클수록 대립가설을 지지하고 귀무가설을 반대하는 증거가 커진다. 따라서 p-값은 관측된 표본평균값 $\overline{x}$ 이상으로 큰 표본평균이 관찰될 확률이고 다음과 같다.

- ***p*-값** : $\mathrm{P}(\overline{X} \geq \overline{x}) = \mathrm{P}\left(\dfrac{\overline{X} - \mu_0}{\sigma/\sqrt{n}} \geq \dfrac{\overline{x} - \mu_0}{\sigma/\sqrt{n}}\right) = \mathrm{P}\left(Z \geq \dfrac{\overline{x} - \mu_0}{\sigma/\sqrt{n}} = z\right)$

채택역은 $Z < c$ 형태로, 기각역은 $Z \geq c$ 형태로 표현되므로 유의수준 α에서 귀무가설의 채택역과 기각역은 다음과 같다.

- **채택역** : $(-\infty,\ z_\alpha)$
- **기각역** : $(z_\alpha,\ \infty)$

대립가설이 단측가설 H₁ : $\mu < \mu_0$일 때 표본평균값이 작을수록 대립가설을 지지하고 귀무가설을 반대하는 증거가 커진다. 따라서 p-값은 관측된 표본평균값 $\bar{x}$ 이하로 작은 표본평균이 관찰될 확률이고 다음과 같다.

- **p-값** : $P(\overline{X} \le \bar{x}) = P\left(\dfrac{\overline{X}-\mu_0}{\sigma/\sqrt{n}} \le \dfrac{\bar{x}-\mu_0}{\sigma/\sqrt{n}}\right) = P\left(Z \le \dfrac{\bar{x}-\mu_0}{\sigma/\sqrt{n}} = z\right)$

채택역은 $Z > c$ 형태로, 기각역은 $Z \le c$ 형태로 표현되므로 유의수준 α에서 귀무가설의 채택역과 기각역은 다음과 같다.

- **채택역** : $(-z_\alpha, \infty)$
- **기각역** : $(-\infty, -z_\alpha)$

이를 간략하게 정리하면 다음과 같다.

정규모집단에서의 유의성검정

정규모집단에서 모분산을 알고 있을 때 귀무가설 $\mu = \mu_0$의 채택역, 기각역, p-값은 [표 6-6]과 같다. 여기서 Z는 표준정규분포를 따르는 확률변수이고 z는 표본에서의 관측값이다.

표 6-6 **정규모집단에서의 유의성검정**

	H₁ : $\mu \ne \mu_0$	H₁ : $\mu > \mu_0$	H₁ : $\mu < \mu_0$
채택역	$(-z_{\alpha/2}, z_{\alpha/2})$	$(-\infty, z_\alpha)$	$(-z_\alpha, \infty)$
기각역	$(-\infty, -z_{\alpha/2}) \cup (z_{\alpha/2}, \infty)$	(z_α, ∞)	$(-\infty, -z_\alpha)$
p-값	$P(\lvert Z\rvert \ge \lvert z\rvert)$	$P(Z \ge z)$	$P(Z \le z)$

예제 6-2

한 제약회사의 비타민 음료에는 비타민 C가 평균 1000mg 함유되어 있고, 비타민 C 함량은 모분산이 σ^2인 정규분포를 따른다고 알려져 있다. 이 제약회사가 최근 새로운 공장에서 생산을 시작했으며 새로운 공장에서 생산된 음료의 비타민 C 함량에 대해 유의성검정을 하려 한다. 생산된 음료 중 100병을 랜덤으로 추출하여 확인한 결과, 비타민 C의 평균 함량이 999.6mg으로 관찰되었다. 물음에 답하라.

(a) 새로운 공장에서 생산하는 비타민 C 함량이 1000mg에 못 미치는지를 확인하려 한다. 유의성검정의 귀무가설과 대립가설을 제시하라.

(b) 검정통계량과 검정통계량의 분포를 제시하라.

(c) 비타민 C 함량의 모분산이 4일 때 유의수준 5%에서 (a)의 가설에 대한 유의성검정을 실시하라.

(d) 유의수준 5%에서 (a)의 귀무가설을 채택할 수 있는 모분산 σ^2의 범위를 구하라.

풀이

(a) 새로운 공장에서 생산하는 제품의 비타민 C 함량이 1000mg인지, 혹은 1000mg에 못 미치는지 판단하려는 유의성검정이므로 귀무가설과 대립가설은 다음과 같이 제시한다.

- **귀무가설** : 비타민 C 함량이 1000mg이다. 또는 $H_0 : \mu = 1000$
- **대립가설** : 비타민 C 함량이 1000mg 미만이다. 또는 $H_1 : \mu < 1000$

(b) 음료 100병의 비타민 C 함량 표본평균을 $\overline{X}$라 하면 검정통계량은 $Z = \dfrac{\overline{X} - \mu_0}{\sigma / \sqrt{n}}$이고 Z는 표준정규분포를 따른다.

(c) 100병의 비타민 C 평균 함량이 999.6mg이므로 귀무가설이 참일 때 모분산이 4이면 검정통계량 관측값은 $z = \dfrac{\overline{x} - \mu_0}{\sigma / \sqrt{n}} = \dfrac{999.6 - 1000}{2 / \sqrt{100}} = -2$이다. 대립가설이 단측가설이므로 p-값은 $P(Z \le z = -2) = 0.0228$이다. 이 값은 유의수준 5%보다 작으므로 귀무가설을 기각한다.

(d) 검정통계량 값은 $z = \dfrac{\overline{x} - \mu_0}{\sigma / \sqrt{n}} = \dfrac{999.6 - 1000}{\sigma / \sqrt{100}} = -\dfrac{4}{\sigma}$이다. 유의수준 5%에서 귀무가설을 채택하려면 p-값이 $P(Z \le z) = P\left(Z \le -\dfrac{4}{\sigma}\right) \ge 0.05$이어야 한다. 따라서 $-\dfrac{4}{\sigma} \ge z_{0.95} = -1.645$이고 $\sigma^2 \ge 5.91$이다.

파이썬 실습 6-1 정규모집단의 모분산을 알 때 평균에 대한 유의성검정

[예제 6-2]의 풀이에는 정규분포의 분포함수가 필요하다. 따라서 [코드 6-1]과 같이 파이썬에서 numpy와 scipy.stats.norm 모듈을 불러오고 문제에 주어진 표본평균, 표본크기, 귀무가설의 모평균값을 입력한다.

코드 6-1

```
import numpy as np
from scipy.stats import norm
mu_0, n, xbar = 1000, 100, 999.6
```

함수 norm.cdf()는 누적분포함수로 z 값을 입력하면 표준정규분포를 따르는 확률변수 Z에 대해 확률 $P(Z \le z)$ 값을 반환한다.[7]

7 대립가설이 $\mu < c$ 형태의 단측가설이면 norm.cdf(z)를 입력하여 p-값을 구할 수 있다. 반대로 대립가설이 $\mu > c$ 형태의 단측가설이면 1-norm.cdf(z)를 입력해야 p-값을 구할 수 있다.

[예제 7-2(c)]의 경우 모분산이 4일 때 검정통계량 값과 p-값을 계산하기 위한 명령문은 [코드 6-2]와 같다.

코드 6-2

```
sigma = np.sqrt(4)
z = (xbar - mu_0) / (sigma/np.sqrt(n))
pval = norm.cdf(z)
dict({"z-value":z, "p-value:":pval})
```

```
{'z-value': -2.0000, 'p-value:': 0.0228}
```

[예제 7-2(d)]의 경우 $-\frac{4}{z_{0.95}} \leq \sigma$가 되도록 하는 모분산 σ^2의 최솟값을 계산하려면 [코드 6-3]과 같이 입력한다.

코드 6-3

```
z_a = norm.ppf(1-0.05)
(4 / z_a)**2
```

```
5.914
```

6.1절에서 살펴본 제2종 오류를 구하는 방법을 다시 생각해보자. 제2종 오류는 대립가설이 참일 때 대립가설을 기각하고 귀무가설을 채택하는 오류이다. 유의성검정에서는 귀무가설이 참이라는 가정 아래 채택역과 기각역을 설정한다. 검정통계량 값이 채택역에 포함되면 귀무가설을 채택하고, 기각역에 포함되면 귀무가설을 기각한다. 따라서 제2종 오류는 다음 절차에 따라 구한다.

❶ 귀무가설 H_0이 참일 때의 채택역을 구한다.

❷ 대립가설 H_1이 참일 때의 검정통계량이 ❶에서 구한 채택역에 포함될 확률을 구한다.

여기서 ❶의 채택역은 귀무가설이 참이라고 가정한 상태에서 구한 것이고, ❷의 검정통계량은 대립가설이 참이라고 가정한 상태에서 계산한다는 것에 유의해야 한다.

예제 6-3

[예제 6-2]의 유의성검정 문제를 상기하자. 주어진 조건에 따라 유의수준 5%에서 제2종 오류를 범할 확률을 구하라.

(a) 모분산이 4이고 대립가설이 $H_1 : \mu = 999.5$일 때

(b) 모분산이 4이고 대립가설이 $H_1 : \mu = 999$일 때

(c) 모분산이 16이고 대립가설이 $H_1 : \mu = 999.5$일 때

풀이

제2종 오류는 대립가설 $H_1 : \mu = \mu_1$이 참일 때 대립가설을 기각하고 귀무가설을 채택하는 오류이다. 먼저 귀무가설이 참일 때의 채택역을 구하자. 유의수준 5%에서 부등식 $Z_0 = \dfrac{\overline{X} - \mu_0}{\sigma / \sqrt{n}} \geq -z_{0.05} = -1.645$가 성립할 때 귀무가설을 채택한다. 다음으로 대립가설이 참일 때를 생각하자. 이때 검정통계량은 $Z_1 = \dfrac{\overline{X} - \mu_1}{\sigma / \sqrt{n}}$로 표현되고 Z_1이 표준정규분포를 따른다. 따라서 제2종 오류는 $Z_0 = \dfrac{\overline{X} - \mu_0}{\sigma / \sqrt{n}} \geq -z_{0.05} = -1.645$일 때 발생하며 검정통계량 Z_1로 표현하면 다음과 같다.

$$\frac{\overline{X} - \mu_0}{\sigma / \sqrt{n}} = \frac{\overline{X} - \mu_1}{\sigma / \sqrt{n}} + \frac{\mu_1 - \mu_0}{\sigma / \sqrt{n}} = Z_1 + \frac{\mu_1 - \mu_0}{\sigma / \sqrt{n}} \geq -z_{0.05} = -1.645$$

따라서 제2종 오류는 부등식 $Z_1 = \dfrac{\overline{X} - \mu_1}{\sigma / \sqrt{n}} \geq \dfrac{\mu_0 - \mu_1}{\sigma / \sqrt{n}} - z_{0.05}$가 성립할 때 발생하고, 제2종 오류를 범할 확률은 $P_1\left(Z_1 \geq \dfrac{\mu_0 - \mu_1}{\sigma / \sqrt{n}} - z_{0.05}\right)$이다.

(a) $$P_1\left(Z_1 \geq \frac{\mu_0 - \mu_1}{\sigma / \sqrt{n}} - z_{0.05}\right) = P_1\left(Z_1 \geq \frac{0.5}{2 / \sqrt{100}} - z_{0.05}\right)$$
$$= P_1(Z_1 \geq 2.5 - z_{0.05}) = 0.196$$

(b) $$P_1\left(Z_1 \geq \frac{\mu_0 - \mu_1}{\sigma / \sqrt{n}} - z_{0.05}\right) = P_1\left(Z_1 \geq \frac{1}{2 / \sqrt{100}} - z_{0.05}\right)$$
$$= P_1(Z_1 \geq 5 - z_{0.05}) = 0.0004$$

(c) $$P_1\left(Z_1 \geq \frac{\mu_0 - \mu_1}{\sigma / \sqrt{n}} - z_{0.05}\right) = P_1\left(Z_1 \geq \frac{0.5}{4 / \sqrt{100}} - z_{0.05}\right)$$
$$= P_1(Z_1 \geq 1.25 - z_{0.05}) = 0.654$$

파이썬 실습 6-2 유의성검정에서 제2종 오류를 범할 확률

[예제 6-3]의 풀이에는 정규분포의 분포함수가 필요하다. 따라서 [코드 6-4]와 같이 파이썬에서 numpy와 scipy.stats.norm 모듈을 불러오고 문제에 주어진 귀무가설이 참일 때의 모평균값, 표본크기, $z_{0.05}$ 값을 입력한다.

코드 6-4

```
import numpy as np
from scipy.stats import norm
mu_0, n, z_a = 1000, 100, norm.ppf(1-0.05)
```
[8]

그러면 [예제 6-3]에서 (a), (b), (c)의 확률을 구하는 명령문은 각각 [코드 6-5], [코드 6-6], [코드 6-7]과 같다.

코드 6-5

```
mu_1, sigma = 999.5, 2
1 - norm.cdf((mu_0-mu_1)/(sigma/np.sqrt(n))-z_a)
```

```
0.196
```

코드 6-6

```
mu_1, sigma = 999, 2
1 - norm.cdf((mu_0-mu_1)/(sigma/np.sqrt(n))-z_a)
```

```
0.0004
```

코드 6-7

```
mu_1, sigma = 999.5, 4
1 - norm.cdf((mu_0-mu_1)/(sigma/np.sqrt(n))-z_a)
```

```
0.654
```

8 본문에서는 표준정규분포를 따르는 확률변수 Z에 대해 $P(Z \geq z) = \alpha$인 z 값을 z_α라 표현한다. 그런데 파이썬 scipy.stats 모듈의 ppf() 함수는 $P(Z \leq z)$ 값을 입력하면 z를 반환하므로 유의수준이 0.05일 때 $z_{0.05}$ 값을 구하려면 norm.ppf(1-0.05)와 같이 입력해야 한다.

[예제 6-3]에서 제2종 오류를 범할 확률을 계산해보았다. [예제 6-3(**a**)]와 [예제 6-3(**b**)]를 비교해보면 (**b**)의 경우 (**a**)보다 대립가설(H_0 : $\mu = 1000$)과 귀무가설의 차이가 커졌다. 일반적으로 다른 조건이 같으면 대립가설과 귀무가설이 잘 구분될수록 제2종 오류를 범할 확률이 낮아진다. 다음으로 [예제 6-3(**a**)]와 [예제 6-3(**c**)]를 비교해보면 (**c**)에서는 모분산이 크다. 일반적으로 다른 조건이 같을 때 모집단의 분산이 커지면 제2종 오류를 범할 확률이 커진다. 일반적으로 제1종 오류와 제2종 오류 사이에는 [그림 6-2]와 같은 관계가 성립한다.

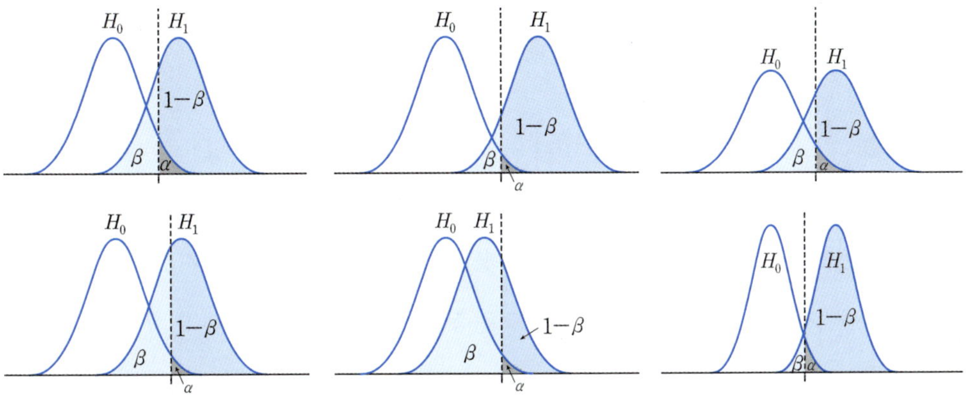

(**a**) 유의수준의 영향 (**b**) 대립가설의 영향 (**c**) 분산의 영향

그림 6-2 $H_0 : \mu = \mu_0$과 $H_1 : \mu = \mu_1$(단, $\mu_0 < \mu_1$)에서의 제1종 오류와 제2종 오류의 관계

[그림 6-2(**a**)]에서 확인할 수 있듯이 표본크기, 모평균, 모분산 등이 동일할 때 제1종 오류(유의수준 α)를 줄이려면 제2종 오류(β)가 커지고 그 결과 검정력이 낮아지는 것을 감수해야 한다. 또한 [그림 6-2(**b**)]에서와 같이 귀무가설 H_0과 대립가설 H_1을 구분하기 어려울수록 제2종 오류가 커지고 검정력이 낮아진다. [그림 6-2(**c**)]에서는 표본크기와 모분산의 영향을 확인할 수 있다. 표본크기가 커지거나 모분산이 작아지면 표본평균의 표준오차가 줄어들어 제2종 오류(β)가 감소하고 검정력이 높아진다.

■ 모집단이 정규분포를 따르고 모분산을 모를 때 표본크기가 작은 경우

모집단이 정규분포 $N(\mu,\ \sigma^2)$을 따르면 표본크기에 상관없이 표본평균은 정규분포 $N\left(\mu,\ \frac{\sigma^2}{n}\right)$을 따른다. 하지만 모분산을 모르므로 표본분산 $S^2 = \frac{1}{n-1}\sum_{i=1}^{n}\left(X_i - \overline{X}\right)^2$을 이용해 모분산을 추정해야 하고, 표본크기가 작은 경우에는 정규분포가 아닌 t-분포를 이용해서 표본분포를 구한다. 귀무가설 H_0 : $\mu = \mu_0$이 참일 때 스튜던트화 표본평균 $T = \frac{\overline{X} - \mu_0}{S/\sqrt{n}}$은 자유도가 $n-1$인 t-분포를 따른다. 이렇게 t-분포를 따르는 검정통계량을 이용하는 검정을 ***t*-검정**t-test이라 한다.

대립가설이 양측가설 $H_1 : \mu \neq \mu_0$일 때 표본평균이 μ_0에서 멀어질수록 대립가설을 지지하는 증거가 강해진다. 따라서 p-값은 검정통계량 T와 그 관측값 $t = \dfrac{\overline{x} - \mu_0}{s/\sqrt{n}}$에 대해 다음과 같다.

- **p-값** : $\mathrm{P}\left(\dfrac{|\overline{X} - \mu_0|}{S/\sqrt{n}} \geq \dfrac{|\overline{x} - \mu_0|}{s/\sqrt{n}}\right) = \mathrm{P}(|T| \geq |t|)$

같은 이유로 채택역은 $-c < T < c$, 즉 $|T| < c$ 형태로 표현되고, 기각역은 $|T| \geq c$ 형태로 표현된다. $\mathrm{P}\left(-t_{\alpha/2,\,n-1} < T < t_{\alpha/2,\,n-1}\right) = 1 - \alpha$이므로 유의수준 α에서 귀무가설의 채택역과 기각역은 다음과 같다.

- **채택역** : $\left(-t_{\alpha/2,\,n-1},\ t_{\alpha/2,\,n-1}\right)$
- **기각역** : $\left(-\infty,\ -t_{\alpha/2,\,n-1}\right) \cup \left(t_{\alpha/2,\,n-1},\ \infty\right)$

대립가설이 단측가설 $H_1 : \mu > \mu_0$일 때 표본평균값이 클수록 대립가설을 지지하고 귀무가설에 반대하는 증거가 커진다. 검정통계량 T와 그 관측값 $t = \dfrac{\overline{x} - \mu_0}{s/\sqrt{n}}$에 대해 $\mathrm{P}\left(T < t_{\alpha,\,n-1}\right) = 1 - \alpha$이므로 자유도가 $n-1$인 t-분포를 따르는 확률변수 T에 대해 p-값은 다음과 같다.

- **p-값** : $P\left(\dfrac{\overline{X} - \mu_0}{S/\sqrt{n}} \geq \dfrac{\overline{x} - \mu_0}{s/\sqrt{n}}\right) = \mathrm{P}\left(T \geq \dfrac{\overline{x} - \mu_0}{s/\sqrt{n}} = t\right)$

채택역은 $T < c$ 형태로 표현되고, 기각역은 $T \geq c$ 형태로 표현되므로 유의수준 α에서 귀무가설의 채택역과 기각역은 다음과 같다.

- **채택역** : $\left(-\infty,\ t_{\alpha,\,n-1}\right)$
- **기각역** : $\left(t_{\alpha,\,n-1},\ \infty\right)$

대립가설이 단측가설 $H_1 : \mu < \mu_0$일 때 표본평균이 작아질수록 대립가설을 지지하고 귀무가설을 반대하는 증거가 커진다. 따라서 유의수준 α에서 귀무가설의 p-값, 채택역, 기각역은 다음과 같다.

- **p-값** : $\mathrm{P}\left(\dfrac{\overline{X} - \mu_0}{S/\sqrt{n}} \leq \dfrac{\overline{x} - \mu_0}{s/\sqrt{n}}\right) = \mathrm{P}\left(T \leq \dfrac{\overline{x} - \mu_0}{s/\sqrt{n}} = t\right)$
- **채택역** : $\left(-t_{\alpha,\,n-1},\ \infty\right)$
- **기각역** : $\left(-\infty,\ -t_{\alpha,\,n-1}\right)$

이를 간략하게 정리하면 다음과 같다.

모분산을 모르는 정규모집단에서 유의성검정(소표본)

정규모집단에서 모분산을 모를 때 귀무가설 $\mu = \mu_0$의 채택역, 기각역, p-값은 [표 6-7]과 같다. 여기서 T는 자유도가 $n-1$인 t-분포를 따르는 확률변수이고 t는 표본에서의 관측값이다.

표 6-7 모분산을 모르는 정규모집단에서 유의성검정(소표본)

	$H_1 : \mu \neq \mu_0$	$H_1 : \mu > \mu_0$	$H_1 : \mu < \mu_0$
채택역	$(-t_{\alpha/2,n-1},\ t_{\alpha/2,n-1})$	$(-\infty,\ t_{\alpha,n-1})$	$(-t_{\alpha,n-1},\ \infty)$
기각역	$(-\infty,\ -t_{\alpha/2,n-1}) \cup (t_{\alpha/2,n-1},\ \infty)$	$(t_{\alpha,n-1},\ \infty)$	$(-\infty,\ -t_{\alpha,n-1})$
p-값	$P(\|T\| \geq \|t\|)$	$P(T \geq t)$	$P(T \leq t)$

예제 6-4

한 대형마트에서 당도 선별 수박을 판매하고 있다. 마트 측은 평균 당도가 12brix 이상이라고 광고하고 있다. 실제로 수박의 당도를 측정한 결과는 다음과 같다.

(단위 : brix)

12.2	10.9	12.0	11.1	10.8	12.3	11.9	11.4	10.7	11.7

이 마트에서 판매하는 수박의 당도는 정규분포를 따른다고 알려져 있다. 수박의 평균 당도가 마트 측의 주장과 달리 12brix 미만이라고 볼만한 강한 증거가 있는지 유의수준 5%에서 검정하라.

풀이

모집단이 정규분포를 따르고 모분산을 모를 때 검정통계량은 $T = \dfrac{\overline{X} - \mu_0}{S/\sqrt{n}}$으로 설정할 수 있고, 이는 자유도가 $n-1=9$인 t-분포를 따른다. 관측값을 x_i라 하면 $\sum_{i=1}^{n} x_i = 115$, $\overline{x} = 11.5$이고 $s^2 = \dfrac{1}{n-1}\sum_{i=1}^{n}(x_i - \overline{x})^2 = 0.6^2$이다. 따라서 검정통계량의 관측값은 $t = \dfrac{\overline{x} - \mu_0}{s/\sqrt{n}} = -\dfrac{0.5}{0.6/\sqrt{10}} \approx -2.635$이고 이때 p-값은 $P(T \leq t) = 0.014$이다. p-값이 유의수준 5%보다 작으므로 귀무가설을 기각할 수 있다.

별해

검정통계량이 자유도가 $n-1=9$인 t-분포를 따르므로 유의수준 $\alpha = 0.05$에서 채택역은 $(-t_{\alpha,n-1},\ \infty) = (-1.833,\ \infty)$이다. 계산한 검정통계량 값이 채택역 밖에 있으므로 귀무가설을 기각한다.

파이썬 실습 6-3 정규모집단의 모분산을 모를 때 모평균에 대한 유의성검정

[예제 6-4]의 풀이를 위해 [코드 6-8]과 같이 `numpy`, `scipy.stats` 모듈의 `t` 클래스, `ttest_1samp()` 함수를 불러왔다.

코드 6-8

```
import numpy as np
from scipy.stats import t, ttest_1samp
```

문제에 주어진 데이터를 `xs`라는 이름으로 입력하고 `ttest_1samp()` 함수를 적용하여 귀무가설 $H_0 : \mu = 12$를 검정했다. 대립가설이 "12brix 미만이다."라는 단측가설이므로 `alternative="less"` 옵션을 지정한다.

코드 6-9

```
xs = np.array([12.2, 10.9, 12.0, 11.1, 10.8, 12.3, 11.9, 11.4, 10.7,
               11.7])
ttest_1samp(a=xs, popmean=12, alternative="less")
```

```
Ttest_1sampResult(statistic=-2.635, pvalue=0.0136)
```

[코드 6-10]과 같이 t-통계량과 `t.cdf()` 함수를 이용해 p-값을 직접 계산할 수도 있다.

코드 6-10

```
svar = xs.var(ddof=1)
tval = (xs.mean() - 12) / np.sqrt(svar / len(xs))
dict({"sample var:":svar, "t-value":tval,
      "p-value":t.cdf(tval, df=len(xs)-1)})
```

```
{'sample var:': 0.360, 't-value': -2.635, 'p-value': 0.0136}
```

■ 모집단이 정규분포를 따르지 않지만 표본크기가 클 때

모평균이 μ이고 모분산이 σ^2인 모집단이 정규분포를 따르지 않더라도 표본크기가 충분히 클 때는 중심극한정리를 적용하여 표본평균의 분포를 정규분포 $N\left(\mu, \frac{\sigma^2}{n}\right)$으로 근사할 수 있다. 이 경우 모분산 σ^2을 안다면 정확한 정규분포 대신 근사분포를 사용한다는 점만 다를 뿐 모집단이 정규분포를 따르고 모분산을 알 때 다룬 검정통계량 $Z = \dfrac{\overline{X} - \mu_0}{\sigma / \sqrt{n}}$, 채택역, 기각역, p-값 등을 동일하게 사용할 수 있다. 모분산 σ^2을 모른다면 모표준편차 σ를 표본표준편차 $S = \sqrt{\dfrac{1}{n-1}\sum_{i=1}^{n}\left(X_i - \overline{X}\right)^2}$ 으로 추정하고 스튜던트화 표본평균 $Z = \dfrac{\overline{X} - \mu_0}{S / \sqrt{n}}$ 으로 가설을 검정한다. 표본크기가 충분히 크면 스튜던트화 표본평균의 분포도 근사적으로 표준정규분포에 가까워진다.

예제 6-5

한 자동차 제조회사에서는 새로운 속도계의 성능을 검증하기 위해 새로운 속도계 100대를 랜덤으로 추출하여 성능을 시험했다. i번째 측정오차를 x_i라 할 때 관측결과가 다음과 같았다.

$$\sum_{i=1}^{100} x_i = 40, \quad \sum_{i=1}^{100} x_i^2 = 452.59$$

유의수준 5%에서 새로운 속도계에 측정오차가 있다고 판단할 수 있는지 유의성검정을 시행하라.

풀이

이 문제에서 검정하고자 하는 것은 속도계에 측정오차가 있는지 여부이다. 따라서 귀무가설은 "속도계에 측정오차가 없다.", 즉 $\mathrm{H}_0 : \mu = 0$으로 설정할 수 있다. $\sum_{i=1}^{100} x_i = 40$이므로 표본평균은 $\overline{x} = 0.4$이고 $\sum_{i=1}^{100} x_i^2 = 452.59$이므로 표본분산은 다음과 같이 2.1^2이다.

$$s^2 = \frac{1}{n-1}\sum_{i=1}^{n}\left(x_i - \overline{x}\right)^2 = \frac{1}{n-1}\left(\sum_{i=1}^{n} x_i^2 - n\overline{x}^2\right) = \frac{1}{99}(452.59 - 100 \cdot 0.4^2) = 2.1^2$$

표본크기가 충분히 크므로 중심극한정리에 의해 표본평균은 근사적으로 정규분포를 따른다. 귀무가설이 참일 때 검정통계량(표준화된 표본평균)은 $z = \dfrac{\overline{x} - 0}{s / \sqrt{n}} = \dfrac{0.4}{2.1 / \sqrt{100}} \approx 1.905$ 이고 p-값은 표준정규분포를 따르는 확률변수 Z에 대해 $\mathrm{P}(|Z| \geq 1.905) = 0.0568$이다. 계산 결과 p-값이 유의수준보다 크므로 귀무가설을 기각하지 못한다. 즉 속도계에 유의미한 측정오차가 있다고 판단할 수 없다.

별해

검정통계량 Z가 정규분포를 따르므로 유의수준 5%에서 귀무가설의 채택역이 $(-z_{\alpha/2}, z_{\alpha/2}) = (-1.96, 1.96)$이다. 계산된 검정통계량 $z = 1.905$가 채택역 안에 포함되므로 귀무가설을 기각하지 못한다고 할 수 있다.

파이썬 실습 6-4 표본크기가 클 때 모평균에 대한 유의성검정

[예제 6-5]의 풀이를 위해 [코드 6-11]과 같이 numpy와 scipy.stats.norm 모듈을 불러왔다.

코드 6-11

```
import numpy as np
from scipy.stats import norm
```

문제에 주어진 데이터의 오차의 합과 오차제곱합을 각각 sumx와 sumx2라는 이름으로 저장하고, 이를 이용해 표본평균 xbar와 표본분산 svar를 계산한다. 다음으로 z-통계량과 p-값을 계산한다. 양측검정이므로 p-값을 계산할 때 2를 곱해준다. 이는 [코드 6-12]에 구현되어 있다. p-값이 0.0568이므로 "속도계에 측정오차가 없다."라는 귀무가설을 기각하지 못한다.

코드 6-12

```
sumx, sumx2, n = 40, 452.59, 100
xbar = sumx / n
svar = (sumx2 - n * (xbar**2)) / (n-1)
zval = ( xbar - 0 ) / np.sqrt( svar / n )
pval = 2 * (1 - norm.cdf(zval))
dict({"sample mean:":xbar, "sample var:":svar, "z-value:":zval,
      "p-value:":pval})
```

```
{'sample mean:': 0.4, 'sample var:': 4.41, 'z-value:': 1.905,
     'p-value:': 0.0568}
```

모분산에 대한 유의성검정 선택

동일한 평균값을 가지는 데이터라도 평균값과의 차이가 작은 경우(즉 분산이 작은 경우)와 평균값과의 차이가 큰 경우(즉 분산이 큰 경우)가 있을 수 있다. 체온계나 체중계와 같은 측정기기는 측정값에 편향이 없는 것도 중요하지만, 오차의 분산이 작아야 안정적으로 측정할 수 있다. 또한 금융상품은 평균 수익률도 중요하지만 수익률의 분산이 크면 손실 위험이 커질 수 있으므로 분산 크기가 작은 상품이 선호되기도 한다. 이 절에서는 이러한 맥락에서 분산에 대한 유의성검정을 다룬다.

모분산에 대한 점추정량으로는 표본분산 $S^2 = \frac{1}{n-1}\sum_{i=1}^{n}\left(X_i - \overline{X}\right)^2$을 이용한다. 표본분산의 기댓값은 모분산 σ^2과 일치하므로 표본분산은 모분산에 대한 비편향추정량이다. 모집단이 정규분포를 따를 때 표본크기가 n이면 다음과 같이 자유도 $n-1$인 카이제곱분포로 표현할 수 있다.

$$V = \frac{(n-1)S^2}{\sigma^2} \sim \chi^2(n-1)$$

따라서 표본분산과 카이제곱분포를 이용하여 모분산에 대한 유의성검정을 수행할 수 있다. 귀무가설 $\mathrm{H}_0 : \sigma = \sigma_0$가 참이라고 가정하면 검정통계량의 관측값은 $v = \frac{(n-1)s^2}{\sigma_0^2}$으로 정의된다. 이때 검정통계량 $V = \frac{(n-1)S^2}{\sigma_0^2}$은 자유도가 $n-1$인 카이제곱분포 $\chi^2(n-1)$을 따른다.

■ 양측가설

대립가설이 양측가설 $\mathrm{H}_1 : \sigma \neq \sigma_0$일 때 표본분산이 σ_0^2 값에 가까울수록 귀무가설을 지지하는 강도가 크다. 반대로 표본분산이 σ_0^2 값보다 크거나 작을수록 대립가설을 지지하는 강도가 크다. 따라서 p-값은 $2\mathrm{P}(V \geq v)$와 $2\mathrm{P}(V \leq v)$ 중 작은 값으로 정의된다. 또한 다음과 같은 등식이 성립한다.

$$\mathrm{P}\left[\chi^2_{1-\alpha/2,\, n-1} \leq V = \frac{(n-1)S^2}{\sigma_0^2} \leq \chi^2_{\alpha/2,\, n-1}\right] = 1-\alpha$$

그러므로 유의수준 α에서 귀무가설의 채택역과 기각역은 다음과 같다.

- **채택역** : $\left(\chi^2_{1-\alpha/2,\, n-1},\ \chi^2_{\alpha/2,\, n-1}\right)$
- **기각역** : $\left(0,\ \chi^2_{1-\alpha/2,\, n-1}\right) \cup \left(\chi^2_{\alpha/2,\, n-1},\ \infty\right)$

■ 단측가설 $\mathrm{H}_1 : \sigma > \sigma_0$

귀무가설이 $\mathrm{H}_0 : \sigma = \sigma_0$이고 대립가설이 단측가설 $\mathrm{H}_1 : \sigma > \sigma_0$일 때는 표본분산이 작을수록 귀무가설을 지지하는 강도가 크고, 표본분산이 클수록 대립가설을 지지하는 강도가 크다. 따라서 p-값은 $\mathrm{P}(V \geq v)$이다. 또한 귀무가설이 참이라고 가정하면 다음과 같은 등식이 성립한다.

$$\mathrm{P}\left[0 \leq V = \frac{(n-1)S^2}{\sigma_0^2} \leq \chi^2_{\alpha,\, n-1}\right] = 1-\alpha$$

따라서 귀무가설의 채택역과 기각역은 다음과 같다.

- **채택역** : $\left(0,\ \chi^2_{\alpha,\,n-1}\right)$
- **기각역** : $\left(\chi^2_{\alpha,\,n-1},\ \infty\right)$

■ 단측가설 H₁ : $\sigma < \sigma_0$

귀무가설이 $H_0 : \sigma = \sigma_0$이고 대립가설이 단측가설 $H_1 : \sigma < \sigma_0$일 때는 표본분산이 클수록 귀무가설을 지지하는 강도가 크고, 표본분산이 작을수록 대립가설을 지지하는 강도가 크다. 따라서 p–값은 $P(V \le v)$이다. 또한 귀무가설이 참이라고 가정하면 다음과 같은 등식이 성립한다.

$$P\left[\chi^2_{1-\alpha,\,n-1} \le V = \frac{(n-1)S^2}{\sigma_0^2}\right] = 1-\alpha$$

따라서 귀무가설의 채택역과 기각역은 다음과 같다.

- **채택역** : $\left(\chi^2_{1-\alpha,\,n-1},\ \infty\right)$
- **기각역** : $\left(0,\ \chi^2_{1-\alpha,\,n-1}\right)$

이를 간략하게 정리하면 다음과 같다.

모분산에 대한 유의성검정

정규모집단에서 모분산에 대한 귀무가설 $\sigma^2 = \sigma_0^2$의 채택역, 기각역, p–값은 [표 6–8]과 같다. 여기서 V는 자유도가 $n-1$인 카이제곱분포를 따르는 확률변수이고 v는 관측값이다.

표 6–8 모분산에 대한 유의성검정

	$H_1 : \sigma \neq \sigma_0$	$H_1 : \sigma > \sigma_0$	$H_1 : \sigma < \sigma_0$
채택역	$\left(\chi^2_{1-\alpha/2,n-1},\ \chi^2_{\alpha/2,n-1}\right)$	$\left(0,\ \chi^2_{\alpha,n-1}\right)$	$\left(\chi^2_{1-\alpha,n-1},\ \infty\right)$
기각역	$\left(0,\ \chi^2_{1-\alpha/2,n-1}\right) \cup \left(\chi^2_{\alpha/2,n-1},\ \infty\right)$	$\left(\chi^2_{\alpha,n-1},\ \infty\right)$	$\left(0,\ \chi^2_{1-\alpha,n-1}\right)$
p–값	$2P(V \ge v)$와 $2P(V \le v)$ 중 작은 값	$P(V \ge v)$	$P(V \le v)$

예제 6-6

한 체온계 제조회사에서는 측정오차의 분산을 줄인 새로운 체온계를 개발하고 있다. 새로운 체온계의 측정오차는 정규분포를 따른다고 알려져 있고, 새로운 체온계 10대의 측정오차는 다음과 같다.

(단위 : ℃)

0.2	0.0	0.1	−0.1	0.2	−0.4	0.2	0.1	−0.1	−0.2

유의수준 1%에서 새로운 체온계의 측정오차에 대한 표준편차가 $\sigma = 0.1$이라고 할 수 있는지 검정하라.

풀이

새로운 체온계의 목표는 측정오차의 분산을 줄이는 것이므로 귀무가설은 $H_0 : \sigma = 0.1$, 대립가설은 $H_1 : \sigma > 0.1$로 설정할 수 있다. 주어진 데이터에서 측정오차를 x_i라 하면 표본평균은 $\bar{x} = \frac{1}{10}\sum_{i=1}^{10} x_i = 0$이고 표본분산은 다음과 같다.

$$s^2 = \frac{1}{n-1}\sum_{i=1}^{n}(x_i - \bar{x})^2 = \frac{1}{n-1}\left(\sum_{i=1}^{n} x_i^2 - n\bar{x}^2\right)$$

$$= \frac{1}{9}(0.36 - 10 \cdot 0^2) = 0.2^2$$

따라서 검정통계량은 $V = \frac{(n-1)s^2}{\sigma_0^2} = \frac{9 \cdot 0.04}{0.01} = 36$이고, 이는 자유도가 9인 카이제곱분포를 따르므로 p-값은 0.00004이다. p-값이 유의수준보다 작으므로 귀무가설을 기각한다. 즉 새로운 체온계의 측정오차에 대한 표준편차가 0.1보다 크다고 판단한다.

파이썬 실습 6-5 정규모집단의 분산에 대한 유의성검정

[예제 6-6]을 파이썬 명령문으로 계산하기 위해 먼저 필요한 모듈을 불러왔다.

코드 6-13

```
import numpy as np
from scipy.stats import chi2
```

주어진 표본관측값을 일차원 배열로 저장하고, 이를 이용해 표본평균과 표본표준편차를 계산한다. [코드 6-14]의 실행 결과 표본평균은 0.0, 표본분산은 0.04임을 확인할 수 있다.

코드 6-14

```
xs = np.array([0.2, 0.0, 0.1, -0.1, 0.2, -0.4, 0.2, 0.1, -0.1, -0.2])
smplmean, smplvar, n = xs.mean(), xs.var(ddof=1), len(xs)
[smplmean, smplvar, n]
```

```
[0.0, 0.04, 10]
```

다음으로 귀무가설 $H_0 : \sigma = 0.1$이 참일 때의 검정통계량 $V = \frac{(n-1)S^2}{\sigma_0^2}$ 값을 계산하고 p-값을 구한다. [코드 6-15]의 실행 결과 검정통계량 값과 p-값은 각각 36, 0.00004임을 확인할 수 있다.

코드 6-15

```
V = (n-1) * smplvar / 0.1**2
pval = 1 - chi2.cdf(V, df=n-1)
[V, pval]
```

```
[36, 0.00004]
```

SECTION 6.3 두 집단의 차이에 대한 검정

두 모집단을 비교하여 차이가 존재하는지 확인할 때도 유의성검정을 적용할 수 있다. 예를 들어 병원에서 처방받은 약을 복용한 환자의 건강 상태가 얼마나 호전되었는지를 비교하거나, 새로운 공정과 기존 공정의 품질에 차이가 있는지를 확인하는 경우가 이에 해당한다. 이렇게 유의성검정을 통해 두 모집단을 비교하는 경우에도 추정에서와 같이 두 모집단의 각 개체를 짝지어 비교할 수 있는 경우와 짝지을 수 없는 경우로 나누어 생각할 수 있다.

두 모집단의 각 개체를 짝지어 비교할 수 있을 때

병원에서 처방받은 약을 복용한 환자의 건강 상태가 얼마나 호전되었는지를 비교하는 것은 두 모집단의 각 개체를 짝지어 비교하는 경우에 해당한다. 각 환자가 약을 복용하기 전의 건강 상태와 약을 복용한 후의 건강 상태를 짝지어 비교하여 건강 상태가 호전되면 약의 효능이 있다고 볼 수 있고, 반대로 건강 상태가 호전되지 않으면 약의 효능이 없다고 판단할 수 있다.

이렇게 두 모집단의 각 개체 X_i와 Y_i를 짝지어 비교할 수 있는 경우에는 두 확률변수의 차이 $D_i = X_i - Y_i$를 새로운 확률변수로 보고 6.2절에서 다룬 유의성검정 절차를 적용할 수 있다. 즉 확률변수 D_i가 정규분포를 따른다면 모분산을 알 때와 모를 때로 나누어 각각 표본평균에 정규분포와 t-분포를 적용하여 유의성검정을 수행할 수 있다. D_i가 정규분포를 따르지 않더라도 표본크기가 충분히 크면 차이의 표본평균 $\overline{D}$가 근사적으로 정규분포를 따른다는 사실을 이용하여 유의성검정을 수행할 수 있다.

예제 6-7

한 제약회사에서 고혈압 환자를 위한 혈압강하제를 개발했다. 이 제약회사는 임상시험을 통해 새로운 혈압강하제가 기존 혈압강하제의 평균 혈압 강하효과인 11mmHg보다 더 우수함을 입증하려 한다. 새로운 혈압강하제를 복용한 환자들의 복용 전후 혈압 차이는 다음과 같다.

(단위 : mmHg)

11.2	12.0	10.1	11.5	11.3	11.2	11.7	12.1
12.5	10.2	13.2	11.8	12.5	11.8	11.9	12.2

혈압 차이가 정규분포를 따른다고 가정할 때, 제약회사의 주장과 같이 혈압강하제가 혈압을 평균 11mmHg보다 더 낮추는 효과가 있는지 유의수준 1%에서 검정하라.

풀이

귀무가설은 $H_0 : \mu = 11$, 대립가설은 $H_1 : \mu > 11$로 설정할 수 있다. 혈압의 차이를 x_i라 하자. 그러면 표본평균은 $\bar{x} = \frac{1}{16}\sum_{i=1}^{16} x_i = 11.7$이고 표본분산은 $s^2 = \frac{1}{n-1}\sum_{i=1}^{n}(x_i - \bar{x})^2 = \frac{1}{15} \cdot 9.6 = 0.8^2$이다. 검정통계량 $T = \frac{\bar{X} - \mu_0}{S/\sqrt{n}}$은 자유도 15인 t-분포를 따르고 검정통계량의 관측값은 $t = \frac{\bar{x} - \mu_0}{s/\sqrt{n}} = \frac{0.7}{0.8/\sqrt{16}} \approx 3.5$이다. 따라서 p-값은 0.0016이고 귀무가설을 기각할 수 있다.

별해

검정통계량이 자유도가 15인 t-분포를 따르므로 채택역은 $(-\infty, t_{\alpha,n-1}) = (-\infty, 2.60)$이다. 검정통계량의 관측값이 채택역 안에 포함되지 않으므로 귀무가설을 기각한다고 할 수 있다.

파이썬 실습 6-6 대응비교에서 모평균 차이에 대한 유의성검정

[예제 6-7]을 파이썬 명령문으로 계산하기 위해 먼저 필요한 모듈과 함수를 불러왔다.

코드 6-16

```
import numpy as np
from scipy.stats import ttest_1samp
```

주어진 표본관측값을 일차원 배열로 저장하고, `ttest_1samp()` 함수를 이용해 유의성검정을 실시한다. [코드 6-17]과 같이 유의성검정을 실행한 결과 검정통계량 값은 3.5, p-값은 0.0016으로 대립가설이 타당하다고 판단할 수 있다.

코드 6-17

```
xs = np.array([11.2, 12.0, 10.1, 11.5, 11.3, 11.2, 11.7, 12.1,
               12.5, 10.2, 13.2, 11.8, 12.5, 11.8, 11.9, 12.2])
ttest_1samp(a=xs, popmean=11, alternative="greater")
```

```
Ttest_1sampResult(statistic=3.500, pvalue=0.0016)
```

두 모집단의 각 개체를 짝지어 비교할 수 없을 때

두 모집단을 비교할 때 대응비교를 하면 실험 결과가 예상치 못한 요인의 영향을 받게 될 가능성을 줄일 수 있다. 하지만 현실적으로는 두 모집단의 개체를 짝지어 비교하기 어려운 경우가 많다. 이렇게 대응비교가 어려운 경우에는 두 모집단의 통계량을 각각 구한 후 두 통계량 차이의 분포를 구하여 유의성검정을 수행한다.

모평균이 각각 μ_X, μ_Y이고 모분산이 σ_X^2, σ_Y^2인 정규분포를 따르는 서로 독립인 두 모집단에서 크기 n과 m인 랜덤표본 $\{X_1, X_2, \cdots, X_n\}$과 $\{Y_1, Y_2, \cdots, Y_m\}$을 추출했다고 하자. 귀무가설이 $\mathrm{H}_0 : \mu_X - \mu_Y = \delta_0$일 때 두 표본평균 $\overline{X} = \frac{1}{n}\sum_{i=1}^{n} X_i$와 $\overline{Y} = \frac{1}{m}\sum_{i=1}^{m} Y_i$의 차이 $\overline{X} - \overline{Y}$를 이용하여 검정통계량을 설정할 수 있다. 이때 귀무가설이 참이면 $\overline{X} - \overline{Y}$의 분포는 다음과 같다.

$$\overline{X} - \overline{Y} \sim N\left(\mu_X - \mu_Y,\ \frac{\sigma_X^2}{n} + \frac{\sigma_Y^2}{m}\right)$$

■ 모집단이 정규분포를 따르고 모분산을 알 때

모분산 σ_X^2, σ_Y^2을 알고 있을 때 검정통계량은 다음과 같이 설정할 수 있다.

$$Z = \frac{(\overline{X} - \overline{Y}) - \delta_0}{\sqrt{\sigma_X^2/n + \sigma_Y^2/m}}$$

검정통계량 Z는 표준정규분포를 따르고 관측값은 $z = \dfrac{(\bar{x} - \bar{y}) - \delta_0}{\sqrt{\sigma_X^2/n + \sigma_Y^2/m}}$이다.

대립가설이 $\mathrm{H}_1 : \mu_X - \mu_Y \neq \delta_0$일 때 채택역, 기각역, p-값은 다음과 같다.

- **채택역** : $(-z_{\alpha/2},\ z_{\alpha/2})$
- **기각역** : $(-\infty,\ -z_{\alpha/2}) \cup (z_{\alpha/2},\ \infty)$
- ***p*-값** : $\mathrm{P}(|Z| \geq |z|)$

대립가설이 $\mathrm{H}_1 : \mu_X - \mu_Y > \delta_0$일 때 채택역, 기각역, p-값은 다음과 같다.

- **채택역** : $(-\infty,\ z_\alpha)$

- 기각역 : $(z_\alpha,\ \infty)$
- p−값 : $P(Z \geq z)$

대립가설이 $H_1 : \mu_X - \mu_Y < \delta_0$일 때 채택역, 기각역, p−값은 다음과 같다.

- 채택역 : $(-z_\alpha,\ \infty)$
- 기각역 : $(-\infty,\ -z_\alpha)$
- p−값 : $P(Z \leq z)$

이때 대립가설 H_1의 형태에 따른 채택역, 기각역, p−값을 정리하면 [표 6−9]와 같다.

표 6-9 모집단이 정규분포를 따르고 모분산을 알 때

	$H_1 : \mu_X - \mu_Y \neq \delta_0$	$H_1 : \mu_X - \mu_Y > \delta_0$	$H_1 : \mu_X - \mu_Y < \delta_0$
채택역	$(-z_{\alpha/2},\ z_{\alpha/2})$	$(-\infty,\ z_\alpha)$	$(-z_\alpha,\ \infty)$
기각역	$(-\infty,\ -z_{\alpha/2}) \cup (z_{\alpha/2},\ \infty)$	$(z_\alpha,\ \infty)$	$(-\infty,\ -z_\alpha)$
p−값	$P(\lvert Z\rvert \geq \lvert z\rvert)$	$P(Z \geq z)$	$P(Z \leq z)$

예제 6-8

포도주의 떫은맛과 쓴맛을 내는 타닌tannin은 포도 껍질과 씨 등에 많이 포함되어 있으며 항산화 효과가 있는 것으로 알려져 있다. 타닌 함량은 포도의 품종과 재배 방법 등에 따라 달라질 수 있는데, 한 연구소에서는 질소질 비료를 많이 준 경우 포도 씨의 타닌 함량이 적다는 가설을 확인하기 위해 실험을 진행했다. 포도를 랜덤으로 추출하여 포도 씨의 타닌 함량을 확인한 결과, 질소질 비료를 적게 준 집단의 표본평균은 $\bar{x} = 11\text{mg/g}$, 질소질 비료를 많이 준 집단의 표본평균은 $\bar{y} = 9\text{mg/g}$이었다. 또한 모분산은 각각 $\sigma_X^2 = 8$, $\sigma_Y^2 = 7$, 표본크기는 각각 $n = 32$, $m = 28$이었다. 물음에 답하라.

(a) 질소질 비료를 많이 주고 재배했을 때 포도 씨의 타닌 함량이 적은지 검정하려 한다. 귀무가설과 대립가설을 제시하라.

(b) 유의성검정을 위한 검정통계량과 그 분포, 검정통계량의 관측값을 제시하라.

(c) 유의확률(p−값)을 구하라.

(d) 유의수준 5%에서 유의성검정 결과를 제시하라.

풀이

(a) 질소질 비료를 많이 준 경우 포도 씨의 타닌 함량이 적은지 검정하는 것이 목표이므로 귀무가설은 "질소질 비료 양이 포도 씨의 타닌 함량에 영향을 미치지 않는다.", 즉 $H_0 : \mu_X - \mu_Y = 0$이고, 대립가설은 "질소질 비료를 많이 주면 포도 씨의 타닌 함량이 적다.",

즉 H_1 : $\mu_X - \mu_Y > 0$으로 설정할 수 있다.

(b) 유의성검정을 위한 검정통계량은 $Z = \dfrac{(\overline{X} - \overline{Y}) - \delta_0}{\sqrt{\sigma_X^2/n + \sigma_Y^2/m}}$ 이고 이는 표준정규분포를 따른다. 표본평균과 모분산값을 대입하면 검정통계량의 관측값은 $z = \dfrac{(\overline{x} - \overline{y}) - \delta_0}{\sqrt{\sigma_X^2/n + \sigma_Y^2/m}} = \dfrac{(11-9)-0}{\sqrt{8/32+7/28}} = 2\sqrt{2}$이다.

(c) 대립가설이 단측가설이므로 p-값은 $P(Z \geq z) = P(Z \geq 2\sqrt{2}) = 0.0023$이다.

(d) p-값이 유의수준 0.05보다 작으므로 귀무가설을 기각한다. 즉 질소질 비료를 많이 주면 포도 씨의 타닌 함량이 적다고 볼 수 있는 강한 증거가 있다.

파이썬 실습 6-7 정규모집단에서 모평균 차이에 대한 유의성검정

[예제 6-8]을 파이썬 명령문으로 계산하기 위해 필요한 모듈을 불러왔다.

코드 6-18

```
import numpy as np
from scipy.stats import norm
```

두 집단의 표본평균값, 모분산, 표본크기를 입력한 후 검정통계량 값과 p-값을 계산한다. [코드 6-19]의 실행 결과 검정통계량 값은 2.828, p-값은 0.0023으로 대립가설을 지지하는 증거가 크다고 판단할 수 있다.

코드 6-19

```
xbar, ybar, xvar, yvar, n, m = 11, 9, 8, 7, 32, 28
zval = (xbar - ybar) / np.sqrt(xvar / n + yvar / m)
pval = 1 - norm.cdf(zval)
dict({"z-value:":zval,"p-value:":pval})
```

```
{'z-value:': 2.828, 'p-value:': 0.0023}
```

■ 정규모집단의 모분산을 모르고 표본크기가 클 때

두 모집단이 각각 정규분포를 따르면 표본평균의 차이도 정규분포를 따른다. 모분산을 모르더라도 표본크기 n과 m이 충분히 크면 두 집단의 표본분산 $S_X^2 = \dfrac{1}{n-1}\sum_{i=1}^{n}(X_i - \overline{X})^2$, $S_Y^2 = \dfrac{1}{m-1}\sum_{i=1}^{m}(Y_i - \overline{Y})^2$으로 모분산을 추정할 수 있다. 이때 스튜던트화 표본평균의 차이 $Z = \dfrac{(\overline{X}-\overline{Y})-\delta_0}{\sqrt{S_X^2/n+S_Y^2/m}}$이 근사적으로 표준정규분포를 따르므로 모집단이 정규분포를 따르고 모분산을 알 때와 마찬가지 방법으로 유의성검정을 수행할 수 있다. 즉 검정통계량 Z의 분모에 모분산 대신 표본분산을 사용하는 점만 다르고, 나머지 방법은 동일하다.

■ 모집단이 정규분포를 따르지 않고 표본크기가 클 때

모집단이 정규분포를 따르지 않더라도 표본크기 n과 m이 충분히 크면 '모집단이 정규분포를 따르고 모분산을 알 때'와 '정규모집단에서 모분산을 모르고 표본크기가 클 때'에서 확인한 방법을 근사적으로 적용하여 두 모집단의 모평균 차이에 대한 유의성검정을 수행할 수 있다.

대표적인 예로 모비율 차이에 대한 검정을 생각할 수 있다. 모집단이 정규분포가 아니라 베르누이분포를 따르고 표본크기 n, m이 충분히 크면 중심극한정리를 이용하여 두 표본비율의 차이에 대한 분포를 구할 수 있다. 이때 귀무가설은 H_0 : $p_X = p_Y$이고 대립가설은 H_1 : $p_X \neq p_Y$이다. 서로 독립인 두 모집단에서 랜덤표본을 $\{X_1, X_2, \cdots, X_n\}$, $\{Y_1, Y_2, \cdots, Y_m\}$이라 하면 두 표본의 표본평균 $\hat{p}_X = \overline{X} = \dfrac{1}{n}\sum_{i=1}^{n} X_i$와 $\hat{p}_Y = \overline{Y} = \dfrac{1}{m}\sum_{i=1}^{m} Y_i$는 n, m이 충분히 클 때 근사적으로 정규분포 $N\left(p_X, \dfrac{p_X(1-p_X)}{n}\right)$와 $N\left(p_Y, \dfrac{p_Y(1-p_Y)}{m}\right)$를 따른다. 그리고 두 표본평균의 차이 $\overline{X} - \overline{Y}$는 근사적으로 다음과 같은 정규분포를 따른다.

$$N\left(p_X - p_Y, \frac{p_X(1-p_X)}{n} + \frac{p_Y(1-p_Y)}{m}\right)$$

귀무가설이 참일 때 $p_X = p_Y$이므로 $p_X = p_Y = p$라 하면 두 모분산 $S_X^2 = p_X(1-p_X)$와 $S_Y^2 = p_Y(1-p_Y)$는 $p(1-p)$로 값이 동일하다. 따라서 $\overline{X} - \overline{Y}$의 분포는 근사적으로 정규분포 $N\left(0, p(1-p)\left(\dfrac{1}{n}+\dfrac{1}{m}\right)\right)$을 따르고 표본크기 n, m이 충분히 크면 검정통계량 $Z = \dfrac{\hat{p}_X - \hat{p}_Y}{\sqrt{p(1-p)(1/n+1/m)}}$는 표준정규분포를 따른다.

여기서 모비율 p를 모르기 때문에 $\hat{p} = \dfrac{n\overline{X}+m\overline{Y}}{n+m}$로 추정하여 다음 검정통계량을 사용할 수 있다.

$$Z = \frac{\hat{p}_X - \hat{p}_Y}{\sqrt{\hat{p}(1-\hat{p})(1/n+1/m)}}$$

이때 대립가설 H_1의 형태에 따른 채택역, 기각역, p-값을 정리하면 [표 6-10]과 같다.

표 6-10 모집단이 정규분포를 따르지 않고 표본크기가 클 때

	$H_1 : \mu_X - \mu_Y \neq \delta_0$	$H_1 : \mu_X - \mu_Y > \delta_0$	$H_1 : \mu_X - \mu_Y < \delta_0$
채택역	$(-z_{\alpha/2},\ z_{\alpha/2})$	$(-\infty,\ z_\alpha)$	$(-z_\alpha,\ \infty)$
기각역	$(-\infty,\ -z_{\alpha/2}) \cup (z_{\alpha/2},\ \infty)$	$(z_\alpha,\ \infty)$	$(-\infty,\ -z_\alpha)$
p-값	$P(\lvert Z\rvert \geq \lvert z\rvert)$	$P(Z \geq z)$	$P(Z \leq z)$

예제 6-9

한 기업에서 새로 출시한 휴대전화에 대한 소비자들의 선호도를 조사했다. 각각 200명의 남성과 여성 소비자를 설문한 결과, 새 제품을 긍정적으로 평가한 비율은 남성 65%, 여성 55%였다. 유의수준 5%에서 성별에 따라 선호도에 차이가 있는지 유의성검정을 수행하라.

풀이

표본크기 n, m이 충분히 크므로 귀무가설이 참일 때 $\hat{p}_X = \overline{X}$, $\hat{p}_Y = \overline{Y}$와 $\hat{p} = \dfrac{n\overline{X}+m\overline{Y}}{n+m}$에 대한 검정통계량 $Z = \dfrac{\hat{p}_X - \hat{p}_Y}{\sqrt{\hat{p}(1-\hat{p})(1/n+1/m)}}$의 분포는 근사적으로 표준정규분포를 따른다. $\hat{p}_X = \overline{X} = 0.65$, $\hat{p}_Y = \overline{Y} = 0.55$이고 $\hat{p} = \dfrac{n\overline{X}+m\overline{Y}}{n+m} = 0.6$이므로 검정통계량의 관측값은 $z = \dfrac{0.65-0.55}{\sqrt{0.24/100}} = \dfrac{5}{\sqrt{6}} = 2.04$이다. p-값이 0.0412이므로 귀무가설을 기각한다. 즉 성별에 따라 선호도에 차이가 있다고 결론을 내릴 수 있다.

파이썬 실습 6-8 모집단이 정규분포를 따르지 않을 때 모평균 차이에 대한 유의성검정

[예제 6-9]를 파이썬 명령문으로 계산하기 위해 필요한 모듈을 불러왔다.

코드 6-20

```
import numpy as np
from scipy.stats import norm
```

두 집단의 표본비율과 표본크기를 입력하고, 귀무가설이 참일 때(즉 두 모비율이 같다고 가정할 때)의 모비율 추정값 $\hat{p}$을 구했다. 다음으로 검정통계량 z 값과 유의확률 p-값을 계산한다. [코드 6-21]의 실행 결과 검정통계량 값은 2.041, p-값은 0.0412이므로 유의수준 5%에서 귀무가설을 기각하고 대립가설을 채택한다. 즉 성별에 따라 선호도에 차이가 있다고 볼 수 있다.

코드 6-21

```
xbar, ybar, n, m = 0.65, 0.55, 200, 200
phat = (n*xbar + m*ybar) / (n+m)
zval = (xbar - ybar) / np.sqrt(phat * (1- phat) * (1 / n + 1 / m))
pval = 2 * (1 - norm.cdf(zval))
dict({"z-value:":zval,"p-value:":pval})
```

```
{'z-value:': 2.041, 'p-value:': 0.0412}
```

■ 두 정규모집단의 공통모분산을 모르고 표본크기가 작을 때

모분산 σ_X^2과 σ_Y^2을 모르지만 두 모집단의 분산이 같은 경우에는 다음과 같이 공통모분산 $\sigma^2 = \sigma_X^2 = \sigma_Y^2$을 **합동추정량**으로 추정할 수 있다.

$$S_p^2 = \frac{(n-1)S_X^2 + (m-1)S_Y^2}{n+m-2} = \frac{1}{n+m-2}\left\{\sum_{i=1}^{n}\left(X_i - \overline{X}\right)^2 + \sum_{i=1}^{m}\left(Y_i - \overline{Y}\right)^2\right\}$$

이때 검정통계량을 $T = \dfrac{\left(\overline{X} - \overline{Y}\right) - \delta_0}{S_p\sqrt{1/n + 1/m}}$ 으로 설정하면 검정통계량 T는 자유도가 $n+m-2$인 t-분포를 따른다.

대립가설이 H_1 : $\mu_X - \mu_Y \neq \delta_0$일 때 채택역, 기각역, p-값은 다음과 같다.

- **채택역** : $\left(-t_{\alpha/2,\, n+m-2},\ t_{\alpha/2,\, n+m-2}\right)$
- **기각역** : $\left(-\infty,\ -t_{\alpha/2,\, n+m-2}\right) \cup \left(t_{\alpha/2,\, n+m-2},\ \infty\right)$
- ***p*-값** : $\mathrm{P}\left(|T| \geq |t|\right)$

대립가설이 H_1 : $\mu_X - \mu_Y > \delta_0$일 때 채택역, 기각역, p-값은 다음과 같다.

- **채택역** : $\left(-\infty,\ t_{\alpha,\, n+m-2}\right)$
- **기각역** : $\left(t_{\alpha,\, n+m-2},\ \infty\right)$
- ***p*-값** : $\mathrm{P}\left(T \geq t\right)$

대립가설이 H_1 : $\mu_X - \mu_Y < \delta_0$일 때 채택역, 기각역, p-값은 다음과 같다.

- **채택역** : $\left(-t_{\alpha,\, n+m-2},\ \infty\right)$
- **기각역** : $\left(-\infty,\ -t_{\alpha,\, n+m-2}\right)$
- ***p*-값** : $\mathrm{P}\left(T \leq t\right)$

이때 대립가설 H_1의 형태에 따른 채택역, 기각역, p-값을 정리하면 [표 6-11]과 같다.

표 6-11 두 정규모집단의 공통모분산을 모르고 표본크기가 작을 때

	$H_1 : \mu_X - \mu_Y \neq \delta_0$	$H_1 : \mu_X - \mu_Y > \delta_0$	$H_1 : \mu_X - \mu_Y < \delta_0$
채택역	$(-t_{\alpha/2,n+m-2}, t_{\alpha/2,n+m-2})$	$(-\infty, t_{\alpha,n+m-2})$	$(-t_{\alpha,n+m-2}, \infty)$
기각역	$(-\infty, -t_{\alpha/2,n+m-2}) \cup (t_{\alpha/2,n+m-2}, \infty)$	$(t_{\alpha,n+m-2}, \infty)$	$(-\infty, -t_{\alpha,n+m-2})$
p-값	$P(\lvert T\rvert \geq \lvert t\rvert)$	$P(T \geq t)$	$P(T \leq t)$

예제 6-10

[예제 6-8]과 같이 질소질 비료를 많이 준 경우 포도 씨의 타닌 성분이 적은지 확인하려 한다. 질소질 비료를 적게 주고 재배한 포도에서는 평균 $\bar{x} = 10.5\text{mg/g}$, 질소질 비료를 많이 주고 재배한 포도에서는 평균 $\bar{y} = 8.5\text{mg/g}$의 타닌이 추출되었다. 모분산은 모르고 표본분산이 각각 $s_X^2 = 6$, $s_Y^2 = 7$, 표본크기는 각각 $n = 16$, $m = 14$이다.

(a) 유의성검정을 위한 검정통계량과 그 분포, 검정통계량의 관측값을 제시하라.

(b) 유의확률(p-값)을 구하라.

(c) 유의수준 5%에서 유의성검정 결과를 구하라.

풀이

(a) 두 집단의 모분산이 동일하다고 가정했으므로 합동추정량으로 모분산을 추정할 수 있다. 합동표본분산 $S_p^2 = \dfrac{\{(n-1)S_X^2 + (m-1)S_Y^2\}}{n+m-2}$에 대해 유의성검정의 검정통계량은 다음과 같다.

$$T = \frac{(\overline{X} - \overline{Y}) - \delta_0}{S_p\sqrt{1/n + 1/m}}$$

표본평균값과 표본분산값 등을 대입하면 합동표본분산값은 $s_p^2 = 6.464$이고 검정통계량은 자유도가 $n+m-2 = 28$인 t-분포를 따른다. 그 결과 관측된 검정통계량 값은 다음과 같다.

$$t = \frac{(\bar{x} - \bar{y}) - \delta_0}{s_p\sqrt{1/n + 1/m}} = \frac{(10.5 - 8.5) - 0}{6.464\sqrt{1/16 + 1/14}} \approx 2.15$$

(b) 대립가설이 단측가설이므로 자유도가 28인 t-분포를 따르는 확률변수 T에 대해 p-값은 $P(T \geq t) = P(T \geq 2.15) = 0.0202$이다.

(c) p-값이 유의수준보다 작으므로 귀무가설을 기각한다. 즉 질소질 비료를 많이 준 경우 포도 씨의 타닌 성분 양이 적다고 판단할 수 있다.

파이썬 실습 6-9 표본크기가 작고 공통모분산을 모를 때 정규모집단에서 모평균 차이에 대한 유의성검정

[예제 6-10]을 파이썬 명령문으로 계산하기 위해 필요한 모듈을 불러왔다.

코드 6-22

```
import numpy as np
from scipy.stats import t
```

두 집단의 표본평균값, 표본분산, 표본크기를 입력한 후 공통모분산의 추정량 값, 검정통계량 값, p-값을 계산한다. 공통모분산의 추정량 값은 6.464, 검정통계량 값은 2.149, p-값은 0.0202로 유의수준 5%에서 대립가설을 지지하는 증거가 충분하다고 판단된다.

코드 6-23

```
xbar, ybar, xvar, yvar, n, m = 10.5, 8.5, 6, 7, 16, 14
s2p = ((n-1) * xvar + (m-1) * yvar) / (n+m-2)
tval = (xbar - ybar) / np.sqrt(s2p * (1/n + 1/m))
pval = 1 - t.cdf(tval, df=n+m-2)
dict({"s2p:":s2p, "t-value:":tval,"p-value:":pval})
```

```
{'s2p:': 6.464, 't-value:': 2.149, 'p-value:': 0.0202}
```

■ 두 정규모집단의 서로 다른 모분산을 모르고 표본크기가 작을 때 선택

정규분포를 따르는 두 모집단에서 서로 다른 두 모분산 σ_X^2, σ_Y^2을 모르고 크기가 작은 표본을 각각 추출한 경우를 생각해보자. 이때 모분산 σ_X^2, σ_Y^2을 표본분산 $S_X^2 = \frac{1}{n-1}\sum_{i=1}^{n}\left(X_i - \overline{X}\right)^2$과 $S_Y^2 = \frac{1}{m-1}\sum_{i=1}^{m}\left(Y_i - \overline{Y}\right)^2$으로 추정하여 검정통계량을 다음과 같이 설정할 수 있다.

$$T = \frac{\left(\overline{X} - \overline{Y}\right) - \delta_0}{\sqrt{S_X^2/n + S_Y^2/m}}$$

검정통계량의 관측값은 $t = \frac{(\overline{x} - \overline{y}) - \delta_0}{\sqrt{s_X^2/n + s_Y^2/m}}$이며, 검정통계량 T는 자유도가 다음과 같은 t-분포를 따른다는 사실이 알려져 있다.

$$df = \frac{(S_X^2/n + S_Y^2/m)^2}{(S_X^2/n)^2/(n-1) + (S_Y^2/m)^2/(m-1)}$$

대립가설이 H_1 : $\mu_X - \mu_Y \neq \delta_0$일 때 채택역, 기각역, p-값은 다음과 같다.

- **채택역** : $(-t_{\alpha/2,\,df},\ t_{\alpha/2,\,df})$
- **기각역** : $(-\infty,\ -t_{\alpha/2,\,df}) \cup (t_{\alpha/2,\,df},\ \infty)$
- ***p*-값** : $\mathrm{P}(|T| \geq |t|)$

대립가설이 H_1 : $\mu_X - \mu_Y > \delta_0$일 때 채택역, 기각역, p-값은 다음과 같다.

- **채택역** : $(-\infty,\ t_{\alpha,\,df})$
- **기각역** : $(t_{\alpha,\,df},\ \infty)$
- ***p*-값** : $\mathrm{P}(T \geq t)$

대립가설이 H_1 : $\mu_X - \mu_Y < \delta_0$일 때 채택역, 기각역, p-값은 다음과 같다.

- **채택역** : $(-t_{\alpha,\,df},\ \infty)$
- **기각역** : $(-\infty,\ -t_{\alpha,\,df})$
- ***p*-값** : $\mathrm{P}(T \leq t)$

이때 대립가설 H_1의 형태에 따른 채택역, 기각역, p-값을 정리하면 [표 6-12]와 같다.

표 6-12 두 정규모집단의 서로 다른 모분산을 모르고 표본크기가 작을 때

	H_1 : $\mu_X - \mu_Y \neq \delta_0$	H_1 : $\mu_X - \mu_Y > \delta_0$	H_1 : $\mu_X - \mu_Y < \delta_0$
채택역	$(-t_{\alpha/2,\,df},\ t_{\alpha/2,\,df})$	$(-\infty,\ t_{\alpha,\,df})$	$(-t_{\alpha,\,df},\ \infty)$
기각역	$(-\infty,\ -t_{\alpha/2,\,df}) \cup (t_{\alpha/2,\,df},\ \infty)$	$(t_{\alpha,\,df},\ \infty)$	$(-\infty,\ -t_{\alpha,\,df})$
***p*-값**	$\mathrm{P}(\|T\| \geq \|t\|)$	$\mathrm{P}(T \geq t)$	$\mathrm{P}(T \leq t)$

예제 6-11

[예제 6-8]과 같이 질소질 비료를 많이 준 경우 포도 씨의 타닌 성분이 적은지 확인하려 한다. 두 집단의 모분산이 동일하다고 가정할 수 있고 관측값은 [예제 6-10]과 같다.

(a) 유의성검정을 위한 검정통계량과 검정통계량의 분포, 검정통계량의 관측값을 제시하라.

(b) 유의확률(p-값)을 구하라.

(c) 유의수준 5%에서 유의성검정 결과를 구하라.

풀이

(a) 모분산을 모르므로 유의성검정의 검정통계량은 $T = \dfrac{(\overline{X} - \overline{Y}) - \delta_0}{\sqrt{S_X^2/n + S_Y^2/m}}$이고, 자유도가 $df = \dfrac{(S_X^2/n + S_Y^2/m)^2}{(S_X^2/n)^2/(n-1) + (S_Y^2/m)^2/(m-1)}$인 t-분포를 따른다. 표본평균과 표본분산

등을 대입하면 검정통계량의 관측값은 다음과 같다.

$$t = \frac{(\overline{x} - \overline{y}) - \delta_0}{\sqrt{s_X^2/n + s_Y^2/m}} = \frac{(10.5 - 8.5) - 0}{\sqrt{6/16 + 7/14}} = \frac{4\sqrt{2}}{\sqrt{7}} = 2.138$$

그리고 이때의 자유도는 26.765이다.

(b) 대립가설이 단측가설이므로 자유도 26.765인 t-분포를 따르는 확률변수 T에 대해 p-값은 $\mathrm{P}(T \geq t) = \mathrm{P}(T \geq 2.138) = 0.0209$이다.

(c) p-값이 유의수준보다 작으므로 귀무가설을 기각한다. 즉 질소질 비료를 많이 준 경우 포도 씨의 타닌 성분 양이 적다고 판단할 수 있다.

파이썬 실습 6-10 표본크기가 작고 모분산을 모를 때 정규모집단에서 모평균 차이에 대한 유의성검정

[예제 6-11]을 파이썬 명령문으로 계산하기 위해 필요한 모듈을 불러왔다.

코드 6-24

```
import numpy as np
from scipy.stats import t
```

두 집단의 표본평균, 표본분산, 표본크기 값을 입력한 후 자유도, 검정통계량 값과 p-값을 계산한다. 자유도 값은 26.765, 검정통계량 값은 2.138, p-값은 0.0209로 유의수준 5%에서 대립가설을 지지하는 증거가 충분하다고 판단된다.

코드 6-25

```
xbar, ybar, xvar, yvar, n, m = 10.5, 8.5, 6, 7, 16, 14
df = (xvar/n + yvar/m)**2 / ((xvar/n)**2/(n-1) + (yvar/m)**2/(m-1))
tval = (xbar - ybar) / np.sqrt(xvar / n + yvar / m)
pval = 1 - t.cdf(tval, df=df)
dict({"t-value:":tval,"p-value:":pval})
```

```
{'t-value:': 2.138, 'p-value:': 0.0209}
```

SECTION 6.4 파이썬 예제로 익히는 유의성검정 선택

모평균에 대한 유의성검정

6.2절

여기에서는 chickwts 데이터를 이용해 모평균에 대한 유의성검정을 수행해본다. chickwts 데이터는 사료가 병아리의 생장에 미치는 영향을 확인하기 위한 실험에서 수집된 데이터로 병아리의 몸무게가 관측값으로 포함되어 있다. 먼저 [코드 6-26]과 같이 numpy 등의 모듈과 유의성검정을 위한 ztest(), ttest_1samp() 등의 함수를 불러온다.

코드 6-26

```
import numpy as np
import pandas as pd
import matplotlib.pyplot as plt
from scipy.stats import norm, t, ttest_1samp
from statsmodels.stats.weightstats import ztest
```

다음으로 데이터를 불러오고 표본에 포함된 관측값의 분포를 확인하기 위해 [코드 6-27]과 같이 히스토그램을 작성하는 명령어를 입력한다. 실행 결과로 보아 분포가 정규분포를 따른다고 보기 어렵다.

코드 6-27

```
import statsmodels.api as sm
chickdat = sm.datasets.get_rdataset('chickwts')
wts = chickdat.data["weight"]
plt.hist(wts, bins=20)
plt.show()
```

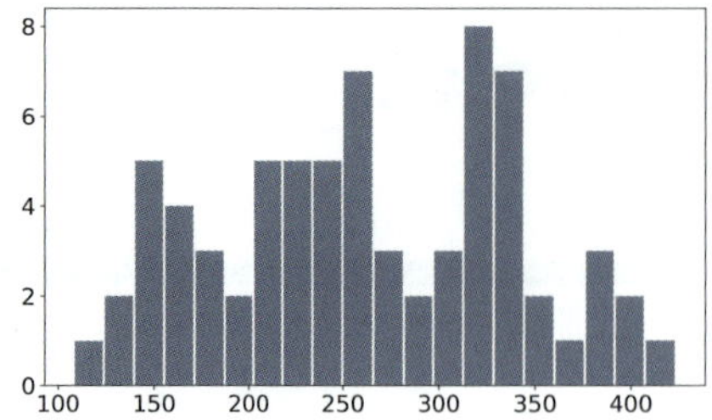

이제 [코드 6-28]과 같이 표본평균과 표준편차, 표본크기를 계산한다. 실행 결과 표본평균은 261.31, 표본표준편차는 78.07, 표본크기는 71임을 확인할 수 있다.

코드 6-28

```
[wts.mean(), wts.std(ddof=1), len(wts)]
```

```
[261.31, 78.07, 71]
```

귀무가설을 $H_0 : \mu = 240$, 대립가설을 $H_1 : \mu > 240$으로 설정하여 유의성검정을 실시해보자. [코드 6-29]와 같이 귀무가설에 해당되는 $\mu = 240$을 `mu_0`으로 설정하고, 관측값 개수를 `n`으로 지정한다. 다음으로 `ttest_1samp()` 함수를 이용해 유의성검정을 실시한다. 유의성검정 결과 p-값이 0.0122로 유의수준 1%에서는 귀무가설을 기각하지 못하지만 유의수준 5%에서는 귀무가설을 기각할 수 있다. 즉 유의수준 1%에서는 병아리의 평균 몸무게가 240g보다 더 나간다고 볼 증거가 충분하지 않지만, 유의수준 5%에서는 병아리의 평균 몸무게가 240g보다 더 나간다고 볼 수 있는 증거가 충분한 것으로 판단할 수 있다.

코드 6-29

```
mu_0, n = 240, len(wts)
ttest_1samp(a=wts, popmean=mu_0, alternative="greater")
```

```
Ttest_1sampResult(statistic=2.30, pvalue=0.0122)
```

[코드 6-28]의 실행 결과에 따르면 표본크기가 71로 크므로 표본평균의 분포가 정규분포를 따르는 것으로 간주할 수 있다. 이에 따라 [코드 6-30]과 같이 `ztest()` 함수를 적용하여 정규분포를 이용한 유의성검정을 진행한다. 실행 결과에서 확인할 수 있듯이 검정통계량 값은

2.30으로 t-검정에서와 동일하고 p-값만 0.0107로 다소 차이가 있다. 이러한 차이는 표본 크기가 71로 충분히 커서 검정통계량의 분포가 표준정규분포에 매우 가까워지지만, 완전한 표준정규분포는 아니기 때문이라고 볼 수 있다.

코드 6-30

```
ztest(wts, value=mu_0, alternative='larger')
```

```
(2.30, 0.0107)
```

두 모집단의 모평균 차이에 대한 유의성검정

6.3절

여기에서는 파이썬 sklearn 라이브러리에 포함된 당뇨병 데이터를 이용해 각 개체를 짝지을 수 없을 때 두 집단의 모평균 차이에 대한 유의성검정을 수행해본다. 이 당뇨병 데이터는 1년 후의 당뇨병 진행 상황을 예측하기 위한 연령, 성별, BMI 수치, 혈액검사 수치 등이 관측값으로 포함되어 있다. 성별이 1인 사람들의 혈압 모평균을 μ_1, 성별이 2인 사람들의 혈압 모평균을 μ_2라 하자. 귀무가설을 $H_0 : \mu_1 = \mu_2$, 즉 "성별에 따라 혈압 차이가 없다."로 설정하고, 대립가설을 $H_1 : \mu_1 \neq \mu_2$, 즉 "성별에 따라 혈압 차이가 있다."로 설정하여 유의성검정을 실시하겠다. 먼저 [코드 6-31]과 같이 당뇨병 데이터를 불러왔다. diabdf는 딕셔너리와 유사한 구조의 데이터로, 이 중 실제 관측값은 frame에 포함되어 있다.

코드 6-31

```
from sklearn.datasets import load_diabetes
import numpy as np
diabdf = load_diabetes(as_frame=True, scaled=False)
diabdf.frame
```

	age	sex	bmi	bp	s1	s2	s3	s4	s5	s6	target
0	59.0	2.0	32.1	101.00	157.0	93.2	38.0	4.00	4.8598	87.0	151.0
1	48.0	1.0	21.6	87.00	183.0	103.2	70.0	3.00	3.8918	69.0	75.0
2	72.0	2.0	30.5	93.00	156.0	93.6	41.0	4.00	4.6728	85.0	141.0
3	24.0	1.0	25.3	84.00	198.0	131.4	40.0	5.00	4.8903	89.0	206.0
4	50.0	1.0	23.0	101.00	192.0	125.4	52.0	4.00	4.2905	80.0	135.0
⋮	⋮	⋮	⋮	⋮	⋮	⋮	⋮	⋮	⋮	⋮	⋮
437	60.0	2.0	28.2	112.00	185.0	113.8	42.0	4.00	4.9836	93.0	178.0
438	47.0	2.0	24.9	75.00	225.0	166.0	42.0	5.00	4.4427	102.0	104.0
439	60.0	2.0	24.9	99.67	162.0	106.6	43.0	3.77	4.1271	95.0	132.0

```
440  36.0   1.0   30.0   95.00 201.0   125.2  42.0  4.79   5.1299    85.0    220.0
441  36.0   1.0   19.6   71.00 250.0   133.2  97.0  3.00   4.5951    92.0     57.0
442 rows × 11 columns
```

[코드 6-32]와 같이 관측값을 성별에 따라 구분한 뒤 혈압에 해당되는 열만 선택하여 각각 bp1과 bp2라는 이름으로 저장한다. 이어서 표본평균, 표본분산, 표본크기를 계산한다. 실행 결과 표본평균은 각각 91.5와 98.2, 표본분산은 199.5와 159.1로 나타나 집단 간에 다소 차이가 있음을 확인할 수 있다.

코드 6-32

```
bp1 = diabdf.frame.loc[diabdf.frame.sex==1,"bp"]
bp2 = diabdf.frame.loc[diabdf.frame.sex==2,"bp"]
smplmean1, smplmean2 = bp1.mean(), bp2.mean()
smplvar1,  smplvar2  = bp1.var(ddof=1), bp2.var(ddof=1)
n, m = len(bp1), len(bp2)
[smplmean1, smplmean2, smplvar1, smplvar2, n, m]
```

```
[91.5, 98.2, 199.5, 159.1, 235, 207]
```

❶ 두 집단의 모분산이 다를 때

두 집단의 모분산이 다를 때는 검정통계량 $T = \dfrac{(\overline{X} - \overline{Y}) - \delta_0}{\sqrt{S_X^2/n + S_Y^2/m}}$ 을 이용하여 유의성검정을 수행할 수 있다. 귀무가설에서 모평균 차이로 $\delta_0 = 0$을 가정했으므로 검정통계량의 관측값은 $t = \dfrac{\overline{x} - \overline{y}}{\sqrt{s_X^2/n + s_Y^2/m}}$ 로 표현된다. ttest_ind() 함수에 equal_var=False 옵션을 적용하여 유의성검정을 실시한 결과, 검정통계량 값이 -5.246이고 p-값이 0에 가까운 값으로 나타났다. 즉 두 집단의 혈압 차이가 있다는 강한 증거가 있다.

코드 6-33

```
from scipy.stats import ttest_ind
ttest_ind(bp1, bp2, equal_var=False)
```

```
Ttest_indResult(statistic=-5.246, pvalue=2.416e-07)
```

참고로 ttest_ind() 함수는 검정통계량이 t-분포를 따를 때 사용하는 함수이므로 표본크기가 충분히 크면 그 대신 ztest() 함수를 사용해도 무방하다.

[코드 6-34]와 같이 표본평균과 표본분산을 이용하여 직접 계산하더라도 동일한 검정통계량 값을 얻을 수 있다.

코드 6-34

```
import numpy as np
Tstat = (smplmean1 - smplmean2) / np.sqrt(smplvar1/n + smplvar2/m)
Tstat
```

```
-5.246
```

❷ 두 집단의 모분산이 동일하다고 가정할 수 있을 때

두 집단의 모분산이 동일하다고 가정할 수 있으면 앞에서 살펴본 합동분산추정량 S_p^2을 이용하여 검정통계량 $T=\frac{(\overline{X}-\overline{Y})-\delta_0}{S_p\sqrt{1/n+1/m}}$을 계산할 수 있다. 귀무가설에서 $\delta_0=0$을 가정했으므로 검정통계량의 관측값은 $t=\frac{\overline{x}-\overline{y}}{s_p\sqrt{1/n+1/m}}$이다. 이번에는 [코드 6-35]와 같이 ttest_ind() 함수의 기본 옵션인 equal_var=True를 적용하여 유의성검정을 실시한 결과, 검정통계량 값이 -5.209이고 p−값이 0에 가깝게 나타났다.

코드 6-35

```
ttest_ind(bp1, bp2)
```

```
Ttest_indResult(statistic=-5.209, pvalue=2.922e-07)
```

[코드 6-36]과 같이 표본평균과 표본분산을 이용하여 합동분산과 검정통계량 값을 직접 계산하더라도 동일한 검정통계량 값을 얻을 수 있다.

코드 6-36

```
s2_p = ((n-1)*smplvar1 + (m-1)*smplvar2) / (n+m-2)
Tstatp = (smplmean1 - smplmean2) / np.sqrt(s2_p * (1/n + 1/m))
Tstatp
```

```
-5.209
```

CHAPTER

06 핵심정리

6.1 유의성검정

■ 통계적 가설검정의 기본 개념

- **가설**이란 모집단의 특성에 대한 주장이나 추측을 의미한다.
- 가설은 귀무가설과 대립가설로 구분된다. 일반적으로 과거부터 사실로 받아들여져 온 가설을 **귀무가설**로 두고, 새롭게 입증하고자 하는 가설을 **대립가설**로 둔다.

■ 유의성검정

- 유의성검정에서는 표본을 바탕으로 귀무가설에 대한 반증(귀무가설이 사실이 아닐 가능성)이 얼마나 강한지 평가한다.
- 가설검정에 사용되는 통계량을 **검정통계량**이라 한다.
- **유의수준**은 귀무가설이 참일 때 이를 잘못 기각할 확률의 허용한계이다.
- 귀무가설을 기각하지 못하는 검정통계량 값의 범위를 **채택역**, 귀무가설을 기각하는 검정통계량 값의 범위를 **기각역**이라 한다.
- 귀무가설이 참일 때 주어진 관측값에서 구한 검정통계량 값 이상으로 대립가설을 더 강하게 지지하는 검정통계량이 관찰될 확률을 **유의확률** 또는 ***p*–값**이라 한다.

6.2 모수에 대한 유의성검정

■ 모평균에 대한 유의성검정 : 모집단이 정규분포를 따를 때

- 정규분포 $N(\mu,\ \sigma^2)$을 따르는 무한모집단에서 크기 n인 랜덤표본을 추출하여 귀무가설 H_0 : $\mu = \mu_0$에 대해 유의수준 α에서 유의성검정을 수행한다고 하자.

  ❶ 모분산 σ^2을 알면 표본평균 $\overline{X} = \frac{1}{n}\sum_{i=1}^{n} X_i$에 대한 검정통계량은 $Z = \frac{\overline{X} - \mu_0}{\sigma/\sqrt{n}}$이고, 귀무가설이 참일 때 검정통계량의 표본분포는 표준정규분포를 따른다.

  ❷ 모분산 σ^2을 모르면 표본평균 $\overline{X} = \frac{1}{n}\sum_{i=1}^{n} X_i$에 대한 검정통계량은 $T = \frac{\overline{X} - \mu_0}{S/\sqrt{n}}$이고, 귀무가설이 참일 때 검정통계량은 자유도가 $n-1$인 t–분포를 따른다. 표본크기 n이 충분히 크면 검정통계량은 근사적으로 표준정규분포를 따른다.

■ 모평균에 대한 유의성검정 : 모집단이 정규분포를 따르지 않을 때

- 모집단의 분포가 정규분포가 아니더라도 표본크기가 충분히 크면 모평균에 대한 유의성검

정을 수행할 수 있다. 이때 검정통계량 $Z = \dfrac{\overline{X} - \mu_0}{\sigma / \sqrt{n}}$ 은 근사적으로 표준정규분포를 따른다. 모표준편차를 모르는 경우 표본표준편차를 사용한다.

■ 모분산에 대한 유의성검정

- 정규분포 $N(\mu, \sigma^2)$을 따르는 무한모집단에서 크기 n인 랜덤표본을 추출하여 귀무가설 $\mathrm{H}_0 : \sigma = \sigma_0$에 대해 유의수준 α에서 유의성검정을 수행한다고 하자. 표본분산 $S^2 = \dfrac{1}{n-1}\sum_{i=1}^{n}\left(X_i - \overline{X}\right)^2$에 대한 검정통계량은 $V = \dfrac{(n-1)S^2}{\sigma_0^2}$이고 검정통계량은 자유도가 $n-1$인 카이제곱분포를 따른다.

6.3 두 집단의 차이에 대한 검정

■ 두 모집단의 각 개체를 짝지어 비교할 수 있을 때

- 두 모집단의 각 개체 X_i와 Y_i를 짝지어 비교할 수 있는 경우 $D_i = X_i - Y_i$를 이용한 검정통계량 $Z = \dfrac{\overline{D} - \mu_0}{\sigma / \sqrt{n}}$ 또는 $T = \dfrac{\overline{D} - \mu_0}{S / \sqrt{n}}$의 분포를 이용하여 유의성검정을 수행할 수 있다.

■ 두 모집단의 각 개체를 짝지어 비교할 수 없을 때

- 정규분포 $N(\mu_X, \sigma_X^2)$, $N(\mu_Y, \sigma_Y^2)$을 따르는 서로 독립인 두 무한모집단에서 크기 n, m인 랜덤표본을 추출하여 유의수준 α에서 귀무가설 $\mathrm{H}_0 : \mu_X - \mu_Y = \delta_0$에 대한 유의성검정을 수행한다고 하자.

  ❶ 모분산 σ_X^2과 σ_Y^2을 알면 표본평균 $\overline{X} = \dfrac{1}{n}\sum_{i=1}^{n}X_i$, $\overline{Y} = \dfrac{1}{m}\sum_{i=1}^{m}Y_i$에 대해 검정통계량은 $Z = \dfrac{\left(\overline{X} - \overline{Y}\right) - \delta_0}{\sqrt{\sigma_X^2/n + \sigma_Y^2/m}}$이고 검정통계량은 표준정규분포를 따른다.

  ❷ 모분산을 모르면 표본분산 $S_X^2 = \dfrac{1}{n-1}\sum_{i=1}^{n}\left(X_i - \overline{X}\right)^2$, $S_Y^2 = \dfrac{1}{m-1}\sum_{i=1}^{m}\left(Y_i - \overline{Y}\right)^2$과 검정통계량 $Z = \dfrac{\left(\overline{X} - \overline{Y}\right) - \delta_0}{\sqrt{S_X^2/n + S_Y^2/m}}$을 이용하여 ❶과 마찬가지 방법으로 유의성검정을 수행할 수 있다.

- 모집단이 정규분포를 따르지 않더라도 표본크기 n, m이 충분히 크면 모집단이 정규분포를 따르는 경우와 마찬가지 방법으로 유의성검정을 수행할 수 있다. 대표적인 예로 베르누이분포를 따르는 서로 독립인 두 모집단의 모비율 p_X, p_Y가 동일한지 알아보기 위해 귀무가설 $\mathrm{H}_0 : p_X = p_Y$를 유의수준 α에서 검정한다고 하자. 두 모집단에서 크기 n, m인 랜덤 표본을 추출하여 구한 표본평균 $\hat{p}_X = \overline{X} = \dfrac{1}{n}\sum_{i=1}^{n}X_i$, $\hat{p}_Y = \overline{Y} = \dfrac{1}{m}\sum_{i=1}^{m}Y_i$, $\hat{p} = \dfrac{n\overline{X} + m\overline{Y}}{n+m}$에 대해 검정통계량 $Z = \dfrac{\hat{p}_X - \hat{p}_Y}{\sqrt{\hat{p}(1-\hat{p})(1/n + 1/m)}}$는 표준정규분포를 따른다.

CHAPTER

06 연습문제

1. 청소년 비만율이 높아졌다는 주장에 대한 사실 여부를 확인하기 위해 가설검정을 실시하려 한다. 기존에 알려진 청소년 비만율은 19.3%였다. 이 주장에 대한 가설검정을 실시할 때 귀무가설과 대립가설을 각각 제시하라.

2. 한 냉장고 제조업체가 새로 출시한 냉장고의 월간 에너지 소비량이 30kwh 미만으로, 에너지 효율 1등급에 해당한다고 주장한다. 이 업체의 주장을 검증하기 위해 가설검정을 실시할 때, 귀무가설과 대립가설을 각각 제시하라.

3. 농작물에 남아있는 농약 성분이 적정 기준인 0.01mg/kg을 초과하는지 확인하기 위해 잔류농약 검사를 시행하고자 한다. 최근 언론보도에서 농작물의 잔류농약 농도가 0.01mg/kg을 초과하여 안전하지 않을 수 있다는 의혹이 제기됐다. 크기 n인 농작물 표본을 추출하여 잔류농약 농도가 0.01mg/kg을 초과한다는 뚜렷한 증거가 있는지 유의성검정을 실시하려 한다. 물음에 답하라.

(a) 귀무가설과 대립가설을 각각 제시하라.

(b) 잔류농약 농도가 모표준편차가 σ인 정규분포를 따른다고 가정할 때 검정통계량과 검정통계량의 분포를 제시하라.

4. 새우의 무게는 파운드당 마리 수로 구분한다. 예를 들어 새우 21마리~30마리의 무게가 1파운드이면 21/30으로 표기한다. 한 수산물 가공업체가 판매하는 21/30 새우에서 랜덤으로 100마리를 추출하여, 마리당 평균 무게가 15g 이상이라고 볼 수 있는지 유의성검정을 시행하려 한다. 물음에 답하라. 여기서 1파운드는 454g으로 정의한다.

(a) 귀무가설과 대립가설을 각각 제시하라.

(b) 새우 무게의 분포에 대한 사전 정보가 없을 때 검정통계량과 검정통계량의 분포를 제시하라.

5. 한 전자기기 제조회사는 듀얼 GPS 센서를 탑재한 스마트워치가 사용자의 이동거리를 정확하게 측정할 수 있다고 광고하고 있다. 이 광고 내용의 타당성을 검증하기 위해 1km를 달린 후 스마트워치에 표시된 이동거리 X_i를 측정하는 실험을 100회 반복했다. 측정된 이동거리는 정규분포를 따른다고 알려져 있고, 측정 결과 평균 이동거리는 0.9989km로 나타났다. 물음에 답하라.

(a) X_i의 모표준편차가 0.005로 알려져 있다고 하자. 유의수준 1%에서 이 스마트워치가 정확하게 이동거리를 측정한다고 할 수 있는지에 대해 유의성검정 결과를 제시하라.

(b) 모표준편차를 모르고 X_i의 표본표준편차가 0.006이라 하자. 유의수준 1%에서 이 스마트워치가 정확하게 이동거리를 측정한다고 할 수 있는지에 대해 유의성검정 결과를 제시하라.

6. 용존산소량은 수질을 평가하는 핵심 지표로, 용존산소량 값이 클수록 수질이 우수하다고 평가한다. 어떤 강의 관리주체는 이 강의 용존산소량이 7.5mg/L로 수질이 매우 우수하다고 주장하는 반면, 시민단체는 수질이 실제로 그렇게 우수하지 않다고 의심하고 있다. 이 강의 용존산소량 관측값은 정규분포를 따른다고 알려져 있으며, 추출된 랜덤표본의 관측값은 다음과 같다.

(단위 : mg/L)

7.4	6.1	7.7	6.5	8.0	7.5	7.0	6.6
7.9	6.8	7.6	7.0	7.8	7.3	7.7	6.3

물음에 답하라. 참고로 표본평균은 $\bar{x}=7.2$, 표본분산은 $s^2=0.36$이다.

(a) 모표준편차가 0.8로 알려져 있다고 하자. 유의수준 5%에서 수질이 매우 우수하다는 주장을 기각하고 수질이 우수하지 않다고 주장할 충분한 증거가 있는지에 대해 유의성검정 결과를 제시하라.

(b) 모표준편차를 모를 때 유의수준 5%에서 '이 강의 용존산소량이 7.5mg/L로 수질이 매우 우수하다.'라는 주장에 대해 유의성검정 결과를 제시하라.

7. 한 학교가 최근 교내 와이파이 설비를 개선했다. 기존 와이파이의 평균 속도는 210Mbps였고, 설비 업체는 개선 이후 와이파이 속도가 빨라졌다고 주장한다. 와이파이 속도는 정규분포를 따른다고 알려져 있으며, 학교 측이 랜덤으로 25곳을 선택해 와이파이 속도를 측정한 결과는 다음과 같다.

(단위 : Mbps)

213	196	227	226	218	232	216	224	203	198
217	222	225	215	206	213	197	211	200	214
205	222	231	209	210					

물음에 답하라. 참고로 표본평균은 $\bar{x}=214$, 표본분산은 $s^2=112$이다.

(a) 모표준편차가 12로 알려져 있다고 하자. 유의수준 5%에서 와이파이 속도가 빨라졌다는 주장에 대해 유의성검정 결과를 제시하라.

(b) 모표준편차를 모른다고 하자. 유의수준 5%에서 와이파이 속도가 빨라졌다는 주장에 대해 유의성검정 결과를 제시하라.

8. 한 육가공업체가 기존에 생산하던 닭가슴살은 100g당 단백질 함량이 23g으로 알려져 있다. 이번에는 새로운 양계장에서 사육한 닭으로 닭가슴살을 생산하고, 이 중 100개를 표본으로 추출하여 단백질 함량 X_i를 측정한 결과 표본평균은 $\bar{x} = \frac{1}{100}\sum_{i=1}^{100} x_i = 22.5$였다. 새로운 양계장에서 사육한 닭으로 만든 제품의 단백질 함량이 기존 제품에 비해 적다고 볼 수 있는지 검정할 때, 이 대립가설을 채택할 수 있는 표본표준편차의 최댓값을 구하라.

9. 혈관의 탄력성이 떨어질수록 수축기 혈압과 이완기 혈압의 차이인 맥압pulse pressure이 높아지고, 이에 따라 관상동맥질환의 위험이 높아질 것으로 의심된다. 이를 확인하기 위해 관상동맥질환 환자 16명을 랜덤으로 추출하여 수축기 혈압과 이완기 혈압을 측정했다. X_i는 i번째 환자의 수축기 혈압, Y_i는 i번째 환자의 이완기 혈압이라 할 때 관측 결과는 다음과 같다.

$$\sum_{i=1}^{16} x_i = 2224, \quad \sum_{i=1}^{16} y_i = 1168, \quad \sum_{i=1}^{16} x_i^2 = 321136$$
$$\sum_{i=1}^{16} y_i^2 = 92704, \quad \sum_{i=1}^{16} x_i y_i = 169072$$

관상동맥질환 환자들의 맥압이 정규분포를 따른다고 가정하자. 유의수준 1%에서 맥압이 정상치 45보다 높다고 판단할 수 있는지에 대해 유의성검정 결과를 제시하라. 참고로 맥압의 단위는 mmHg이다.

10. 관상동맥질환 환자 32명을 랜덤으로 추출해서 이들을 다시 무작위로 16명씩 두 집단으로 나눈 뒤, 한 집단에게는 수축기 혈압만 측정하고 다른 집단에게는 이완기 혈압만 측정했다. 표본평균의 관측값이 $\bar{x} = 139$, $\bar{y} = 73$이라 하자. 수축기 혈압과 이완기 혈압은 모두 정규분포를 따르고 모분산은 각각 $\sigma_X^2 = 800$, $\sigma_Y^2 = 496$이다. 이때 유의수준 1%에서 맥압이 정상치 45보다 높다고 판단할 수 있는지에 대해 유의성검정 결과를 제시하라.

11. 학생들에게 자동차 충돌 사고 영상을 보여준 뒤, 충돌 시 차량의 주행 속도를 추정하게 하는 실험을 했다. 학생들을 랜덤으로 43명과 37명의 두 집단으로 나누고 43명의 집단에는 '자동차가 세게 들이받았다smash', 37명의 집단에는 '차가 부딪혔다hit'라고 설명했다.[9] 두 집단의 학생들이 각기 예측한 주행 속도의 표본평균값이 각각 62.3km/h와 53.6km/h이고 표본분산이 각각 215와 148이었다. 단어의 표현에 따라 학생들이 추정한 주행 속도에 차이가 있는지에 대해 유의수준 1%에서 유의성검정 결과를 제시하라.

9 이 실험은 Loftus와 Palmer(1974)가 보고한 연구의 일부 내용을 바탕으로 하며, 제시된 수치는 원 논문과 다르다.

12. 어느 연구에 따르면 음주는 혈관을 확장시키고 맥박수를 증가시키는 등 수면의 질을 저하시킬 수 있다. 이를 확인하기 위해 피험자를 랜덤으로 추출하여 실험군에는 알코올이 포함된 음료를, 대조군에는 무알코올 음료를 마시게 한 뒤 수면 중 맥박수를 측정했다. 결과는 다음과 같다. 여기서 x_i는 i번째 실험군 피험자의 맥박수, y_i는 i번째 대조군 피험자의 맥박수이다.

- **실험군** : $\sum_{i=1}^{9} x_i = 675,\quad \sum_{i=1}^{9} x_i^2 = 50825,\quad n = 9$
- **대조군** : $\sum_{i=1}^{16} y_i = 1024,\quad \sum_{i=1}^{16} y_i^2 = 65896,\quad m = 16$

실험군과 대조군의 맥박수는 각각 정규분포를 따른다고 알려져 있다. 음주로 인해 수면 중 맥박수가 높아진다고 판단할 수 있는지에 대해 유의수준 1%에서 유의성검정을 수행하려 한다. 주어진 조건에서 수행한 유의성검정 결과를 제시하라.

(a) 두 모집단의 분산이 같다고 가정할 수 있을 때

(b) 두 모집단의 분산이 같다고 가정할 수 없을 때

CHAPTER

06 파이썬 실습문제

6.1 [연습문제 6]의 용존산소량 자료를 기준으로 '수질이 매우 우수하다.'라는 주장을 기각하고 '수질이 우수하지 않다.'라고 주장할 충분한 증거가 있는지를 유의성검정으로 확인하기 위한 파이썬 명령문을 작성하라. 필요한 모듈과 관측값은 [코드 6-37]과 같이 입력할 수 있다.

코드 6-37

```
import numpy as np
from scipy.stats import norm, ttest_1samp
xs = np.array([7.4, 6.1, 7.7, 6.5, 8.0, 7.5, 7.0, 6.6, 7.9, 6.8, 7.6,
               7.0, 7.8, 7.3, 7.7, 6.3])
```

(a) 모표준편차가 0.8로 알려져 있을 때 검정통계량과 p-값을 구하여 유의수준 5%에서 유의성검정을 수행하기 위한 명령문을 작성하라.

(b) 모표준편차를 모를 때 유의성검정을 수행하기 위한 파이썬 명령문을 작성하라.

6.2 nile 데이터에는 매년 측정된 나일강 유량 관측값이 포함되어 있다. 이 데이터를 불러와서 그래프를 그려보면 [코드 6-38]의 실행 결과와 같다. 그래프를 관찰해보면 1900년 전후로 유량에 변화가 있는 것으로 파악된다. 이에 따라 1900년 이전과 이후의 유량에 차이가 있는지 알아보기 위해 유의성검정을 수행하려 한다.

코드 6-38

```
import numpy as np
import pandas as pd
import statsmodels.api as sm
import matplotlib.pyplot as plt
nile_df = sm.datasets.get_rdataset("Nile")
nile = nile_df.data["value"]
nile.index = nile_df.data["time"].values
plt.plot(nile.index, nile.values)
plt.show()
```

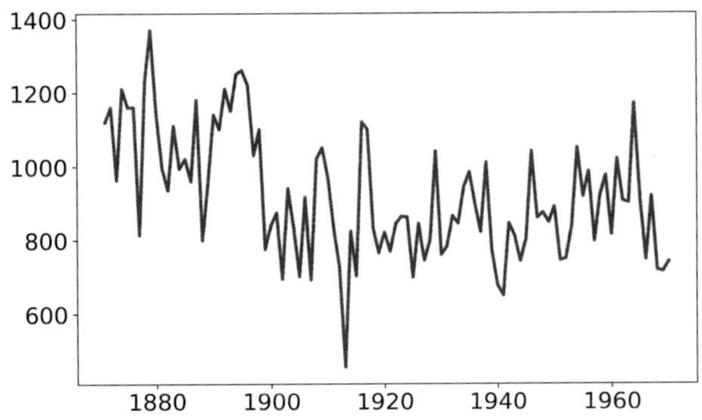

(a) [코드 6-38]의 6행에 저장된 `nile`은 `pandas`의 `series` 객체이다. 1900년 이전의 관측값을 `x`로, 이후의 관측값을 `y`로 저장한 후 시기별 평균값을 구하는 파이썬 명령문을 작성하라.

(b) 두 시기의 분산이 동일하다고 가정할 수 있을 때 유의성검정을 수행하는 파이썬 명령문을 작성하고, 유의수준 5%에서 1900년 이전과 이후의 유량에 차이가 있다고 할 수 있는지 설명하라.

MEMO

CHAPTER

07

회귀모형

CONTENTS

학습목표

- 단순회귀모형의 기본 개념을 이해한다.
- 단순회귀모형의 추정과 검정 방법을 익힌다.
- 로지스틱 회귀모형의 기본 개념을 이해한다.

이 장에서 배우는 내용은?

통계모형statistical model은 관측된 데이터를 잘 설명하기 위해 확률분포에 대한 가정을 수식으로 표현한 것이다. 구체적으로 관측값이 어떤 분포에서 생성되었는지에 대한 확률적 가정과 변수 간의 관계에 대한 구조적 가정을 통계모형으로 표현할 수 있다 (Cox, 2006). 따라서 정규분포, 베르누이분포 등으로 모집단의 분포를 가정하는 것도 간단한 통계모형의 하나로 볼 수 있다. 통계모형은 관찰된 데이터를 단순화하여 표현하므로 현실을 정확하게 반영하지 못한다는 한계가 있지만, 적절한 가정을 부여함으로써 데이터의 특징을 효율적으로 요약할 수 있다는 장점이 있다.

둘 이상의 변수에 대해서도 통계적 가정을 부여하여 통계모형을 설정할 수 있다. 이러한 통계모형 중 대표적인 모형이 **선형회귀모형**linear regression model이다. 예를 들어 두 변수 x와 Y에 대해 Y가 x의 일차함수인 $Y = \alpha + \beta x + \epsilon$ 형태로 표현된다고 가정한 모형이 **단순회귀모형**simple regression model이다. 이 장에서는 단순회귀모형을 비롯한 기본적인 회귀모형을 살펴본다.

SECTION 7.1 단순회귀모형

4.5절에서 살펴본 동물들의 몸무게와 뇌무게의 산점도를 다시 확인해보자. 일반적으로 몸집이 큰 동물일수록 뇌의 크기도 큰 경향을 보이므로, 몸무게 정보를 활용하여 뇌무게를 예측하는 모형을 생각해볼 수 있다. 브라키오사우루스와 같은 공룡을 제외하면 몸무게와 뇌무게의 관계는 기울기가 양인 직선으로 표현할 수 있어 보인다. [그림 7-1]과 같이 몸무게와 뇌무게를 로그변환하여 표현한 산점도를 보면, 두 변수는 대체로 양의 상관관계를 가지는 것을 확인할 수 있다. 따라서 로그변환된 몸무게 값 x_i를 이용하여 로그변환된 뇌무게 값 Y_i를 예측하는 모형 $Y_i = \alpha + \beta x_i + \epsilon_i$를 작성할 수 있다. 다만 로그변환된 몸무게와 뇌무게는 완벽한 직선 관계가 아니라 관측값들이 직선에서 조금씩 벗어난 점으로 표현된다. 이렇게 직선에서 벗어난 정도를 모형에서는 오차항 ϵ_i로 나타낸다.

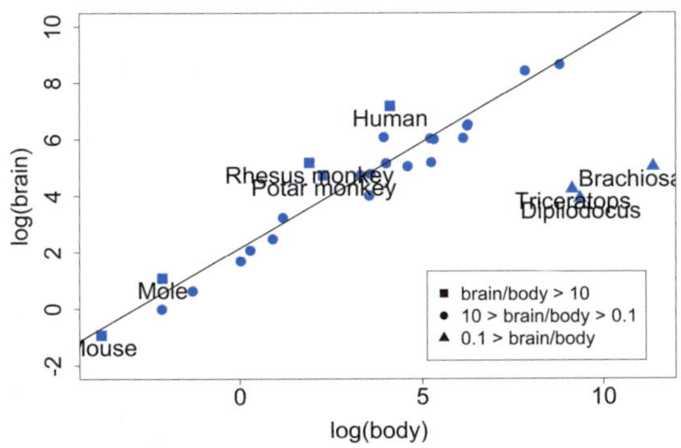

그림 7-1 Animals 데이터의 산점도

이렇게 하나의 직선을 이용하여 두 변수 사이의 관계를 표현할 때 흔히 사용되는 통계모형 중 하나가 **단순회귀모형**이다. 즉 설명변수의 i번째 관측값 x_i와 반응변수 Y_i를 다음과 같이 오차항 ϵ_i가 포함된 직선 관계로 표현할 수 있을 때 이 모형을 단순회귀모형이라 한다.

$$Y_i = \alpha + \beta x_i + \epsilon_i \ (\text{단, } i=1,\ 2,\ \cdots,\ n)$$

여기서 상수항[1] α와 직선의 기울기 β를 **회귀계수**regression coefficient[2], x_i를 **설명변수**explanatory variable, Y_i를 **반응변수**response variable라 하고 ϵ_i를 **오차항**이라 한다. 오차항 ϵ_i는 설명변수 x_i로 설명하지 못하는 측정오차나 기타 요인에 의한 변동을 나타내는 확률변수이다. 따라서 반응변수 Y_i는 오차항 ϵ_i에 따라 달라질 수 있다. 즉 설명변수 x 값이 동일하더라도 반응변수 Y 값은 달라질 수 있다. 특별한 언급이 없으면 설명변수 x_i는 확률변수가 아닌 변수로 본다.

단순회귀모형은 다음과 같은 성질을 만족한다고 가정한다.

단순(선형)회귀모형의 기본 가정

- 선형성 : 두 변수 x_i와 Y_i는 직선 관계로 표현될 수 있다.
- 오차항의 독립성 : 오차항 ϵ_1, ϵ_2, $\cdots$, ϵ_n은 서로 독립이다.
- 오차항의 등분산성 : 오차항 ϵ_1, ϵ_2, $\cdots$, ϵ_n의 분산은 σ^2으로 일정하다.

회귀모형의 추정

관측된 설명변수 값 x_i와 반응변수 값 y_i를 이용하여 상수항 α와 일차항의 기울기 β 값을 구하는 것을 회귀계수의 **추정**estimation 또는 단순회귀모형의 **적합**fitting이라 한다. 회귀계수를 구하는 방법은 다양한데, 가장 흔히 사용되는 추정 방법은 **최소제곱법**least squares method이다.

최소제곱법은 반응변수의 관측값 y_i와 설명변수로 추정된 반응변수 값 $\alpha+\beta x_i$의 차이인 **잔차**residual들의 제곱합을 최소화하는 α와 β를 구하는 방법이다. 즉 **잔차제곱합(RSS)**residual sum of squares $\sum_{i=1}^{n}\{y_i-(\alpha+\beta x_i)\}^2$이 최솟값이 되게 하는 α와 β 값을 찾는다. 여기서 α와 β의 함수 $L(\alpha,\ \beta)=\sum_{i=1}^{n}\{y_i-(\alpha+\beta x_i)\}^2$을 **손실함수**loss function 또는 **목적함수**objective function라 한다.[3] 손실함수 $L(\alpha,\ \beta)$는 α와 β의 이차함수이므로 미분을 통해 $L(\alpha,\ \beta)$가 최소가 되게 하는 α와 β 값을 구할 수 있다. $L(\alpha,\ \beta)$를 α와 β에 대해 각각 편미분하고 그 결과를 0으로 두면 다음과 같은 두 가지 방정식을 얻을 수 있다.

$$\frac{\partial}{\partial\alpha}L(\alpha,\ \beta)=2\sum_{i=1}^{n}(\alpha+\beta x_i-y_i)=2n(\alpha+\beta\bar{x}-\bar{y})=0 \quad (7.1)$$

---

1 상수항 α를 **절편**intercept이라 하기도 한다.

2 경우에 따라 기울기 β만을 회귀계수라 하고 α와 β를 통틀어 **회귀모수**regression parameter라 부르기도 한다.

3 목적함수 또는 손실함수라는 용어는 오차제곱합뿐만 아니라 일반적인 형태의 함수에도 폭넓게 사용된다.

$$\frac{\partial}{\partial \beta}L(\alpha,\ \beta) = 2\sum_{i=1}^{n}\left(\alpha x_i + \beta x_i^2 - x_i y_i\right) = 2\left(n\alpha\bar{x} + \beta\sum_{i=1}^{n}x_i^2 - \sum_{i=1}^{n}x_i y_i\right) = 0 \quad (7.2)$$

이 연립방정식을 **정규방정식**normal equation이라 하며 이 방정식의 해가 추정된 회귀계수이다. 이렇게 추정된 회귀계수를 $\hat{\alpha}$, $\hat{\beta}$으로 표기한다. 방정식 (7.1)로부터 $\hat{\alpha} = \bar{y} - \hat{\beta}\bar{x}$이므로 방정식 (7.2)는 다음과 같이 표현할 수 있다.

$$\begin{aligned}\hat{\beta}\sum_{i=1}^{n}x_i^2 - \sum_{i=1}^{n}x_i y_i + n(\bar{y} - \hat{\beta}\bar{x})\bar{x} \\ = \hat{\beta}\sum_{i=1}^{n}(x_i - \bar{x})^2 - \sum_{i=1}^{n}(x_i - \bar{x})(y_i - \bar{y}) = 0\end{aligned} \quad (7.3)$$

따라서 $s_{xx} = \sum_{i=1}^{n}(x_i - \bar{x})^2$, $s_{xy} = \sum_{i=1}^{n}(x_i - \bar{x})(y_i - \bar{y})$라 하면 $\hat{\beta} = \frac{s_{xy}}{s_{xx}}$이다.

단순(선형)회귀모형의 회귀계수 추정량

$s_{xx} = \sum_{i=1}^{n}(x_i - \bar{x})^2$, $s_{xy} = \sum_{i=1}^{n}(x_i - \bar{x})(y_i - \bar{y})$에 대해

- $\hat{\alpha} = \bar{y} - \hat{\beta}\bar{x}$
- $\hat{\beta} = \frac{s_{xy}}{s_{xx}}$

이렇게 추정된 회귀계수의 기댓값은 다음과 같이 모회귀계수와 일치한다.

$$\begin{aligned}\mathrm{E}(\hat{\beta}) &= \mathrm{E}\left(\frac{s_{xy}}{s_{xx}}\right) = \frac{\mathrm{E}(s_{xy})}{s_{xx}} = \frac{1}{s_{xx}}\sum_{i=1}^{n}(x_i - \bar{x})(\mathrm{E}(y_i - \bar{y})) \\ &= \frac{\beta}{s_{xx}}\sum_{i=1}^{n}(x_i - \bar{x})^2 = \beta\end{aligned}$$

$$\mathrm{E}(\hat{\alpha}) = \mathrm{E}(\bar{y} - \hat{\beta}\bar{x}) = (\alpha + \beta\bar{x}) - \beta\bar{x} = \alpha$$

따라서 $\hat{\alpha}$, $\hat{\beta}$은 모회귀계수의 비편향추정량이다.

예제 7-1

차량의 배기량과 연비는 일반적으로 음의 상관관계가 있는 것으로 알려져 있다. 차량의 배기량과 연비를 조사한 결과가 [표 7-1]과 같다고 하자.

표 7-1 배기량과 연비

배기량(L)	1.8	2.6	2.6	2.0	3.0	3.0	3.2	3.6	4.0	4.2
연비(km/L)	18.5	15.0	14.5	16.0	10.5	11.0	12.0	9.5	10.5	7.5

배기량(x_i)과 연비(y_i)의 평균값이 각각 $\overline{x} = 3$, $\overline{y} = 12.5$이고 배기량과 연비의 제곱합이 각각 $\sum_{i=1}^{10} x_i^2 = 95.6$, $\sum_{i=1}^{10} y_i^2 = 1665.5$이며, 배기량과 연비 곱의 합은 $\sum_{i=1}^{10} x_i y_i = 352.6$이라 하자. 배기량과 연비의 관계를 설명하는 단순회귀분석모형의 회귀계수 값을 최소제곱법으로 추정하라.

풀이

단순회귀모형 $Y_i = \alpha + \beta x_i + \epsilon_i$에 대해 회귀계수 α와 β 값은 최소제곱법을 이용하여 $\widehat{\beta} = \frac{s_{xy}}{s_{xx}}$, $\widehat{\alpha} = \overline{y} - \widehat{\beta}\,\overline{x}$로 추정할 수 있다. 평균값이 $\overline{x} = 3$, $\overline{y} = 12.5$이므로 $x_i - \overline{x}$와 $y_i - \overline{y}$는 [표 7-2]와 같다.

표 7-2 배기량과 연비의 편차

$x_i - \overline{x}$	-1.2	-0.4	-0.4	-1.0	0.0	0.0	0.2	0.6	1.0	1.2
$y_i - \overline{y}$	6.0	2.5	2.0	3.5	-2.0	-1.5	-0.5	-3.0	-2.0	-5.0

[표 7-2]에 따르면 $s_{xx} = \sum_{i=1}^{n}(x_i - \overline{x})^2 = 5.6$, $s_{xy} = \sum_{i=1}^{n}(x_i - \overline{x})(y_i - \overline{y}) = -22.4$이므로 회귀계수의 추정값은 $\widehat{\beta} = \frac{s_{xy}}{s_{xx}} =-4$, $\widehat{\alpha} = \overline{y} - \widehat{\beta}\,\overline{x} = 12.5 + 4 \cdot 3 = 24.5$이다. 즉 추정된 회귀모형은 $\widehat{y}_i = \widehat{\alpha} + \widehat{\beta}\,x_i = 24.5 - 4x_i$이다. 관측값과 추정된 모형을 그래프로 표현하면 [그림 7-2]와 같다.

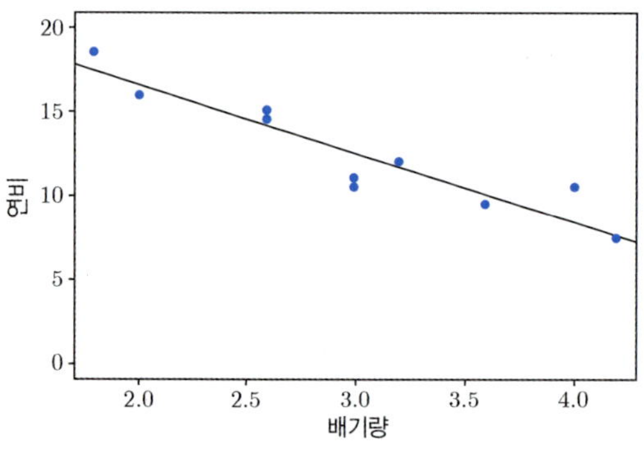

그림 7-2 배기량과 연비의 단순회귀모형

별해

다음과 같이 식 (7.3)과 $\sum_{i=1}^{n} x_i^2$, $\sum_{i=1}^{n} x_i y_i$를 이용해도 회귀모형의 기울기를 구할 수 있다.

$$s_{xx} = \sum_{i=1}^{n}(x_i - \overline{x})^2 = \sum_{i=1}^{10} x_i^2 - 10\overline{x}^2 = 95.6 - 90 = 5.6$$

$$s_{xy} = \sum_{i=1}^{n}(x_i - \overline{x})(y_i - \overline{y}) = \sum_{i=1}^{10} x_i y_i - 10\overline{x}\,\overline{y} = 352.6 - 375 = -22.4$$

따라서 회귀모형의 기울기는 $\hat{\beta} = \frac{s_{xy}}{s_{xx}} = -4$이다.

파이썬을 이용해서 단순회귀모형의 회귀계수를 추정하는 방법에는 여러 가지가 있다. 기본적으로 numpy 배열 연산을 이용해 회귀계수를 직접 계산할 수 있고, scikit-learn, scipy, statsmodels 등의 라이브러리를 이용할 수도 있다. 각 모듈은 데이터의 입력방식과 출력 형태가 다르므로 사용 목적에 맞는 방법을 선택하고 입력과 출력 구조를 정확히 확인해야 한다. 이러한 방법을 [파이썬 실습 7-1]에서 실행해볼 수 있다.

파이썬 실습 7-1 단순회귀모형의 회귀계수 추정

❶ numpy 배열 연산을 이용한 회귀계수 추정

[코드 7-1]의 4행~5행은 $s_{xx} = \sum_{i=1}^{n}(x_i - \overline{x})^2$, $s_{xy} = \sum_{i=1}^{n}(x_i - \overline{x})(y_i - \overline{y})$를 계산하고, 이 결과를 이용하여 회귀계수 β와 α 값을 계산한다.

코드 7-1

```
import numpy as np
x = np.array([1.8, 2.6, 2.6, 2, 3, 3, 3.2, 3.6, 4, 4.2])
y = np.array([18.5, 15, 14.5, 16, 10.5, 11, 12, 9.5, 10.5, 7.5])
s_xx = sum((x-x.mean())**2)
s_xy = sum((x-x.mean())*(y-y.mean()))
beta = s_xy / s_xx
alpha = y.mean() - beta * x.mean()
dict({"s_xx":s_xx, "s_xy":s_xy, "alpha":alpha, "beta":beta})
```

```
{'s_xx': 5.6, 's_xy': -22.4, 'alpha': 24.5, 'beta': -4.0}
```

❷ sklearn을 이용한 회귀계수 추정

sklearn.linear_model의 LinearRegression() 함수를 이용하여 회귀모형을 생성하고, fit() 메서드를 적용하여 설명변수 x와 반응변수 y를 입력한 후 결과를 reg에 저장했다. 설명변수 x는 이차원 배열 형태로 입력되어야 하므로 reshape() 메서드를 이용하여 일차원 배열로 저장된 x를 이차원 배열로 전환했다. 회귀계수 α와 β는 reg의 intercept_와 coef_를 이용해 확인할 수 있다.

코드 7-2

```
from sklearn.linear_model import LinearRegression
reg = LinearRegression().fit(x.reshape(-1, 1), y)
dict({"alpha":reg.intercept_, "beta":reg.coef_})
```

```
{'alpha': 24.5, 'beta': array([-4.])}
```

❸ scipy를 이용한 회귀계수 추정

scipy.stats의 linregress() 함수를 이용하면 설명변수 x와 반응변수 y를 입력했을 때 선형회귀모형의 회귀계수 β와 α, 상관계수 r, p–값, 추정량 $\hat{\beta}$의 표준오차 등 다양한 정보를 함께 확인할 수 있다.

코드 7-3

```
from scipy.stats import linregress
reg_sci = linregress(x, y)
dict(zip(["beta", "alpha", "r", "p-value", "stderr"], reg_sci))
```

```
{'beta': -4.0, 'alpha': 24.5, 'r': -0.9327, 'p-value': 0.00008,
 'stderr': 0.547}
```

❹ statsmodels를 이용한 회귀계수 추정

statsmodels.api를 이용해 회귀모형을 생성할 때는 상수항이 포함된 모형을 만들기 위해 sm.add_constant() 함수를 이용하며, 이 함수의 설명변수 x에 숫자 1로 구성된 벡터를 추가해야 한다. 다음으로 OLS() 함수에 반응변수 y와 상수항이 추가된 설명변수 x1을 입력하여 모형 mdl을 생성하고, fit() 메서드를 적용하면 회귀모형을 적합시킬 수 있다. 적합된 결과 객체 res에 params 속성을 적용하면 선형회귀모형의 회귀계수 α와 β의 추정값을 확인할 수 있다. 참고로 res에 summary() 메서드를 적용하면 유의성검정 결과와 모형의 통계 요약 등 다양한 정보를 확인할 수 있다.

코드 7-4

```
import statsmodels.api as sm
x1 = sm.add_constant(x)
mdl = sm.OLS(y, x1)
res = mdl.fit()
dict(zip(["alpha","beta"], res.params))
```

```
{'alpha': 24.5, 'beta': -4.0}
```

총제곱합의 분해

회귀모형이 적절한지 평가하기 위해서는 추정된 회귀식과 실제 관측값 사이의 차이를 이용할 수 있다. 추정된 회귀모형의 계수가 $\hat{\alpha}$, $\hat{\beta}$이고 설명변수가 x일 때, 반응변수 Y의 예측값은 $\hat{y} = \hat{\alpha} + \hat{\beta}x$이다. 이 예측값과 실제 관측값 y의 차이 $y - \hat{y}$이 작을수록 회귀모형이 관측된 데이터를 잘 설명한다고 해석할 수 있다. 예측값 $\hat{y}_i = \hat{\alpha} + \hat{\beta}x_i$와 실제 관측값 y_i의 차이를 **잔차**residual라 하고, 회귀모형을 평가하기 위해서는 잔차제곱합 $\sum_{i=1}^{n}(y_i - \hat{y}_i)^2$을 이용한다.

먼저 설명변수에 대한 정보를 사용하지 않고 반응변수를 예측하는 과정을 생각해보자. 반응변수들은 표본평균 $\bar{y}$ 주변에 분포하므로 $\bar{y}$를 이용해 반응변수를 예측하는 것이 합리적이다. 이때 예측오차는 $y_i - \bar{y}$이고 예측오차의 제곱합은 $\sum_{i=1}^{n}(y_i - \bar{y})^2$이다.

설명변수와 반응변수 사이에 직선 관계가 있는 경우를 고려하자. 설명변수가 가진 정보를 활용하면 반응변수를 더 정확하게 예측할 수 있다. 단순회귀모형에서 가정한 것과 같이 설명변수의 일차식과 오차항의 합 $y_i = \hat{\alpha} + \hat{\beta}x_i + e_i$로 반응변수를 표현할 수 있다. 여기서 오차항 e_i는 반응변수의 관측값 y_i와 반응변수의 예측값 $\hat{y}_i = \hat{\alpha} + \hat{\beta}x_i$의 차이이므로 다음과 같이 나타낼 수 있다.

$$e_i = y_i - \hat{y}_i$$

따라서 설명변수 정보를 사용할 때 오차제곱합은 $\sum_{i=1}^{n}(y_i - \hat{y}_i)^2$이고, 제곱합 $\sum_{i=1}^{n}(y_i - \bar{y})^2$을 식 (7.4)와 같이 분해할 수 있음이 알려져 있다.

$$\underbrace{\sum_{i=1}^{n}(y_i - \bar{y})^2}_{\substack{\text{총제곱합} \\ \text{(SST)}}} = \underbrace{\sum_{i=1}^{n}(\hat{y}_i - \bar{y})^2}_{\substack{\text{회귀제곱합} \\ \text{(SSR)}}} + \underbrace{\sum_{i=1}^{n}(y_i - \hat{y}_i)^2}_{\substack{\text{오차제곱합} \\ \text{(SSE)}}} \tag{7.4}$$

식 (7.4)의 우변 중 $\sum_{i=1}^{n}(\hat{y}_i - \bar{y})^2$ 항은 회귀모형에서 예측한 반응변수 값 $\hat{y}_i$와 반응변수의 평균값 $\bar{y}$의 차이의 제곱으로 **회귀제곱합(SSR)**sum of squares regression이라 한다. $\sum_{i=1}^{n}(y_i - \hat{y}_i)^2$ 항은 회귀모형에서 예측한 반응변수 값 $\hat{y}_i$와 실제 관측값 y_i의 차이, 즉 잔차의 제곱합으로 **오차제곱합(SSE)**sum of squared errors 또는 **잔차제곱합(RSS)**residual sum of squares이라 한다. 식 (7.4)의 좌변에 있는 $\sum_{i=1}^{n}(y_i - \bar{y})^2$ 항은 회귀제곱합과 잔차제곱합의 합으로 **총제곱합(SST)**sum of squares total이라 한다. 총제곱합과 회귀제곱합은 다음과 같이 표현할 수 있다.

$$\mathrm{SST} = \sum_{i=1}^{n}\left(y_i - \overline{y}\right)^2 = s_{yy}$$

$$\mathrm{SSR} = \sum_{i=1}^{n}\left(\widehat{y}_i - \overline{y}\right)^2 = \sum_{i=1}^{n}\left\{\left(\widehat{\alpha} + \widehat{\beta}\,x_i\right) - \left(\widehat{\alpha} + \widehat{\beta}\,\overline{x}\right)\right\}^2 = \widehat{\beta}^2 s_{xx} = \frac{s_{xy}^2}{s_{xx}}$$

참고

총제곱합의 분해

총제곱합은 다음과 같이 표현된다.

$$\sum_{i=1}^{n}\left(y_i - \overline{y}\right)^2 = \sum_{i=1}^{n}\left(\widehat{y}_i - \overline{y}\right)^2 + 2\sum_{i=1}^{n}\left(\widehat{y}_i - \overline{y}\right)\left(y_i - \widehat{y}_i\right) + \sum_{i=1}^{n}\left(y_i - \widehat{y}_i\right)^2$$

여기서 우변의 두 번째 항이 0이면 총제곱합이 회귀제곱합과 오차제곱합의 합임을 알 수 있다. $\sum_{i=1}^{n}\left(\widehat{y}_i - \overline{y}\right)\left(y_i - \widehat{y}_i\right) = \sum_{i=1}^{n}\widehat{y}_i y_i - \sum_{i=1}^{n}\left(\widehat{y}_i\right)^2 - n\left(\overline{y}\right)^2 + n\overline{y}\sum_{i=1}^{n}\widehat{y}_i$이고 $\widehat{y}_i = \widehat{\alpha} + \widehat{\beta}\,x_i$에서 $\sum_{i=1}^{n}\widehat{y}_i = n\,\widehat{\alpha} + n\,\widehat{\beta}\,\overline{x} = n\,\overline{y}$이므로 다음이 성립한다.

$$\sum_{i=1}^{n}\left(\widehat{y}_i - \overline{y}\right)\left(y_i - \widehat{y}_i\right) = \sum_{i=1}^{n}\widehat{y}_i y_i - \sum_{i=1}^{n}\left(\widehat{y}_i\right)^2$$

$\widehat{\alpha} = \overline{y} - \widehat{\beta}\,\overline{x}$에서 $\widehat{y}_i = \widehat{\alpha} + \widehat{\beta}\,x_i = \left(\overline{y} - \widehat{\beta}\,\overline{x}\right) + \widehat{\beta}\,x_i = \overline{y} + \widehat{\beta}\left(x_i - \overline{x}\right)$이므로 다음이 성립한다.

$$\sum_{i=1}^{n}\widehat{y}_i y_i = \sum_{i=1}^{n}\left\{\overline{y} + \widehat{\beta}\left(x_i - \overline{x}\right)\right\}y_i = n\left(\overline{y}\right)^2 + \widehat{\beta}\,s_{xy}$$

$$\sum_{i=1}^{n}\left(\widehat{y}_i\right)^2 = \sum_{i=1}^{n}\left\{\overline{y} + \widehat{\beta}\left(x_i - \overline{x}\right)\right\}^2 = n\left(\overline{y}\right)^2 + \widehat{\beta}^2 s_{xx} = n\left(\overline{y}\right)^2 + \widehat{\beta}\,s_{xy}$$

따라서 $\sum_{i=1}^{n}\left(\widehat{y}_i - \overline{y}\right)\left(y_i - \widehat{y}_i\right) = 0$이고 다음 관계가 성립한다.

$$\sum_{i=1}^{n}\left(y_i - \overline{y}\right)^2 = \sum_{i=1}^{n}\left(\widehat{y}_i - \overline{y}\right)^2 + \sum_{i=1}^{n}\left(y_i - \widehat{y}_i\right)^2$$

이렇게 총제곱합(SST)을 회귀제곱합(SSR)과 오차제곱합(SSE)으로 분해해보면 회귀제곱합이 클수록, 오차제곱합이 작을수록 회귀모형이 반응변수를 더 잘 예측함을 알 수 있다. 따라서 총제곱합과 회귀제곱합의 비를 이용하여 단순회귀모형의 적절성을 평가할 수 있다. 이 지표를 **결정계수** coefficient of determination라 한다. 결정계수는 다음과 같이 표본상관계수 $r = \dfrac{s_{xy}}{\sqrt{s_{xx}}\sqrt{s_{yy}}}$의 제곱과 일치하므로 r^2으로 표현하기도 한다.

$$\frac{\mathrm{SSR}}{\mathrm{SST}} = \frac{s_{xy}^2 / s_{xx}}{s_{yy}} = \left(\frac{s_{xy}}{\sqrt{s_{xx}}\sqrt{s_{yy}}}\right)^2 = r^2$$

결정계수 값은 항상 0 이상 1 이하이다. r^2 값이 1에 가까울수록 회귀모형의 설명력이 높고, 0에 가까울수록 설명력이 낮다고 판단한다.

오차제곱합은 오차항 ϵ_i의 모분산을 추정하기 위해 사용할 수 있다. 즉 단순회귀모형의 오차제곱합 $SSE = \sum_{i=1}^{n}(y_i - \hat{y}_i)^2$의 기댓값은 $(n-2)\sigma^2$임이 알려져 있다. 따라서 오차제곱합을 $n-2$로 나눈 식의 기댓값은 σ^2이고 $\frac{1}{n-2}\sum_{i=1}^{n}(y_i - \hat{y}_i)^2$은 오차항 σ^2의 비편향추정량이다. 이렇게 오차제곱합을 자유도 $n-2$로 나눈 식 $\frac{1}{n-2}\sum_{i=1}^{n}(y_i - \hat{y}_i)^2$을 **평균제곱오차(MSE)** mean squared error라 한다. 마찬가지로 회귀제곱합을 자유도로 나눈 값을 **회귀제곱평균(MSR)** mean square regression이라 한다.

예제 7-2

[예제 7-1]의 차량 배기량과 연비에 대한 단순회귀분석모형을 상기하자. 총제곱합, 회귀제곱합, 오차제곱합, 결정계수 값을 각각 구하라.

풀이

총제곱합은 $SST = \sum_{i=1}^{n}(y_i - \bar{y})^2 = \sum_{i=1}^{10} y_i^2 - 10\bar{y}^2 = 1665.5 - 1562.5 = 103$이고, [표 7-3]을 이용하면 오차제곱합은 $SSE = \sum_{i=1}^{n}(y_i - \hat{y}_i)^2 = 13.4$이다.

표 7-3 연비의 예측값과 잔차

$\hat{y}_i$	17.3	14.1	14.1	16.5	12.5	12.5	11.7	10.1	8.5	7.7
$y_i - \hat{y}_i$	1.2	0.9	0.4	−0.5	−2.0	−1.5	0.3	−0.6	2.0	−0.2

따라서 회귀제곱합은 $SSR = SST - SSE = 89.6$이다. [표 7-4]와 같이 $\hat{y}_i - \bar{y}$를 구해도 $SSR = \sum_{i=1}^{n}(\hat{y}_i - \bar{y})^2 = 89.6$을 얻는다. 결정계수는 $r^2 = \frac{SSR}{SST} = \frac{89.6}{103} \approx 0.870$이다.

표 7-4 연비의 예측값과 평균값의 차

$\hat{y}_i - \bar{y}$	4.8	1.6	1.6	4.0	0.0	0.0	−0.8	−2.4	−4.0	−4.8

별해

$\hat{y}_i = \hat{\alpha} + \hat{\beta}x_i = (\bar{y} - \hat{\beta}\bar{x}) + \hat{\beta}x_i = \bar{y} + \hat{\beta}(x_i - \bar{x})$에서 $\hat{y}_i - \bar{y} = \hat{\beta}(x_i - \bar{x})$이므로 회귀제곱합은 다음과 같다.

$$SSR = \sum_{i=1}^{n}(\hat{y}_i - \bar{y})^2 = \hat{\beta}^2\sum_{i=1}^{10}(x_i - \bar{x})^2 = \hat{\beta}^2\left(\sum_{i=1}^{10}x_i^2 - 10\bar{x}^2\right)$$
$$= 16(95.6 - 90) = 89.6$$

파이썬 실습 7-2 단순회귀모형에서 총제곱합의 분해

[예제 7-2]의 총제곱합의 분해는 [코드 7-1]에서 계산한 제곱합 s_xx, s_yy, s_xy 값을 이용해 계산할 수 있다. 결정계수 역시 제곱합들을 이용하여 계산할 수 있다.

코드 7-5

```
s_yy = sum((y-y.mean())**2)
SST = s_yy
SSR = s_xy**2 / s_xx
SSE = SST - SSR
r2 = s_xy**2 / (s_xx * s_yy)
dict({"SST":SST,"SSR":SSR,"SSE":SSE,"r2":r2})
```

```
{'SST': 103.0, 'SSR': 89.6, 'SSE': 13.4, 'r2': 0.870}
```

또한 [코드 7-2]~[코드 7-4]에서 sklearn, scipy, statsmodels 모듈로 생성한 회귀모형 결과를 활용하여 결정계수 r^2 값을 계산할 수도 있다. sklearn에서는 회귀모형 객체 reg에 score() 메서드를 적용한다. scipy에서는 linregress()의 결과 객체 reg_sci에서 rvalue 속성을 제곱한다. statsmodels 모듈에서는 회귀모형 객체 res의 rsquared 속성을 이용한다.

코드 7-6

```
r2_skl = reg.score(x.reshape(-1, 1), y)
r2_sci = reg_sci.rvalue**2
r2_stm = res.rsquared
dict({"sklearn":r2_skl, "scipy":r2_sci, "statsm":r2_stm})
```

```
{'sklearn': 0.870, 'scipy': 0.870, 'statsm': 0.870}
```

칼럼 상관관계와 인과관계

진짜 인과관계와 가짜 상관관계[4]

미국의 영화배우 니컬러스 케이지가 지난 1999년부터 2009년까지 10년 동안 연간 출연한 영화 편수와 수영장 익사자 수 추이를 같은 좌표에 그래프로 그리면 신기할 정도로 비슷한 형태를 보인다. 같은 기간, 미스 아메리카의 나이와 미국 난방 기구 사고로 인한 사망자 숫자 추이도 마찬가지다. 그렇다면 니컬러스 케이지가 앞으로 2~3년 동안 출연할 영화 편수가 늘어난다면 미국의 수영장 사고로 인한 익사자 수도 증가할 것으로 예측할 수 있을까. 답은 '아니다'다. 아무리 10년 동안 우연의 일치로 두 변수가 매우 비슷한 움직임을 보였다 해도,

4 최혜령 (2019. 10. 10). [투자의창]진짜 인과관계와 가짜 상관관계. **서울경제**.

이는 상관관계가 높다고 할 수 있을지는 몰라도 인과관계가 있다고 할 수는 없기 때문이다. 극단적으로 말하면 징크스에 불과한 것으로 학자들은 이를 '허위 상관관계'라고 부른다. 즉, A라는 사건이 일어나는 데 B가 원인이라면, B와 A는 인과관계라고 할 수 있다. 하지만 A라는 사건이 일어날 때 B라는 사건이 일어난다면, 이는 상관관계가 높을지는 몰라도 인과관계는 성립되지 않는 것이다.

(후략)

단순회귀모형의 목적은 설명변수를 이용하여 반응변수를 예측하는 것이다. 이런 관점에서 두 변수의 상관관계를 인과관계로 착각하기 쉽다. 하지만 회귀분석모형이 통계적으로 타당하고 두 변수의 상관관계가 크더라도 반드시 인과관계가 존재하는 것은 아니다. 즉 상관계수 r 값이나 결정계수 r^2 값이 1에 가깝다고 해서 인과관계가 보장되지는 않는다. 기고문에 제시된 것과 비슷한 예로 아이스크림 판매량과 익사 사고 건수를 생각해보자. 두 변수는 모두 여름철에 증가하고 겨울철에 감소하는 영향을 보인다. 실제로 두 변수의 공통 원인은 더운 날씨이므로 아이스크림 판매량이 익사 사고 건수의 직접적인 원인이 될 수 없다. 회귀분석모형을 적용하고 그 결과를 해석할 때는 변수의 관계가 인과관계로 해석할 수 있는지, 아니면 단순한 우연에 기인한 것인지 신중하게 살펴보아야 한다. 인과관계를 확인하기 위한 통계적 방법으로는 **인과추론**causal inference이 있다.

단순회귀모형의 유의성검정

주어진 관측값에 단순회귀모형을 적용하는 것이 적절한지 확인하기 위해 유의성검정을 수행할 수도 있다. 이때 귀무가설을 $H_0 : \beta = 0$, 즉 "설명변수 값이 증가하거나 감소해도 반응변수 값에 영향을 미치지 않는다."로, 대립가설을 $H_1 : \beta \neq 0$, 즉 "설명변수 값이 증가하거나 감소하면 반응변수 값이 영향을 받는다."로 설정할 수 있다.

귀무가설이 참일 때 단순회귀모형은 $y_i = \alpha + \epsilon_i$이므로 총제곱합(SST)의 기댓값은 다음과 같이 $(n-1)\sigma^2$이다.

$$E\left[\sum_{i=1}^{n}(y_i - \bar{y})^2\right] = E\left[\sum_{i=1}^{n}\{(\alpha+\epsilon_i) - (\alpha+\bar{\epsilon})\}^2\right] = E\left[\sum_{i=1}^{n}(\epsilon_i - \bar{\epsilon})^2\right] = (n-1)\sigma^2$$

오차제곱합(SSE)의 기댓값이 $(n-2)\sigma^2$이므로 귀무가설이 참일 때 회귀제곱합(SSR)의 기댓값은 σ^2이다.

지금까지는 오차항 ϵ_i의 모평균이 0, 모분산이 σ^2이고 서로 독립이라는 것 외에는 ϵ_i의 분포를 가정하지 않았다. 오차항 ϵ_i의 분포를 구체적으로 가정하면 가설검정 등 통계적 추론을 구체적으로 수행할 수 있다.

이제 오차항 ϵ_i들이 서로 독립이고 정규분포 $N(0,\ \sigma^2)$을 따른다고 가정하자. 귀무가설이 참일 때 총제곱합은 $\sum_{i=1}^{n}\left(y_i-\bar{y}\right)^2=\sum_{i=1}^{n}\left(\epsilon_i-\bar{\epsilon}\right)^2$이고 가정에서 $\epsilon_i \sim N(0,\ \sigma^2)$이므로 $\frac{1}{\sigma^2}\sum_{i=1}^{n}\left(y_i-\bar{y}\right)^2$은 자유도가 $n-1$인 카이제곱분포를 따른다. 또한 오차제곱합에 대해 $\frac{\text{SSE}}{\sigma^2}$가 자유도가 $n-2$인 카이제곱분포를 따르고, 회귀제곱합에 대해 $\frac{\text{SSR}}{\sigma^2}$이 자유도가 1인 카이제곱분포를 따른다. 이때 오차제곱합과 회귀제곱합은 서로 독립임이 알려져 있다.

따라서 3장에서 확인한 바와 같이 $\frac{\text{MSR}}{\text{MSE}}=\frac{\text{SSR}}{\text{SSE}/(n-2)}$은 자유도가 $(1,\ n-2)$인 F-분포를 따른다. 이 F-값을 이용하여 가설에 대한 유의성검정을 수행할 수 있다. F-값이 클수록 대립가설을 지지하는 증거가 크고, 반대로 F-값이 작을수록 귀무가설을 지지하는 증거가 크다. 지금까지의 결과를 [표 7-5]로 요약할 수 있다.

표 7-5 단순회귀모형의 분산분석표

요인	제곱합	자유도	평균제곱(제곱합/자유도)	F-값	p-값(유의확률)
회귀	SSR	1	MSR = SSR	$f=\frac{\text{MSR}}{\text{MSE}}$	$P(F>f)$
잔차	SSE	$n-2$	$\text{MSE}=\frac{\text{SSE}}{n-2}$		
합계	SST	$n-1$			

예제 7-3

[예제 7-1]과 [예제 7-2]의 차량 배기량과 연비에 대한 단순회귀분석모형에 대해 유의성검정을 실시하려 한다. 유의수준 1%에서 귀무가설 $H_0 : \beta=0$, 대립가설 $H_1 : \beta \neq 0$에 대한 검정 결과를 제시하라.

풀이

[예제 7-2]의 결과에 따르면 $\text{SST}=\sum_{i=1}^{n}\left(y_i-\bar{y}\right)^2=103$, $\text{SSE}=\sum_{i=1}^{n}\left(y_i-\hat{y}_i\right)^2=13.4$, $\text{SSR}=\text{SST}-\text{SSE}=89.6$이고 $\text{MSE}=\frac{\text{SSE}}{n-2}=\frac{13.4}{8}=1.675$, $\text{MSR}=\text{SSR}=89.6$이다. 따라서 분산분석표는 [표 7-6]과 같다.

표 7-6 배기량과 연비에 대한 단순회귀모형의 분산분석표

요인	제곱합	자유도	평균제곱 (제곱합/자유도)	F-값	p-값 (유의확률)
회귀	89.6	1	89.6	53.5	0.000083
잔차	13.4	8	1.675		
합계	103.0	9			

p−값이 유의수준 1%보다 작으므로 귀무가설 $H_0 : \beta = 0$을 기각한다. 따라서 귀무가설 "단순회귀모형의 기울기가 0이다.", 즉 "설명변수(배기량)와 반응변수(연비) 사이에 직선 관계가 없다."라는 가설을 기각하고 단순회귀모형이 적절하다고 판단할 수 있다.

파이썬의 sklearn과 scipy는 주로 예측에 중점을 두고 있어 단순회귀모형의 유의성검정과 관련된 정보를 직접 제공하지 않는다. 유의성검정 결과는 statsmodels 모듈을 이용하거나 numpy 배열 계산을 통해 분산분석표를 직접 작성해서 확인할 수 있다.

파이썬 실습 7-3 **단순회귀모형의 유의성검정**

[예제 7−3]의 유의성검정을 위해 [코드 7−4]의 statsmodels 출력 결과인 res를 이용해보자.

코드 7-7

```
dict({"SSR":res.ess, "SSE":res.ssr, "MSR":res.mse_model,
      "MSE":res.mse_resid, "F-value":res.fvalue})
```

```
{'SSR': 89.6, 'SSE': 13.4, 'MSR': 89.6, 'MSE': 1.675, 'F-value': 53.5}
```

[코드 7−5]에서 계산한 제곱합 SSR, SSE 값을 이용하여 F−값, p−값을 직접 구할 수도 있다. 먼저 SSR과 SSE를 각각 자유도로 나누어 평균제곱합을 계산한다. 그다음 평균제곱합의 비를 이용하여 F−값을 구한다. 다음으로 F−분포를 이용하여 p−값을 구한다. 유의성검정 결과, p−값이 유의수준 1%보다 충분히 작으므로 귀무가설 $H_0 : \beta = 0$을 기각한다. 즉 단순회귀모형이 적절하지 않다는 귀무가설을 기각한다.

코드 7-8

```
from scipy.stats import f
MSR = SSR
MSE = SSE / (len(y)-2)
Fval = MSR / MSE
pval = 1 - f.cdf(Fval, 1, 8)
dict({"MSR":MSR, "MSE":MSE, "F-value":Fval, "p-val":pval})
```

```
{'MSR': 89.6, 'MSE': 1.675, 'F-value': 53.5, 'p-val': 0.000083}
```

단순회귀모형의 회귀진단

단순회귀모형에 대한 유의성검정은 설명변수와 반응변수 사이에 직선 관계가 존재한다고 가정하여 진행한다. 그러나 유의성검정 결과 대립가설 $H_1 : \beta \neq 0$이 채택되어 단순회귀모형이 적절하다고 판단되더라도 실제로는 두 변수의 관계가 직선이 아닐 수도 있다. 반대로 귀무가설 $H_0 : \beta = 0$이 채택되더라도 두 변수 사이에 비선형적 함수 관계가 존재할 수도 있다. 예를 들어 다음과 같은 데이터를 확인해보자.

표 7-7 직선 또는 곡선 관계의 데이터

인덱스(i)	1	2	3	4	5	6	7	8	9	10	11
x_i	2	4	9	3	11	1	6	5	8	7	10
y_i	5.2	11.8	25.7	20.1	27.1	8.0	16.7	16.5	12.9	24.4	29.6
y_i'	7.0	17.0	24.5	12.5	20.5	0.5	23.0	20.5	25.0	24.5	23.0

x_i를 설명변수, y_i를 반응변수로 하는 단순회귀모형(모형 1)과 x_i를 설명변수로, y_i'을 반응변수로 하는 단순회귀모형(모형 2)의 추정 결과는 [표 7-8]과 같다.

표 7-8 단순회귀모형 추정 결과

	결정계수(R^2)	$\hat{\alpha}$	$\hat{\beta}$	F-값	p-값(유의확률)
반응변수 y_i	0.6725	6.0	2.0	18.48	0.002
반응변수 y_i'	0.6723	6.0	2.0	18.46	0.002

두 모형 모두 회귀계수, 결정계수, F-값 등이 거의 동일하고 p-값은 0.002로 나타나므로 유의수준 1%에서 통계적으로 적절하다. 즉 통계적 유의성만으로는 두 모형을 구분하기 어렵다. 그러나 [그림 7-3]을 보면 모형 1은 설명변수와 반응변수가 대체로 직선 형태이고 모형 2는 곡선 형태의 비선형 관계임을 알 수 있다.

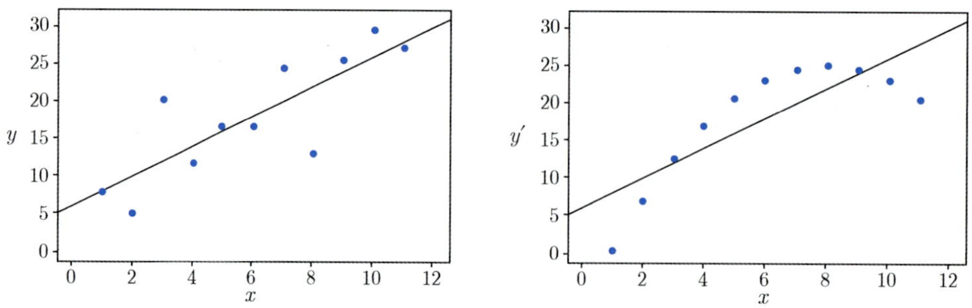

(a) 모형 1(반응변수 y_i) (b) 모형 2(반응변수 y_i')

그림 7-3 산점도와 추정된 단순회귀모형

이렇게 회귀모형의 추정 결과나 유의성검정 결과는 거의 차이가 없지만 실제 데이터의 분포 형태에는 뚜렷한 차이가 있을 수 있다. 특히 설명변수와 반응변수 사이에 곡선 등 비선형 관계가 존재한다면 단순회귀모형을 적용하는 것이 적절하지 않다. 유의성검정은 계수의 통계적 유의성만 판만하며, 두 변수 사이의 관계가 직선 형태인지 곡선 형태인지, 또는 단순회귀모형의 기본 가정이 타당한지 확인하기 어렵다는 한계가 있다. 따라서 유의성검정만으로는 단순회귀모형에 적합하지 않은 데이터를 단순회귀모형에 적합한 것으로 판단할 위험이 있다.

선형회귀모형의 기본 가정인 선형성, 오차항의 독립성, 오차항의 등분산성과 유의성검정을 위해 추가한 오차항의 정규성을 확인하기 위해서는 **스튜던트화 잔차**studentized residual를 살펴볼 수 있다. [그림 7-4]의 두 **잔차그림**residual plot은 [표 7-7]의 데이터에 대해 추정된 단순회귀모형에서 구한 잔차를 표준오차로 표준화한 스튜던트화 잔차의 분포를 나타낸다.

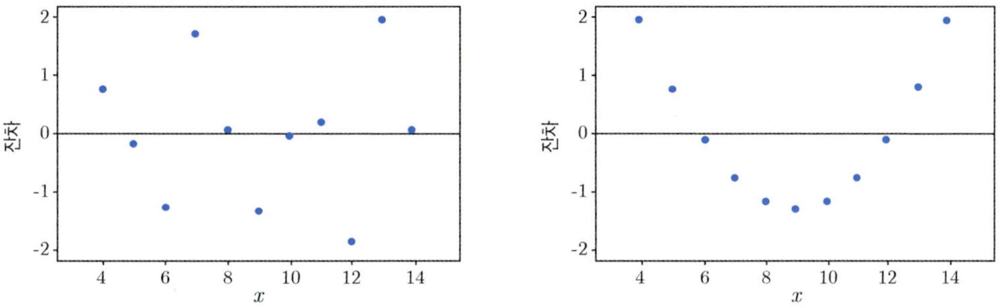

(a) 반응변수 y_i일 때의 잔차

(b) 반응변수 y_i'일 때의 잔차

그림 7-4 **추정된 단순회귀모형의 잔차그림**

[그림 7-4(**a**)]에서는 잔차가 특정한 형태를 보이지 않고 랜덤으로 분포하고, [그림 7-4(**b**)]에서는 잔차가 양수에서 감소해 음수로 전환되었다가 다시 양수로 변하는 이차곡선 형태로 분포한다. 이렇게 잔차가 특정한 형태를 보이면 두 변수 사이의 관계가 비선형임을 시사하므로 선형성 가정이 성립하지 않는다.

선형성, 오차항의 독립성, 오차항의 등분산성과 오차항의 정규성이 모두 충족되면 스튜던트화 잔차는 다음과 같은 특징을 보인다.

❶ 스튜던트화 잔차는 0을 중심으로 분포한다.
❷ 스튜던트화 잔차가 특별한 형태를 보이지 않고 랜덤으로 분포한다.
❸ 설명변수 값에 따라 스튜던트화 잔차의 산포가 크게 달라지지 않는다.
❹ 스튜던트화 잔차 대부분이 ± 2 범위 내에 분포한다.

❶은 최소제곱법으로 구한 반응변수의 추정값이 $\hat{y}_i = \hat{\alpha} + \hat{\beta} x_i = \bar{y} + \hat{\beta}\left(x_i - \bar{x}\right)$이므로

$\sum_{i=1}^{n} \hat{y}_i = n\bar{y}$이고, 잔차 $e_i = y_i - \hat{y}_i$의 평균값은 0이다. 따라서 스튜던트화 잔차 역시 0을 중심으로 분포한다. ❷의 경우 선형성과 오차항의 독립성이 성립하면 스튜던트화 잔차가 특별한 형태를 보이지 않는다. ❸은 오차항의 등분산성이 성립할 때 나타나는 특징으로 설명변수 값에 따라 스튜던트화 잔차의 산포가 커지거나 작아지지 않아야 한다. ❹는 오차항이 정규분포를 따를 때 성립하는 형태로, 표준정규분포를 따르는 확률변수의 약 95%가 ±2 범위 내에 분포하므로 스튜던트화 잔차의 대부분이 ±2 범위 내에 분포한다.

파이썬 실습 7-4 회귀진단

회귀진단을 위해 잔차그림을 그려보자. 먼저 [코드 7-9]와 같이 데이터를 입력하여 단순회귀모형을 작성하고, 산점도와 회귀직선을 그리는 파이썬 명령문을 작성한다. 상수항이 포함된 회귀모형을 설정하기 위해 설명변수 x의 벡터에 1벡터를 추가하여 x1이라는 이름으로 저장한다. 두 반응변수를 각각 y1, y2로 저장하고 statsmodels.OLS() 함수를 이용해 모형을 생성한다. fit() 메서드를 적용해 모형을 추정한 뒤, 그 결과를 mdl1, mdl2에 저장한다. 마지막으로 설명변수 x1을 predict() 메서드에 입력해 반응변수의 예측값을 계산하고 실제 반응변수 값에서 이를 빼서 잔차를 생성한다.

코드 7-9

```
x  = np.array([2.0,  4.0,  9.0, 3.0 , 11.0, 1.0,  6.0,  5.0,  8.0,  7.0, 10.0])
x1 = sm.add_constant(x)
y1 = np.array([5.2, 11.8, 25.7, 20.1, 27.1, 8.0, 16.7, 16.5, 12.9, 24.4, 29.6])
y2 = np.array([7.0, 17.0, 24.5, 12.5, 20.5, 0.5, 23.0, 20.5, 25.0, 24.5, 23.0])
mdl1 = sm.OLS(y1, x1).fit()
mdl2 = sm.OLS(y2, x1).fit()
resid1 = y1 - mdl1.predict(x1)
resid2 = y2 - mdl2.predict(x1)
```

회귀직선을 포함한 데이터의 산점도를 생성하기 위해 추정된 모형에서 회귀계수를 추출하여 절편과 기울기를 각각 a1, b1로 저장한다. 다음으로 matplotlib.pyplot의 plot() 함수를 이용해 ls=""로 지정하여 설명변수 x와 반응변수 y1의 산점도를 생성한다. 회귀직선을 추가하기 위해 y절편 xy1=(0, a1)과 기울기 b1을 입력한다.

코드 7-10

```
import matplotlib.pyplot as plt
a1, b1 = mdl1.params
plt.plot(x, y1, marker="o", ls="")
plt.axline(xy1=(0, a1), slope=b1)
plt.show()
```

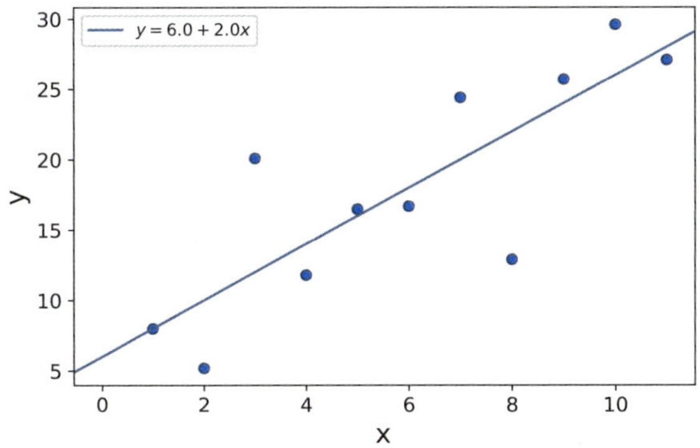

다음으로 잔차그림을 그린다. 설명변수와 스튜던트화 잔차의 산점도를 생성하고 x축을 그리기 위해 `axline()` 함수에 기울기 `0`과 y절편 `xy1=(0, 0)`을 지정한다. 잔차그림을 확인해 보면 잔차들이 0을 중심으로 분포하며 특별한 형태를 보이지 않는다. 산포의 크기 또한 일정하며 스튜던트화 잔차가 모두 ± 2 범위 내에 위치한다. 따라서 회귀분석의 가정에 문제가 없다고 판단할 수 있다.

코드 7-11

```
plt.plot(x, resid1/np.std(resid1), marker="o", ls="")
plt.axline(xy1=(0, 0), slope=0, color="grey")
plt.show()
```

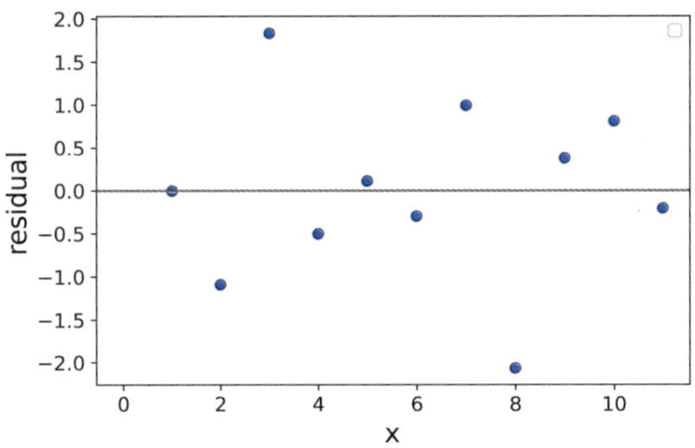

마찬가지로 반응변수 y2와 설명변수 x로 단순회귀모형을 생성한 뒤 회귀직선을 포함한 산점도와 잔차그림을 그려 회귀분석의 가정이 성립하는지 확인해본다. 이때 [코드 7-13]의 실행 결과인 잔차그림에서 잔차들이 증가하다가 감소하는 형태를 보이므로 선형성 가정이 만족되지 않는 것으로 의심할 수 있다.

코드 7-12

```
a2, b2 = mdl2.params
plt.plot(x, y2, marker="o", ls="")
plt.axline(xy1=(0, a2), slope=b2)
plt.show()
```

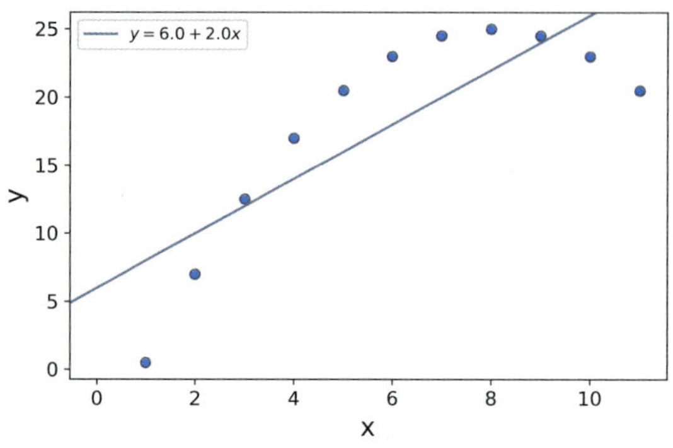

코드 7-13

```
plt.plot(x, resid2/np.std(resid2), marker="o", ls="")
plt.axline(xy1=(0, 0), slope=0, color="grey")
plt.show()
```

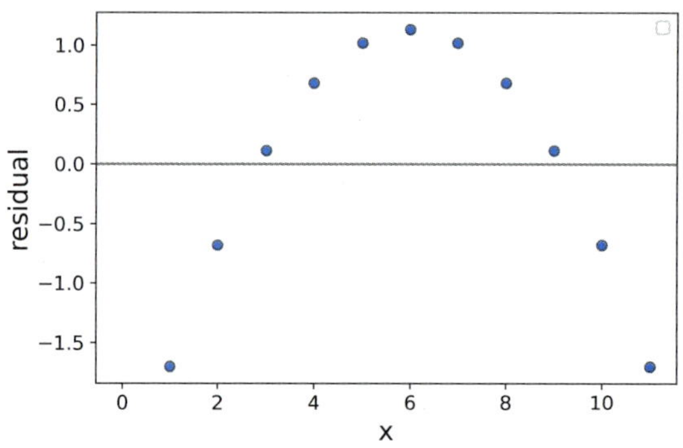

중회귀모형 선택

지금까지 살펴본 단순회귀모형은 설명변수 하나만 이용하여 반응변수를 예측하는 모형이었다. 이제 여러 개의 설명변수를 이용하여 반응변수를 예측하는 회귀모형을 고려해보자. 이러한 회귀모형을 **중회귀모형**multiple regression model 또는 **다중회귀모형**이라 한다. 즉 설명변수가 k개

있고, 이 중 i번째 설명변수의 j번째 관측값을 x_{ij}라 할 때 반응변수 Y_j를 다음과 같이 상수항, k개의 설명변수 x_{1j}, x_{2j}, $\cdots$, x_{kj}의 선형결합, 오차항의 합으로 표현할 수 있는 모형을 중회귀모형이라 한다.

$$Y_j = \alpha + \beta_1 x_{1j} + \beta_2 x_{2j} + \cdots + \beta_k x_{kj} + \epsilon_j$$

단순회귀모형과 마찬가지로 중회귀모형의 상수항 α와 회귀계수 β_1, β_2, $\cdots$, β_k 값을 추정하기 위해 오차제곱합을 각 회귀계수로 편미분하여 얻은 정규방정식을 이용할 수 있다.[5] 회귀계수의 추정과 관련된 자세한 내용은 이 책의 범위를 벗어나므로 생략하고, 지금부터는 파이썬 명령문을 활용한 중회귀모형의 추정 과정과 결과를 살펴보기로 한다.

■ 당뇨병 진행 상태를 예측하는 중회귀모형

당뇨병은 인슐린이 충분히 생성되지 않거나 세포가 인슐린에 정상적으로 반응하지 못해 혈액 속 포도당 농도가 비정상적으로 높아지는 대사질환이다. Efron 등(2004)에 소개된 당뇨병 데이터는 sklearn.datasets 모듈을 이용하여 불러올 수 있으며 10개의 설명변수와 1개의 반응변수로 구성되어 있다. 이 데이터는 모두 442명의 당뇨병 환자에 대한 관측값으로 환자의 나이, 성별, 체질량지수(BMI) 등의 특징과 1년 후 당뇨병 진행 상태를 포함하고 있다. 이제 당뇨병 환자의 여러 특성을 설명변수로 이용하여 1년 후의 당뇨병 진행 상태를 예측하는 중회귀모형을 작성해보자.

파이썬 실습 7-5 중회귀모형

❶ 데이터 입력

sklearn.datasets의 load_diabetes() 함수를 이용하여 당뇨병 데이터(diabetes)를 불러오고 이를 diabdf라는 이름으로 저장한다. 여기서 diabdf의 data는 설명변수, target은 반응변수이다.

코드 7-14

```
import numpy as np
import pandas as pd
import matplotlib.pyplot as plt
from sklearn.datasets import load_diabetes
diabdf = load_diabetes(as_frame=True, scaled=False)
diabdf.keys()
```

5 벡터와 행렬을 이용하면 정규방정식을 훨씬 간편하게 표현할 수 있고, 이를 통해 회귀계수의 추정량과 검정통계량의 분포를 구할 수 있다.

```
dict_keys(['data', 'target', 'frame', 'DESCR', 'feature_names',
           'data_filename', 'target_filename', 'data_module'])
```

data에 포함되어 있는 설명변수는 나이(age), 성별(sex), 체질량지수(bmi), 혈압(bp), 혈청 총콜레스테롤(s1), LDL 콜레스테롤(s2), HDL 콜레스테롤(s3), 총콜레스테롤(s4), 로그변환된 혈청 중성지방 농도(s5), 혈당 수치(s6) 등이다.

코드 7-15

```
diabdf.data
```

	age	sex	bmi	bp	s1	s2	s3	s4	s5	s6
0	59.0	2.0	32.1	101.00	157.0	93.2	38.0	4.00	4.8598	87.0
1	48.0	1.0	21.6	87.00	183.0	103.2	70.0	3.00	3.8918	69.0
2	72.0	2.0	30.5	93.00	156.0	93.6	41.0	4.00	4.6728	85.0
3	24.0	1.0	25.3	84.00	198.0	131.4	40.0	5.00	4.8903	89.0
4	50.0	1.0	23.0	101.00	192.0	125.4	52.0	4.00	4.2905	80.0
⋮	⋮	⋮	⋮	⋮	⋮	⋮	⋮	⋮	⋮	⋮
437	60.0	2.0	28.2	112.00	185.0	113.8	42.0	4.00	4.9836	93.0
438	47.0	2.0	24.9	75.00	225.0	166.0	42.0	5.00	4.4427	102.0
439	60.0	2.0	24.9	99.67	162.0	106.6	43.0	3.77	4.1271	95.0
440	36.0	1.0	30.0	95.00	201.0	125.2	42.0	4.79	5.1299	85.0
441	36.0	1.0	19.6	71.00	250.0	133.2	97.0	3.00	4.5951	92.0

442 rows × 10 columns

❷ 중회귀모형의 추론

반응변수 diabdf.target, 설명변수 diabdf.data를 이용해서 중회귀모형을 작성하기 위해 statsmodels.api의 OLS() 함수를 사용한다. 단순회귀모형과 마찬가지로 상수항이 포함된 모형을 적용하기 위해 sm.add_constant() 함수를 사용하여 행렬에 1벡터를 추가한다. 다음으로 fit() 메서드를 적용하여 중회귀모형을 추정하고, 모형의 추정 결과는 summary() 메서드를 적용하여 확인할 수 있다.

코드 7-16

```
import statsmodels.api as sm
mmdl = sm.OLS(diabdf.target, sm.add_constant(diabdf.data)).fit()
mmdl.summary()
```

```
                           OLS Regression Results
Dep. Variable:          target              R-squared:              0.518
Model:                  OLS                 Adj. R-squared:         0.507
Method:                 Least Squares       F-statistic:            46.27
No. Observations:       442                 AIC:                    4794
Df Residuals:           431                 BIC:                    4839
Df Model:               10
                 coef   std err         t      P>|t|     [0.025     0.975]
const       -334.5671    67.455     -4.96          0   -467.148   -201.986
age           -0.0364     0.217    -0.168      0.867     -0.463       0.39
sex          -22.8596     5.836    -3.917          0     -34.33    -11.389
bmi             5.603     0.717     7.813          0      4.194      7.012
bp             1.1168     0.225     4.958          0      0.674       1.56
s1              -1.09     0.573    -1.901      0.058     -2.217      0.037
s2             0.7465     0.531     1.406       0.16     -0.297       1.79
s3              0.372     0.782     0.475      0.635     -1.166       1.91
s4             6.5338     5.959     1.097      0.273     -5.178     18.245
s5            68.4831     15.67      4.37          0     37.685     99.282
s6             0.2801     0.273     1.025      0.306     -0.257      0.817
Notes: ...
[2] The condition number is large, 7.24e+03. This might indicate that there are
strong multicollinearity or other numerical problems.
```

[코드 7-17]의 실행 결과에 따르면 이 중회귀모형의 관측값 수는 442개, 잔차의 자유도는 431, 모형의 자유도는 10이다. 즉 설명변수의 개수가 모형의 자유도에 해당한다. 추정된 회귀계수별로 t-검정을 수행하면 각 계수에 대해 귀무가설 $H_0 : \beta_i = 0$의 유의성검정을 할 수 있다. 각 변수의 t-값과 p-값을 통해 유의성검정 결과를 확인할 수도 있다. 이 모형에서는 sex, bmi, bp, s5가 통계적으로 유의하고 다른 변수들은 유의하지 않음을 알 수 있다. 또한 실행 결과에 **다중공선성**multi-collinearity 경고가 제시되었다. 이는 여러 설명변수 간의 연관성이 높다는 뜻이며, 그 결과 일부 변수의 회귀계수가 유의하지 않게 나타날 수 있다. 또 유의성검정에서도 많은 변수들이 유의하지 않은 것으로 나타났으므로 설명변수의 개수를 줄일 필요가 있다.

중회귀모형에서 변수 선택을 위해서는 다양한 방법을 사용할 수 있다.[6] 이 실습에서는 유의성검정 결과 유의하지 않은 것으로 판단된 변수들, 즉 age, s1~s4, s6을 제거하고 나머지 변수만으로 중회귀모형을 다시 추정했다.[7] 이와 같은 과정으로 추정된 중회귀모형의 회귀계

6 중회귀모형의 변수 선택에는 전통적으로 변수추가법forward selection, 변수제거법backward elimination, 가능한 모든 경우를 고려하는 방법all-possible models 등이 널리 활용된다. 최근에는 LASSO와 같이 제약조건을 추가한 회귀모형을 고려하기도 한다.

7 변수를 제거하면 p-값이 달라질 수 있으므로 일반적으로는 여러 변수를 한꺼번에 제거하지 않고 하나씩 제거하면서 모형을 단계적으로 수정한다.

수는 모두 유의수준 5%에서 통계적으로 유의했다. bmi, bp, s5 등의 설명변수는 값이 커질수록 1년 후 당뇨병 진행 정도에 양의 영향을 주고, 성별은 음의 영향을 주는 설명변수임을 확인할 수 있다. 이렇게 다시 추정된 모형은 다음과 같이 표현된다.

$$\text{target} = -328.85 - 13.036\,\text{sex} + 6.448\,\text{bmi} + 1.009\,\text{bp} + 50.540\,\text{s5}$$

코드 7-17

```
mmdl = sm.OLS(diabdf.target,
              sm.add_constant(diabdf.data.iloc[:,[1,2,3,8]])).fit()
mmdl.summary()
```

OLS Regression Results

Dep. Variable:	target	R-squared:	0.487
Model:	OLS	Adj. R-squared:	0.482
Method:	Least Squares	F-statistic:	103.6
No. Observations:	442	AIC:	4810
Df Residuals:	437	BIC:	4830
Df Model:	4		

	coef	std err	t	P>¦t¦	[0.025	0.975]
const	-328.8494	25.865	-12.714	0	-379.684	-278.015
sex	-13.036	5.462	-2.387	0.017	-23.772	-2.3
bmi	6.4484	0.694	9.295	0	5.085	7.812
bp	1.0087	0.22	4.582	0	0.576	1.441
s5	50.5399	5.873	8.606	0	38.997	62.083

SECTION 7.2 로지스틱 회귀모형 선택

종양은 비정상적으로 세포가 증식하여 정상조직을 파괴하고 전이되어 생명에 위협이 되는 악성종양과, 성장 속도가 느리고 주변 조직으로 침투하거나 전이되지 않는 양성종양으로 분류할 수 있다. 종양을 판별하기 위해서는 조직 검사나 영상 검사 등을 사용할 수 있으며, 악성종양 세포는 정상적인 성장 조절을 받지 않아 정상 세포보다 훨씬 크게 자라기도 한다. 따라서 비정상적으로 큰 세포가 존재하는지 확인하면 악성종양과 양성종양을 구분할 수 있다.

이제 종양 세포의 크기를 이용하여 악성종양 여부를 예측하는 회귀모형을 생각해보자. 7.1절에서 다룬 단순회귀모형과의 가장 큰 차이점은 관심의 대상이 되는 변수가 악성종양인지 아니면 양성종양인지로 구분되는 범주형 변수라는 점이다. 범주형 변수는 선형회귀모형의 반응변수(예 키, 연비, 성적 등)처럼 연속적인 값을 갖지 않으므로 단순회귀모형과는 다른 형태의 회귀모형이 필요하다.

설명변수가 하나인 로지스틱 회귀모형

[그림 7-5]는 Wolberg 등(1994)에 소개된 데이터로, 위스콘신대학교가 제공하는 유방암 진단 결과(WDBC)Wisconsin Diagnostic Breast Cancer 데이터 중 두 변수인 종양의 종류와 세포 반지름을 표현한 그림이다. 여기서 변수 x는 로그변환된 세포의 평균 반지름, 변수 y는 종양의 종류를 의미한다. 악성종양malignant tumor은 1, 양성종양benign tumor은 0으로 표기했다. 회색 삼각형은 설명변수 x를 폭이 0.05인 구간으로 나누었을 때 각 구간에서 악성종양 세포의 비중이다. 그래프를 보면 세포 반지름이 커질수록 악성종양 세포의 비중이 높아짐을 알 수 있다. 로그변환된 세포 반지름의 평균값은 악성종양인 경우 2.84, 양성종양인 경우 2.49이다.

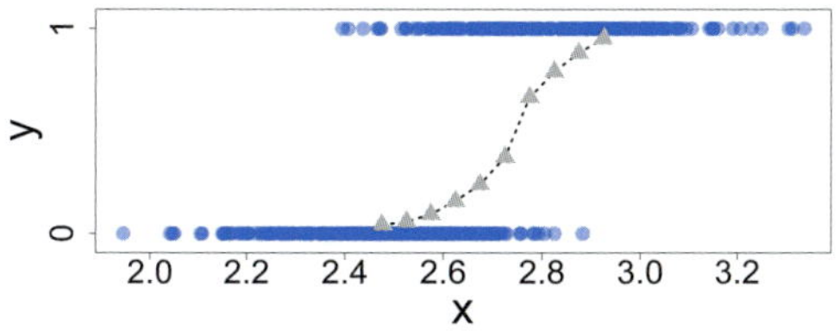

그림 7-5 WDBC 데이터의 세포 반지름과 종양의 종류

이처럼 반응변수가 범주형 변수일 때 회귀모형을 적용하는 방법 중 하나는 범주 자체가 아니라 특정한 범주에 속할 확률을 **목표변수** target variable로 설정하는 것이다. 예를 들어 악성종양인지($Y=1$) 양성종양인지($Y=0$)를 반응변수로 설정하는 대신, 세포의 크기 x가 주어졌을 때 해당 세포가 악성종양 세포일 확률 $\mathrm{P}(Y=1|x)$를 반응변수로 설정하면 된다. 이렇게 하면 반응변수는 0과 1 사이의 연속적인 실숫값을 가진다.

예를 들어 WDBC 데이터의 경우 세포의 로그변환된 평균 반지름 값이 2.0 정도로 작으면 양성종양일 가능성이 매우 높고, 반대로 평균 반지름 값이 3.2 정도로 크면 악성종양일 가능성이 매우 높다. [그림 7-5]를 보면 악성종양 세포의 평균 반지름은 대체로 크고, 양성종양 세포의 평균 반지름은 상대적으로 작음을 알 수 있다. 즉 세포의 평균 반지름 값이 클수록 악성종양의 비중이 높다. 따라서 세포 반지름 값 x가 주어졌을 때 악성종양일 조건부확률 $\mathrm{P}(Y=1|x)$는 x 값에 따라 증가하는 함수로 표현할 수 있다.

하지만 조건부확률 $\mathrm{P}(Y=1|x)$를 앞에서와 같은 단순회귀모형으로 추정하는 것은 바람직하지 않다. 조건부확률 $\mathrm{P}(Y=1|x)$ 값은 0보다 작거나 1보다 클 수 없지만, 기울기가 0이 아닌 일차함수는 $-\infty$에서 ∞까지의 값을 가질 수 있기 때문이다. 즉 $\mathrm{P}(Y=1|x)$는 0과 1 사이의 값만 가지므로 이를 직선으로 추정하는 것은 적절하지 않다.

이를 적절하게 변환하면 직선으로 추정 가능한 형태로 만들 수 있는데, 대표적인 변환 방법이 다음과 같은 **로짓 함수** logit function를 사용하는 것이다.[8]

$$f(x) = \log \frac{x}{1-x}$$

이 로짓 함수를 $\mathrm{P}(Y=1|x)$에 적용하면 함숫값은 $-\infty$에서 ∞까지 가질 수 있고, 다음과 같이 직선 형태로 표현할 수 있다.

$$\log \frac{\mathrm{P}(Y=1|x)}{1-\mathrm{P}(Y=1|x)} = \alpha + \beta x$$

이 식을 정리하면 다음과 같은 형태로 변환할 수 있고, 우변의 함수를 **로지스틱 함수** logistic function라 한다.

$$\mathrm{P}(Y=1|x) = \frac{1}{1+e^{-(\alpha+\beta x)}}$$

8 x가 확률일 때 $\frac{x}{1-x}$를 **오즈** odds라 하므로 로짓 함수를 **로그 오즈** log-odds라 부르기도 한다.

참고

로지스틱 함수의 특징

로지스틱 함수는 조건부확률 $\mathrm{P}(Y=1|x)$가 0과 1 사이의 값만 가지면서 $\beta>0$일 때 x의 증가함수인 S자 형태의[9] 대표적인 함수이다. [그림 7-6]은 α와 β 값에 따른 로지스틱 함수의 형태를 보여준다.

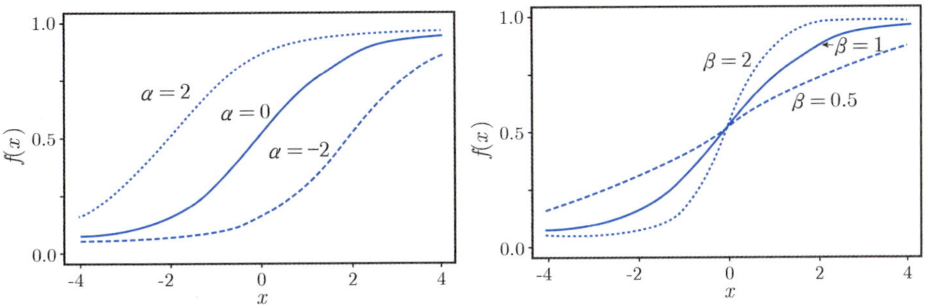

(a) $\beta=1$일 때 (b) $\alpha=0$일 때

그림 7-6 α와 β 값에 따른 로지스틱 함수의 그래프

[그림 7-6(a)]와 같이 $\beta>0$일 때 x 값이 $-\infty$에 가까워지면 함숫값은 0에 가까워지고, x 값이 ∞에 가까워지면 함숫값은 1에 가까워진다. $\beta>0$일 때 로지스틱 함수는 α 값이 커지면 음의 방향으로, 반대로 α 값이 작아지면 양의 방향으로 이동한다. 또 [그림 7-6(b)]와 같이 β 값이 클수록 변곡점 $x=-\dfrac{\alpha}{\beta}$, $y=\dfrac{1}{2}$ 근처에서 곡선의 기울기가 커지고 β 값이 0에 가까워질수록 변곡점 근처에서 곡선의 기울기가 완만해진다. 이렇게 조건부확률 $\mathrm{P}(Y=1|x)$ 값이 S자 형태의 증가함수로 나타나는 것은 여기에만 국한된 특수한 현상이 아니라 다양한 상황에서 일반적으로 관찰되는 현상이다. 따라서 많은 경우 조건부확률 $\mathrm{P}(Y=1|x)$를 로지스틱 함수 형태로 추정할 수 있다.

단순회귀모형에서 관측값을 잘 설명할 수 있는 상수항 α와 기울기 β를 추정했던 것처럼 로지스틱 회귀모형에서도 관측값을 잘 설명할 수 있는 로지스틱 함수의 모수 α와 β를 추정해야 한다.[10] 즉 로지스틱 회귀모형의 예측오차를 최소화할 수 있도록 α와 β의 적절한 값을 추정하는 과정이 필요하다. 세부적인 추정 절차는 이 책의 범위를 벗어나므로 생략하고, 대신 [파이썬 실습 7-6]을 통해 로지스틱 회귀분석의 파이썬 명령문을 작성하는 방법과 실행 결과를 살펴보기로 한다.

9 S자 형태의 함수를 **시그모이드 함수** sigmoid function라 하며, 로지스틱 함수는 시그모이드 함수의 특수한 형태이다. 시그모이드 함수는 인공신경망의 **출력층** output layer에서도 자주 활용된다.

10 α와 β의 추정을 위해서는 최대가능도추정법을 사용할 수 있다.

파이썬 실습 7-6 **로지스틱 회귀모형**

❶ 데이터 입력

WDBC 데이터는 scikit-learn 모듈을 이용하여 불러올 수 있다. 먼저 sklearn.datasets의 load_breast_cancer() 함수를 이용해 데이터를 불러와 wbc로 저장한다. 설명변수 data에는 세포의 다양한 특성에 대한 측정값이 포함되어 있는데, 이 중 세포의 평균 반지름에 해당하는 0번 열을 선택한 뒤 로그변환한 값을 설명변수 x로 저장한다. wbc 데이터에는 양성종양이 1, 악성종양이 0으로 입력되어 있으므로 악성을 1로 양성을 0으로 지정하기 위해 1에서 target 값을 뺀 뒤 이 값을 반응변수 y로 지정한다.

코드 7-18

```
import numpy as np
import pandas as pd
import matplotlib.pyplot as plt
from sklearn.datasets import load_breast_cancer
wbc = load_breast_cancer(as_frame=True)
x = np.log(wbc.data.iloc[:,0])
y = 1 - wbc.target
```

❷ 로지스틱 회귀모형의 적용

반응변수 y와 설명변수 x에 로지스틱 회귀모형을 적용하기 위해 statsmodels.api 모듈을 사용한다. 단순회귀모형과 마찬가지로 상수항이 포함된 모형을 만들기 위해 sm.add_constant() 함수를 사용해 설명변수 x에 1벡터를 추가한다. 다음으로 Logit() 함수에 반응변수 y와 설명변수 x1을 입력하여 모형을 생성하고, fit() 메서드를 적용해 로지스틱 회귀모형을 추정한다. 추정 결과는 summary() 메서드를 적용하여 확인할 수 있다.

코드 7-19

```
import statsmodels.api as sm
x1 = sm.add_constant(x)
mdlfit = sm.Logit(y, x1).fit()
mdlfit.summary()
```

```
                        Logit Regression Results
Dep. Variable:          target        No. Observations:        569
Model:                  Logit         Df Residuals:            567
Method:                 MLE           Df Model:                1
converged:              TRUE

                   coef     std err         z    P>|z|    [0.025     0.975]
const          -39.4173       3.435   -11.474        0    -46.15    -32.684
mean radius     14.6733       1.294    11.342        0    12.138     17.209
```

[코드 7-19]의 실행 결과 관측값이 569개, 잔차의 자유도는 567, 모형의 자유도는 1인 로지스틱 회귀모형이 작성되었다. 이 로지스틱 회귀모형의 회귀계수는 최대가능도추정법(MLE)을 이용해 수치적으로 추정되었고, 결과가 정상적으로 수렴하였음을 확인할 수 있다. 추정된 상수항은 $\alpha = -39.4173$, 일차항의 계수는 $\beta = 14.6733$이다. P>|z|는 p-값을 의미하며 설명변수의 p-값이 0에 가까우므로 모형이 적절하다고 판단할 수 있다.

단순회귀모형에서 잔차를 통해 모형의 적절성을 평가할 수 있었던 것처럼, 로지스틱 회귀모형에서는 예측값과 실제 관측값의 차이를 통해 모형이 적절한지 확인할 수 있다. 로지스틱 함숫값이 0.5보다 크면 반응변수를 1(악성종양 세포)로 분류하고, 작으면 0(양성종양 세포)으로 분류한다.

이제 [코드 7-20]과 같이 설명변수 x1을 입력하여 계산된 로지스틱 함숫값 mdlfit.predict(x1)에 round() 메서드를 적용하면 일의 자리에서 반올림된 범주 예측값을 얻을 수 있다. 이렇게 예측된 범주와 실제 반응변수 y가 일치하는지 비교하고, 그 결과(참 또는 거짓)를 fpred에 저장한다. fpred에는 두 값이 일치하는 경우(정확한 예측) True, 두 값이 일치하지 않는 경우(오분류) False로 저장한다. fpred에 sum() 메서드를 적용하면 정확하게 예측된 관측값의 개수를 구할 수 있고, 이를 전체 관측값 수 len(y)로 나누면 예측 정확도를 구할 수 있다. [코드 7-20]의 실행 결과, 예측 정확도는 87.9%이다.

코드 7-20

```
fpred = mdlfit.predict(x1).round(0) == y
fpred.sum() / len(y)
```

```
0.879
```

지금까지의 결과를 시각화해보자. params에 저장된 로지스틱 회귀모형의 상수항과 일차항 계수를 각각 a, b로 저장하고 설명변수 x 값을 1.95부터 3.36까지 0.01 간격으로 생성하여 xs에 저장한다. 다음으로 추정된 로지스틱 회귀모형에 xs를 입력해 xs의 각 점에서 로지스틱 함숫값을 계산하고, 이를 estpr에 저장한다.

fpred==1인 정확한 예측값은 o(동그라미표)로, fpred==0인 오분류값은 x(엑스표)로 표시하여 산점도를 그린다. estpr에 저장된 추정된 로지스틱 회귀모형의 함숫값은 검은색 실선으로 표현한다. [코드 7-21]의 실행 결과를 보면 범주 1(악성종양 세포)은 왼쪽에 오분류된 관측값이, 범주 0(양성종양 세포)은 오른쪽에 오분류된 관측값이 위치함을 알 수 있다.

코드 7-21

```
a, b = mdlfit.params
xs = np.array([x/100 for x in range(195,336)])
estpr = 1 / (1 + np.exp(-a - b*xs))
plt.plot(x[fpred==1], y[fpred==1], marker="o", ls="")
plt.plot(x[fpred==0], y[fpred==0], marker="x", ls="")
plt.plot(xs, estpr, marker="", ls="-", color="black")
plt.show()
```

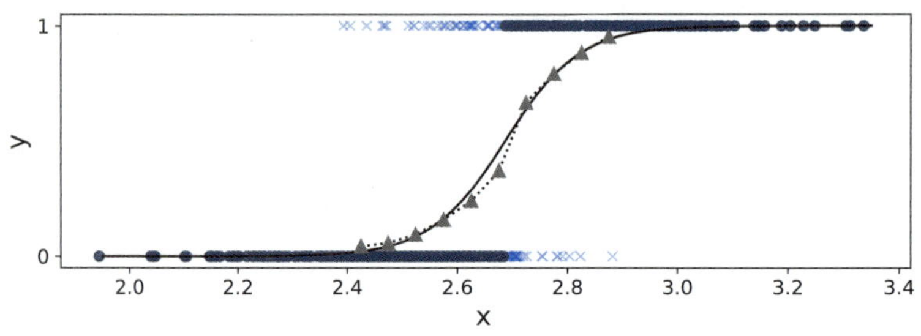

설명변수가 여러 개인 로지스틱 회귀모형

7.1절에서 설명변수가 여러 개일 때 중회귀모형을 사용한 것처럼 로지스틱 회귀모형에서도 설명변수가 둘 이상인 다중 로지스틱 회귀모형을 구성할 수 있다. 즉 조건부확률 $\mathrm{P}(Y=1|x)$에 로짓 함수를 적용한 식 $\log \frac{\mathrm{P}(Y=1|x)}{1-\mathrm{P}(Y=1|x)}$를 다음과 같이 설명변수의 선형결합 형태로 추정한다.

$$\log \frac{\mathrm{P}(Y=1|x_1, x_2, \cdots, x_k)}{1-\mathrm{P}(Y=1|x_1, x_2, \cdots, x_k)} = \alpha + \beta_1 x_1 + \beta_2 x_2 + \cdots + \beta_k x_k$$

이 식을 변환하면 다음과 같이 로지스틱 회귀모형으로 표현할 수 있다.

$$\mathrm{P}(Y=1|x_1, x_2, \cdots, x_k) = \frac{1}{1+e^{-(\alpha+\beta_1 x_1+\beta_2 x_2+\cdots+\beta_k x_k)}}$$

이 모형의 상수항 α와 회귀계수 $\beta_1, \beta_2, \cdots, \beta_k$를 구하기 위해서는 최대가능도추정법을 사용할 수 있다.

파이썬 실습 7-7 다중 로지스틱 회귀모형

❶ 데이터 입력

[파이썬 실습 7-6]에서는 WDBC 데이터의 설명변수 중 종양 세포 반지름의 평균값 하나만을 이용해 종양 세포가 양성인지 악성인지를 예측하는 로지스틱 회귀모형을 작성했다. 이제 종양 세포의 평균값과 관련된 10개 변수를 모두 이용하여 다중 로지스틱 회귀모형을 작성해 보자.[11]

sklearn.datasets의 load_breast_cancer() 함수를 이용하여 데이터를 불러와 wbc로 저장한다. 이후 설명변수가 저장된 data에서 각 변수의 평균 측정값에 해당되는 0번~9번 열을 불러와 로그변환한다. 이때 값이 0인 관측값은 로그변환할 수 없으므로 아주 작은 값인 0.001로 대체한 후 로그변환하여 설명변수 x로 저장한다. 이외의 과정은 [파이썬 실습 7-6]과 일치한다.

코드 7-22

```
import numpy as np
import pandas as pd
import matplotlib.pyplot as plt
from sklearn.datasets import load_breast_cancer
wbc = load_breast_cancer(as_frame=True)
x = wbc.data.iloc[:,0:10]
x = x.replace(0, 0.001)
x = np.log(x)
import statsmodels.api as sm
x1 = sm.add_constant(x)
y = 1 - wbc.target
```

❷ 로지스틱 회귀모형의 추정

설명변수가 여러 개일 때도 로지스틱 회귀모형을 추정하는 명령문은 동일하다. summary() 메서드를 적용하여 모형 추정 결과를 확인해보면 [코드 7-23]의 실행 결과와 같다.

코드 7-23

```
import statsmodels.api as sm
mdlfit = sm.Logit(y, x1).fit()
mdlfit.summary()
```

11 WDBC 데이터에는 모두 30개의 설명변수가 포함되어 있다. 이 중 반지름(radius)을 포함해 질감(texture), 둘레(perimeter), 면적(area), 부드러운 정도(smoothness), 밀집도(compactness), 오목한 정도(concavity), 오목한 지점(concave points), 대칭성(symmetry), 프랙탈 차원(fractal dimension) 등 10개 변수에 대한 평균값(mean), 표준오차(se), 극단값(worst)이 포함되어 있다.

```
                        Logit Regression Results
Dep. Variable:          target          No. Observations:        569
Model:                  Logit           Df Residuals:            558
Method:                 MLE             Df Model:                10
converged:              TRUE

                           coef    std err         z     P>|z|   [0.025    0.975]
const                     -45.0      101.3    -0.444     0.657   -243.7     153.6
mean radius               -95.5       62.0    -1.539     0.124   -217.0      26.1
mean texture                8.6        1.5     5.624     0.000      5.6      11.6
mean perimeter            -30.8       55.8    -0.553     0.581   -140.2      78.6
mean area                  72.2       26.9     2.680     0.007     19.4     124.9
mean smoothness            11.6        3.8     3.078     0.002      4.2      18.9
mean compactness           -2.3        3.0    -0.769     0.442     -8.1       3.5
mean concavity              2.2        1.0     2.126     0.033      0.2       4.3
mean concave points         1.5        1.4     1.071     0.284     -1.3       4.3
mean symmetry               4.7        2.2     2.097     0.036      0.3       9.1
mean fractal dimension      4.1        5.5     0.755     0.450     -6.6      14.9
```

관측값이 569개, 잔차의 자유도는 558, 모형의 자유도는 10인 로지스틱 회귀모형이 작성되었다. 각 변수의 p-값을 살펴보면 질감(texture) 0.000, 면적(area) 0.007, 부드러운 정도(smoothness) 0.002, 오목한 정도(concavity) 0.033, 대칭성(symmetry) 0.036으로 유의수준 5%에서 귀무가설 $\beta=0$을 기각할 수 있다. 반면에 다른 변수는 유의하지 않아 귀무가설을 기각할 수 없었다.

[코드 7-20]과 같이 이번에도 예측된 범주와 실제 반응변수 y가 일치하는지 확인해보자. 정확한 예측값의 비중이 95.8%이므로 설명변수를 하나만 사용한 경우에 비해 10개 변수를 사용하면 예측 성능이 개선됨을 알 수 있다.

코드 7-24

```
fpred = mdlfit.predict(x1).round(0) == y
fpred.sum() / len(y)
```

```
0.958
```

다음으로 유의하지 않은 변수를 제거하고 유의한 변수만을 이용해 새로운 로지스틱 회귀모형을 작성해보자.[12] 새롭게 작성된 모형에서 대부분의 변수는 유의하지만 마지막 변수인 대칭성(symmetry)은 유의하지 않은 것으로 나타났다.

12 명령문 실행 결과에서 상수항은 유의하지 않은 것으로 나타났더라도 모형이 전반적으로 유의한 경우에는 상수항을 포함한 모형을 생성하는 경우가 많다.

코드 7-25

```
import statsmodels.api as sm
mdlfits = sm.Logit(y, x1.iloc[:,[0,2,4,5,7,9]]).fit()
mdlfits.summary()
```

```
                    Logit Regression Results
Dep. Variable:          target          No. Observations:          569
Model:                  Logit           Df Residuals:              563
Method:                 MLE             Df Model:                  5
converged:              TRUE

                     coef    std err        z     P>|z|     [0.025     0.975]
const             -47.070      7.467   -6.304     0.000    -61.705    -32.435
mean texture        8.332      1.393    5.981     0.000      5.602     11.062
mean area           8.744      1.212    7.215     0.000      6.369     11.120
mean smoothness    10.000      2.458    4.068     0.000      5.182     14.819
mean concavity      1.934      0.454    4.262     0.000      1.044      2.823
mean symmetry       3.398      2.067    1.644     0.100     -0.654      7.449
```

대칭성 변수를 추가로 제거한 뒤 모형을 다시 추정한 결과는 [코드 7-26]의 실행 결과와 같다.

코드 7-26

```
import statsmodels.api as sm
mdlfits = sm.Logit(y, x1.iloc[:,[0,2,4,5,7]]).fit()
mdlfits.summary()
```

```
                    Logit Regression Results
Dep. Variable:          target          No. Observations:          569
Model:                  Logit           Df Residuals:              564
Method:                 MLE             Df Model:                  4
converged:              TRUE

                     coef    std err        z     P>|z|     [0.025     0.975]
const             -47.187      7.403   -6.374     0.000    -61.697    -32.676
mean texture        8.060      1.341    6.012     0.000      5.432     10.687
mean area           8.536      1.186    7.198     0.000      6.212     10.860
mean smoothness    11.335      2.377    4.769     0.000      6.676     15.993
mean concavity      2.110      0.448    4.709     0.000      1.232      2.988
```

입력된 변수의 p-값은 0.000으로 모두 유의하고 상수항을 제외한 회귀계수의 값은 양수로 나타났다. 따라서 설명변수의 관측값이 커질수록 악성종양 세포일 가능성이 높아진다고 해석할 수 있다.

SECTION 7.3

파이썬 예제로 익히는 회귀모형 선택

2장에서 살펴본 Hitters 데이터를 이용하여 야구선수의 연봉을 예측하는 회귀모형을 작성해보자. Hitters 데이터에는 타자들의 타격 및 수비 지표와 함께 연봉 관련 정보가 포함되어 있다. [코드 7-27]는 필요한 모듈과 Hitters 데이터를 호출하는 명령문이다.

코드 7-27

```
import numpy as np
import pandas as pd
import statsmodels.api as sm
import matplotlib.pyplot as plt
hitters = sm.datasets.get_rdataset('Hitters','ISLR')
```

Hitters 데이터에서 범주형 변수를 제외하고 수치형 변수들만 선택한다. 이후 dropna() 메서드를 적용하여 NaN 값이 포함된 행을 삭제하고 전처리된 데이터를 생성한다. 다음으로 전처리된 데이터프레임 hdf에 corr() 메서드를 적용하여 각 변수의 상관관계를 확인한다.

코드 7-28

```
hdf = hitters.data.select_dtypes(include=['int64', 'float64']).dropna()
hdf.corr()
```

	AtBat	…	CHmRun	CRuns	CRBI	CWalks	…	Salary
AtBat	1.000	…	0.212	0.237	0.221	0.133	…	0.395
⋮	⋮	⋱	⋮	⋮	⋮	⋮	⋱	⋮
CHmRun	0.212	…	1.000	0.826	0.928	0.811	…	0.525
CRuns	0.237	…	0.826	1.000	0.946	0.928	…	0.563
CRBI	0.221	…	0.928	0.946	1.000	0.889	…	0.567
CWalks	0.133	…	0.811	0.928	0.889	1.000	…	0.490
⋮	⋮	⋱	⋮	⋮	⋮	⋮	⋱	⋮
Salary	0.395	…	0.525	0.563	0.567	0.490	…	1.000

[코드 7-28]의 실행 결과 중 변수 이름 앞에 C가 붙은 CRBI, CRuns 등의 통산 타격 성적이 연봉과 비교적 높은 상관관계를 보인다. 이 중 상관계수 값이 가장 큰 통산 타점(CRBI)과 연봉(Salary)의 산점도를 그려보면 [코드 7-29]의 실행 결과와 같다. 통산 타점이 높은 선수일수록 연봉이 높게 나타나지만, 관측값이 부채꼴 형태로 분포해 있음을 알 수 있다.

코드 7-29

```
plt.scatter(hdf['CRBI'], hdf['Salary'])
plt.xlabel('CRBI')
plt.ylabel('Salary')
plt.show()
```

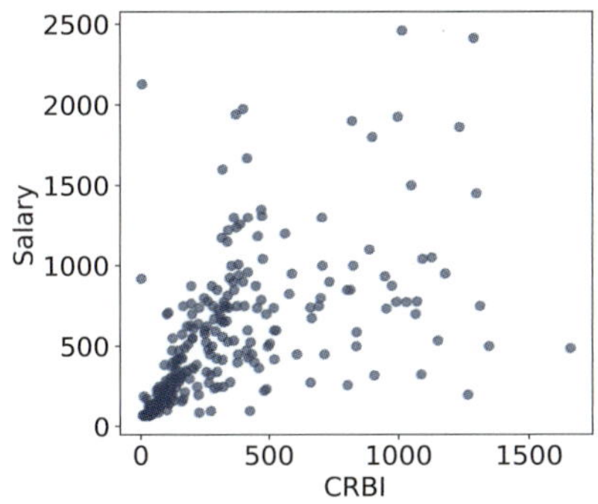

단순회귀모형

7.1절

[코드 7-30]과 같이 CRBI를 설명변수로, Salary를 반응변수로 하는 단순회귀모형을 작성해보면 상수항과 설명변수 CRBI의 t-값은 유의하지만 결정계수 값은 0.321로 비교적 낮은 편이다.

코드 7-30

```
from scipy.stats import linregress
mdl = sm.OLS(hdf.Salary, sm.add_constant(hdf.CRBI)).fit()
mdl.summary()
```

```
                    OLS Regression Results
Dep. Variable:          Salary          R-squared:          0.321
Model:                  OLS             Adj. R-squared:     0.319
Method:                 Least Squares   F-statistic:        123.6
No. Observations:       263             AIC:                3862
Df Residuals:           261             BIC:                3869
Df Model:               1
```

```
             coef    std err          t     P>|t|      [0.025      0.975]
const    274.5804     32.855      8.357         0     209.885     339.276
CRBI        0.791      0.071      11.12         0       0.651       0.931
```

[코드 7-31]과 같이 회귀진단을 위해 잔차그림을 그려보면 스튜던트화 잔차가 ±2 범위를 벗어나는 관측값이 많으므로 회귀모형을 개선할 필요가 있음을 알 수 있다.

코드 7-31

```
resid = hdf.Salary - mdl.predict(sm.add_constant(hdf.CRBI))
plt.plot(hdf.CRBI, resid/np.std(resid), marker="o", ls="")
plt.axline(xy1=(0, 0), slope=0)
plt.show()
```

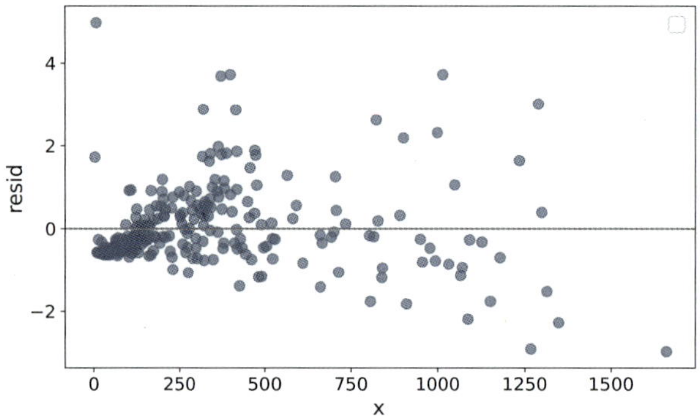

[코드 7-32]는 설명변수와 반응변수에 로그함수를 적용하여 회귀모형을 작성하는 명령문이다. 실행 결과 결정계수 값이 0.540으로 개선되었으며 설명변수와 상수항의 t-값도 이전보다 커진 것을 확인할 수 있다.

코드 7-32

```
lmdl = sm.OLS(np.log(hdf.Salary), sm.add_constant(np.log(hdf.CRBI))).fit()
lmdl.summary()
```

```
                        OLS Regression Results
Dep. Variable:          Salary              R-squared:            0.540
Model:                  OLS                 Adj. R-squared:       0.538
Method:                 Least Squares       F-statistic:          306.5
No. Observations:       263                 AIC:                  483.3
Df Residuals:           261                 BIC:                  490.4
Df Model:               1
```

```
        coef    std err          t      P>|t|      [0.025      0.975]
const   2.9198    0.176     16.611        0      2.574       3.266
CRBI    0.5704    0.033     17.508        0      0.506       0.635
```

단순회귀모형의 회귀진단

7.1절

로그변환된 변수들의 산점도와 회귀직선을 나타내면 [코드 7-33]의 실행 결과에서 왼쪽 그림과 같다. 회귀직선이 대체로 관측값을 잘 설명하지만, 왼쪽 상단에 이상점 두 개가 있는 것을 확인할 수 있다. 이 이상점은 연봉이 높지만 타석수가 적은 선수들로, 모형의 전반적인 설명력을 떨어뜨릴 수 있다. 회귀진단을 위한 잔차그림은 [코드 7-33]의 실행 결과에서 오른쪽 그림과 같다. 잔차그림에서 스튜던트화 잔차가 대체로 ±2 범위 이내에 분포하지만 두 이상점의 잔차는 4 이상으로 값이 다소 큰 것을 알 수 있다.

코드 7-33

```
plt.scatter(np.log(hdf.CRBI), np.log(hdf.Salary))
plt.axline(xy1=(0, 2.9198), slope=0.5704, color="grey")
plt.show()
resid = np.log(hdf.Salary) - lmdl.predict(sm.add_constant(np.log(hdf.CRBI)))
plt.plot(np.log(hdf.CRBI), resid/np.std(resid), marker="o", ls="")
plt.axline(xy1=(0, 0), slope=0, color="grey")
plt.show()
```

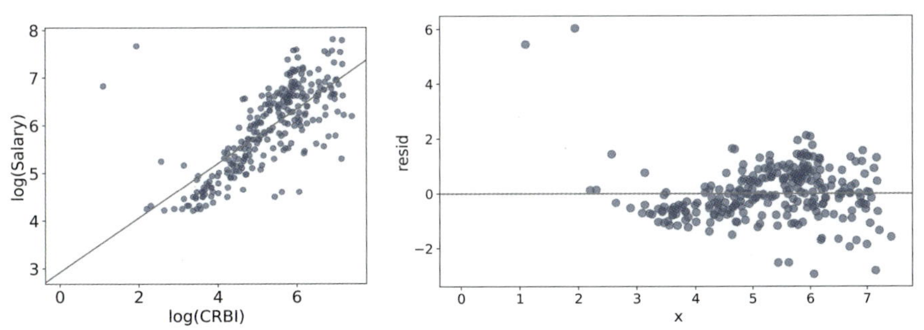

데이터에 이상점이 포함되어 있다면 이상점을 제외한 상태에서 모형을 다시 확인해보는 것이 바람직하다. [코드 7-34]와 같이 통산 타석 수가 100 이상인 선수만을 대상으로 새로운 데이터프레임을 생성하면 이상점이 제외된다. 회귀분석을 진행해보면 결정계수 값이 0.661로 증가하고 설명변수의 t-값도 커져서 모형의 설명력이 한층 더 높아졌다.

코드 7-34

```
hdf100 = hdf.loc[hdf.CAtBat>=100,:]
lmdl100 = sm.OLS(np.log(hdf100.Salary), sm.add_constant(np.log(hdf100.CRBI))).fit()
lmdl100.summary()
```

```
                         OLS Regression Results
Dep. Variable:            Salary              R-squared:              0.661
Model:                    OLS                 Adj. R-squared:         0.659
Method:                   Least Squares       F-statistic:            504.1
No. Observations:         261                 AIC:                    397.5
Df Residuals:             259                 BIC:                    404.6
Df Model:                 1

              coef    std err        t       P>|t|     [0.025     0.975]
const       2.4566      0.157     15.606         0      2.147      2.767
CRBI        0.6528      0.029     22.452         0      0.596      0.710
```

산점도와 잔차그림은 [코드 7-35]의 실행 결과와 같다. 잔차그림에는 스튜던트화 잔차가 대체로 ±2 범위 이내에 분포해 있다.

코드 7-35

```
plt.scatter(np.log(hdf100.CRBI), np.log(hdf100.Salary))
plt.axline(xy1=(0, 2.4566), slope=0.6528, color="grey")
plt.show()
resid = np.log(hdf100.Salary) - lmdl.predict(sm.add_constant(np.log(hdf100.CRBI)))
plt.plot(np.log(hdf100.CRBI), resid/np.std(resid), marker="o", ls="")
plt.axline(xy1=(0, 0), slope=0, color="grey")
plt.show()
```

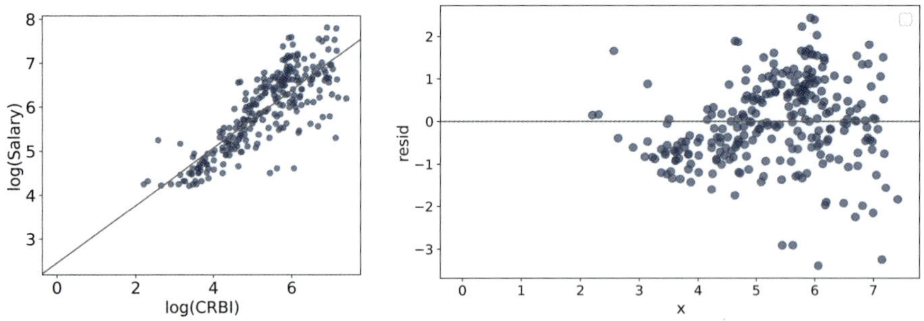

중회귀모형

7.1절

Hitters 데이터는 CRBI 외에도 다양한 변수가 포함되어 있으므로 중회귀모형을 작성해볼 수 있다. [코드 7-36]과 같이 여러 변수를 추가해서 중회귀모형을 만들었을 때 결정계수 값은 약 0.683으로 [코드 7-30]~[코드 7-34]의 단순회귀모형보다 크게 개선되지 않았다. 또한 CRBI, CRuns, CHits, CWalks 등의 t-값도 대부분 1 이하로 나타나 통계적으로 유의하지 않았다. 따라서 이 경우에는 중회귀모형보다 단순회귀모형이 더 적절하다고 판단할 수 있다.

코드 7-36

```
lmdl100 = sm.OLS(np.log(hdf100.Salary), sm.add_constant(np.log(hdf100.loc[:,
            ['CRBI','CRuns','CHits','CWalks']]))).fit()
print(lmdl100.summary())
lmdl100 = sm.OLS(np.log(hdf100.Salary), sm.add_constant(np.log(hdf100.loc[:,
            ['CRBI','CRuns','CHits']]))).fit()
print(lmdl100.summary())
lmdl100 = sm.OLS(np.log(hdf100.Salary), sm.add_constant(np.log(hdf100.loc[:,
            ['CRBI','CRuns']]))).fit()
print(lmdl100.summary())
```

CHAPTER

07 핵심정리

7.1 단순회귀모형

■ 회귀모형의 추정

- **단순회귀모형**은 반응변수 Y_i가 설명변수 x_i의 일차식과 오차항의 합 $Y_i = \alpha + \beta x_i + \epsilon_i$ (단, $i=1,\ 2,\ \cdots,\ n$)로 표현되며 다음과 같은 성질을 가진다.
  ❶ 선형성 : 두 변수 x_i와 Y_i는 직선 관계로 표현될 수 있다.
  ❷ 오차항의 독립성 : 오차항 $\epsilon_1,\ \epsilon_2,\ \cdots,\ \epsilon_n$은 서로 독립이다.
  ❸ 오차항의 등분산성 : 오차항 $\epsilon_1,\ \epsilon_2,\ \cdots,\ \epsilon_n$의 분산은 σ^2으로 일정하다.
- 단순회귀모형에서 회귀계수 α와 β는 잔차제곱합 $\sum_{i=1}^{n}\{y_i - (\alpha+\beta x_i)\}^2$이 최소가 되게 하는 최소제곱법으로 추정하며 이렇게 추정된 α와 β는 다음과 같다. 여기서 $\hat{\alpha}$과 $\hat{\beta}$은 모회귀계수 α와 β의 비편향추정량이다.

$$\hat{\alpha} = \bar{y} - \hat{\beta}\,\bar{x},\quad \hat{\beta} = \frac{s_{xy}}{s_{xx}} \quad \left(\text{단, } s_{xx} = \sum_{i=1}^{n}(x_i - \bar{x})^2,\ s_{xy} = \sum_{i=1}^{n}(x_i - \bar{x})(y_i - \bar{y})\right)$$

■ 총제곱합의 분해

- **총제곱합** SST은 다음과 같이 **회귀제곱합** SSR과 **오차제곱합** SSE으로 분해된다.

$$\sum_{i=1}^{n}(y_i - \bar{y})^2 = \sum_{i=1}^{n}(\hat{y}_i - \bar{y})^2 + \sum_{i=1}^{n}(y_i - \hat{y}_i)^2$$

- 총제곱합에서 회귀제곱합이 차지하는 비중이 클수록 회귀모형이 반응변수를 더 잘 예측한다는 것을 의미한다. 따라서 총제곱합과 회귀제곱합의 비인 **결정계수** r^2을 이용하여 회귀모형의 적절성을 평가할 수 있다.

■ 단순회귀모형의 유의성검정

- 귀무가설 $\mathrm{H}_0 : \beta = 0$과 대립가설 $\mathrm{H}_1 : \beta \neq 0$에 대한 유의성검정을 위해 사용하는 검정통계량은 $F = \dfrac{\mathrm{MSR}}{\mathrm{MSE}} = \dfrac{\mathrm{SSR}}{\mathrm{SSE}/(n-2)}$이다. 이 검정통계량은 자유도가 $(1,\ n-2)$인 F-분포를 따르며 F-값이 클수록 대립가설을 지지하는 강도가 크다.

■ 단순회귀모형의 회귀진단

- 단순회귀모형의 가정이 충족되는지 검토하기 위해 스튜던트화 잔차그림이 다음과 같은 형태를 보이는지 확인한다.
  ❶ 스튜던트화 잔차는 0을 중심으로 분포한다.
  ❷ 스튜던트화 잔차가 특별한 형태를 보이지 않고 랜덤으로 분포한다.
  ❸ 설명변수 값에 따라 스튜던트화 잔차의 산포가 크게 달라지지 않는다.
  ❹ 스튜던트화 잔차 대부분이 ± 2 범위 내에 분포한다.

7.2 로지스틱 회귀모형

■ 설명변수가 하나인 로지스틱 회귀모형

- 반응변수 Y가 범주형 변수이고 설명변수가 x일 때 다음과 같이 조건부확률 $\mathrm{P}(Y=1|x)$를 목표변수로 하는 로지스틱 회귀모형을 적용할 수 있다.

$$\mathrm{P}(Y=1|x) = \frac{1}{1+e^{-(\alpha+\beta x)}}$$

  우변의 로지스틱 함숫값이 클수록 반응변수가 1일 확률이 높다고 해석한다.

■ 설명변수가 여러 개인 로지스틱 회귀모형

- 반응변수 Y가 범주형 변수이고 설명변수가 $x_1,\ x_2,\ \cdots,\ x_n$일 때 다음과 같이 조건부확률 $\mathrm{P}(Y=1|x_1,\ x_2,\ \cdots,\ x_n)$을 목표변수로 하는 로지스틱 회귀모형을 적용할 수 있다.

$$\mathrm{P}(Y=1|x) = \frac{1}{1+e^{-(\alpha+\beta_1 x_1+\beta_2 x_2+\cdots+\beta_k x_k)}}$$

  우변의 로지스틱 함숫값이 클수록 반응변수가 1일 확률이 높다고 해석한다.

CHAPTER

07 연습문제

1. 단순회귀모형 $Y_i = \alpha + \beta x_i + \epsilon_i$ (단, $i=1,\ 2,\ \cdots,\ n$)에 대한 설명이 참인지 판단하라.

(a) 상수항 α와 회귀계수 β는 최소제곱법을 이용하여 추정할 수 있다.

(b) 오차항의 분산 $\mathrm{Var}(\epsilon_i)$는 i에 따라 달라질 수 있다고 가정한다.

(c) 최소제곱법을 사용하기 위해서는 설명변수 x_i (단, $i=1,\ 2,\ \cdots,\ n$)들이 서로 독립인 확률변수이어야 한다.

(d) 잔차는 관측값 $(x_i,\ y_i)$에서 추정된 회귀직선 $\hat{y} = \hat{\alpha} + \hat{\beta} x$까지의 수직거리이다.

2. 단순회귀모형에서 $\alpha = 0$으로 가정할 때 이를 **절편이 없는 회귀모형**이라 한다. 절편이 없는 회귀모형에서 회귀계수 β를 최소제곱법으로 추정할 때 회귀계수 β의 추정량을 구하라.

3. 관측값 $(x_i,\ y_i)$에 대해 단순회귀모형 $Y_i = \alpha + \beta x_i + \epsilon_i$를 적용하려 한다(단, $i=1,\ 2,\ \cdots,\ 10$). $\sum_{i=1}^{10} x_i = 20$, $\sum_{i=1}^{10} y_i = 30$, $\sum_{i=1}^{10} x_i^2 = 100$, $\sum_{i=1}^{10} x_i y_i = 150$일 때 다음 값을 구하라.

(a) $s_{xx} = \sum_{i=1}^{n} (x_i - \bar{x})^2$

(b) $s_{xy} = \sum_{i=1}^{n} (x_i - \bar{x})(y_i - \bar{y})$

(c) 회귀계수 $\hat{\beta}$

(d) 상수항 $\hat{\alpha}$

4. 단순회귀모형 $Y_i = \alpha + \beta x_i + \epsilon_i$(단, $i=1,\ 2,\ \cdots,\ n$)에서 상수항의 추정값은 $\hat{\alpha} = 2$, 회귀계수는 $\hat{\beta} = 3$으로 주어졌다. $\bar{x}$ 값이 4일 때 $\bar{y}$ 값을 구하라.

5. 관측값 $(x_i,\ y_i)$에 단순회귀모형 $Y_i = \alpha + \beta x_i + \epsilon_i$를 적용하여 반응변수의 추정값 $\hat{y}_i$를 구했다(단, $i=1,\ 2,\ \cdots,\ n$). 총제곱합이 75이고 $\sum_{i=1}^{n} y_i = 15$, $\sum_{i=1}^{n} y_i^2 = 90$, $\sum_{i=1}^{n} \hat{y}_i^2 = 60$일 때 다음 값을 구하라.

(a) 결정계수

(b) 귀무가설 $H_0 : \beta = 0$과 대립가설 $H_1 : \beta \neq 0$에 대한 유의성검정에서의 F-값

(c) 유의확률(p-값)

6. 자동차의 속력과 제동거리는 양의 상관관계가 있는 것으로 알려져 있다. 자동차의 속력 x_i와 제동거리 Y_i 사이의 관계를 단순회귀모형 $Y_i = \alpha + \beta x_i + \epsilon_i$로 표현하려 한다(단, $i=1, 2, \cdots, n$). 관측값은 다음과 같고 속력의 단위는 mph, 제동거리의 단위는 ft이다.

$$n=50, \quad \sum_{i=1}^{n} x_i = 770, \quad \sum_{i=1}^{n} y_i = 2149$$
$$\sum_{i=1}^{n} x_i^2 = 13228, \quad \sum_{i=1}^{n} y_i^2 = 124903, \quad \sum_{i=1}^{n} x_i y_i = 38482$$

(a) α, β의 추정값을 구하라.

(b) 총제곱합을 회귀제곱합과 오차제곱합으로 분해하라.

(c) 분산분석표를 작성하라.

(d) 유의수준 5%에서 귀무가설 H_0 : $\beta = 0$과 대립가설 H_1 : $\beta \neq 0$에 대한 유의성검정 결과를 제시하라.

7. 소득이 높을수록 수명이 길 것으로 짐작할 수 있다. 소득 x_i와 수명 Y_i 사이의 관계를 단순회귀모형 $Y_i = \alpha + \beta x_i + \epsilon_i$로 표현하려 한다(단, $i=1, 2, \cdots, n$). 1977년 미국 각 주의 1인당 평균 소득과 수명에 대한 관측값을 요약하면 다음과 같다. 여기서 소득의 단위는 천 달러, 수명의 단위는 년이다.

$$n=50, \quad \sum_{i=1}^{n} x_i = 221.79, \quad \sum_{i=1}^{n} y_i = 3543.93$$
$$\sum_{i=1}^{n} x_i^2 = 1002.317174, \quad \sum_{i=1}^{n} y_i^2 = 251277.1, \quad \sum_{i=1}^{n} x_i y_i = 15733.917$$

(a) α, β의 추정값을 구하라.

(b) 총제곱합을 회귀제곱합과 오차제곱합으로 분해하라.

(c) 분산분석표를 작성하라.

(d) 유의수준 5%에서 귀무가설 H_0 : $\beta = 0$과 대립가설 H_1 : $\beta \neq 0$에 대한 유의성검정 결과를 제시하라.

8. 로그변환한 동물의 몸무게 x_i와 뇌무게 Y_i 사이의 관계를 단순회귀모형 $Y_i = \alpha + \beta x_i + \epsilon_i$로 표현하려 한다(단, $i=1, 2, \cdots, n$). 몸무게와 뇌무게를 로그변환했을 때의 관측값은 다음과 같다. 여기서 몸무게의 단위는 kg, 뇌무게의 단위는 g이다.

$$n = 28, \quad \bar{y} = 4.4, \quad \sum_{i=1}^{n} y_i^2 = 704, \quad \sum_{i=1}^{n} \hat{y}_i^2 = 643$$

(a) 총제곱합, 회귀제곱합, 오차제곱합을 구하라.
(b) 분산분석표를 작성하라.

9. 오존(O_3)은 온도가 높을 때 질소화합물과 휘발성유기화합물이 강한 햇빛에 의해 광화학반응을 일으켜 생성되는 것으로 알려져 있다. 온도 x_i와 오존농도 Y_i 사이의 관계를 단순회귀모형 $Y_i = \alpha + \beta x_i + \epsilon_i$로 표현하려 한다(단, $i=1, 2, \cdots, n$). 관측값은 다음과 같고 온도의 단위는 °F, 오존농도의 단위는 ppb이다.

$$\bar{x} = 77.8, \quad \bar{y} = 42.1, \quad \sum_{i=1}^{n} (x_i - \bar{x})^2 = 9990$$

총제곱합(SST) 121802, 결정계수 r^2 0.488

(a) 오차제곱합(SSE)를 구하라.
(b) 온도와 오존농도가 양의 상관관계를 가진다고 가정할 때 α, β의 추정값을 구하라.

10. 차량의 배기량이 클수록 연비는 낮을 것으로 예상할 수 있다. 배기량 x_i와 연비 Y_i 사이의 관계를 단순회귀모형 $Y_i = \alpha + \beta x_i + \epsilon_i$로 표현하려 한다(단, $i=1, 2, \cdots, n$). 분산분석표가 [코드 7-9]와 같을 때 물음에 답하라. 여기서 배기량의 단위는 $inch^3$, 연비의 단위는 갤런당 주행거리(mile)이다.

표 7-9 배기량과 연비에 대한 단순회귀모형의 분산분석표

요인	제곱합	자유도	평균제곱 (제곱합/자유도)	F-값	p-값 (유의확률)
회귀	808	1	808.0	76.2	0.000000
잔차	318	30	10.6		
합계	1126	31			

(a) 결정계수 r^2 값을 구하라.
(b) 배기량과 연비는 음의 상관관계를 가진다. $s_{xx} = \sum_{i=1}^{n} (x_i - \bar{x})^2 = 476185$일 때 회귀계수 β의 추정값 $\hat{\beta}$을 구하라.

11. 설명변수 x_i와, 0 또는 1 값을 가지는 범주형 반응변수 Y_i 사이의 관계를 로지스틱 회귀모형 $\mathrm{P}(Y_i=1|x)=\dfrac{1}{1+e^{-(\alpha+\beta x_i)}}$로 나타낼 때 다음 설명이 참인지 판단하라. 단, $i=1,\ 2,\ \cdots,\ n$이다.

(a) $\alpha=-\dfrac{\mu}{s}$, $\beta=\dfrac{1}{s}$일 때 $\mathrm{P}(Y=1|x)=\dfrac{1}{1+e^{-(x_i-\mu)/s}}$로 표현할 수 있다.

(b) $\beta>0$일 때 $\dfrac{\mathrm{P}(Y=1|x)}{\mathrm{P}(Y=0|x)}$는 x의 증가함수이다.

(c) $p=\mathrm{P}(Y=1|x)$라 할 때 $\mathrm{P}(Y=y|x)=p^y(1-p)^{1-y}$이다.

(d) $\alpha+\beta x_i$ 값이 작을수록 $\mathrm{P}(Y_i=1|x)=\dfrac{1}{1+e^{-(\alpha+\beta x_i)}}$ 값이 커진다.

CHAPTER

07 파이썬 실습문제

7.1 [코드 7-37]과 같이 [연습문제 6]의 데이터를 가져와, 설명변수 x1과 반응변수 y를 생성하자.

코드 7-37

```
import statsmodels.api as sm
cars = sm.datasets.get_rdataset("cars")
x1 = sm.add_constant(cars.data.speed)
y = cars.data.dist
```

(a) 단순회귀모형을 작성하여 [연습문제 6]의 결과를 확인하라.

(b) 스튜던트화 잔차를 구하고 잔차그림을 그려 단순회귀모형이 적절한지 확인하라.

7.2 [코드 7-38]과 같이 [연습문제 8]~[연습문제 10]의 데이터를 불러와 설명변수와 반응변수를 생성할 수 있다. 참고로 [연습문제 9]의 경우 관측값에 결측값(NaN)이 포함되어 있으므로 결측값이 있는 행을 삭제하기 위해 dropna() 메서드를 추가했다. 각 데이터의 스튜던트화 잔차를 구하고 잔차그림을 그려 단순회귀모형이 적절한지 확인하라.

코드 7-38

```
import statsmodels.api as sm
# 연습문제 8
animals = sm.datasets.get_rdataset("Animals", "MASS")
x8 = sm.add_constant(np.log(animals.data.body))
y8 = np.log(animals.data.brain)
# 연습문제 9
airq = sm.datasets.get_rdataset("airquality")
airqdat = airq.data.dropna()
x9 = sm.add_constant(airqdat.Temp)
y9 = airqdat.Ozone
# 연습문제 10
mtcars = sm.datasets.get_rdataset("mtcars")
x10 = sm.add_constant(mtcars.data.disp)
y10 = mtcars.data.mpg
```

7.3 [연습문제 9]의 대기질 데이터(airquality)에 기온(Temp)뿐만 아니라 바람의 세기(Wind), 햇빛의 강도(Solar.R)를 설명변수에 포함해서 중회귀모형을 적용하려 한다. 파이썬 명령문을 작성하고 실행 결과를 설명하라.

7.4 [연습문제 10]의 차량 연비 데이터(mtcars)에 배기량(disp)뿐만 아니라 마력(hp), 차량의 무게(wt), $\frac{1}{4}$마일을 이동하는 데 걸린 시간(qsec)도 설명변수로 추가하여 중회귀모형을 적용하려 한다. 파이썬 명령문을 작성하고 실행 결과를 설명하라.

7.5 나이가 많아질수록 심장병 위험이 높아지는 것으로 알려져 있다. UCI 머신러닝 저장소UCI Machine Learning Repository의 심장병 데이터를 이용하여 심장병 발병 여부를 예측하기 위한 로지스틱 회귀모형을 작성하려 한다. 데이터는 [코드 7-39]와 같이 불러올 수 있다.

코드 7-39

```
!pip install ucimlrepo
from ucimlrepo import fetch_ucirepo
heart_disease = fetch_ucirepo(id=45)
heart = heart_disease.data.features
y = heart_disease.data.targets != 0
import statsmodels.api as sm
x1 = sm.add_constant(heart.age)
```

(a) 나이(age)를 설명변수로, 심장병 발병 여부(target)를 반응변수로 하는 로지스틱 회귀모형을 작성하라. 파이썬 명령문을 제시하고 예측 결과를 설명하라.

(b) 안정 시 혈압(trestbps)과 심박수(thalach)를 설명변수로, 심장병 발병 여부를 반응변수로 하는 로지스틱 회귀모형을 작성하라. 파이썬 명령문을 제시하고 예측 결과를 설명하라.

MEMO

CHAPTER

08

기계학습의 기초

CONTENTS

학습목표

- 분류분석의 기본 개념과 분류모형의 특징을 이해한다.
- 분류 결과의 평가와 교차검증 방법을 익힌다.
- 군집분석을 위한 비유사성의 개념과 계층적 군집분석 방법을 익힌다.

이 장에서 배우는 내용은?

지금까지 살펴본 통계분석 방법은 데이터의 분포에 대한 가정을 바탕으로 확률이론에 따라 도출된 것이다. 그러나 실생활에서 관찰되는 데이터 중에는 분포에 대한 가정을 세우기 어렵거나 최소한의 가정만 할 수 있는 경우도 많다. 이러한 데이터를 다루는 다수의 기계학습 방법은 주로 새로운 관측값을 예측하는 데 중점을 두고 있다.

기계학습(ML) machine learning 또는 **머신러닝**은 크게 지도학습과 비지도학습, 강화학습으로 구분한다. **지도학습** supervised learning은 **목표변수** target variable가 주어진 상태에서 목표변수를 잘 예측할 수 있는 설명변수들의 모형을 구축하는 방법으로, 회귀분석과 분류분석이 이에 해당한다. **비지도학습** unsupervised learning은 지도학습과 달리 목표변수가 주어지지 않은 상태에서 설명변수만을 이용해 데이터의 구조를 분석하는 방법으로, 군집분석이나 차원축소 등이 대표적이다. **강화학습** reinforcement learning은 바람직한 선택에 대한 보상을 통해 시행착오 과정을 반복함으로써 최적의 해를 찾아가는 학습 방법이다. 이 장에서는 기계학습의 대표적인 분야인 분류분석과 군집분석을 중심으로 살펴본다.

SECTION 8.1 분류분석

7.2절에서 살펴본 로지스틱 회귀모형은 설명변수를 이용하여 범주형 목표변수[1]를 예측하는 통계적 방법이다. 이렇게 설명변수를 이용하여 범주형 반응변수 값을 예측하는 분석 방법을 **분류분석**classification analysis이라 한다. 예를 들어 7장에서는 종양 세포의 반지름과 같은 설명변수를 이용해 종양의 종류(양성과 악성)를 예측하는 분류모형을 작성했다. 이와 유사하게 메일에 포함된 단어나 특수문자 등의 특징을 이용해 정상메일과 스팸메일을 구별하거나, 이미지에 포함된 사물의 종류를 식별하고 기사 내용을 기반으로 주제를 판별하는 문제 등도 모두 분류분석 문제에 해당한다.

단순회귀모형 역시 설명변수를 통해 반응변수를 예측한다는 점에서 유사하지만 단순회귀모형의 반응변수는 연속형 확률변수이고 분류모형의 반응변수는 범주형 변수라는 점에서 차이가 있다.

k-최근접이웃 알고리즘

k-최근접이웃(kNN)$_{k\text{-nearest neighbors}}$ 분류모형은 분류 대상이 되는 점 x와 거리가 가장 가까운 k개의 관측값을 택해서 이 관측값들이 속한 범주 중 가장 많이 나타나는 범주로 점 x의 범주를 예측하는 방법이다. kNN 분류모형은 로지스틱 회귀모형처럼 간단한 함수 형태로 표현할 수는 없지만, 분류의 기본 개념이 직관적이고 이해하기 쉽다. 또한 다양한 형태로 변형하여 활용할 수 있다는 장점이 있다.[2]

kNN 분류모형을 구체적으로 이해하기 위해 [그림 8-1]을 살펴보자. (a)에서 점 x는 $k=3$일 때 검은색 마름모, $k=5$일 때 흰색 원, $k=7$일 때 다시 검은색 마름모로 분류된다. (b)에서 점 x는 $k=3$ 또는 $k=5$일 때 흰색 원, $k=7$일 때 검은색 마름모로 분류된다. 이렇게 두 범주의 경계에 위치한 점들은 k 값에 따라 분류 결과가 달라질 수 있다.

---

1 목표변수와 반응변수는 비슷한 의미로 사용된다.

2 kNN 분류모형의 경우 데이터가 밀집된 부분에서는 상대적으로 가까운 거리 내에 k개의 관측값이 포함되지만, 데이터가 희소한 부분에서는 상대적으로 먼 거리의 관측값이 k개 포함되어 있을 수 있다. 다만 거리가 멀수록 동일한 속성을 가진다고 보기 어려운 경우에는 관측값 개수를 사용하는 대신, 일정한 반지름 r 이내의 관측값만을 이용하거나 거리의 역수를 가중치로 부여하는 등 다양하게 변형된 kNN 분류모형을 고려할 수 있다.

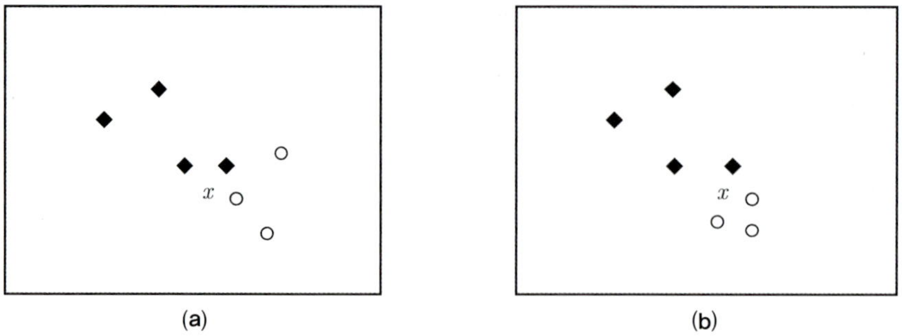

그림 8-1 kNN 분류모형

■ 피셔의 붓꽃 데이터와 kNN 분류모형

이제 R. A. 피셔(R. A. Fisher, 1890~1962)의 붓꽃iris 데이터를 이용하여 kNN 모형을 살펴보자. 붓꽃에는 여러 세부 종이 포함되는데 세토사setosa, 버시컬러versicolor, 버지니카virginica 등이 그 예이다. 이 데이터는 세 종의 붓꽃 각각 50송이씩 총 150송이에 대해 꽃잎의 길이와 너비, 꽃받침의 길이와 너비 등을 측정한 것이며 기계학습 예제로 자주 사용된다. 즉 이 데이터는 설명변수가 네 개, 붓꽃의 종류가 목표변수인 구조를 가진다.

이 데이터를 쉽게 이해할 수 있도록 꽃잎petal의 길이와 너비 두 설명변수만 사용하여 분류분석을 진행해보자. [그림 8-2]와 같이 세토사는 다른 종과 뚜렷하게 구분된다. 하지만 버시컬러와 버지니카는 일부 개체가 서로 겹쳐 명확하게 구분하기 어렵다. 따라서 세토사를 제외하고 버시컬러와 버지니카 두 종에 대해서만 분류모형을 적용한다.

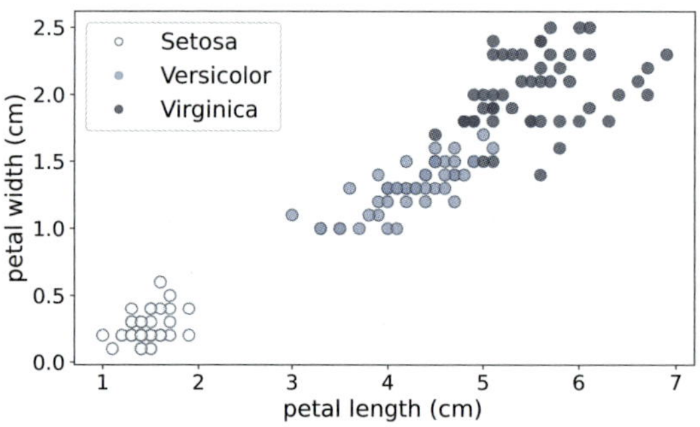

그림 8-2 붓꽃 데이터의 산점도

kNN 분류모형에서는 k 값의 크기에 따라 분류 결과가 달라질 수 있다.[3] k 값이 작으면 소수의 관측값에 의해 분류 결과가 결정되므로 분류모형의 경계가 급격하게 변한다. 반면에 k 값이 크면 분류모형의 경계가 완만하고 안정적이다.

3 kNN 분류모형의 k와 같이 사전에 지정해야 하는 변수를 **초매개변수**hyperparameter라 한다.

붓꽃 데이터에 [코드 8-1]과 같은 kNN 분류모형을 적용한 결과를 살펴보자. 여기서 분류 대상은 버시컬러와 버지니카 두 종의 붓꽃 50송이씩으로 모두 100송이이다. 분류 결과는 분류모형으로 예측한 목표변수 값과 실제 목표변수를 비교하여 확인할 수 있다. $k=3$인 kNN 분류모형(3NN 분류모형)을 적용하면, 즉 관심의 대상이 되는 점에서 가장 가까운 세 개의 관측값을 이용하여 범주를 예측하면 [표 8-1] 및 [그림 8-3]과 같은 결과를 얻는다.

코드 8-1

```
import numpy as np
from sklearn.datasets import load_iris
from sklearn.neighbors import KNeighborsClassifier as kNN
iris = load_iris(as_frame=True)
irisdf = iris.frame
irisdf2 = irisdf.iloc[50:,2:]
y2 = iris.target[50:]
iris3nn = kNN(n_neighbors=3)
iris3nn.fit(irisdf2.iloc[:,:2], y2)
class_3nn = iris3nn.predict(irisdf2.iloc[:,:2])
pd.crosstab(class_3nn, y2)
```

표 8-1 3NN 분류 결과의 분할표

	목표변수		
예측	**1**	**2**	**합계**
1	49	1	50
2	1	49	50
합계	50	50	100

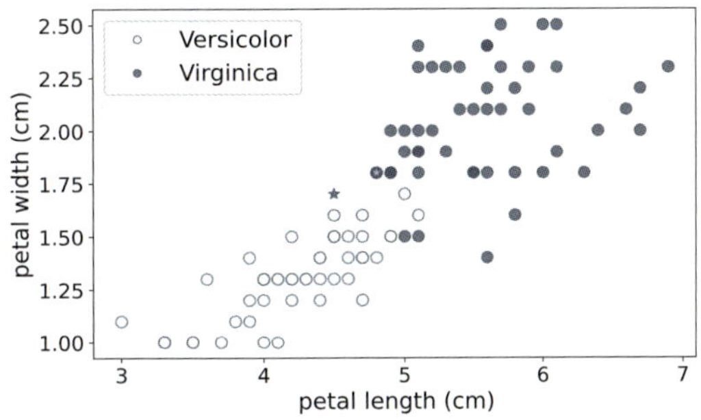

그림 8-3 3NN 분류 결과의 산점도

[표 8-1]에 따르면 '1'로 표현된 버시컬러는 50송이 중 49송이를 바르게 예측했고 1송이는 잘못 예측되었다. '2'로 표현된 버지니카도 50송이 중 49송이를 바르게 예측했고 1송이는 잘못 예측되었다. 따라서 전체적으로는 100송이 중 98송이를 바르게 예측한 셈이다. [그림 8-3]의 산점도에서는 각 관측값의 예측 결과를 시각적으로 확인할 수 있다. 목표변수 값과 예측값이 일치하는 바르게 예측된 점은 원(○)으로, 일치하지 않아 오분류된 관측값은 별표(★)로 표현되었다. 두 종의 경계 부근에서 다른 종의 붓꽃이 가깝게 분포한 관측값들이 주로 오분류된 것을 확인할 수 있다.

다음으로 관심의 대상이 되는 점에서 가장 가까운 관측값 7개로 범주를 예측하는 7NN 모형의 예측 결과를 살펴보자. [표 8-2] 및 [그림 8-4]에서 3NN 모형보다 오분류가 늘어난 것을 확인할 수 있다.

코드 8-2

```
iris7nn = kNN(n_neighbors=7)
iris7nn.fit(irisdf2.iloc[:,:2], y2)
class_7nn = iris7nn.predict(irisdf2.iloc[:,:2])
pd.crosstab(class_7nn, y2)
```

표 8-2 7NN 분류 결과의 분할표

	목표변수		
예측	1	2	합계
1	48	3	51
2	2	47	49
합계	50	50	100

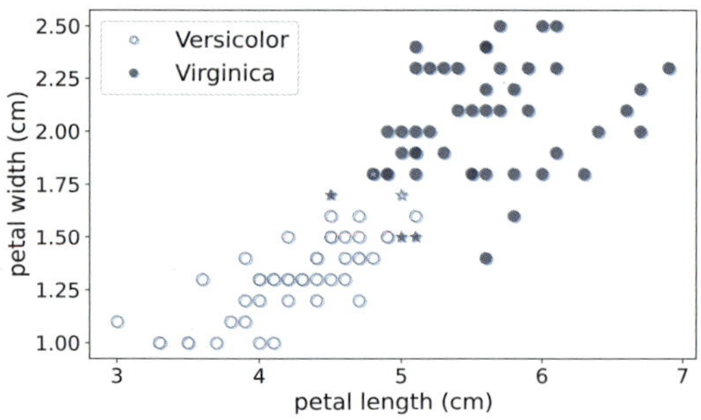

그림 8-4 7NN 분류 결과의 산점도

다만 k 값이 커질 때 예측 결과가 악화되는 현상이 일반적인 것은 아니다. 데이터의 분포나 특성에 따라서는 k 값이 클수록 예측 결과가 더 좋아질 수도 있다.

특히 이 예에서는 확인 대상이 되는 점 x의 범주를 예측할 때 x도 포함했는데, $k=3$일 때 x를 제외한 두 관측값 중 단 하나만 x와 동일한 범주에 있어도 오분류되지 않는다. 예를 들어 점 $(5.0, 1.5)$와 $(5.1, 1.5)$는 버지니카 종으로 3NN에서는 바르게 분류되었지만, 7NN에서는 오분류되었다. 이는 3NN 분류 시 자기 자신을 포함해 분류모형이 작성되었기 때문이다. 극단적으로 $k=1$인 경우에는 훈련용 데이터에서 모든 관측값을 정확하게 분류할 수 있다. 이러한 문제점은 이후에 언급할 '과적합'에서 다룬다.

파이썬 실습 8-1 *k*NN 분류모형

❶ 데이터 입력

7.2절의 로지스틱 회귀모형에서 사용한 WDBC 데이터에 kNN 분류모형을 적용하여 종양 세포가 양성인지 악성인지 예측해보자. 다중 로지스틱 회귀모형에서와 같이 종양 세포의 평균값과 관련된 10개 변수를 모두 이용하여 모형을 작성한다.

데이터는 sklearn.datasets의 load_breast_cancer() 함수를 이용해 불러오고 wbc라는 이름으로 저장한다. [코드 7-22]와 마찬가지로 wbc.data의 0열~9열을 불러온 후, 값이 0인 관측값은 0.001로 대체한 뒤 로그변환한다. 그다음 sm.add_constant() 함수를 이용해 1벡터를 추가하고, x1이라는 이름의 데이터프레임을 생성한다. 반응변수에 해당하는 target은 악성=1로, 양성=0으로 변환하여 y에 저장한다.

코드 8-3

```
import numpy as np
import pandas as pd
import matplotlib.pyplot as plt
import statsmodels.api as sm
from sklearn.datasets import load_breast_cancer
wbc = load_breast_cancer(as_frame=True)
x = wbc.data.iloc[:,0:10]
x = x.replace(0, 0.001)
x = np.log(x)
x1 = sm.add_constant(x)
y = 1 - wbc.target
```

입력된 데이터를 산점도로 표현하기 위해 [코드 8-4]를 실행한다. 10개의 설명변수 중 반지름(radius)과 질감(texture)에 해당하는 x의 0열과 1열을 불러와 산점도를 작성한다.[4] c=y로 지정하여 목표변수의 범주에 따라 관측값의 도형 색이 달라지도록 하고, 색상은 cmap="Blues" 옵션을 사용해 악성종양 세포는 남색, 양성종양 세포는 밝은 하늘색에 가까운 색으로 표현되도록 설정한다.[5]

코드 8-4

```
plt.scatter(x.iloc[:,0],x.iloc[:,1], c=y, marker="o", s=40, cmap="Blues")
plt.xlabel(x.columns[0])
plt.ylabel(x.columns[1])
```

[그림 8-5]의 산점도에서 확인할 수 있듯이 종양의 반지름과 질감 값이 클수록 악성종양 세포인 경우가 많고, 두 값이 작을수록 양성종양 세포일 가능성이 높다. 그러나 두 변수만으로는 악성과 양성을 명확하게 구분하기 어려운 관측값도 다수 존재한다.

4 변수를 두 개씩 짝지어 산점도 행렬을 작성하려면 seaborn 라이브러리의 pairplot() 함수를 사용한다.
5 cmap은 사용자가 임의로 변경할 수 있는 색상표 옵션이다.

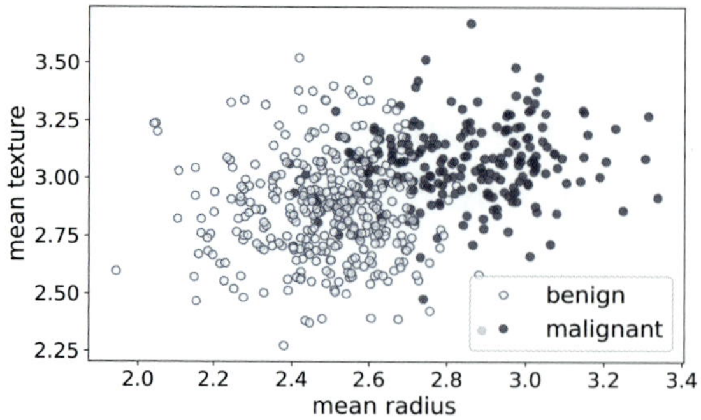

그림 8-5 WDBC 데이터의 산점도(반지름과 질감)

❷ kNN 분류모형의 적용

[코드 8-5]는 sklearn.neighbors의 KNeighborsClassifier() 함수를 kNN()이라는 이름으로 불러온 후, $k=3$으로 지정한 wbc3nn 인스턴스를 생성한다. 다음으로 설명변수 x와 목표변수 y를 wbc3nn.fit() 함수에 입력하여 kNN 분류모형을 작성한다. 이렇게 생성된 분류모형에 설명변수 x를 입력하고, 예측 결과와 실제 목표변수를 비교하는 이차원분할표를 출력한다.

코드 8-5

```
from sklearn.neighbors import KNeighborsClassifier as kNN
wbc3nn = kNN(n_neighbors=3)
wbc3nn.fit(x, y)
class_3nn = wbc3nn.predict(x)
pd.crosstab(class_3nn, y)
```

[코드 8-5]의 k를 3, 5, 7 등으로 바꾸어가면서 확인한 결과, k 값의 변화에 따른 차이는 크지 않았으며 전반적으로 높은 분류 정확도를 보였다. [표 8-3]을 참고하라.

표 8-3 분류 결과의 분할표

$k=3$

	목표변수		
예측	1	2	합계
1	347	11	358
2	10	201	211
합계	357	212	569

$k=5$

	목표변수		
예측	1	2	합계
1	344	11	355
2	13	201	214
합계	357	212	569

$k=7$

	목표변수		
예측	1	2	합계
1	346	11	357
2	11	201	212
합계	357	212	569

지금까지 살펴본 예에서와 같이 각 변수의 분산 차이가 크지 않으면 관측값을 변환 없이 사용해도 되지만 변수의 분산 차이가 큰 경우에는 분산이 큰 변수가 관측값 사이의 거리 측정에 과한 영향을 미칠 수 있으므로 변수를 표준화해서 사용하는 것이 바람직하다.

분류나무모형

분류나무모형classification tree은 상위 집단을 하위 집단으로 반복적으로 분할해가는 과정을 통해 구현된다. 이때의 목표는 하위 집단의 목표변수 값이 최대한 동질적이 되도록 분할하는 것이다. 분할된 하위 집단 내의 모든 관측값은 해당 집단에서 가장 많이 나타나는 범주로 분류한다. 분할 기준은 설명변수를 이용하되, 한 번 분할할 때마다 설명변수를 하나만 사용한다. 예를 들어 [그림 8-3]의 붓꽃 데이터에서는 꽃잎의 길이와 너비 중 하위 집단을 최대한 동질적으로 나눌 수 있는 설명변수를 하나 선택하여 그 값을 기준으로 분할 경계선을 설정한다. 따라서 하위 집단의 경계선은 [그림 8-7]에서 볼 수 있듯이 수평선 또는 수직선으로 표현된다.

■ 지니 지수

집단의 동질성을 측정하기 위해서는 **지니 지수**Gini index, **엔트로피**entropy 등의 불순도impurity 지표를 사용한다. k개의 범주가 있는 집단에서 i번째 범주에 속하는 관측값 비중을 p_i라 하면 지니 지수는 다음과 같이 정의된다.

$$\sum_{i=1}^{k} p_i(1-p_i)$$

여기서 $1-p_i$는 i번째 범주에 속하지 않는 관측값의 비중이다. 모든 범주의 비중을 더하면 항상 $\sum_{i=1}^{k} p_i = 1$이므로 지니 지수는 다음과 같이 표현할 수도 있다.

$$\sum_{i=1}^{k} p_i(1-p_i) = 1 - \sum_{i=1}^{k} p_i^2$$

목표변수가 두 범주로 이루어진 경우 첫 번째 범주에 해당되는 관측값의 비중을 p_1이라 하면 두 번째 범주에 해당되는 관측값의 비중은 $p_2 = 1 - p_1$이므로 지니 지수는 다음과 같다.

$$2p_1(1-p_1) = 2p_2(1-p_2)$$

$0 \le p_1 \le 1$이므로 지니 지수는 $p_1 = \frac{1}{2}$일 때 최대이고 $p_1 = 0$ 또는 $p_1 = 1$일 때 최소이다. 즉 $p_1 = \frac{1}{2}$일 때는 두 범주에 해당하는 관측값이 고르게 섞여 불순도가 가장 높고, $p_1 = 0$ 또는 $p_1 = 1$일 때는 순수하게 한 범주의 관측값만 존재하므로 불순도가 가장 낮다.

[그림 8-6]의 두 집단은 모두 20개의 관측값으로 구성되어 있다. (a)는 ○이 18개, ★가 2개이므로 지니 지수 값은 $2 \cdot \frac{1}{10} \cdot \frac{9}{10} = 0.18$이다. (b)는 ○이 10개, ★가 10개이므로 지니 지수 값은 $2 \cdot \frac{1}{2} \cdot \frac{1}{2} = 0.5$이다. 즉 불순도가 낮은 집단은 지니 지수 값이 작고, 불순도가 높은 집단은 지니 지수 값이 크다.

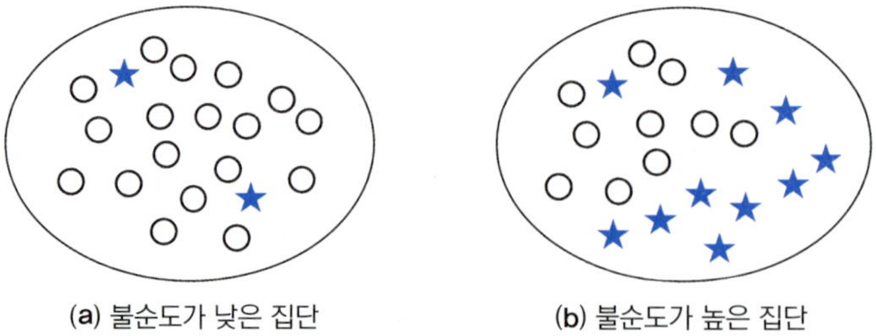

그림 8-6 **불순도가 낮은 집단과 높은 집단**

예제 8-1

범주가 두 개인 다음 집합 중 지니 지수가 가장 작은 집합을 구하라.

(a) 범주 1에 해당하는 관측값이 5개, 범주 2에 해당하는 관측값이 10개인 집합

(b) 범주 1에 해당하는 관측값이 8개, 범주 2에 해당하는 관측값이 7개인 집합

(c) 범주 1에 해당하는 관측값이 12개, 범주 2에 해당하는 관측값이 3개인 집합

풀이

범주가 두 개인 경우 첫 번째 범주에 해당하는 관측값의 비중을 p_1, 두 번째 범주에 해당하는 관측값의 비중을 p_2라 하면 $p_1 = 1 - p_2$이므로 지니 지수는 다음과 같다.

$$p_1(1-p_1) + p_2(1-p_2) = 2p_1(1-p_1)$$

각 경우의 지니 지수 값은 다음과 같다.

(a) $2 \cdot \frac{5}{15} \cdot \frac{10}{15} = \frac{4}{9}$

(b) $2 \cdot \frac{8}{15} \cdot \frac{7}{15} = \frac{112}{225}$

(c) $2 \cdot \frac{12}{15} \cdot \frac{3}{15} = \frac{8}{25}$

따라서 지니 지수 값이 가장 작은 집합은 (c)이다.

예제 8-2

범주가 세 개인 다음 집합 중 지니 지수가 가장 작은 집합을 구하라.

(a) 범주 1에 해당하는 관측값이 5개, 범주 2에 해당하는 관측값이 10개, 범주 3에 해당하는 관측값이 5개인 집합

(b) 범주 1에 해당하는 관측값이 8개, 범주 2에 해당하는 관측값이 7개, 범주 3에 해당하는 관측값이 5개인 집합

(c) 범주 1에 해당하는 관측값이 12개, 범주 2에 해당하는 관측값이 3개, 범주 3에 해당하는 관측값이 5개인 집합

풀이

범주가 세 개인 경우 i(단, $i=1,\ 2,\ 3$)번째 범주에 해당하는 관측값의 비중을 p_i라 하면 $p_1+p_2+p_3=1$이고 지니 지수는 다음과 같다.

$$p_1(1-p_1)+p_2(1-p_2)+p_3(1-p_3)$$

각 경우의 지니 지수 값은 다음과 같다.

(a) $\frac{5}{20}\cdot\frac{15}{20}+\frac{10}{20}\cdot\frac{10}{20}+\frac{5}{20}\cdot\frac{15}{20}=\frac{5}{8}$

(b) $\frac{8}{20}\cdot\frac{13}{20}+\frac{7}{20}\cdot\frac{13}{20}+\frac{5}{20}\cdot\frac{15}{20}=\frac{27}{40}$

(c) $\frac{12}{20}\cdot\frac{8}{20}+\frac{3}{20}\cdot\frac{17}{20}+\frac{5}{20}\cdot\frac{15}{20}=\frac{111}{200}$

따라서 지니 지수 값이 가장 작은 집합은 (c)이다.

■ 분류나무모형의 작성

지니 지수를 이용하여 붓꽃을 분류하는 분류나무모형을 생성해보자. 붓꽃 데이터를 이용한 kNN 분류모형과 같이 두 설명변수, 즉 꽃잎의 길이와 너비만 있다고 가정하고 세토사를 제외한 버시컬러와 버지니카만 분류하는 모형을 작성한다. 전체 집단을 두 집단으로 분할할 때는 분할된 두 하위 집단의 지니 지수 G_1, G_2를 각 하위 집단의 비중 w_1, w_2로 가중평균한 값 $w_1\mathrm{G}_1+w_2\mathrm{G}_2$가 가장 작아지도록 하는 점(분할 기준)을 찾는다. 각 변수에 의한 분할 결과는 [표 8-4]와 같다. 여기서 분할 기준 값(4.75cm, 1.75cm)은 꽃잎 길이나 너비를 변화시키며 계산한 지니 지수 값이 최소가 되게 하는 꽃잎의 길이 또는 너비이다.

표 8-4 꽃잎 길이와 너비에 따른 분할 결과와 지니 지수

분할 기준	하위 집단 구분	버시컬러 (송이)	버지니카 (송이)	지니 지수
꽃잎 길이 4.75cm	≤ 4.75cm	44	1	$2\cdot\frac{44}{45}\cdot\frac{1}{45}=0.043$
	>4.75cm	6	49	$2\cdot\frac{49}{55}\cdot\frac{6}{55}=0.194$
꽃잎 너비 1.75cm	≤ 1.75cm	49	5	$2\cdot\frac{49}{54}\cdot\frac{5}{54}=0.168$
	>1.75cm	1	45	$2\cdot\frac{45}{46}\cdot\frac{1}{46}=0.043$

하위 집단의 개체 수를 기준으로 가중평균한 지니 지수 값은 다음과 같다.

- 꽃잎 길이를 기준으로 분할 : $0.45\cdot0.043+0.55\cdot0.194=0.126$
- 꽃잎 너비를 기준으로 분할 : $0.54\cdot0.168+0.46\cdot0.043=0.110$

따라서 첫 번째 분할은 꽃잎 너비 1.75cm 기준으로 이루어진다. 꽃잎의 길이와 너비를 기준으로 분할했을 때의 결과를 시각화하면 [그림 8-7]과 같다. 여기서 별표(★)는 오분류된 관측값을 나타낸다.

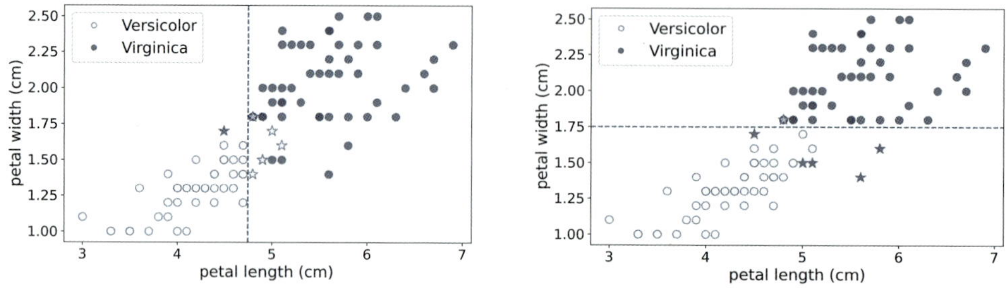

(a) 꽃잎 길이 기준 분할

(b) 꽃잎 너비 기준 분할

그림 8-7 붓꽃 데이터의 첫 번째 분할 결과

이렇게 분할로 생성된 두 하위 집단을 살펴보자. [그림 8-7(b)]에 따르면 꽃잎 너비 1.75cm를 기준으로 분할한 경우 버지니카 종의 다섯 개 관측값이 꽃잎 너비 1.75cm 이하로, 버시컬러가 다수인 집단에 포함되어 있다. 반대로 버시컬러 종의 관측값 하나는 버지니카가 다수인 집단에 포함되어 있다.

이렇게 하위 집단 내에 이질적인 관측값(오분류)이 존재하면 해당 집단을 한 번 더 분할해서 예측 정확도를 개선할 수 있는지 확인한다. 예를 들어 꽃잎 너비가 1.75cm 미만인 집단은 버시컬러 49개, 버지니카 5개의 관측값으로 구성되어 있다. 이 집단의 지니 지수는 $2 \cdot \frac{49}{54} \cdot \frac{5}{54} = 0.168$이다. 이 집단을 꽃잎 길이 4.95cm를 기준으로 다시 분할하면 두 하위 집단의 지니 지수는 각각 다음과 같다.

- 꽃잎 길이 $\leq 4.95\text{cm}$: $2 \cdot \frac{47}{48} \cdot \frac{1}{48} = 0.041$
- 꽃잎 길이 $> 4.95\text{cm}$: $2 \cdot \frac{4}{6} \cdot \frac{2}{6} = 0.444$

이때 두 하위 집단의 관측값 비중은 $\frac{8}{9}$과 $\frac{1}{9}$이므로 가중평균한 지니 지수는 0.086이다. 지니 지수 값이 0.168에서 0.086으로 작아졌으므로 꽃잎 길이 4.95cm를 기준으로 두 번째 분할이 이루어진다.

이렇게 각 하위 집단의 불순도를 낮추는 분할 과정을 반복적으로 진행하면 최종적으로 분류나무모형이 완성된다. `sklearn.tree`의 `DecisionTreeClassifier()` 함수를 이용하면 붓꽃 데이터를 대상으로 한 분류나무모형을 [그림 8-8]과 같이 생성할 수 있다. 일반적으로 분류나무모형을 생성할 때는 집단의 크기가 일정 수준 이상으로 충분히 큰 경우에만 하위 집단으로 분할되도록 설정하는 것이 바람직하다. [코드 8-6]에서는 상위 집단의 크기가 5개 이상일 때만 분할되도록 매개변수 `min_samples_split=5`로 지정했다.

코드 8-6

```
from sklearn import tree
from sklearn.datasets import load_iris
iris = load_iris(as_frame=True)
irisdf = iris.frame
irisdf2 = irisdf.iloc[50:,2:]
clstree = tree.DecisionTreeClassifier(min_samples_split=5)
iris2tree = clstree.fit(irisdf2.iloc[:,:2], irisdf2.iloc[:,2])
tree.plot_tree(iris2tree, feature_names=['petal length', 'petal width'],
               class_names=['versicolor', 'virginica'])
```

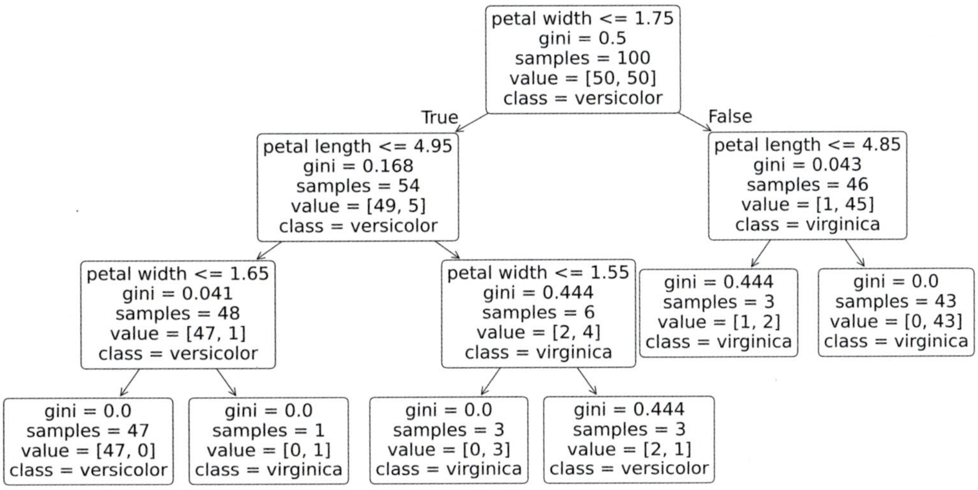

그림 8-8 **붓꽃 데이터에 대한 분류나무모형**

[코드 8-6]의 실행 결과로 생성된 [그림 8-8]은 나무의 위아래를 뒤집어놓은 형태로 보인다. 이러한 구조 때문에 이를 **분류나무모형**이라 부른다. 그림의 각 사각형은 해당 범주의 관측값이 속한 집단을 의미하며 분류나무모형에서는 이를 **노드** node라 한다. 노드 중 최상위 노드는 **뿌리 노드** root node, 더 이상 하위 집단으로 분할되지 않는 최하위 노드는 **잎 노드** leaf node 또는 **말단 노드** terminal node라 한다. 잎 노드가 아닌 노드, 즉 하위 집단으로 다시 분할된 노드를 **내부 노드** internal node라 부르기도 한다.

각 사각형 안에는 노드의 분할 기준, 지니 지수, 노드에 포함된 관측값 수, 범주별 관측값의 도수, 다수 관측값의 범주 등의 정보가 포함되어 있다. 다만 잎 노드는 더 이상 분할이 이루어지지 않으므로 분할 기준이 표시되지 않는다. 여기서 노드의 분할 기준의 부등식이 성립하는 관측값은 왼쪽 하위 노드로, 성립하지 않는 관측값은 오른쪽 하위 노드로 분류된다.

참고

분류나무모형의 가지치기

분류나무모형에서는 지니 지수 등의 불순도 지수가 낮아지는 분할점을 찾아 노드를 반복적으로 분할해 나간다. 따라서 노드를 많이 분할할수록 전반적인 불순도가 낮아지는 경향이 있다. 하지만 노드를 지나치게 많이 분할하는 것은 바람직하지 않다. 노드를 불필요하게 많이 분할하면 해석하기 어려운 복잡한 모형이 생성될 뿐만 아니라 관찰되지 않은 새로운 데이터에 대해 오히려 분류 성능이 저하될 수 있기 때문이다.

예를 들어 [그림 8-8]의 왼쪽에서 두 번째 말단 노드는 꽃잎 너비 1.75cm 이하, 꽃잎 길이 4.95cm 이하, 꽃잎 너비 1.65cm 초과라는 세 조건이 모두 충족되는 관측값으로 구성된다. 그런데 이 조건에 해당되는 관측값은 단 하나의 개체뿐이다. [그림 8-9]에서 알 수 있듯이 대체로 꽃잎 너비와 길이가 클수록 버지니카 종에 속하지만, 이 노드의 개체는 이러한 일반적인 경향과 다소 차이가 있는 특수한 관측값$_{outlier}$에 해당한다. 이렇게 특수한 관측값에 맞춰 분류모형이 설정되면 다른 새로운 관측값에는 잘 적용되지 않는(과적합) 모형이 생성될 우려가 있다.

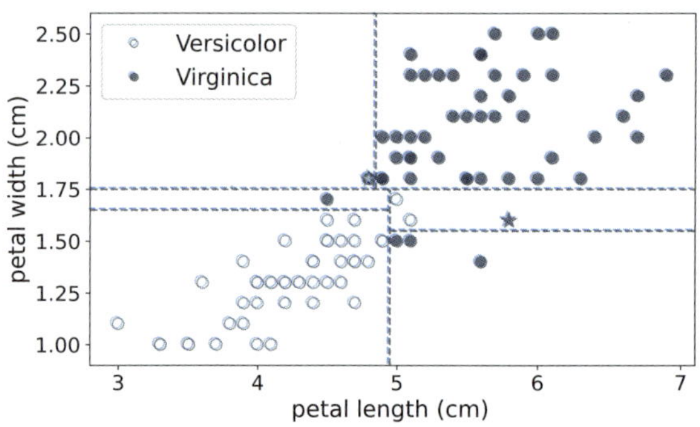

그림 8-9 붓꽃 데이터 산점도와 분류나무모형

이러한 문제를 방지하기 위해 노드를 충분히 분할한 후에는 **가지치기**$_{pruning}$를 진행하여 불필요하게 분할된 노드를 삭제하기도 한다. 가지치기를 위해서는 분할된 노드가 불순도를 낮춰 분류모형의 성능 향상에 실질적으로 기여하는지, 아니면 불순도 감소에 비해 모형의 복잡도만 커지는지를 확인해야 한다. 일반적으로는 노드를 충분히 분할하여 큰 나무모형을 만든 후 가지치기를 통해 불필요한 분할을 단계적으로 제거하는 방식으로 진행한다.

파이썬 실습 8-2 **분류나무모형**

❶ 데이터 입력

7.2절의 WDBC 데이터에서 종양 세포가 양성인지 악성인지를 분류나무모형을 이용해 예측해보자. 종양 세포의 평균값과 관련된 10개 변수를 모두 이용하여 모형을 작성한다. 데이터를 불러와서 전처리하는 과정은 [코드 8-3]과 동일하다.

❷ 분류나무모형의 적용

분류나무모형은 sklearn.tree의 DecisionTreeClassifier() 함수를 이용해 생성할 수 있다. 노드에 포함된 관측값이 25개 이상일 때만 하위노드로 분할되도록 하기 위해 min_samples_split=25로 지정해 clstree 인스턴스를 생성한다. 다음으로 설명변수 x와 목표변수 y를 fit() 메서드에 입력하여 분류모형을 생성한다. 생성된 분류모형에 설명변수 x를 입력하고 predict(x) 메서드를 적용하면 각 관측값의 예측 결과인 prdy를 구할 수 있다.

예측 결과와 실제 목표변수 값을 비교하여 이차원분할표를 작성하면 모형의 분류 성능을 확인할 수 있다. 생성된 분할표를 확인해보면 *k*NN 분류모형과 비교했을 때 큰 차이 없이 양성종양 세포와 악성종양 세포를 대체로 잘 분류하는 것을 알 수 있다.

코드 8-7

```
from sklearn import tree
clstree = tree.DecisionTreeClassifier(min_samples_split=25)
wbctree = clstree.fit(x, y)
prdy = wbctree.predict(x)
pd.crosstab(prdy, y)
```

target / pred	0	1
0	346	16
1	11	196

분류모형의 평가

단순회귀모형은 결정계수나 가설검정을 통해 모형이 적절한지 확인했다. 이에 비해 분류모형은 모형이 실제 관측값을 얼마나 정확하게 예측하는지를 기준으로 모형의 타당성을 평가한다.

■ 정확도

분류모형의 가장 단순한 평가 방법은 **정확도**accuracy이다. 이는 목표변수를 얼마나 정확하게 예측하는지를 측정한 지표이다. 분류모형을 통해 예측할 목표변수가 양성positives과 음성negatives의 두 범주로 구성되어 있다고 가정해보자. 분류모형의 예측 결과에도 양성과 음성 두 범주가 있고, 실제 범주와 예측된 범주의 일치 여부에 따라 다음과 같이 구분한다.

- **진양성(TP)**true positives : 실제 범주와 예측 범주가 모두 양성
- **진음성(TN)**true negatives : 실제 범주와 예측 범주가 모두 음성
- **위음성(FN)**false negatives : 실제 범주는 양성이지만 음성 범주로 예측됨
- **위양성(FP)**false positives : 실제 범주는 음성이지만 양성 범주로 예측됨

이러한 결과를 종합하면 [표 8-5]와 같은 **이차원분할표**를 작성할 수 있다. 이 이차원분할표는 **오분류표**misclassification table 또는 **혼동행렬**confusion matrix이라고도 한다.

표 8-5 분류 결과의 분할표(혼동행렬)

예측 \ 실제	양성	음성
양성	진양성(TP)	위양성(FP)
음성	위음성(FN)	진양성(TN)

정확도는 목표변수가 바르게 예측된 개체의 비중으로 정의되며 다음과 같이 표현할 수 있다.

$$\text{accuracy} = \frac{\text{TP}+\text{TN}}{\text{TP}+\text{FN}+\text{FP}+\text{TN}}$$

정확도를 통해 분류모형의 전반적 성능을 평가할 수 있지만 상황에 따라 다른 평가지표가 필요한 경우도 있다. 예를 들어 WDBC 데이터의 경우와 같이 치명적인 질환을 가진 환자와 그렇지 않은 사람을 분류하는 문제를 생각해보자. 생명을 위협하는 질환을 가진 환자를 잘못 분류하는 오류는 질병이 없는 사람을 환자로 잘못 분류하는 오류보다 훨씬 더 심각하다.

■ 민감도

심각한 질병을 가진 사람들을 양성 개체라 할 때, 양성 개체 중 정확하게 예측된 개체의 비중이 중요한 평가 지표가 될 수 있다. 이 지표를 **민감도**sensitivity[6]라 하며 다음과 같이 정의한다.

$$\text{sensitivity} = \frac{\text{TP}}{\text{TP}+\text{FN}}$$

6 민감도는 **진양성률(TPR)**true positive rate 또는 **재현율**recall이라고도 한다.

민감도는 관심의 대상이 되는 범주가 양성인 경우, 해당 범주를 얼마나 잘 예측하는지를 평가하는 데 유용하다. 그러나 관심의 대상이 되는 범주가 음성이면 민감도만으로 분류 성능을 적절히 측정하기 어렵다.

■ 특이도

관심의 대상이 되는 범주가 음성일 때는 음성 개체 중 실제로 음성으로 예측된 비중을 나타내는 지표를 사용한다. 이를 **특이도** specificity라 하며 다음과 같이 정의한다.

$$\text{specificity} = \frac{\text{TN}}{\text{TN} + \text{FP}}$$

특이도는 음성 개체를 정확히 식별하는 능력을 나타내며, 민감도와 서로 보완적인 관계에 있다.

■ 정밀도

또 다른 관점에서 양성으로 예측된 개체 중 실제로 양성인 비중을 나타내는 지표를 **정밀도** precision라 한다. 정밀도는 다음과 같이 정의된다.

$$\text{precision} = \frac{\text{TP}}{\text{TP} + \text{FP}}$$

정밀도는 분류모형이 예측한 양성 결과의 신뢰도를 평가하는 데 유용하다. 민감도와 함께 양성 예측의 정확성을 종합적으로 판단할 때 사용한다.

■ F1 스코어

민감도와 정밀도는 모두 양성 개체가 제대로 예측되었는지 평가하기 위해 사용하는 지표이다. 이 두 지표를 종합하여 하나의 지표로 표현한 것이 **F1 스코어** F1 score이다. F1 스코어는 민감도와 정밀도의 조화평균으로 정의되며 다음과 같이 계산한다.

$$\begin{aligned} F_1 \text{ score} &= \frac{2}{\dfrac{1}{\text{sensitivity}} + \dfrac{1}{\text{precision}}} \\ &= \frac{2 \cdot \text{sensitivity} \cdot \text{precision}}{\text{sensitivity} + \text{precision}} \end{aligned}$$

민감도와 정밀도 모두 1에 가까울수록 F1 스코어도 1에 가까워진다. 반대로 두 지표 중 하나라도 0에 가까우면 F1 스코어가 0에 가까운 값을 가진다.

예제 8-3

한 금융회사가 개발한 새로운 신용평가모형을 표본 고객에게 적용한 결과를 [표 8-6]이라 하자.

표 8-6 새로운 신용평가모형의 예측 결과

(단위 : 명)

예측 \ 실제	채무 불이행	정상
채무 불이행	10	30
정상	40	920

(a) 정확도, 민감도, 특이도, 정밀도, F1 스코어를 계산하라.

(b) 기존 신용평가모형을 적용한 결과가 [표 8-7]과 같을 때, 새로 개발된 신용평가모형이 더 우수하다고 판단할 수 있는지 설명하라.

표 8-7 기존 신용평가모형의 예측 결과

(단위 : 명)

예측 \ 실제	채무 불이행	정상
채무 불이행	20	50
정상	30	900

풀이

표본으로 추출된 고객은 1,000명이고 이 중 채무 불이행 고객이 50명, 정상 고객이 950명이다. 금융회사에서는 채무 불이행이 발생할 때 손실이 크다는 점을 고려하여 채무 불이행을 양성, 정상을 음성으로 본다.

(a) 새로운 신용평가모형의 평가지표는 다음과 같다.

$$\text{정확도 } \frac{10+920}{1000}=0.93,\ \text{민감도 } \frac{10}{10+40}=0.2,\ \text{특이도 } \frac{920}{920+30}=0.968$$

$$\text{정밀도 } \frac{10}{10+30}=0.25,\ \text{F1 스코어 } \frac{2}{5+4}=0.222$$

(b) 기존 신용평가모형의 평가지표는 다음과 같다.

$$\text{정확도 } \frac{20+900}{1000}=0.92,\ \text{민감도 } \frac{20}{20+30}=0.4,\ \text{특이도 } \frac{900}{900+50}=0.947$$

$$\text{정밀도 } \frac{20}{20+50}=0.286,\ \text{F1 스코어 } \frac{2}{50/20+70/20}=0.333$$

두 모형을 비교하면 기존 모형이 정확도와 특이도는 조금 낮지만, 민감도와 정밀도, F1 스코어는 더 높다. 따라서 새로운 신용평가모형이 기존 모형보다 우수하다고 판단하기 어렵다.

파이썬 실습 8-3 분류모형평가지표의 계산

[표 8-6]과 같은 분류모형의 평가지표를 직접 계산하는 파이썬 명령문을 작성해보자. [코드 8-8]과 같이 간단한 계산식으로 각 평가지표 값을 구할 수 있다.

코드 8-8

```
tp, fp, fn, tn = 10, 30, 40, 920
accu = (tp+tn)/(tp+tn+fp+fn)
sens = tp/(tp+fn)
spec = tn/(tn+fp)
prec = tp/(tp+fp)
f1 = 2 / (1/sens + 1/prec)
dict({"accuracy":accu, "sensitivity":sens, "specificity":spec,
      "precision":prec, "f1":f1})
```

```
{'accuracy': 0.93, 'sensitivity': 0.2, 'specificity': 0.968,
 'precision': 0.25, 'f1': 0.222}
```

파이썬 실습 8-4 분류나무모형의 평가지표 계산

[파이썬 실습 8-2]에서 작성한 분류나무모형의 분류 결과를 이용해 평가지표 값을 구해보자. 먼저 [코드 8-7]에서 pd.crosstab(prdy, y) 명령문으로 작성된 혼동행렬을 이차원 배열로 변환한다. 그다음 ravel() 함수를 이용하여 일차원 배열로 전환한 후 [코드 8-8]에 제시한 계산식을 적용한다.

코드 8-9

```
tp, fp, fn, tn = pd.crosstab(prdy, y).to_numpy().ravel()
accu = (tp+tn)/(tp+tn+fp+fn)
sens = tp/(tp+fn)
spec = tn/(tn+fp)
prec = tp/(tp+fp)
f1 = 2 / (1/sens + 1/prec)
dict({"accuracy":accu, "sensitivity":sens, "specificity":spec,
      "precision":prec, "f1":f1})
```

```
{'accuracy': 0.953, 'sensitivity': 0.969, 'specificity': 0.925,
 'precision': 0.956, 'f1': 0.962}
```

또한 sklearn.metrics 모듈의 함수를 이용하면 반응변수 배열과 반응변수에 대한 예측값 배열을 입력해 각 평가지표 값을 간단히 계산할 수도 있다. 예를 들어 accuracy_score(), recall_score(), precision_score(), f1_score() 함수를 입력하여 정확도, 민감도(재현율), 정밀도, F1 스코어를 구할 수 있다.

과적합과 교차검증

■ 과적합

앞서 분류나무모형에서 살펴봤듯이 노드를 너무 많이 분할하면 복잡하고 특수한 개체의 영향을 많이 받는 모형이 생성되어 새로운 관측값이 주어졌을 때 분류 성능이 오히려 저하될 수 있다. 이렇게 주어진 관측값의 특성이 과도하게 반영되어 일반적인 관측값에 대해서는 성능이 떨어지는, 지나치게 복잡한 모형이 생성되는 현상을 **과적합**overfitting[7]이라 한다.

■ 교차검증

과적합은 분류나무모형뿐 아니라 많은 기계학습 모형에서 공통적으로 발생할 수 있는 문제점이다. 따라서 이러한 문제를 방지하고 모형의 일반화 성능을 높이기 위한 방법이 필요하다. 과적합을 방지하기 위해 흔히 사용되는 방법이 **교차검증**cross-validation이다. 교차검증은 전체 관측값 중 일부를 사용해 모형을 생성하고, 남은 관측값으로 모형의 타당성을 평가하는 과정을 반복 수행하는 방법이다. 이때 모형을 생성하기 위해 사용한 데이터를 **훈련용 데이터**training data, 모형의 타당성을 평가하는 데 사용한 데이터를 **테스트 데이터**test data라 한다.

교차검증의 가장 일반적인 형태는 ***k*-겹 교차검증***k*-fold cross-validation이다. k-겹 교차검증에서는 전체 관측값을 랜덤으로 k개의 서로 겹치지 않는 부분집합으로 분할한 후, 그중 $k-1$개의 부분집합을 훈련용 데이터로 사용해 모형을 생성하고 남은 한 개의 부분집합을 테스트 데이터로 사용해 모형을 평가한다. 이 과정을 k번 반복하면 전체 데이터가 모두 평가에 활용된다.

교차검증의 또다른 방법으로 관측값을 하나만 남겨두고 나머지 관측값들로 모형을 생성한 후 남겨둔 관측값으로 모형을 평가하는 과정을 반복할 수도 있다. 이러한 교차검증 방법을 **LOOCV**leave-one-out cross-validation라 한다. LOOCV는 k-겹 교차검증의 특수한 경우이다.

한편 kNN 분류모형에서도 과적합이 발생할 수 있다. 예를 들어 가장 가까운 k개의 관측값을 선택할 때 k 값이 작으면 훈련용 데이터에서 분류모형의 정확도가 실제보다 높게 나타날 수 있는데, 이 역시 과적합의 한 예이다. 일반적으로 kNN 분류모형에서는 k 값이 너무 작으면

7 반대로 관측값의 특성이 충분히 반영되지 않아 너무 단순하고 성능이 낮은 모형이 생성되는 현상을 **과소적합**underfitting이라 한다.

과적합, k 값이 너무 크면 과소적합이 발생하는 것으로 알려져 있으므로 적절한 k 값을 선택하는 것이 중요한 과제이다.

파이썬 실습 8-5 붓꽃 데이터의 3NN 분류모형에 대한 LOOCV

[코드 8-1]에서 살펴본 붓꽃 데이터의 3NN 분류모형에 대해 LOOCV를 적용해보자. drop() 메서드를 이용하여 하나의 관측값을 제외한 나머지 관측값으로 모형을 생성하고, 남겨둔 하나의 관측값을 predict() 메서드에 입력하여 반응변수의 예측값을 구하는 과정을 반복한다. 이 반복 절차는 [코드 8-10]과 같은 for문으로 구현할 수 있다.

코드 8-10

```
# 데이터 입력
irisdf2 = irisdf.iloc[50:,2:]
x2 = irisdf2.iloc[:,0:2]
y2 = irisdf2.target
# 모형 및 결과를 저장할 배열 생성
from sklearn.neighbors import KNeighborsClassifier as kNN
iris3nn = kNN(n_neighbors=3)
class_3nn = np.empty(len(x2))
# LOOCV 구현
for i in range(len(x2)):
    iris3nn.fit(x2.drop(x2.index[i]), y2.drop(y2.index[i]))
    cls = iris3nn.predict(x2.iloc[i,:].to_frame().T)
    class_3nn[i] = cls
pd.crosstab(class_3nn, y2)
```

class_3nn에 저장된 예측 결과를 실제 목표변수 값 y2와 비교하면 [표 8-8]과 같은 혼동행렬을 얻을 수 있다. [그림 8-10]을 통해 LOOCV를 적용하기 전보다 오분류된 관측값이 다소 늘어난 것을 확인할 수 있다.

표 8-8 LOOCV를 적용한 3NN 분류 결과의 분할표

	목표변수		
예측	1	2	합계
1	47	3	50
2	3	47	50
합계	50	50	100

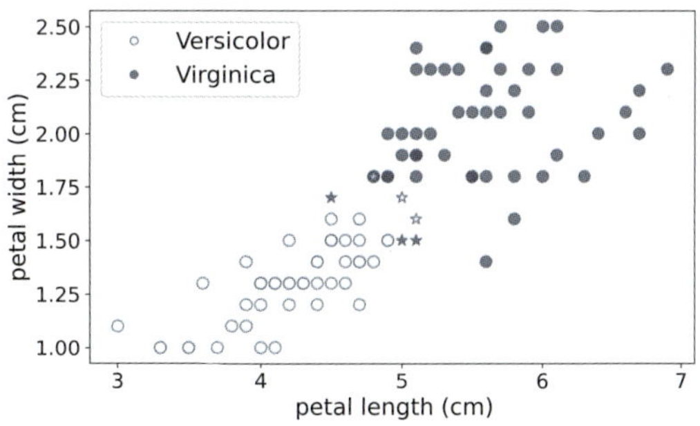

그림 8-10 LOOCV를 적용한 3NN 분류 결과

칼럼 **과적합을 극복하기 위한 방법**

성공한 임원들이 빠지기 쉬운 함정… 유능을 무능으로 바꾸는 '과적합'[8]

(전략)

필자가 빅데이터 MBA 과정을 공부하던 시절 인공지능(AI) 머신러닝을 배울 때 교수들이 가장 강조하던 것, 가장 유의해야 할 점으로 말하던 건 다름 아닌 '과적합(overfitting)' 문제였다. 머신러닝 모델을 만들기 위해 데이터를 학습시킬 때, 자신이 가지고 있는 데이터셋에 모든 걸 맞춰 지나치게 오래 학습시킬 경우, 자신이 가진 데이터상에서의 모델 예측 정확도와 적중률 등은 모두 엄청나게 올라가지만, 그렇게 만들어진 모델에 전혀 새로운 데이터가 들어오는 순간 그 모델은 제대로 작동하지 않게 된다. 자신이 가진 데이터에만, 즉 전체 데이터의 부분집합에 불과한 학습 데이터에만 '과적합된 모델'이기 때문이다.

(중략)

경영학에도 이와 다른 듯하면서도 비슷한 개념이 하나 있는데 이른바 '성공의 함정'이다. 한 기업이 어떤 전략으로 성공한 뒤에 리더들이 그 성공을 만들어 준 방식에 도취해 상황이 변했음에도 기존의 성공 공식을 반복하는 상황을 의미한다. 머신러닝에서의 '과적합 문제'와 맥이 닿는 얘기다.

사정이 이렇다 보니 새로운 아이디어를 갖고 새로운 업무 방식과 전략을 제안하는 젊은 직원, 중간 관리자급 직원들의 말을 '성공한 임원'일수록 무시하게 된다. 올라오는 보고 중에서 '자신의 성공 공식' '자신의 과적합 모델'에 맞는 정보와 아이디어만 무의식적으로, 본능적으로 취사선택하는 문제가 발생한다. 그렇게 유능함은 무능함으로 바뀌고 조직의 혁신과 전략의 변화는 멀어져간다.

(후략)

이 기고문에서는 기계학습의 과적합과 비슷한 경영학 개념으로 '성공의 함정'을 소개한다. 성공의 함정은 특정 방식으로 성과를 거둔 리더가 환경 변화에도 불구하고 과거의 성공 공식을 반복하면서 조직의 혁신을 저해하는 상황을 의미한다. 즉 지나간 성공 방식에 매몰되면 새로운 아이디어와 업무 방식, 전략 등을 제안하는 구성원의 의견을 배제하고, 이는 리더의 역량을 약화시키는 결과를 초래한다.

기계학습 모형에서도 동일한 맥락을 확인할 수 있다. 훈련용 데이터에 대한 의존을 줄이고 다양한 새로운 데이터를 학습할 필요가 있다. 기계학습에서는 이러한 과적합 문제를 완화하기 위해 교차검증을 실시하거나 데이터 증강data augmentation 기법을 적용하고, 제약regularization을 부여하는 등의 다양한 방식을 활용하고 있다.

8 고승연 (2023. 1. 4). 성공한 임원들이 빠지기 쉬운 함정… 유능을 무능으로 바꾸는 '과적합'. **한국경제**.

SECTION 8.2

군집분석

8.1절의 분류분석에서는 설명변수를 이용해 목표변수의 범주를 예측했다. 그러나 데이터에 따라서는 목표변수가 없이 설명변수만으로 전체 집합을 여러 부분집합으로 분할해야 하는 경우도 있다. 예를 들어 마케팅 전략을 수립하려는 기업은 유사한 소비 성향을 가진 고객군을 파악해 각 집단에 적합한 마케팅 방법을 적용할 수 있다. 또한 맞춤형 의약품을 개발하려는 제약회사는 성별, 신체적 특징, 유전적 특징 등을 바탕으로 환자 집단을 구분해 각 집단에 적합한 의약품을 개발할 수 있다.

이렇게 서로 다른 개체로 구성된 하나의 집단을, 동질적인 특징을 가진 여러 작은 집단으로 구분하는 기계학습 방법을 **군집분석**cluster analysis이라 한다. 군집분석의 목적은 동일한 군집cluster에 속한 개체는 서로 유사하고(동질적이고), 서로 다른 군집에 속한 개체는 서로 차이가 크도록(이질적이도록) 전체 집단을 분할하는 방법을 찾는 것이다.

군집분석에는 다양한 방법이 있는데, 크게 **계층적 군집분석**과 **비계층적 군집분석**으로 나눌 수 있다.

계층적 군집분석hierarchical clustering에서는 전체 집단을 k개의 군집으로 나눈 경우와 $k+1$개의 군집으로 나눈 경우가 서로 포함관계를 가진다. 즉 k개의 군집 중 하나를 둘로 나누어 $k+1$개의 군집을 생성할 수 있다면 이러한 방법을 계층적 군집분석이라 한다. 반면에 **비계층적 군집분석**non-hierarchical clustering에서는 $k+1$개의 군집이 k개의 군집과 서로 포함관계를 갖지 않는다. 즉 k개의 군집 중 하나를 단순히 나누어 $k+1$개의 군집을 생성하는 것이 아니라, $k+1$개의 군집이 k개의 군집과 별도로 생성되는 것이다.

비유사성의 측정

군집분석에서는 군집에 속한 개체가 서로 얼마나 유사한 속성을 가지는지 확인할 수 있는 측도가 필요하다. **비유사성**dissimilarity을 측정하는 대표적인 측도는 **유클리드 거리**Euclidean distance[9]이다.

9 유클리드 거리를 일반화하면 $m>0$인 m에 대해 다음과 같은 **민코프스키 거리**Minkowski distance를 정의할 수 있다.

$$\sqrt[m]{|x_1-y_1|^m+|x_2-y_2|^m+\cdots+|x_p-y_p|^m}$$

민코프스키 거리가 $m=2$이면 유클리드 거리, $m=1$이면 **맨하탄 거리**Manhattan distance라 한다.

p차원 공간의 두 점 $x=(x_1, x_2, \cdots, x_p)$와 $y=(y_1, y_2, \cdots, y_p)$ 사이의 유클리드 거리는 다음과 같이 정의된다.

$$d(x, y)=\sqrt{(x_1-y_1)^2+(x_2-y_2)^2+\cdots+(x_p-y_p)^2}$$

두 점 사이의 유클리드 거리가 가까울수록 유사성이 높고, 유클리드 거리가 멀수록 비유사성이 높다고 판단한다.

군집에는 여러 개체가 포함되어 있으므로 두 군집 사이의 비유사성은 측정 기준에 따라 다르게 평가될 수 있다. 따라서 계층적 군집분석에서는 두 군집을 병합하거나 분할하기 위한 기준, 즉 **연결기준**linkage criteria을 설정해야 한다. 두 군집 X와 Y 사이의 비유사성을 측정할 때 다음과 같은 연결기준이 자주 사용된다.

- **단일연결법**single linkage : $x \in X$, $y \in Y$인 x, y에 대해 거리 $d(x, y)$의 최솟값
- **완전연결법**complete linkage : $x \in X$, $y \in Y$인 x, y에 대해 거리 $d(x, y)$의 최댓값
- **평균연결법**average linkage : $x \in X$, $y \in Y$인 x, y에 대해 거리 $d(x, y)$의 평균값

계층적 군집분석

계층적 군집분석에는 두 가지 접근 방식이 있다. 첫째, 모든 개체가 나누어진 상태에서 시작해 가까운 개체나 군집을 병합하여 더 큰 군집을 형성해가는 방식이 **병합 군집 알고리즘**agglomerative clustering algorithm이다. 둘째, 모든 개체가 하나의 군집으로 묶인 상태에서 시작해 비유사성이 높은 군집을 점차 분할해가는 방식이 **분할 군집 알고리즘**divisive clustering algorithm이다.

병합 군집 알고리즘은 각 군집이 하나의 개체로만 이루어진 상태, 즉 관측값의 개수가 n일 때 군집의 개수도 n인 상태에서 시작한다. 이 병합 과정은 다음과 같은 순서로 진행된다.

1. 첫 번째 병합은 n개의 개체 중 거리가 가장 가까운 두 개체 사이에서 일어난다. 이렇게 병합이 이루어지면 군집의 수는 $n-1$개가 된다.
2. 다음 병합 단계에서는 단순히 개체 사이의 거리뿐만 아니라 군집 간 비유사성을 기준으로 병합 대상을 찾는다. 이때 군집 간 비유사성을 계산하는 방식이 연결기준이다.

■ 병합 군집 알고리즘의 예

병합 군집 알고리즘을 구체적으로 확인하기 위해 네 개의 개체 $\{o_1, o_2, o_3, o_4\}$로 이루어진 간단한 예를 살펴보자. 각 개체 사이의 거리는 [표 8-9]와 같다.

표 8-9 개체 사이의 거리

	o_1	o_2	o_3	o_4
o_1	−	2	5	4
o_2	2	−	1	3
o_3	5	1	−	6
o_4	4	3	6	−

예를 들어 개체 o_1과 개체 o_2 사이의 거리는 2이고, 개체 o_2와 개체 o_4 사이의 거리는 3이다. 처음에는 네 개체가 각각 하나의 군집으로 존재한다. 가장 먼저 병합이 이루어지는 것은 거리가 가장 가까운 두 개체 o_2와 o_3이다. 이렇게 두 개체가 하나의 군집을 형성하면 전체 군집은 3개가 된다. 이때 o_1과 o_4 사이의 거리는 변하지 않지만 새로 형성된 o_2-o_3 군집과 o_1, o_4 사이의 비유사성을 새로 평가해야 한다. 이때 어떤 연결기준을 적용하느냐에 따라 다음 병합 단계의 결과가 달라진다.

방법 1 단일연결법

단일연결법에서는 새로 형성된 군집과 다른 군집 사이의 최단 거리가 비유사성 값이다.

- o_1과 군집 o_2-o_3의 비유사성 : o_1과 o_2 사이의 거리 2와 o_1과 o_3 사이의 거리 5 중 최솟값 2
- o_4와 군집 o_2-o_3의 비유사성 : o_4와 o_2 사이의 거리 3과 o_4와 o_3 사이의 거리 6 중 최솟값 3

표 8-10 첫 병합 이후 군집 간 비유사성

	o_1	o_2-o_3	o_4
o_1	−	**2**	4
o_2-o_3	**2**	−	3
o_4	4	3	−

따라서 다음 병합은 군집 o_2-o_3과 o_1 사이에서 나타난다. 마지막으로 o_4와 군집 $o_1-o_2-o_3$이 병합되어 모든 개체가 하나의 군집을 형성한다.

방법 2 완전연결법

완전연결법에서는 두 군집 간 가장 먼 거리가 비유사성 값이다.

- 군집 o_2-o_3과 o_1의 비유사성 : 5
- 군집 o_2-o_3과 o_4의 비유사성 : 6

o_1과 o_4의 거리가 4로 더 짧으므로 먼저 o_1과 o_4가 하나의 군집으로 병합된다. 마지막으로 군집 o_2-o_3과 군집 o_1-o_4가 병합되어 하나의 군집이 된다.

표 8-11 첫 병합 이후 군집 간 비유사성

	o_1	o_2-o_3	o_4
o_1	−	5	**4**
o_2-o_3	5	−	6
o_4	**4**	6	−

방법 3 평균연결법

평균연결법에서는 두 군집 간 모든 개체 조합의 거리 평균값이 비유사성 값이다. 따라서 o_1과 군집 o_2-o_3의 비유사성은 2와 5의 평균값 3.5, o_4와 군집 o_2-o_3의 비유사성은 3과 6의 평균값 4.5이다.

- o_1과 군집 o_2-o_3의 비유사성 : $\frac{2+5}{2}=3.5$
- o_4와 군집 o_2-o_3의 비유사성 : $\frac{3+6}{2}=4.5$

표 8-12 첫 병합 이후 군집 간 비유사성

	o_1	o_2-o_3	o_4
o_1	–	**3.5**	4
o_2-o_3	**3.5**	–	4.5
o_4	4	4.5	–

o_1과 군집 o_2-o_3이 먼저 병합된 후 마지막으로 o_4가 병합되어 모든 개체가 하나의 군집을 이룬다.

따라서 군집을 둘로 나누는 경우 연결기준에 따라 분할 결과가 달라진다. 단일연결법이나 평균연결법을 적용하면 $\{o_1, o_2, o_3\}$과 $\{o_4\}$로 나뉘고, 완전연결법을 적용하면 $\{o_1, o_4\}$와 $\{o_2, o_3\}$으로 나뉜다.

지금까지 살펴보았듯이 연결기준에 따라 병합 군집 알고리즘의 결과가 달라질 수 있다. [그림 8-11]을 보면 단일연결법은 두 군집 중 가장 가까운 개체의 거리가 군집 사이의 비유사성을 결정하므로 경계가 가까운 군집 1과 군집 2의 비유사성이 낮게 평가된다. 반면 완전연결법은 두 군집 중 가장 먼 개체의 거리를 기준으로 하므로 군집 1과 군집 2의 비유사성이 '군집 1–군집 3' 또는 '군집 2–군집 3'보다 더 높게 평가된다. 따라서 계층적 군집분석을 할 때는 데이터의 특성과 군집분석의 목적에 따라 적합한 연결기준을 선택하는 것이 중요하다.

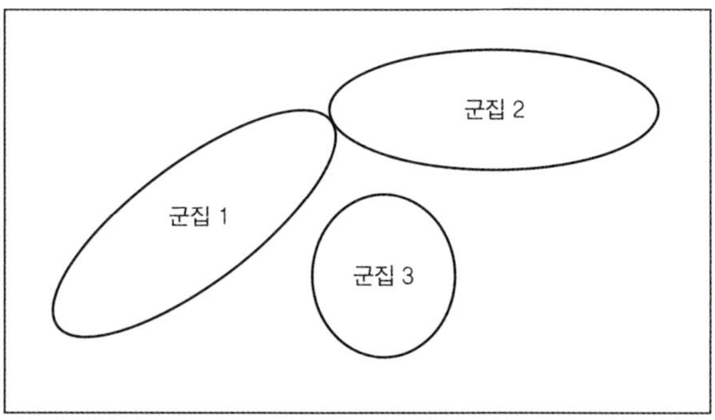

그림 8-11 군집 사이의 비유사성

예제 8-4

커피 맛은 신맛, 단맛, 쓴맛, 향, 바디감 등의 요소로 평가한다. 이러한 기준에 따라 다섯 곳의 커피전문점에서 파는 커피 맛을 평가한 결과, 각 점수 간의 거리가 [표 8-13]과 같이 주어졌다. 맛이 비슷한 커피전문점끼리 묶는 군집분석을 병합 군집 알고리즘을 적용하여 진행하려 한다. 군집을 셋으로 나눈 군집분석 결과를 연결기준별로 제시하라.

표 8-13 개체 사이의 거리

	o_1	o_2	o_3	o_4	o_5
o_1	–	2	5	7	3
o_2	2	–	12	1	8
o_3	5	12	–	6	9
o_4	7	1	6	–	4
o_5	3	8	9	4	–

풀이

가장 거리가 가까운 두 개체(커피전문점)는 o_2와 o_4이므로 먼저 군집 o_2-o_4가 생성된다.

방법 1 단일연결법

군집 o_2-o_4와 o_1의 비유사성은 2, o_3의 비유사성은 6, o_5의 비유사성은 4이다. o_1과 o_3 사이의 거리는 5, o_3과 o_5 사이의 거리는 9, o_1과 o_5 사이의 거리는 3이다. 따라서 비유사성이 가장 작은 o_1이 군집 o_2-o_4에 병합되어 군집 $o_1-o_2-o_4$가 된다. 다음으로 군집 $o_1-o_2-o_4$와 o_3의 비유사성은 5, o_5의 비유사성은 3이고 o_3과 o_5의 거리는 9이므로 o_5가 군집 $o_1-o_2-o_4$에 병합되고, 마지막으로 o_3도 병합되어 전체 군집이 완성된다. 따라서 군집을 셋으로 나누면 $\{o_1, o_2, o_4\}$, $\{o_3\}$, $\{o_5\}$로 구분된다.

방법 2 완전연결법

군집 o_2-o_4와 o_1의 비유사성은 7, o_3의 비유사성은 12, o_5의 비유사성은 8이다. o_1과 o_5의 거리가 3으로 가장 가깝기 때문에 먼저 o_1과 o_5가 병합되어 군집이 o_1-o_5, o_2-o_4, o_3으로 나뉜다. 다음으로 군집 o_1-o_5, o_2-o_4 사이의 비유사성은 개체 o_2와 o_5 사이의 거리인 8이고, o_1-o_5와 o_3의 비유사성은 9, o_2-o_4와 o_3의 비유사성은 12이므로 비유사성이 가장 작은 두 군집 o_1-o_5, o_2-o_4가 병합된다. 마지막으로 o_3이 병합되어 전체 군집이 완성된다. 따라서 군집을 셋으로 나누면 $\{o_1, o_5\}$, $\{o_2, o_4\}$, $\{o_3\}$으로 구분된다.

방법 3 평균연결법

군집 o_2-o_4와 o_1의 비유사성은 4.5, o_3의 비유사성은 9, o_5의 비유사성은 6이다. o_1과 o_5의 거리가 3으로 가장 가깝기 때문에 먼저 o_1과 o_5가 병합되어 군집이 o_1-o_5, o_2-o_4, o_3으로 나뉜다. 다음으로 군집 o_1-o_5, o_2-o_4 사이의 비유사성은 2, 8, 7, 4의 평균값인 5.25이고, o_1-o_5, o_3 사이의 비유사성은 5, 9의 평균값인 7이다. o_2-o_4, o_3 사이의 비유사성은 12와 6의 평균값인 9이므로 비유사성이 가장 작은 두 군집 o_1-o_5, o_2-o_4가 병합된다. 마지막으로 o_3이 병합되어 전체 군집이 완성된다. 따라서 군집을 셋으로 나누면 $\{o_1, o_5\}$, $\{o_2, o_4\}$, $\{o_3\}$으로 구분된다.

파이썬 실습 8-6 계층적 군집분석

❶ 데이터 입력

[파이썬 실습 8-1]에서 분류분석에 사용했던 WDBC 데이터를 이용하여 계층적 군집분석을 진행해보자. 계층적 군집분석의 목적은 양성종양 세포가 하나의 군집으로, 악성종양 세포가 또 다른 군집으로 나누어지는지를 확인하는 것이다. 이처럼 목표변수 없이도 군집 구조가 뚜렷하게 구분된다면 군집분석만으로도 의미 있는 정보를 파악할 수 있다고 본다. [코드 8-3]과 동일한 방식으로 데이터를 불러와 전처리를 수행한다. 추가로 [코드 8-11]의 명령문을 통해 전체 세포 중 10개만 랜덤으로 추출해 분석에 사용한다. 일부 표본만 추출한 이유는 계층적 군집분석 결과를 덴드로그램 형태로 시각화하기 위해서이다. **덴드로그램**dendrogram은 군집의 병합과정을 시각적으로 확인할 수 있는 그림으로, 세로선이 짧을수록 두 개체 또는 군집의 유사성이 높아 먼저 병합되고 세로선이 긴 경우 유사성이 낮아 나중에 병합된다. 표본으로 추출된 종양 세포는 양성 6개, 악성 4개이며 악성종양 세포의 번호는 64, 214, 261, 460이다.

코드 8-11

```
import random
random.seed(1)
smplidx = random.sample(range(len(y)), 10)
smplx = x.iloc[smplidx,:]
smply = y[smplidx]
```

❷ 계층적 군집분석

계층적 군집분석은 scipy.cluster.hierarchy의 linkage() 함수를 이용해 수행할 수 있다. 이 함수에 데이터 smplx를 입력하고 method 인자를 이용해 연결기준을 지정한다. 예를 들어 완전연결법을 적용하려면 method="complete"로 지정한다. 분석 결과는 dendrogram() 함수를 사용해 시각화할 수 있다. 이때 군집분석 결과를 입력하고 각 관측값의 레이블을 지정하기 위해 dendrogram() 함수에 labels=smplx.index를 인수로 입력한다.

완전연결법을 적용하면 악성종양 세포는 서로 가까운 개체들로 하나의 군집을 형성하는 것을 확인할 수 있다. 양성종양 세포도 대체로 서로 가까운 위치에 있지만, 양성종양 세포 388

번과 악성종양 세포 261번은 다른 범주의 군집으로 묶이는 것을 확인할 수 있다.

코드 8-12

```
from scipy.cluster import hierarchy
wbc_clink = hierarchy.linkage(smplx, method="complete")
hierarchy.dendrogram(wbc_clink, labels=smplx.index)
```

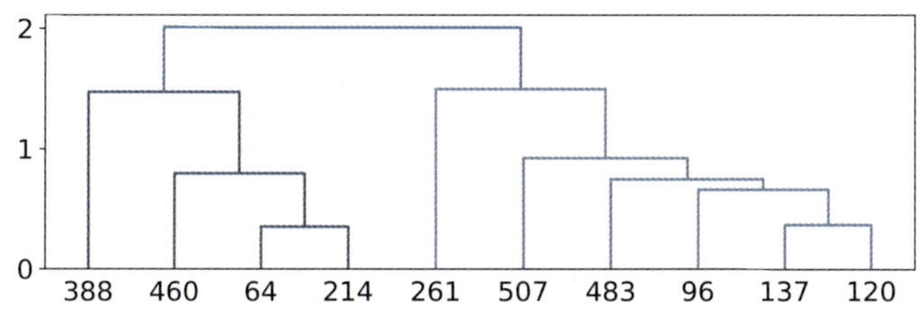

다음으로 단일연결법을 적용한 계층적 군집분석 결과를 확인해보자. 단일연결법에서도 완전연결법과 마찬가지로 악성종양 세포가 하나의 군집으로 묶이고, 대부분의 양성종양 세포는 다른 군집으로 생성된 것을 볼 수 있다. 다만 악성종양 세포 261번은 양성종양 세포의 군집으로 묶이는 것을 확인할 수 있다.

코드 8-13

```
wbc_slink = hierarchy.linkage(smplx, method="single")
hierarchy.dendrogram(wbc_slink, labels=smplx.index)
```

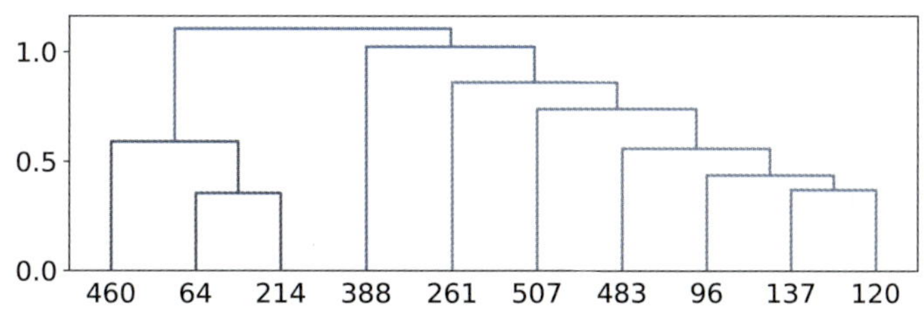

마지막으로 평균연결법을 적용한 계층적 군집분석에서도 완전연결법과 유사하게 악성종양 세포와 양성종양 세포가 각각 하나의 군집으로 구분되는 경향을 확인할 수 있다.

코드 8-14

```
wbc_alink = hierarchy.linkage(smplx, method="average")
hierarchy.dendrogram(wbc_alink, labels=smplx.index)
```

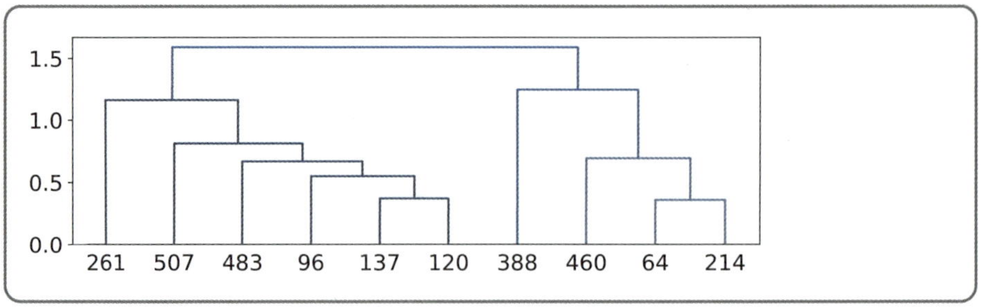

❸ **군집별 관측값 확인**

세 가지 연결기준 모두에서 악성종양 세포인 64, 214, 460번은 하나의 군집으로 묶이지만 261번은 양성종양 세포의 군집으로 분류되는 것으로 나타났다.

이제 군집분석 결과에서 각 관측값이 k개의 군집 중 어떤 군집에 포함되는지 확인해보자. 이를 위해서는 `scipy.cluster.hierarchy`의 `fcluster()` 함수를 이용할 수 있다. `hierarchy.linkage()` 함수로 생성된 군집분석모형에 `fcluster()` 함수를 적용하면 각 관측값이 속한 군집 번호를 저장한 배열을 반환한다. 평균연결법을 적용한 군집분석모형 `wbc_alink`로 생성된 두 개의 군집에 어떤 관측값이 포함되는지는 [코드 8-15]로 확인할 수 있다.

코드 8-15

```
hierarchy.fcluster(wbc_alink, t=2, criterion='maxclust')
```

```
array([1, 2, 1, 1, 1, 2, 1, 2, 2, 1], dtype=int32)
```

각 관측값의 실제 종양 종류(양성=0, 악성=1)와 비교하려면 [코드 8-16]을 실행한다.

코드 8-16

```
smply.values
```

```
array([0, 1, 1, 0, 0, 1, 0, 0, 1, 0])
```

비계층적 군집분석

비계층적 군집분석에서는 군집 수가 $k+1$일 때와 군집 수가 k일 때 서로 연관성을 찾기 어려운 독립적인 군집이 형성될 수 있다. 비계층적 군집분석의 대표적인 방법으로는 **k-평균 알고리즘**$_{k\text{-means algorithm}}$이 있다. 이 알고리즘은 군집의 개수를 미리 k개로 정한 뒤 각 관측값을 랜덤으로 군집에 배정하고, 그다음 각 군집의 중심점을 구하여 가장 가까운 중심점에 해당되는 군집으로 개체를 재배정하는 과정을 반복적으로 진행한다. k-평균 알고리즘의 구체적인 절차는 다음과 같다.[10]

k-평균 알고리즘

- 각 관측값을 랜덤하게 k개의 군집에 할당한다.
- 군집이 더 이상 변하지 않을 때까지 다음 두 과정을 반복한다.
  ❶ **평균값 계산**expectation : 군집에 속한 관측값들을 이용해 군집의 중심점(평균값)을 계산한다.
  ❷ **최소화**minimization : 각 관측값을 중심점까지의 거리가 최소인 군집으로 재배정한다.

붓꽃 데이터의 꽃잎 너비와 꽃잎 길이 변수에 k-평균 알고리즘을 적용하여 군집을 3개로 나눈 결과는 [그림 8-12]와 같다.

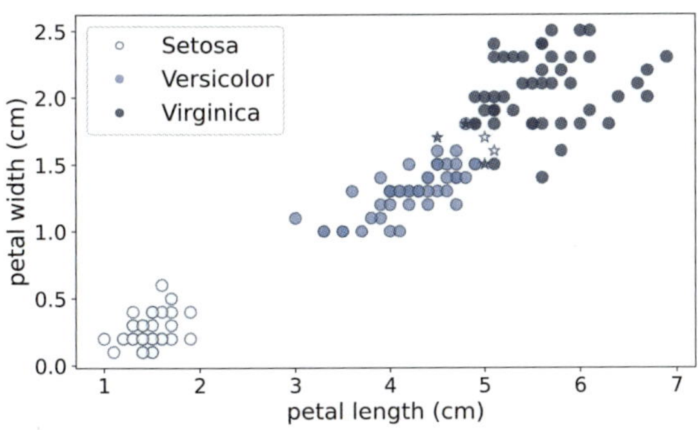

그림 8-12 k-평균 알고리즘을 이용한 붓꽃 데이터의 군집분석 결과

10 k-평균 알고리즘은 평균값을 계산하는 과정과 군집의 중심점까지의 제곱거리 합을 최소화하는 과정(개체를 군집에 재배정)을 반복하여 최적해를 구한다. 이렇게 평균값 계산 과정과 제곱합 최소화 과정을 번갈아 수행하는 방법을 **E-M 알고리즘**Expectation-Maximization algorithm이라고도 한다.

SECTION 8.3 파이썬 예제로 익히는 기계학습 모형 선택

지금까지 공부한 기계학습 모형을 `wine` 데이터에 적용해보자. 포도주에는 다양한 화학성분이 포함되어 있으며 이들 화학성분의 함량에 따라 포도주 맛이 달라질 수 있다. UCI 데이터 저장소의 `wine` 데이터는 이탈리아의 한 지역에서 재배된 세 품종의 포도로 담근 포도주에 포함된 13종의 화학물질 함량을 제공한다. [코드 8-17]은 필요한 모듈과 `wine` 데이터를 불러와서 설명변수 `X`와 목표변수 `y`를 저장하고 설명변수의 표준편차를 확인하는 명령문이다. 설명변수는 알코올, 사과산malic acid 등 13종의 화학물질이고, 목표변수는 포도 품종이다.

코드 8-17

```
!pip install ucimlrepo
import numpy as np
import pandas as pd
import matplotlib.pyplot as plt
from ucimlrepo import fetch_ucirepo
wine = fetch_ucirepo(id=109)
X = wine.data.features
y = wine.data.targets.iloc[:,0]
X.std()
```

```
Alcohol                  0.812
Malicacid                1.117
Ash                      0.274
Alcalinity_of_ash        3.340
Magnesium               14.282
    ⋮                      ⋮
Proline                314.907
dtype: float64
```

각 변수의 표준편차가 크게 다르므로 kNN이나 계층적 군집분석과 같은 모형에서는 이러한 차이가 부정적인 영향을 줄 수 있다. 따라서 [코드 8-18]과 같이 설명변수를 표준화하여 `Z`를 추가로 생성한다.

코드 8-18

```
Z = (X - X.mean()) / X.std()
```

이제 wine 데이터의 화학물질 함량을 이용해 포도 품종을 예측하는 분류모형을 작성해보자.

k-최근접이웃 분류모형

8.1절

표준화하지 않은 설명변수 X에 kNN 모형을 적용하는 명령문은 [코드 8-19]와 같다. 과적합으로 인해 성능이 과대평가되는 것을 방지하기 위해 반복문을 이용하여 LOOCV를 적용했다.

코드 8-19

```
from sklearn.neighbors import KNeighborsClassifier as kNN
for k in [3,5,7]:
    knn = kNN(n_neighbors=k)
    cls = np.empty(len(X))
    for i in range(len(X)):
        knn.fit(X.drop(X.index[i]), y.drop(y.index[i]))
        clspred = knn.predict(X.iloc[i,:].to_frame().T)
        cls[i] = clspred[0]
    print(pd.crosstab(cls, y))
```

[표 8-14]는 [코드 8-19]의 실행 결과를 k 값에 따라 나타낸 것이다. 분류 정확도는 $k=3$일 때 72.5%, $k=5$일 때 69.7%, $k=7$일 때 66.3%로 나타나 $k=3$일 때 가장 우수한 성능을 보였다.

표 8-14 [코드 8-19]의 분류 결과에 대한 분할표

$k=3$

	목표변수			
예측	1	2	3	합계
1	51	7	7	65
2	3	49	12	64
3	5	15	29	49
합계	59	71	48	178

$k=5$

	목표변수			
예측	1	2	3	합계
1	52	6	6	64
2	1	49	19	69
3	6	16	23	45
합계	59	71	48	178

$k=7$

	목표변수			
예측	1	2	3	합계
1	54	6	8	68
2	0	45	21	66
3	5	20	19	44
합계	59	71	48	178

[코드 8-20]은 표준화된 설명변수 Z에 kNN 모형을 적용하는 명령문이다.

코드 8-20

```
for k in [3,5,7]:
    knn = kNN(n_neighbors=k)
    cls = np.empty(len(Z))
    for i in range(len(Z)):
        knn.fit(Z.drop(Z.index[i]), y.drop(y.index[i]))
        clspred = knn.predict(Z.iloc[i,:].to_frame().T)
        cls[i] = clspred[0]
    print(pd.crosstab(cls, y))
```

[표 8-15]는 [코드 8-20]의 실행 결과를 k 값에 따라 나타낸 것이다. 분류 정확도는 $k=3$일 때 95.5%, $k=5$일 때 97.2%, $k=7$일 때 96.6%로 큰 차이는 없었으나, $k=5$일 때 가장 우수한 성능을 보였다. 또한 표준화하지 않은 설명변수를 사용했을 때와 비교하면 전반적으로 분류 정확도가 크게 개선된 것을 확인할 수 있다.

표 8-15 [코드 8-20]의 분류 결과에 대한 분할표

$k=3$

	목표변수			
예측	1	2	3	합계
1	59	4	0	63
2	0	63	0	63
3	0	4	48	52
합계	59	71	48	178

$k=5$

	목표변수			
예측	1	2	3	합계
1	59	3	0	62
2	0	66	0	66
3	0	2	48	50
합계	59	71	48	178

$k=7$

	목표변수			
예측	1	2	3	합계
1	59	3	0	62
2	0	65	0	65
3	0	3	48	51
합계	59	71	48	178

분류나무모형

8.1절

이번에는 LOOCV를 적용하여 분류나무모형의 정확도를 확인해보자. 이를 위해 사용하는 명령문은 [코드 8-21]과 같다. 노드에 포함된 관측값이 5개 이상일 때만 분할이 이루어지도록 min_samples_split=5로 지정했다. sklearn의 분류나무모형 알고리즘은 실행할 때마다 결과가 달라질 수 있으므로 random_state 값을 지정하여 실행할 때마다 동일한 결과(재현성)가 나오도록 했다.

코드 8-21

```
from sklearn import tree
cls = np.empty(len(X))
for i in range(len(X)):
    clstree = tree.DecisionTreeClassifier(min_samples_split=5, random_state=0)
```

```
    xtree = clstree.fit(X.drop(X.index[i]), y.drop(y.index[i]))
    predy = xtree.predict(X.iloc[i,:].to_frame().T)
    cls[i] = predy[0]
print(pd.crosstab(cls, y))
```

[표 8-16]은 [코드 8-21]의 실행 결과이다. 분류 정확도는 87.6%로 나타났으며, 이는 표준화한 설명변수를 사용한 kNN 모형([코드 8-20] 참고)에 비해 다소 정확도가 낮다.

표 8-16 [코드 8-21]의 분류 결과에 대한 분할표

	목표변수			
예측	1	2	3	합계
1	53	7	1	61
2	6	59	3	68
3	0	5	44	49
합계	59	71	48	178

계층적 군집분석

8.2절

목표변수 없이 설명변수만으로 군집을 분할하는 계층적 군집분석 알고리즘을 wine 데이터에 적용해보자. 관측값이 모두 포함되면 군집 구조를 해석하기 어려우므로 [코드 8-22]와 같이 전체 178개의 관측값 중 50개만 랜덤으로 추출했다. 랜덤으로 선택한 50개 관측값 중 설명변수 X의 표본을 smplx, 표준화된 설명변수 Z의 표본을 smplz, 목표변수 y의 표본을 smply로 저장했다. 또한 숫자로 입력된 목표변수 값을 문자형으로 변환해 함께 저장했다.

코드 8-22

```
import random
random.seed(0)
idx = random.sample(range(len(y)), 50)
smplidx = X.index[idx]
smplx = X.iloc[idx,:]
smplz = Z.iloc[idx,:]
smply = y.iloc[idx]
lbls = [str(digit) for digit in smply]
```

[코드 8-23]은 설명변수 smplx에 계층적 군집분석 알고리즘을 적용하고 실행 결과를 덴드로그램으로 시각화하는 명령문이다. 완전연결법, 평균연결법, 단일연결법을 순으로 연결기준을 지정해 군집 구조를 비교했다. 실행 결과 품종 1과 품종 3 또는 품종 2와 품종 3이 서로 섞여

있는 군집이 존재하므로 품종과 군집이 불일치하는 경우가 있다. 품종 1은 대체로 하나의 군집으로 안정적으로 묶이지만 품종 2와 품종 3은 서로 섞여 뚜렷하게 구분되지 않는 경향을 확인할 수 있다.

코드 8-23

```
from scipy.cluster import hierarchy
# 완전연결법
clink = hierarchy.linkage(smplx, method="complete")
hierarchy.dendrogram(clink, labels=lbls, color_threshold=500)
plt.show()
# 평균연결법
alink = hierarchy.linkage(smplx, method="average")
hierarchy.dendrogram(alink, labels=lbls, color_threshold=250)
plt.show()
# 단일연결법
slink = hierarchy.linkage(smplx, method="single")
hierarchy.dendrogram(slink, labels=lbls, color_threshold=60)
plt.show()
```

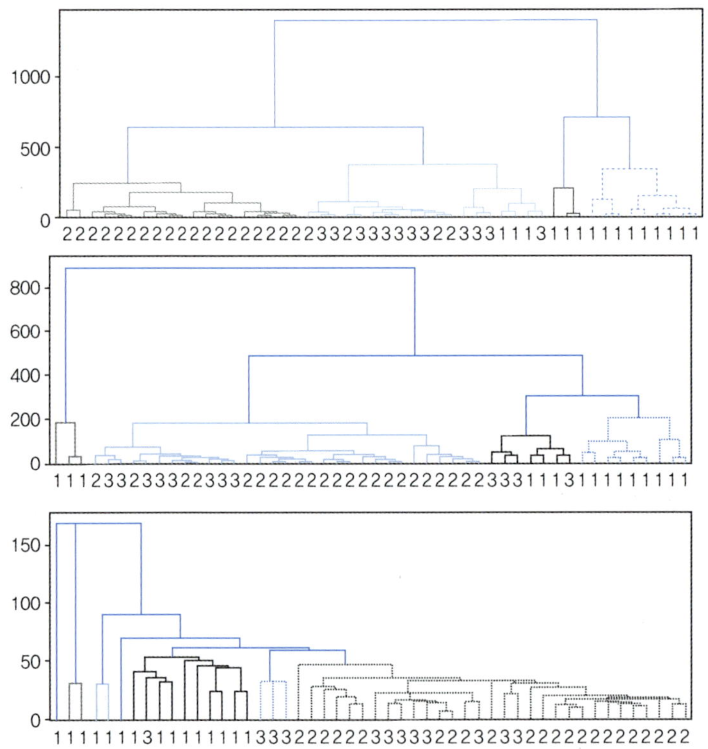

[코드 8-24]는 표준화된 설명변수 smplz에 계층적 군집분석 알고리즘을 적용하여 실행 결과를 덴드로그램으로 나타내는 명령문이다. 표준화하지 않은 설명변수를 사용했을 때보다 포도 품종이 훨씬 뚜렷하게 구분되었으며, 특히 평균연결법을 적용했을 때 품종별로 군집이 비교적 잘 분할된 것을 확인할 수 있다.

코드 8-24

```
# 완전연결법
zclink = hierarchy.linkage(smplz, method="complete")
hierarchy.dendrogram(zclink, labels=lbls, color_threshold=6.6)
plt.show()
# 평균연결법
zalink = hierarchy.linkage(smplz, method="average")
hierarchy.dendrogram(zalink, labels=lbls, color_threshold=4.5)
plt.show()
# 단일연결법
zslink = hierarchy.linkage(smplz, method="single")
hierarchy.dendrogram(zslink, labels=lbls, color_threshold=2.5)
plt.show()
```

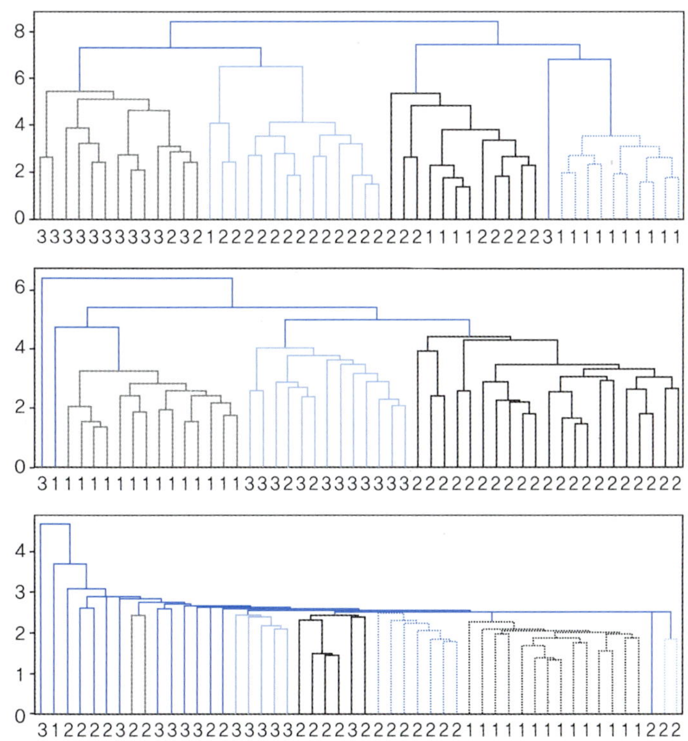

CHAPTER

08 핵심정리

■ 기계학습의 기본 개념

- 기계학습은 지도학습, 비지도학습, 강화학습으로 구분된다.
  ❶ **지도학습** : 목표변수가 주어져 있는 경우
  ❷ **비지도학습** : 목표변수가 없는 경우
  ❸ **강화학습** : 바람직한 선택을 하면 보상하며 최적의 해 탐색
- **분류분석**은 설명변수를 이용해 범주형 반응변수를 예측하는 지도학습 방법이고, **군집분석**은 반응변수가 없는 비지도학습 방법이다.

8.1 분류분석

■ k-최근접이웃 분류모형

- kNN **분류모형**은 분류 대상이 되는 점 x의 범주를 예측할 때 x와 가장 가까운 k개 관측값 중 다수가 속한 범주로 x의 범주를 선택한다.

■ 분류나무모형

- **분류나무모형**은 하위 집단의 목표변수 값이 최대한 동질적이 되도록 상위 집단을 하위 집단으로 반복적으로 분할한다.
- 하위 집단의 불순도를 측정하기 위해 **지니 지수**를 사용할 수 있다. k개의 범주가 있는 집단에서 i번째 범주에 해당되는 관측값 비중을 p_i라 하면 지니 지수는 다음과 같다.

$$\sum_{i=1}^{k} p_i(1-p_i) = \sum_{i=1}^{k} p_i(1-p_i) = 1-\sum_{i=1}^{k} p_i^2$$

- 분류 시에는 한 번에 하나의 설명변수를 선택하여 분할하며, 각 하위 집단의 지니 지수를 가중평균한 값이 최소화되도록 분할 기준을 설정한다.
- 모형이 지나치게 복잡해지는 것을 방지하기 위해 불필요한 분할 노드를 제거하는 **가지치기**를 진행한다.

■ 분류모형의 평가

- 훈련용 데이터의 특성이 과도하게 반영되어 새로운 관측값에 대해서는 성능이 떨어지는, 즉 지나치게 복잡한 모형이 생성되는 현상을 **과적합**이라 한다.

- 과적합을 방지하기 위해 일부 관측값(훈련용 데이터)으로 모형을 생성하고 남겨둔 나머지 관측값(테스트 데이터)으로 모형을 평가하여 가장 적절한 모형을 선택하는 교차검증을 진행할 수 있다.
- **k-겹 교차검증**에서는 전체 관측값을 k개의 부분집합으로 분할한 뒤 그중 $k-1$개를 훈련용 데이터로, 나머지 1개를 테스트 데이터로 사용해 모형을 평가하는 과정을 k번 반복함으로써 최적의 모형을 찾는다.
- 관측값을 하나만 남겨두고 나머지 관측값들로 모형을 생성한 후 남겨둔 관측값으로 모형을 평가하는 과정을 반복하는 교차검증 방법을 **LOOCV**라 한다.

8.2 군집분석

■ 비유사성의 측정

- 서로 다른 개체로 구성된 하나의 집단에서 동질적인 특징을 가진 개체를 묶어 하위 집단으로 구분하는 기계학습 방법을 **군집분석**이라 한다.

■ 계층적 군집분석

- 계층적 군집분석을 수행하기 위해서는 두 개체가 얼마나 유사한 속성을 가지는지 확인하기 위해 **거리**를 정의하고, 군집 간의 비유사성을 측정하기 위해 **연결기준**을 적용한다.
- 계층적 군집분석에는 개체를 서로 가까운 것부터 차례로 병합해가는 **병합 군집 알고리즘**과 하나로 묶인 집단을 거리가 먼 것부터 차례로 분리해가는 **분할 군집 알고리즘**이 있다.

■ 비계층적 군집분석

- **k-평균 알고리즘**은 대표적인 비계층적 군집분석 알고리즘으로, 먼저 각 관측값을 랜덤으로 군집에 배정한다. 다음으로 군집의 중심점을 계산하고 각 개체를 가장 가까운 중심점에 해당하는 군집으로 재배정하는 과정을 반복함으로써 최종 군집을 생성한다.

CHAPTER

08 연습문제

1. [표 8-17]과 같은 관측값으로 kNN 분류모형을 사용해 좌표가 (0, 0)인 점을 분류하려 한다. 단, 관측값 사이의 거리는 유클리드 거리를 이용하여 계산한다.

표 8-17 **관측값**

좌표	(1, 0)	(2, 1)	(2, 0)	(0, 1)	(1, 1)	(2, 2)	(−2, 2)
범주	0	0	0	1	1	1	1

(a) $k=3$일 때 분류 결과를 제시하라.

(b) $k=5$일 때 분류 결과를 제시하라.

2. 다음은 두 변수 x와 y로 표현된 관측값의 산점도이다. 여기서 원(○)과 별표(★)는 서로 다른 범주에 속한다. 두 변수 x와 y를 이용하여 분류나무모형으로 분류하기에 가장 적절한 데이터를 찾아라.

①
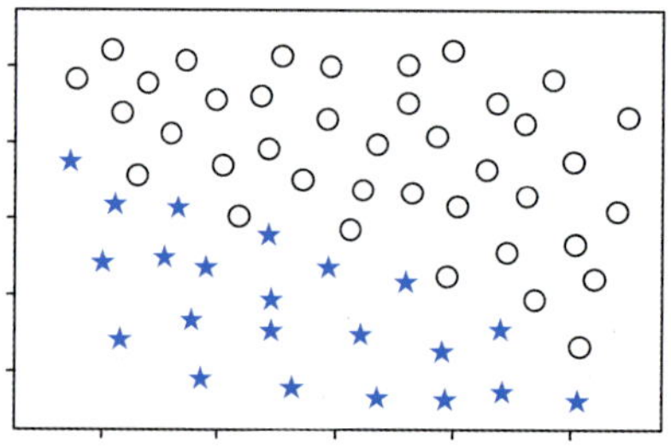

②
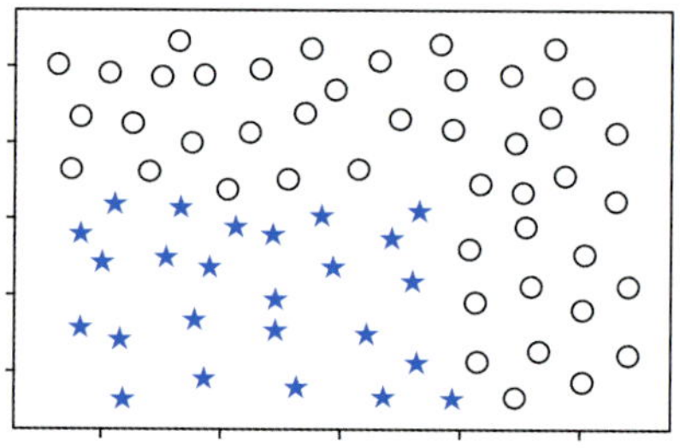

③
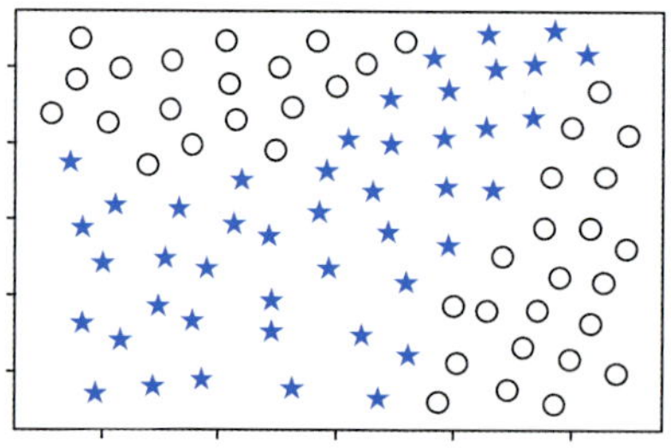

④
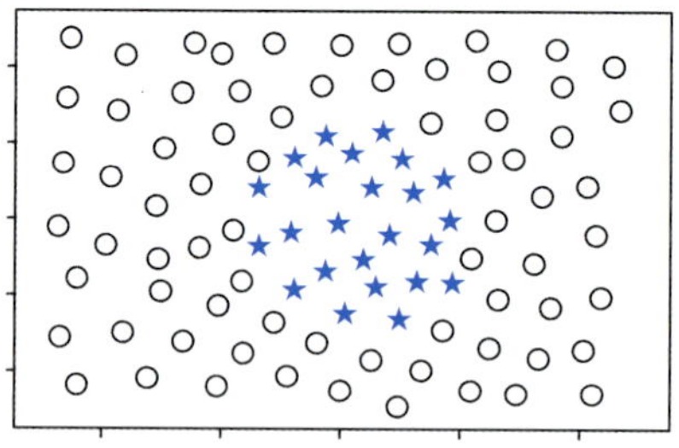

3. 학생들의 키를 기준으로 두 집단으로 나누려 한다. [표 8-18]은 분할 기준 x를 달리할 때, 키 $x$cm 이하 노드와 키 $x$cm 초과 노드에 속하는 학생 수를 나타낸 것이다. 예를 들어 $x = 150$일 때 키 150cm 이하 노드에는 중학생 1명과 초등학생 7명이 속하고, 초과 노드에는 중학생 9명, 초등학생 3명이 속한다. 지니 지수로 가중평균한 불순도를 계산하여, 불순도가 가장 낮아지는 분할 기준 x를 제시하라.

표 8-18 키에 따라 분할된 노드의 구성

분할 기준		145	150	155	160	165
키 $x$cm 이하인 관측값으로 구성된 노드	초등학생	5	7	8	9	10
	중학생	0	1	3	5	7
키 $x$cm 초과인 관측값으로 구성된 노드	초등학생	5	3	2	1	0
	중학생	10	9	7	5	3
합계		20	20	20	20	20

4. 붓꽃 데이터를 꽃잎 너비 1.75cm 기준으로 분할하여 생성된 왼쪽 노드(꽃잎 너비 1.75cm 이하인 개체들의 집합)를, 이번에는 꽃잎 길이를 기준으로 다시 분할하려 한다. 분할 기준 x에 따라 두 하위 노드에 속하는 버시컬러와 버지니카의 종별 분포는 [표 8-19]와 같다. 꽃잎 길이를 기준으로 노드를 분할할 때 지니 지수로 가중평균한 불순도를 계산하여 불순도가 가장 낮은 분할 기준을 제시하라.

표 8-19 꽃잎 너비에 따라 분할된 노드의 구성

분할 기준		4.75	4.85	4.95	5.05	5.15
꽃잎 너비 $x$cm 이하인 관측값으로 구성된 노드	버시컬러	44	45	47	48	49
	버지니카	1	1	1	2	3
꽃잎 너비 $x$cm 초과인 관측값으로 구성된 노드	버시컬러	5	4	2	1	0
	버지니카	4	4	4	3	2
합계		54	54	54	54	54

5. A 병원에서는 MRI 영상을 이용해 뇌종양 세포를 식별하기 위한 인공지능 분류모형을 개발했다. 악성종양 환자의 MRI 영상 80장과 정상 소견인 MRI 영상 920장을 추출하여 분류모형의 성능을 평가한 결과가 [표 8-20]과 같다.

표 8-20 인공지능 분류모형의 MRI 영상 분류 결과

예측변수 \ 목표변수	악성종양	정상	합계
악성종양	50	20	70
정상	30	900	930
합계	80	920	1000

(a) 분류모형에 대한 정확도, 민감도, 특이도, 정밀도, F1 스코어를 각각 구하라.

(b) 악성종양 환자를 더 잘 식별하기 위해 분류모형의 매개변수를 조정한 결과, 악성종양 환자 중 60명을 악성종양으로 예측했다. 이때 정밀도가 기존과 동일하게 유지되었다면 조정된 분류모형의 혼동행렬을 제시하라.

(c) 조정된 분류모형의 주요 평가지표 5가지를 구하고, 기존 분류모형과 비교하여 분류모형의 성능이 개선되었는지 설명하라.

6. k-겹 교차검증에 대한 설명이 참인지 판단하라.

(a) $k=1$부터 지정할 수 있다.

(b) 각 관측값은 k번 모형을 작성하기 위해 사용된다.

(c) 각 관측값은 k번 모형을 평가하기 위해 사용된다.

7. 관측값에 대해 병합 군집 알고리즘을 이용한 계층적 군집분석을 실시하려 한다. 다음 두 경우 각각에 대해 단일연결법을 적용하는 것이 적절한지 판단하고, 그 이유를 설명하라.

(a)

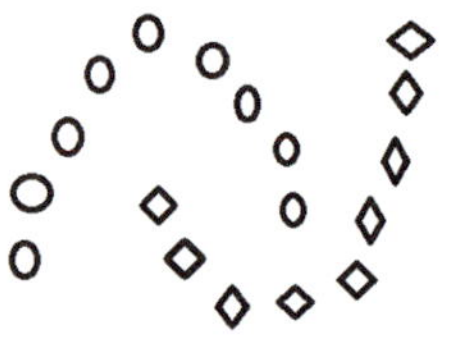

(b)

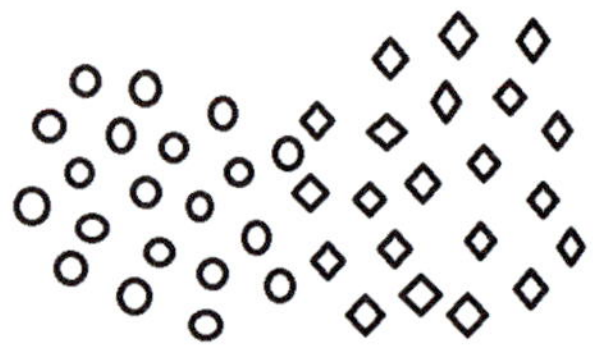

8. 다음은 국내 프랜차이즈 커피전문점 7곳(S, C, H, E, T, M, A)의 만족도 요인 중 '가격 및 서비스'와 '이용공간' 만족도에 대한 산점도와 유클리드 거리행렬이다.[11]

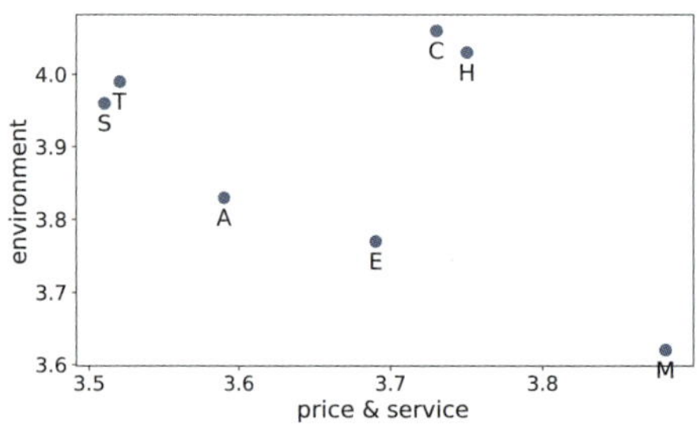

(a) 산점도

	S	C	H	E	T	M	A
S	–	0.242	0.250	0.262	**0.032**	0.502	0.152
C	0.242	–	0.036	0.293	0.221	0.465	0.269
H	0.250	0.036	–	0.267	0.233	0.430	0.256
E	0.262	0.293	0.267	–	0.278	0.242	0.117
T	**0.032**	0.221	0.233	0.278	–	0.516	0.175
M	0.502	0.465	0.430	0.242	0.516	–	0.358
A	0.152	0.269	0.256	0.117	0.175	0.358	–

(b) 거리행렬

그림 8-13 국내 프랜차이즈 커피전문점의 만족도 요인에 대한 산점도와 유클리드 거리행렬

(a) 단일연결법을 적용한 병합 군집 알고리즘으로 형성되는 네 개의 군집을 제시하라.

(b) 완전연결법을 적용한 병합 군집 알고리즘으로 형성되는 네 개의 군집을 제시하라.

11 한국소비자원 (2022). 커피전문점 소비자 만족도, '주문·결제' 높고, '가격·서비스' 낮아 [보도자료]. 한국소비자원. https://www.kca.go.kr

CHAPTER

08 파이썬 실습문제

8.1 자동차의 연비(mpg), 배기량(disp), 마력(hp), 무게(wt) 등의 변수를 이용하여 실린더 개수(cyl)를 예측하는 k-최근접이웃 분류모형과 분류나무모형을 작성하려 한다. [코드 8-25]의 명령문으로 데이터를 불러오고, 설명변수 x와 반응변수 y를 생성한다.

코드 8-25

```
import numpy as np
import pandas as pd
import statsmodels.api as sm
cars = sm.datasets.get_rdataset("mtcars")
x = cars.data.iloc[:,[0,2,3,5]]
y = cars.data.cyl
z = (x - x.mean()) / x.std()
```

(a) $k=3$, 5, 7일 때 설명변수 x, 반응변수 y인 kNN 분류모형과 설명변수 z, 반응변수 y인 kNN 분류모형의 예측 결과를 비교하라.

(b) LOOCV를 적용하여 $k=3$, 5, 7일 때 설명변수 x, 반응변수 y인 kNN 분류모형의 예측 결과를 비교하라.

(c) 설명변수 x를 이용하여 반응변수 y를 예측하기 위한 분류나무모형을 작성하라.

(d) 분류나무모형의 그림을 출력하고, 그림을 이용하여 분류모형을 설명하라.

(e) LOOCV를 적용하여 분류나무모형의 예측 결과를 확인하라.

8.2 미국 옐로우스톤 국립공원에 위치한 올드 페이스풀old faithful은 일정한 시간 간격을 두고 온천수가 분출되는 간헐천이다. 올드 페이스풀의 온천수 분출 지속시간과 분출 사이의 대기시간은 서로 상관관계가 있는 것으로 알려져 있다. [코드 8-26]을 이용하여 올드 페이스풀 데이터를 불러올 수 있다. 불러온 데이터프레임 dat에는 분출시간(eruptions)과 온천수 분출 사이의 대기시간(waiting)이 저장되어 있다.

코드 8-26

```
import statsmodels.api as sm
geyser = sm.datasets.get_rdataset("faithful")
dat = geyser.data
```

[코드 8-27]과 같이 입력한 뒤 실행하면 불러온 데이터의 산점도를 그릴 수 있다.

코드 8-27

```
import matplotlib.pyplot as plt
scttr = plt.scatter(dat.iloc[:,0], dat.iloc[:,1], marker="o", s=80,
                    c="navy", alpha=0.6)
plt.xlabel(dat.columns[0])
plt.ylabel(dat.columns[1])
```

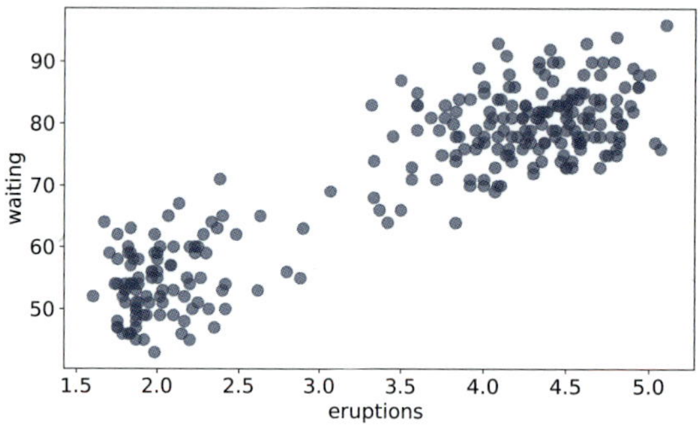

(a) 완전연결법, 평균연결법, 단일연결법을 적용하여 군집분석을 실시하고, 두 개의 군집으로 나누었을 때 각 관측값이 어떤 군집에 포함되는지를 나타내는 산점도를 작성하라.

(b) 분출 지속시간의 평균은 3.5분, 표준편차는 1.14이고, 분출 사이의 대기시간의 평균은 70.9분, 표준편차는 13.6이다. 이렇게 두 변수의 평균과 표준편차의 차이가 클 때는 군집분석 전에 관측값을 표준화하여 사용하기도 한다. 표준화된 데이터의 데이터프레임을 구하여 datstd라는 이름으로 저장하는 명령문을 작성하라.

(c) (b)에서 작성한 datstd를 이용하여 (a)에서 제시된 세 가지 연결기준으로 군집분석을 실시하고, 두 개의 군집으로 나누었을 때 각 관측값이 어떤 군집에 포함되는지를 나타내는 산점도를 작성하라.

CHAPTER

09

인공신경망의 기초

CONTENTS

학습목표

- 퍼셉트론의 개념과 작동 원리를 이해한다.
- 퍼셉트론의 한계와 이를 극복하기 위한 인공신경망의 기본 구조를 이해한다.
- 다양한 심층신경망의 기본 원리를 이해한다.

이 장에서 배우는 내용은?

사람의 신경세포인 **뉴런**neuron은 최소한의 기준인 **역치**threshold를 넘는 자극에만 반응하여 다른 신경세포에 신호를 전달한다. 신경세포가 밀집해 있는 인간의 뇌에는 대뇌피질에만 약 100억 개 이상의 뉴런이 분포하는 것으로 알려져 있다.

인공신경망(ANN)artificial neural network은 사람의 신경세포 구조를 모방하여, 입력된 신호가 특정 크기 이상이면 다음 단계로 전달하고 그보다 작은 신호는 전달하지 않도록 설계되었다. 초기에는 **퍼셉트론**perceptron이나 단층신경망과 같은 기초적인 모형이 활용되었으나, 이후 신경망을 여러 층으로 쌓아올린 심층신경망 모형이 등장하면서 이미지, 동영상, 텍스트 등 복잡한 구조를 가진 데이터에도 적용되어 우수한 성능을 보이고 있다. 이로 인해 인공신경망은 인공지능의 핵심적인 기법으로 널리 활용되고 있다.

심층신경망(DNN)deep neural network은 선형성이나 오차항의 정규성 등 엄격한 통계적 가정에 기반한 모형들과 달리, 데이터의 분포 가정에 크게 의존하지 않는 유연한 접근 방법을 제공한다. 또한 예측 성능도 우수하여 다양한 분야에서 널리 활용되고 있다.

이 장에서는 퍼셉트론과 단층신경망 등 기초적인 인공신경망 모형을 살펴보고 이들에 기반을 둔 심층신경망 모형의 기본 원리를 확인해본다.

SECTION

9.1 퍼셉트론

퍼셉트론perceptron은 입력된 n개의 신호 x_1, x_2, $\cdots$, x_n에 각각 가중치 w_1, w_2, $\cdots$, w_n을 곱해서 가중합을 구한 후, 이를 함수에 입력해 하나의 함숫값을 반환하는 단순한 형태의 신경망 모형이다. 입력신호의 가중합에 적용되는 함수를 **활성화함수**activation function라 한다.

$$f(w_1x_1 + w_2x_2 + \cdots + w_nx_n)$$

활성화함수 f가 상수 t에 대해 식 (9.1)과 같이 정의된 **계단함수**step function일 때를 생각해보자.

$$f(u) = \begin{cases} 1, & u \geq t \\ 0, & u < t \end{cases} \tag{9.1}$$

입력신호의 가중합 $w_1x_1 + w_2x_2 + \cdots + w_nx_n$이 주어진 값 t 이상이면 출력되는 함숫값(출력값)이 1이고, 가중합 값이 t 미만이면 출력값이 0이다.[1]

활성화함수가 계단함수일 때는 가중치 w_1, w_2, $\cdots$, w_n과 임곗값 t를 조정함으로써 퍼셉트론 함수의 출력값을 변화시킬 수 있다. 예를 들어 $n=2$로 입력신호가 두 개인 퍼셉트론을 생각해보자.

$w_1 > 0$, $w_2 > 0$이면 x_1 또는 x_2가 클 때 부등식 $w_1x_1 + w_2x_2 \geq t$가 성립하므로 직선 $w_1x_1 + w_2x_2 = t$의 윗부분에 해당되는 영역에서 $f(w_1x_1 + w_2x_2) = 1$, 아랫부분에서 $f(w_1x_1 + w_2x_2) = 0$이다. $w_1 > 0$, $w_2 < 0$이면 x_1이 크거나 x_2가 작을 때 부등식 $w_1x_1 + w_2x_2 \geq t$가 성립하므로 이번에는 직선 $w_1x_1 + w_2x_2 = t$의 아랫부분에서 $f(w_1x_1 + w_2x_2) = 1$, 윗부분에서 $f(w_1x_1 + w_2x_2) = 0$이다. $t > 0$일 때 출력값이 1인 영역을 좌표평면 위에 나타내면 [그림 9-1]과 같다.

1 퍼셉트론은 가중합이 일정 수준 t를 초과할 때 신호 1을 출력한다는 점에서 역치를 넘어선 자극만을 다른 신경세포에 전달하는 인간의 신경세포 작동 원리와 비슷한 점이 있다.

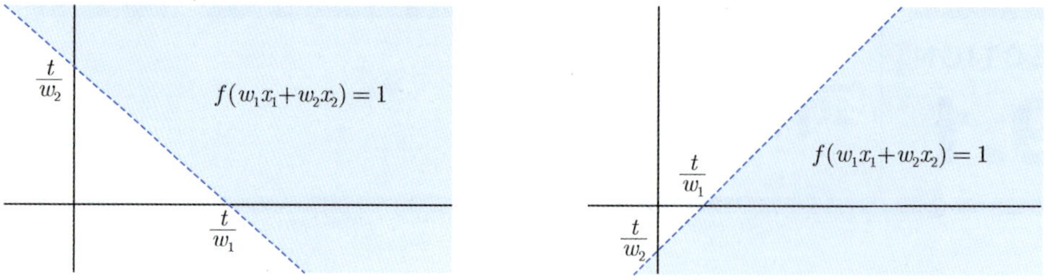

(a) $w_1 > 0$, $w_2 > 0$일 때　　　　(b) $w_1 > 0$, $w_2 < 0$일 때

그림 9-1 **퍼셉트론 함수의 출력값(단, $t > 0$)**

예제 9-1

2개의 신호 x_1, x_2와 가중치 w_1, w_2를 이용한 퍼셉트론 모형에서 활성화함수로 계단함수를 적용할 때, 다음에 대해 출력값이 1인 영역을 좌표평면 위에 나타내라.

(a) $w_1 > 0$, $w_2 = 0$　　　　(b) $w_1 = 0$, $w_2 < 0$

풀이

(a) $w_2 = 0$이면 입력신호의 가중합은 w_1x_1이다. 여기서 $w_1 > 0$이므로 $x_1 \geq \frac{t}{w_1}$일 때 $f(w_1x_1 + w_2x_2) = 1$이고, $x_1 < \frac{t}{w_1}$일 때 $f(w_1x_1 + w_2x_2) = 0$이다. 따라서 퍼셉트론의 출력값이 1인 영역은 [그림 9-2(a)]로 표현된다.

(b) $w_1 = 0$이면 입력신호의 가중합은 w_2x_2이다. 여기서 $w_2 < 0$이므로 $x_2 \leq \frac{t}{w_2}$일 때 $f(w_1x_1 + w_2x_2) = 1$이고, $x_2 > \frac{t}{w_2}$일 때 $f(w_1x_1 + w_2x_2) = 0$이다. 따라서 퍼셉트론의 출력값이 1인 영역은 [그림 9-2(b)]로 표현된다.

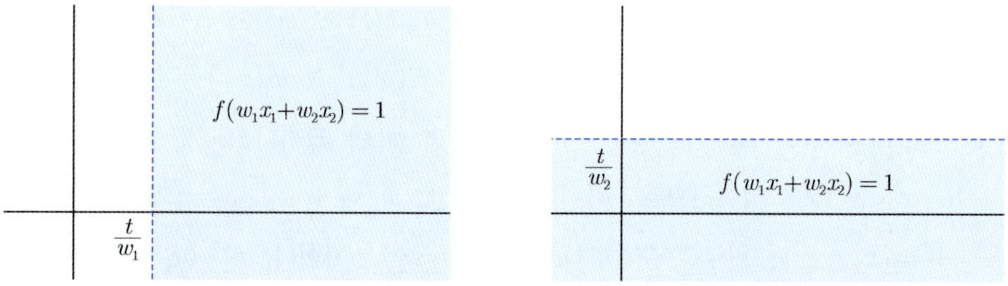

(a) $w_1 > 0$, $w_2 = 0$일 때　　　　(b) $w_1 = 0$, $w_2 > 0$일 때

그림 9-2 **퍼셉트론 함수의 출력값(단, $t > 0$)**

예제 9-2

두 설명변수 x_1, x_2와 목표변수 y로 이루어진 다섯 개의 관측값을 얻은 결과가 [표 9-1]과 같다고 하자. 식 (9.1)의 계단함수를 활성화함수로 적용한 퍼셉트론을 이용하여 설명변수에

대응되는 목표변수를 예측하는 모형을 생성하려 한다.

표 9-1 **관측값**

x_1	0.5	1	1	0	2
x_2	2	0.5	0	1	2
y	1	1	0	0	1

임곗값 $t=1$일 때 다음 중 주어진 목표변수를 오류 없이 예측할 수 있는 가중치 $(w_1,\ w_2)$의 조합은?

① (1.5, 1.5)　　② (2, 2)　　③ (0.5, 0.5)　　④ (0.75, 0.75)

풀이

[표 9-1]의 관측값을 산점도로 나타내면 [그림 9-3]과 같다.

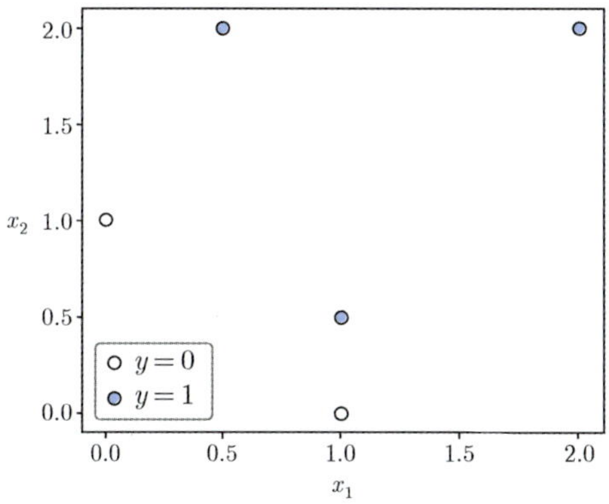

그림 9-3 **[표 9-1]의 산점도**

문제의 조건을 충족시키려면 반평면half plane $w_1x_1+w_2x_2 \ge 1$에는 $y=1$인 관측값만, 반평면 $w_1x_1+w_2x_2<1$에는 $y=0$인 관측값만 포함되어야 한다. 각 가중치 조합에 대해 이를 확인하면 다음과 같다.

① $(1.5, 1.5)$이면 반평면 $x_1+x_2 \ge \frac{2}{3}$에 모든 관측값이 포함된다.

② $(2, 2)$이면 반평면 $x_1+x_2 \ge \frac{1}{2}$에 모든 관측값이 포함된다.

③ $(0.5, 0.5)$이면 반평면 $x_1+x_2 \ge 2$에는 $y=1$인 관측값 2개, 반평면 $x_1+x_2<2$에는 $y=1$인 관측값 1개, $y=0$인 관측값 2개가 포함된다.

④ $(0.75, 0.75)$이면 반평면 $x_1+x_2 \ge \frac{4}{3}$에는 $y=1$인 관측값 3개, 반평면 $x_1+x_2<\frac{4}{3}$에는 $y=0$인 관측값 2개가 포함된다.

따라서 ④ $(0.75, 0.75)$일 때만 주어진 목표변수를 오류 없이 예측할 수 있다.

[예제 9-2]를 통해 살펴볼 수 있듯이 가중치를 이용하여 각 입력신호가 결과에 미치는 상대적 영향력을 조절할 수 있으며, 임곗값을 이용하여 활성화함수 값이 1을 반환하는 영역을 결정할 수 있다. 예를 들어 i번째 가중치인 w_i 값을 크게 하면 입력신호 x_i 값이 가중합에 더 크게 반영되어 x_i의 영향력이 커진다. 반면에 임곗값 t를 크게 하면 임곗값이 작을 때보다 더 큰 가중합 값을 가져야 활성화함수가 1을 반환한다. 따라서 인공신경망 모형에서는 적절한 가중치와 임곗값을 잘 선택해야 한다.[2] 임곗값을 0으로 고정하고 x_i의 가중합에서 t를 뺀 값 $w_1x_1 + w_2x_2 + \cdots + w_nx_n - t$를 활성화함수의 입력값으로 사용할 수도 있다. 이때 $-t$를 **편향**bias이라 한다.

파이썬 실습 9-1 퍼셉트론

[예제 9-2]에서 살펴본 퍼셉트론은 다음과 같이 간단한 파이썬 명령문으로 구현할 수 있다.

❶ 데이터 입력

[예제 9-2]에서 사용된 데이터를 입력하는 명령문은 [코드 9-1]과 같다.

코드 9-1

```
import pandas as pd
y = [1,1,1,0,0]
x1 = [0.5,1,2,1,0]
x2 = [2,0.5,2,0,1]
data_dict = {'x1': x1, 'x2': x2}
df = pd.DataFrame(data_dict)
```

❷ 퍼셉트론 생성

퍼셉트론을 생성하기 위해 `sklearn.linear_model` 모듈의 `Perceptron()` 함수를 불러와 `random_state=1`로 지정하여 모형을 생성한다. 이후 관측값 `df`와 목표변수 `y`를 `fit()` 메서드에 입력해 모형의 가중치와 편향을 추정한다. 추정된 모형의 가중치는 $w_1 = 2$, $w_2 = 2.5$이고 편향은 -3으로, 다섯 개의 관측값을 정확하게 구분하는 직선 경계가 형성된다.

다만 `random_state=100` 등으로 훈련용 데이터를 분할하는 방식을 다르게 지정하면 일부 관측값이 잘못 분류되기도 한다.

2 인공신경망 모형에서 활성화함수는 보통 모형 설계 단계에서 결정되고, 가중치나 임곗값 등은 관측된 데이터로부터 학습을 통해 추정된다.

코드 9-2

```
from sklearn.linear_model import Perceptron
clf = Perceptron(random_state=1)
clf.fit(df, y)
[clf.score(df, y), clf.coef_, clf.intercept_, clf.predict(df)]
```

```
[1.0, array([[2. , 2.5]]), array([-3.]), array([1, 1, 1, 0, 0])]
```

퍼셉트론은 이해하기 쉽고 구현하기도 간단한 신경망 모형이지만 명확한 한계를 가지고 있다. 앞서 살펴보았듯이 활성화함수로 계단함수를 사용하는 퍼셉트론에서는 출력값이 0과 1로 구분되는 경계가 직선이고, 이 직선을 기준으로 한쪽 반평면에서는 출력값이 1, 반대쪽 반평면에서는 출력값이 0으로 결정된다. 따라서 곡선 또는 복잡한 비선형 형태로 경계를 설정해야 한다면 퍼셉트론만으로는 만족스러운 예측 결과를 얻기 어렵다.

다음과 같은 예를 생각해보자. 일반적으로 왼팔과 오른팔에서 측정한 혈압의 차이는 그리 크지 않다. 하지만 심혈관질환이 있는 경우에는 양팔의 혈압 차이가 크게 나타나는 경향이 있다. 따라서 양팔의 수축기 혈압 차이를 이용해 심혈관질환 여부를 예측하는 모형을 다음과 같이 만들 수 있다. 오른팔의 혈압을 x_1, 왼팔의 혈압을 x_2라 하고, 심혈관질환 환자를 1, 심혈관질환 환자가 아닌 경우를 0이라고 하자. 이때 $|x_1 - x_2| \geq t$이면 1, $|x_1 - x_2| < t$이면 0으로 영역을 구분한다. 여기서 $|x_1 - x_2| \geq t$는 [그림 9-4]와 같이 두 개의 반평면으로 표현되는 영역이므로 하나의 반평면만으로는 영역을 적절히 표현할 수 없다. 따라서 이 경우는 하나의 퍼셉트론만으로 구현하기 어려운 문제에 해당한다.

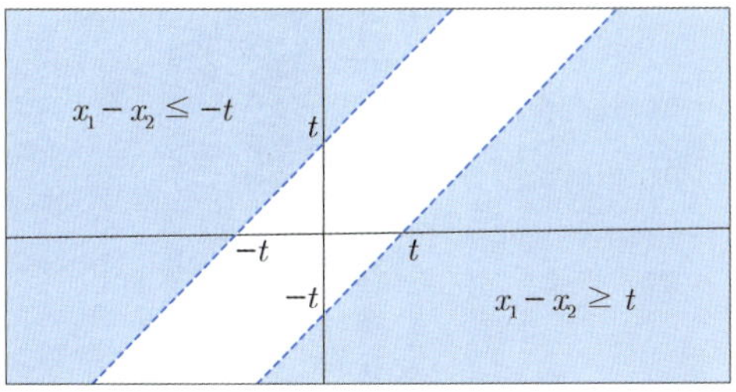

그림 9-4 $|x_1 - x_2| \geq t$가 성립하는 영역

신경망 모형의 전반적인 구조를 이해하기 위해 흔히 다이어그램을 이용한다. 퍼셉트론은 [그림 9-5]와 같은 다이어그램으로 표현된다.

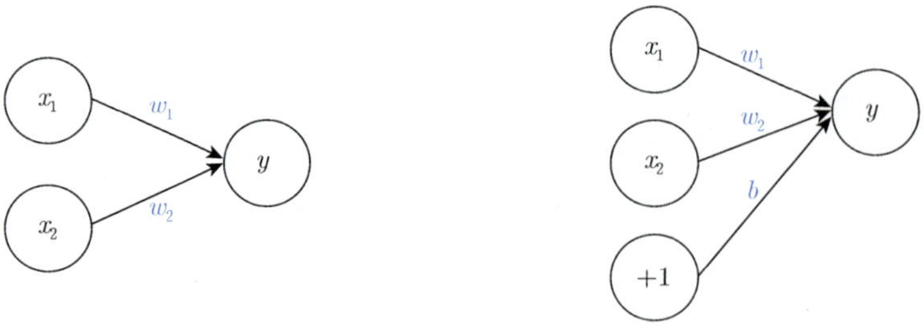

(a) 편향이 없는 퍼셉트론의 다이어그램　　(b) 편향이 b인 퍼셉트론의 다이어그램

그림 9-5 **퍼셉트론의 다이어그램**

[그림 9-5(a)]는 입력값 x_1과 x_2에 각각 가중치 w_1과 w_2를 곱해 더한 후, 활성화함수를 적용하여 출력값 y를 구하는 구조를 의미한다. [그림 9-5(b)]는 입력값 x_1과 x_2에 각각 가중치 w_1과 w_2를 곱해 더한 후, 편향 b를 추가하여 활성화함수를 적용하는 구조를 의미한다. 지금부터는 [그림 9-5(b)] 형태의 다이어그램을 기준으로 퍼셉트론을 표현하고 활성화함수인 계단 함수 $f(u)$는 $u \geq 0$일 때 1, $u < 0$일 때 0 값을 반환하는 함수로 정의한다.

SECTION 9.2 인공신경망

목표변수 값에 따라 분할한 설명변수 공간이 하나의 퍼셉트론으로 표현할 수 있는 단일 반평면보다 복잡한 형태라면, 여러 개의 퍼셉트론을 결합해 목표변수를 추정하는 모형을 구성할 수 있다. 9.1절에서 살펴본 양팔의 수축기 혈압 차이를 이용한 심혈관질환 예측 문제를 상기해보자. 이 문제에서는 혈압 차이가 클 때, 즉 $x_1 - x_2 \geq t$ 또는 $x_2 - x_1 \geq t$일 때 심혈관질환 환자로 판정한다. 따라서 두 개의 반평면을 이용한 분류모형을 만들 수 있으며, 각 반평면은 [그림 9-6]과 같은 퍼셉트론 다이어그램으로 표현할 수 있다.

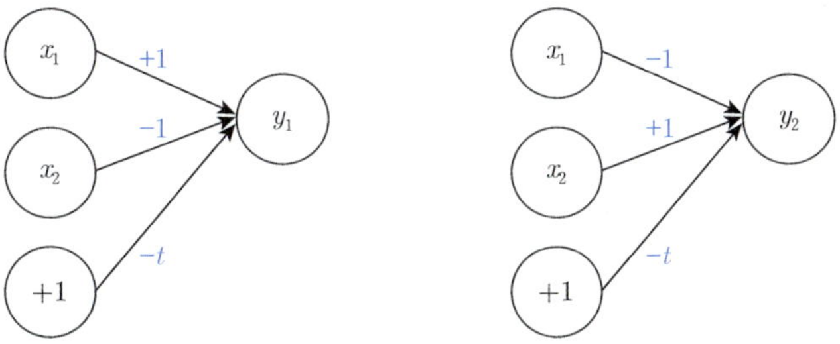

(a) $x_1 - x_2 \geq t$　　(b) $x_2 - x_1 \geq t$

그림 9-6 $x_1 - x_2 \geq t$와 $x_2 - x_1 \geq t$의 퍼셉트론

각 퍼셉트론의 출력은 다음과 같다.

$$y_1 = \begin{cases} 1, & x_1 - x_2 \geq t \\ 0, & x_1 - x_2 < t \end{cases}, \quad y_2 = \begin{cases} 1, & -x_1 + x_2 \geq t \\ 0, & -x_1 + x_2 < t \end{cases}$$

따라서 $|x_1 - x_2| \geq t$는 [그림 9-6]의 두 다이어그램을 결합해 [그림 9-7]과 같이 하나의 다이어그램으로 나타낼 수 있다. 만약 양팔의 혈압 차이가 20mmHg 이상일 때 심혈관질환 위험이 높다고 평가한다면, 임곗값 t를 20으로 설정한다. y_1 또는 y_2 중 하나라도 1인 경우 심혈관질환을 의심할 수 있으므로 y_1과 y_2의 정보를 입력받아 $y_1 + y_2 \leq 0.5$인지 확인하는 퍼셉트론을 추가하여 인공신경망 모형을 완성한다.

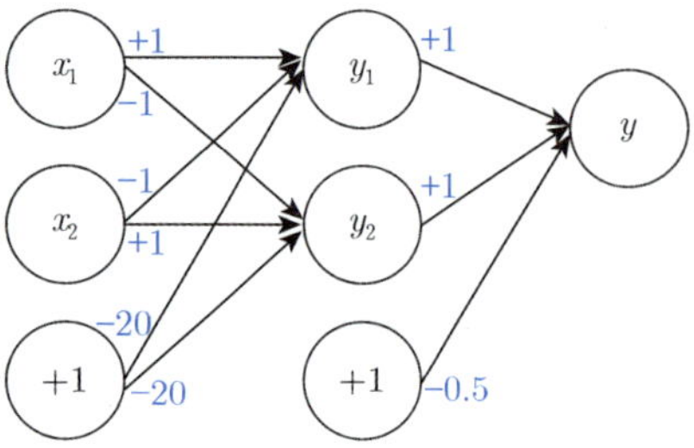

그림 9-7 양팔의 수축기 혈압 차이를 이용한 심혈관질환 환자 분류문제의 인공신경망 모형

이렇게 복잡한 문제에서 목표변수를 예측하기 위해서는 여러 퍼셉트론을 연결한 **인공신경망**(ANN)artificial neural network[3] 모형을 사용할 수 있다. [그림 9-7]의 다이어그램에서 왼쪽의 입력값들은 **입력층**input layer, 가장 오른쪽의 출력값은 **출력층**output layer이라 한다. 또한 입력층에서 전달된 값을 계산하여 출력층에 전달하는 중간 과정을 **은닉층**hidden layer이라 한다. 이러한 구조는 가장 단순한 형태의 인공신경망이다. 입력과 출력의 수가 여러 개인 경우에는 입력층과 출력층의 노드 수를 늘릴 수 있고, 분할 경계가 복잡한 경우에는 은닉층의 수를 늘려 더 복잡한 관계를 구성할 수 있다.

예제 9-3

[코드 8-6]에서 분류나무모형으로 구현했던 붓꽃 데이터에 대해 다음 규칙 ❶~❸과 동일한 결과를 반환하는 인공신경망 모형을 작성하려 한다.

❶ 꽃잎 너비가 1.75cm 이하이고 꽃잎 길이가 4.95cm 이하 → 버시컬러
❷ 꽃잎 너비가 1.75cm 이하이고 꽃잎 길이가 4.95cm 초과 → 버지니카
❸ 꽃잎 너비가 1.75cm 초과 → 버지니카

(a) 두 입력신호인 꽃잎 길이 x_1과 꽃잎 너비 x_2를 받아 $x_1 \leq 4.95$일 때 1, $x_1 > 4.95$일 때 0을 출력하는 퍼셉트론을 작성하라.

(b) 두 입력신호인 꽃잎 길이 x_1과 꽃잎 너비 x_2를 받아 $x_2 \leq 1.75$일 때 1, $x_2 > 1.75$일 때 0을 출력하는 퍼셉트론을 작성하라.

(c) (a), (b)의 퍼셉트론 출력값을 입력받아 버시컬러(❶)일 때 1, 버지니카(❷, ❸)일 때 0을 출력하는 퍼셉트론을 작성하라.

(d) (a)~(c)를 종합하여 조건 ❶~❸에 따라 버시컬러일 때 1, 버지니카일 때 0을 출력하는 인공신경망을 작성하라.

3 여러 개의 퍼셉트론을 연결한 인공신경망 모형을 **다층퍼셉트론**multilayer perceptron이라고도 한다.

풀이

(a), (b) 주어진 부등식이 성립하면 1, 성립하지 않으면 0을 출력하는 퍼셉트론을 구현해야 하므로 활성화함수로 계단함수를 이용한다. 입력변수 중 하나만 부등식에 사용되므로 사용되지 않는 변수의 가중치를 0으로, 부등식에 사용된 변수의 가중치는 -1로 지정한다. 편향 b는 임곗값이 t일 때 $-t$이므로 (a)에서는 $+4.95$, (b)에서는 $+1.75$로 지정한다. 따라서 (a)의 퍼셉트론은 [그림 9-8(a)]이고 (b)의 퍼셉트론은 [그림 9-8(b)]이다.

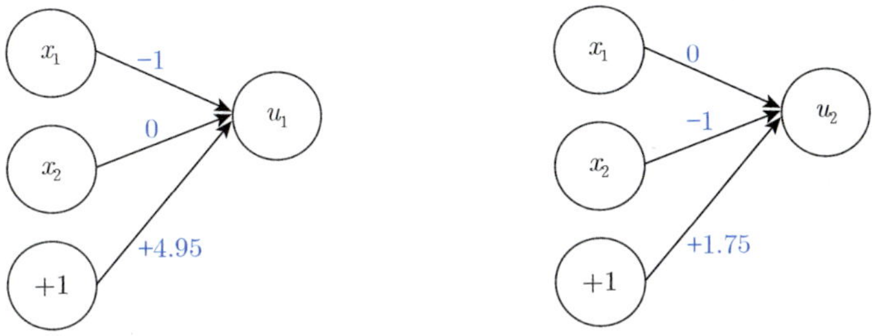

(a) $-x_1 \geq -4.95$ (b) $-x_2 \geq -1.75$

그림 9-8 부등식을 구현하기 위한 퍼셉트론

(c) u_1과 u_2는 각각 (a)와 (b)의 퍼셉트론 출력값으로 1 또는 0 값을 가진다.

$u_1=1$, $u_2=1$일 때 조건 ❶이 성립하므로 출력값은 1

$u_1=0$, $u_2=1$일 때 조건 ❷가 성립하므로 출력값은 0

u_1에 관계없이 $u_2=0$일 때 조건 ❸이 성립하므로 출력값은 0

입력값에 따른 출력값을 산점도로 표현하면 [그림 9-9(a)]와 같다. 따라서 $1<t<2$인 t에 대해 $u_1+u_2 \geq t$이면 1을 반환하고 $u_1+u_2 < t$이면 0을 반환하도록 지정하면 된다.[4] 이를 만족하는 퍼셉트론은 [그림 9-9(b)]이다.

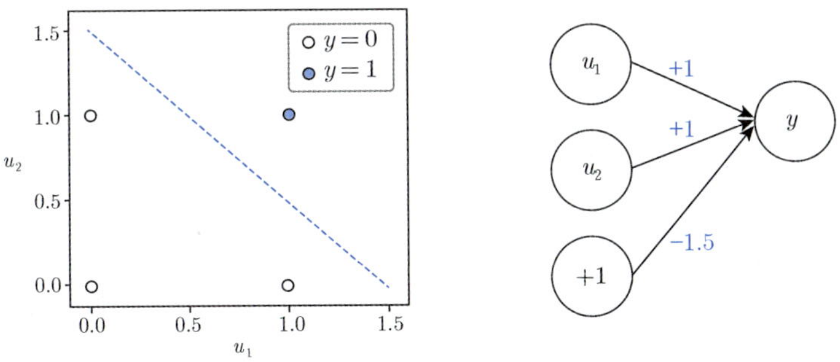

(a) 산점도 (b) 퍼셉트론

그림 9-9 출력값의 산점도와 출력값을 구현하기 위한 퍼셉트론

4 이 예제는 대표적인 경우만 생각했으며, 기울기가 -1이 아닌 직선, 즉 $w_1 \neq w_2$인 직선으로 퍼셉트론을 구현할 수도 있다.

(d) (a)~(c)를 종합하면 입력층, 은닉층, 출력층이 각각 하나씩인 인공신경망 모형을 작성할 수 있다. [그림 9-10]을 참고하라. 이때 계단함수는 입력값 x_1, x_2와 편향 b의 가중합 $w_1x_1+w_2x_2+b$가 0 이상일 때 1, 0 미만일 때 0을 반환하는 함수로 지정한다.

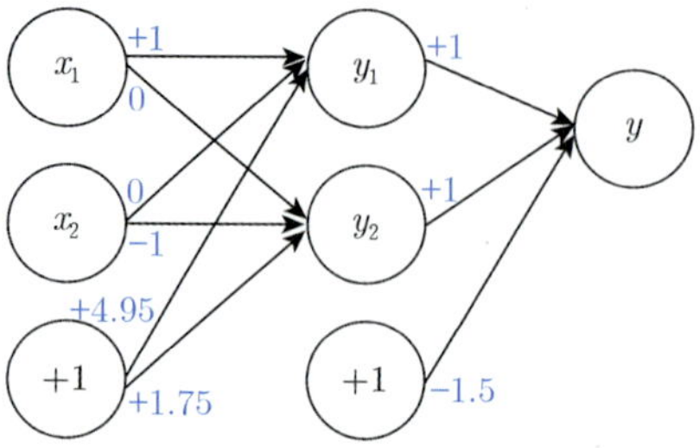

그림 9-10 인공신경망 모형의 다이어그램

활성화함수

지금까지는 인공신경망 모형의 기본적인 작동원리를 이해하기 위해 분류 규칙이 주어진 상태에서 이 분류 규칙을 구현할 수 있는 가중치와 활성화함수의 임곗값 또는 편향을 설정하는 방법을 살펴보았다. 하지만 실제 인공신경망에서는 수많은 노드와 가중치, 임곗값이 존재하고 예측 오차도 발생한다. 이러한 이유로 복잡한 구조를 일일이 설계하기보다는 데이터로부터 가중치와 임곗값을 추정하는 것이 일반적이다. 예를 들어 붓꽃 분류모형에서는 관측값을 입력하여 그로부터 적절한 가중치와 임곗값을 찾아 인공신경망 모형을 생성한다. 퍼셉트론이 하나의 신경세포(뉴런)에 해당한다면 인공신경망은 여러 신경세포가 연결된 신경망으로 볼 수 있다. 이렇게 복잡한 인공신경망 모형에서 수많은 가중치와 임곗값 등을 추정하려면 지금까지와는 다른 형태의 활성화함수를 사용할 필요가 있다.

9.1절에서 인공신경망 모형의 활성화함수로 소개한 계단함수는 특정 임곗값을 기준으로 함숫값이 0에서 1로 급격히 변한다는 점에서 사람의 신경망과 유사성이 있다. 하지만 계단함수는 임곗값에서 미분불가능하고, 그 외의 구간에서는 기울기가 0이므로 기울기를 이용한 최적화 과정을 진행할 수 없다[5]는 한계가 있다. 또한 분류문제에서는 특정 집단에 속할 확률이 설명변수 값에 따라 점진적으로 변한다고 보는 것이 자연스러운 경우도 있다. 따라서 인공신경망에서는 계단함수를 미분 가능한 S자 형태의 곡선으로 근사시킨 **시그모이드 함수** sigmoid function를 사용하기도 한다.

5 기계학습에서는 흔히 수치미분 등을 이용해 얻은 기울기 정보를 바탕으로 함수의 최솟값 또는 최댓값을 찾아 모형의 모수를 추정하는 방법을 사용한다.

활성화함수로 사용되는 시그모이드 함수 중 대표적인 함수는 7장에서 살펴본 로지스틱 함수[6]이며, 다음과 같이 표현된다.

$$f(x) = \frac{1}{1 + e^{-\alpha - \beta x}} = \frac{e^{\alpha + \beta x}}{e^{\alpha + \beta x} + 1}$$

로지스틱 함수는 출력값이 0에서 1 사이에 존재하므로 출력층에서 확률값을 추정하기 위해 사용할 수 있다. 계단함수를 출력층의 활성화함수로 사용하면 출력이 0 또는 1로만 주어져 관측값의 목표변수가 어떤 범주에 해당하는지만 알려준다. 반면 로지스틱 함수를 사용하면 목표변수가 특정 범주에 해당할 확률값을 반환하므로 더 많은 정보를 얻을 수 있다.

로지스틱 함수는 모수 α와 β에 대해 무한번 미분가능하므로 계단함수에 비해 인공신경망 모형의 최적화에 유리하다. 하지만 입력값 x가 아주 크거나 작으면 함숫값이 0 또는 1에 가까워져 **기울기 소실**vanishing gradient 문제가 발생한다. 이로 인해 여러 층으로 구성된 심층신경망에서는 계산에 많은 시간이 소요되거나 최적화가 어려워질 수 있다. 따라서 로지스틱 함수와 같은 시그모이드 함수는 은닉층보다는 출력층에서 확률값을 반환하는 활성화함수로 자주 사용된다.

은닉층에서 자주 사용되는 활성화함수로는 **ReLU**Rectified Linear Unit 함수가 있다. ReLU 함수는 입력값 x와 0 중 큰 값을 반환하는 함수로 다음과 같이 정의된다.

$$f(x) = \max(x,\ 0)$$

ReLU 함수는 연산과 저장이 간편하고 기울기 소실 문제도 발생하지 않아 최적화 과정에서 효율성이 높다는 장점이 있다.

지금까지 살펴본 세 활성화함수를 그래프로 나타내면 [그림 9-11]과 같다.

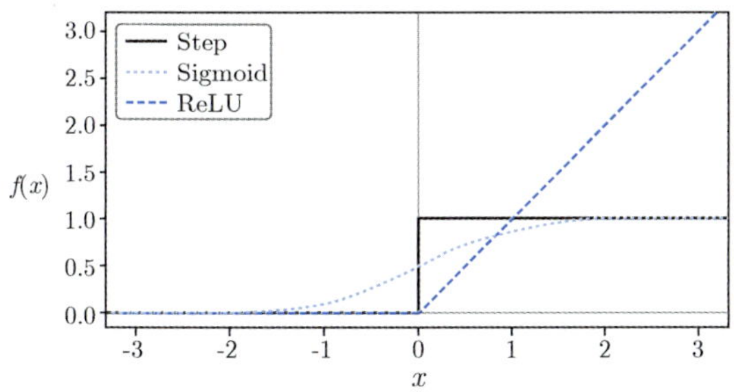

그림 9-11 **인공신경망의 활성화함수**

6 입력값이 셋 이상인 경우에는 로지스틱 함수를 일반화한 소프트맥스softmax 함수를 사용한다.

손실함수

인공신경망뿐만 아니라 일반적인 통계모형에서도 주어진 데이터를 얼마나 잘 설명하는지 평가하기 위해 **손실함수**loss function를 사용한다. 모형이 데이터를 잘 반영할수록 손실함수 값이 작아지고, 반대로 데이터를 잘 반영하지 못할수록 손실함수 값이 커진다. 따라서 통계모형을 작성하는 과정에서는 손실함수 값을 가장 작게 만드는 모수를 선택해 추정한다.

예를 들어 회귀모형의 최소제곱법은 손실함수의 일종인 오차제곱합을 최소화하는 회귀계수와 상수항을 추정하는 방법이다. 즉 회귀분석에서는 목표변수의 추정값 $\hat{y}_i$와 실제 관측값 y_i의 차이가 작을수록 데이터를 잘 설명하는 회귀모형으로 볼 수 있으며, 다음과 같이 손실함수 $L(\alpha, \beta)$를 이용하여 모형의 적절성을 평가한다.

$$L(\alpha, \beta) = \sum_{i=1}^{n}\left(\hat{y}_i - y_i\right)^2 = \sum_{i=1}^{n}(\alpha + \beta x_i - y_i)^2$$

손실함수 $L(\alpha, \beta)$는 회귀모수 α와 β를 변수로 보고 $L(\alpha, \beta)$ 값을 최소가 되게 하는 α, β를 추정하여 모형을 결정한다.

인공신경망에서도 각 노드의 가중치와 편향을 추정하기 위해 관측값을 기반으로 손실함수를 정의한다. 이때 손실함수의 형태는 문제에 따라 달라질 수 있다. 예를 들어 수치형 목표변수를 예측하는 회귀분석에서는 오차제곱합을 손실함수로 사용한다. 범주가 두 개인 범주형 목표변수를 예측하는 분류분석에서는 다음과 같은 **교차 엔트로피**cross entropy 함수를 손실함수로 사용한다.

$$L(W, B) = -\sum_{i=1}^{n} y_i \log p_i - \sum_{i=1}^{n} (1 - y_i) \log (1 - p_i)$$

여기서 y_i는 i번째 관측값의 목표변수 값으로 1 또는 0 값을 가진다. p_i는 $y_i = 1$일 확률 $\mathrm{P}(y_i = 1)$의 예측값이고 $1 - p_i$는 $y_i = 0$일 확률 $\mathrm{P}(y_i = 0)$의 예측값이다. 이 확률들은 모두 가중치 행렬 W와 편향 행렬 B의 함수이다.

$y_i = 1$이면 $1 - y_i = 0$이고, $1 - y_i = 1$이면 $y_i = 0$이므로 교차 엔트로피 함수는 다음과 같이 표현할 수 있다.

$$L(W, B) = -\sum_{i:y_i=1} \log p_i - \sum_{i:y_i=0} \log (1 - p_i)$$

여기서 $y_i = 1$이면 p_i 값이 클수록 오차가 작고, $y_i = 0$이면 $1 - p_i$ 값이 클수록 오차가 작다. 전반적인 오차가 클수록 손실함수 $L(W, B)$ 값이 커지고, 오차가 작을수록 $L(W, B)$ 값이 작아진다. 이렇게 손실함수 $L(W, B)$ 값이 최소가 되게 하는 가중치 W와 편향 B를 찾으면 오차가 최소가 되는 최적의 인공신경망 모형을 추정할 수 있다.

수치 최적화

[그림 9-12]와 같은 사차 곡선에서 y의 최솟값을 찾는 문제를 생각해보자.

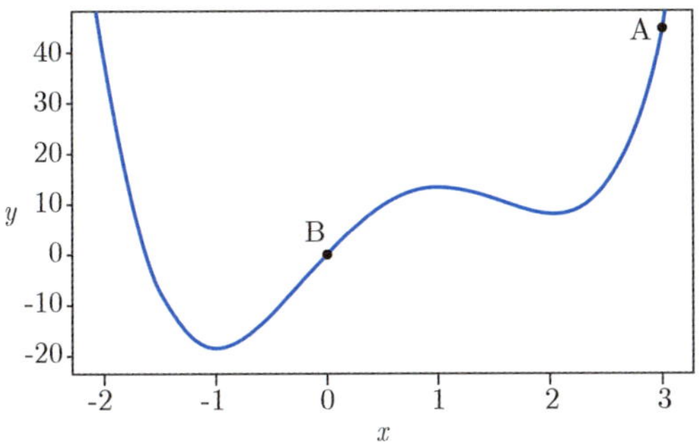

그림 9-12 $y=3x^4-8x^3-6x^2+24x$의 그래프

그림에는 사차 곡선 $y=3x^4-8x^3-6x^2+24x$와 곡선 위의 두 점 A와 B가 있다. 곡선의 최솟값을 구하기 위해 함수를 미분하면 $f'(x)=12(x-2)(x-1)(x+1)=0$이고, 이를 만족하는 점 $x=2,\ 1,\ -1$에서 함숫값의 증감을 확인하면 $x=-1$일 때 y의 최솟값이 -19임을 알 수 있다. 하지만 이렇게 대수적으로 미분하여 인수분해로 최솟값을 구하는 방법은 인수분해할 수 없거나 고차 다항식 또는 다항식이 아닌 함수에는 적용하기 어렵다. 따라서 일반적으로는 수치적 방법을 적용하여 함수의 최솟값 또는 최댓값을 구한다.

수치적 방법으로 최댓값 또는 최솟값을 구하는 과정은 다음과 같다. 먼저 초깃값을 선택한다.[7] 예를 들어 [그림 9-12]에서 점 A를 초깃값으로 선택했다고 하자. 점 A는 곡선 위의 한 점으로 최솟값에 비해 함숫값이 크다. 이 점에서 함수를 미분하면 기울기가 0보다 크므로 점 A에서 x 값이 커지면 함숫값도 커지고, x 값이 작아지면 함숫값도 작아질 것으로 생각할 수 있다. 따라서 함수의 최솟값은 점 A의 x좌표(3)보다 작은 쪽에 있을 것으로 예상된다. 이때 x를 3보다 약간 작은 값으로 이동시키면서 함숫값을 확인한다.

예를 들어 $x=2.9$로 이동하면 함숫값이 약간 작아지고 기울기 역시 작아졌지만 여전히 양의 값이므로 더 작은 x 방향(음의 방향)으로 이동하면 함숫값이 더 작아질 수 있음을 알 수 있다. 이러한 과정을 반복하여 x를 조금씩 조정하다 보면 기울기가 0 또는 0에 아주 가까워지며 이때 더이상 x 값을 조정해도 함숫값이 작아지지 않는다. 이 x 값이 바로 함수의 극솟값에 해당한다. [그림 9-12]의 점 A에서 출발해 이 과정을 반복하면 $x=2$에서 멈추게 되고 이때 함수의 (최솟값이 아닌) 극솟값은 8이다.

7 초깃값은 사전 정보를 활용해 선택할 수도 있고, 랜덤으로 지정할 수도 있다.

이번에는 [그림 9-12]에서 점 B를 초깃값으로 선택해보자. 점 B에서도 기울기는 양의 값이므로 x 값을 줄이면 함숫값이 작아질 것으로 예상된다. 이 과정을 반복하면 $x=-1$에서 멈추게 되고, 이때 함수의 최솟값 -19에 도달한다.

이렇게 미분법을 이용하여 **기울기**gradient를 구하고, 그 기울기의 반대 방향으로 이동하여 극솟값을 찾는 수치적 방법 중 대표적인 것이 **경사하강법**gradient descent이다. 경사하강법은 함수의 입력값 x를 반복적으로 **갱신**update하면서 미분계수가 0인 점을 찾는 방법이다. 즉 현재의 입력값 x_{k-1}에서 기울기 $f'(x_{k-1})$의 반대방향으로 $\alpha f'(x_{k-1})$만큼 이동한 점을 새로운 입력값 x로 지정한다. 이 과정을 반복하면 미분계수가 0인 점에 도달할 수 있다. 이때 α를 **학습률**learning rate이라 한다.[8]

$$x_k = x_{k-1} - \alpha f'(x_{k-1}) \quad (\text{단, } k=1,\ 2,\ \cdots)$$

경사하강법을 사용할 때는 [그림 9-12]의 예와 같이 초깃값과 학습률의 선택에 따라 최솟값이 아닌 극솟값에 도달할 수도 있다는 점을 유의할 필요가 있다.

예제 9-4

경사하강법을 이용하여 [그림 9-13]과 같은 사차 곡선 $y=3x^4+4x^3-12x^2+1$이 최솟값이 되게 하는 x 값을 구하려 한다. 이동폭 Δx를 0.1 이하로 제한할 때, 다음 각 경우에 초깃값에서의 이동 방향을 제시하고 최솟값이 되게 하는 x 값을 찾을 수 있는지 판단하라.

(a) 초깃값이 $x_0=2$일 때

(b) 초깃값이 $x_0=-1$일 때

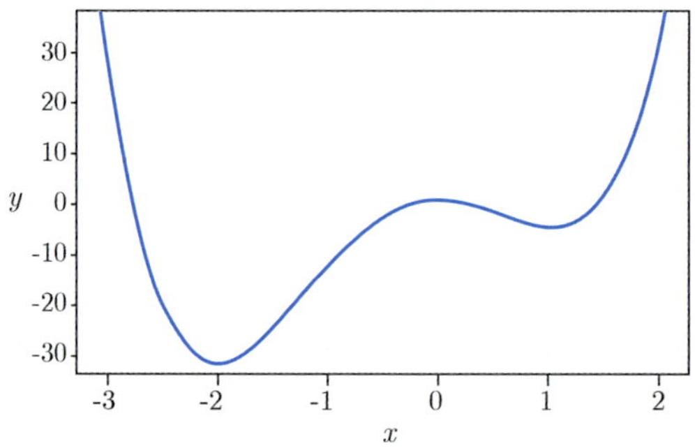

그림 9-13 **사차 곡선 $y=3x^4+4x^3-12x^2+1$의 그래프**

풀이

사차 함수 $f(x)=3x^4+4x^3-12x^2+1$을 미분하면 다음과 같다.

$$f'(x) = 12x^3+12x^2-24x = 12x(x+2)(x-1)$$

8 학습률 α를 반복 횟수 k에 따라 조절하는 등 경사하강법을 변형한 다양한 수치적 방법이 사용되기도 한다.

(a) 초깃값이 $x_0 = 2$일 때 $f'(x_0) = 96$이므로 기울기가 양수이다. 따라서 함숫값을 작게 만드려면 음의 방향(왼쪽)으로 이동한다. 이동폭 Δx가 0.1 이하인 경우 극솟값이 되는 점 $x = 1$에 도달하게 되므로 최솟값이 되게 하는 x를 찾을 수 없다.

(b) 초깃값이 $x_0 = -1$일 때 $f'(x_0) = 24$이므로 기울기가 양수이다. 따라서 함숫값을 작게 만들려면 음의 방향(왼쪽)으로 이동한다. 이동폭 Δx가 0.1 이하인 경우 최솟값이 되는 점 $x = -2$에 도달할 수 있다.

파이썬 실습 9-2 경사하강법

경사하강법을 적용하여 [예제 9-4]의 사차 곡선 $y = 3x^4 + 4x^3 - 12x^2 + 1$에서 y가 최소가 되게 하는 x 값을 구하는 파이썬 명령문을 작성해보자.

❶ 수치미분

경사하강법을 적용하려면 함수의 도함수 값을 알아야 한다. 미분 가능한 함수 $f(x)$에 대해 도함수는 다음과 같이 정의된다.

$$f'(x) = \lim_{h \to 0} \frac{f(x+h) - f(x-h)}{2h}$$

따라서 적당히 작은 h에 대해 $\frac{f(x+h) - f(x-h)}{2h}$ 값을 계산함으로써 $f'(x)$ 값을 근사적으로 구할 수 있다. 이 방법을 **수치미분** numerical differentiation이라 한다. [코드 9-3]은 도함수를 근사적으로 계산하기 위한 함수를 정의하는 파이썬 명령문이다.

코드 9-3

```
def grad(f, x, h = 1e-4):
    grad = (f(x+h) - f(x-h)) / (2*h)
    return grad
```

예를 들어 $x = 2$에서 사차 함수 $f(x) = 3x^4 + 4x^3 - 12x^2 + 1$의 도함수를 수치미분으로 계산하면 실제 도함수에 값을 대입한 $f'(2) = 96$과 거의 일치함을 확인할 수 있다.

코드 9-4

```
def f(x):
    fx = 3 * x**4 + 4 * x**3 - 12 * x**2 + 1
    return fx
grad(f, 2)
```

```
96.00000
```

❷ 경사하강법

경사하강법을 적용하여 최적해를 구하는 과정은 [코드 9-5]와 같이 `while`문을 이용하여 구현할 수 있다. 수치적 방법을 이용할 때는 도함수 값이 정확하게 0이 되는 점을 찾는 것이 사실상 불가능하다. 따라서 도함수 값이 0과 충분히 가까워져 미리 지정한 허용오차(`tol`) 이내가 되면 반복문을 멈추도록 명령문을 작성한다.

코드 9-5

```
def graddesc(f, x0, h = 1e-4, alpha = 0.01, tol = 1e-5):
    x = x0
    grd = grad(f, x)
    while abs(grd) > tol:
        grd = grad(f, x)
        x -= alpha * grd
        print(x)
    return dict({'x:':x, 'f(x):':f(x)})
graddesc(f, 2)
```

```
1.04
1.0248243
1.0155899
    ⋮
1.0000003
1.0000002
1.0000001
{'x:': 1.0000001, 'f(x):': -4.0}
```

[코드 9-5]의 실행 결과를 살펴보자. 학습률이 $\alpha = 0.01$이고 $x = 2$에서의 도함수 값이 $f'(2) = 96$이므로 첫 번째로 갱신된 x 값은 다음과 같다.

$$x_1 = x_0 - 0.01 f'(x_0) = 2 - 0.01 \cdot 96 = 1.04$$

$x_1 = 1.04$를 입력하여 도함수 값을 계산하면 $f'(1.04) = 1.52$로, 기울기가 많이 작아졌지만 여전히 0과 차이가 크다. 따라서 다음 갱신을 진행한다. 두 번째 갱신에서는 다음과 같이 갱신된 x 값을 구할 수 있다.

$$x_2 = x_1 - 0.01 f'(x_1) = 1.04 - 0.01 \cdot 1.52 = 1.0248$$

이때 $x_2 = 1.0248$에서 계산한 기울기는 $f'(1.0248) = 0.923$으로, 기울기가 0에 한층 더 가까워진다. 이와 같이 갱신 과정을 반복하면서 기울기가 0에 충분히 가까워지면 경사하강법은 갱신과정을 멈추게 된다.

인공신경망 모형의 학습

인공신경망 모형과 같은 **기계학습(ML)** machine learning 방법에서는 주어진 데이터로부터 가중치와 편향 등의 모수를 추정하여 데이터를 잘 설명하고, 아직 관찰되지 않은 데이터를 잘 예측하도록 모형을 구체화한다. 이러한 과정을 **학습** learning이라 한다.

가중치와 편향을 추정하기 위해서는 손실함수와 같은 **목적함수** objective function를 정의하고 이를 최대화 또는 최소화하는 **모수** parameter[9]를 찾는다. 목적함수를 최대화 또는 최소화하는 과정을 **최적화** optimization라 한다. 예를 들어 분류문제를 다루는 인공신경망 모형에서는 교차 엔트로피와 같은 손실함수 값이 최소가 되게 하는 가중치와 편향을 찾는 과정이 곧 인공신경망 모형의 최적화 과정이다.

하지만 대부분은 가중치와 편향을 대수적으로 구하기 어려우므로 일반적으로는 앞서 살펴본 수치적 방법을 이용한다.[10] 즉 먼저 가중치와 편향의 초깃값을 설정하고 이를 기반으로 계산된 목표변수의 추정값과 실제 관측값의 차이를 이용해 손실함수의 기울기를 구함으로써 가중치와 편향의 이동 방향을 결정한다. 이 과정을 반복하면서 손실함수의 기울기가 0에 충분히 가까워지면 이동을 멈춘다.

인공신경망 모형의 학습 과정은 목표변수의 추정값과 실제 관측값의 차이, 즉 **오차** error를 작게 만드는 방향으로 가중치와 편향을 조절하는 것이다. 출력층에서 계산된 오차를 축소하는 과정이 입력층 방향(역방향)으로 거슬러 올라가며 진행되므로 이를 **역전파** backpropagation라 한다. 반대로 입력층에서 입력된 값이 각 층을 순차적으로 거치며 출력층까지 전달되는 과정을 **순전파** forward propagation라 한다.

9 기계학습 문헌들에서는 parameter를 매개변수라 하기도 한다.

10 이때 손실함수는 가중치와 편향 등 여러 변수로 구성되는 다변수함수이므로 [예제 9-4]와 [파이썬 실습 9-2]에서 살펴본 일변수함수의 최적화 과정과 다소 차이가 있다.

SECTION
9.3 심층신경망

9.2절에서 퍼셉트론을 여러 개 연결한 인공신경망 모형을 이용하여 더 복잡한 문제를 해결할 수 있음을 살펴보았다. 인공신경망 모형에서 은닉층을 여러 개 배치한 모형을 **심층신경망(DNN)** deep neural network이라 한다. 각 노드는 입력값을 가중치와 합성하므로 기본적으로 선형 관계만 구현할 수 있다. 그러나 다수의 은닉층을 배치하면 비선형 관계도 근사적으로 표현할 수 있으므로 더 다양하고 복잡한 문제에 적용할 수 있는 인공신경망 모형을 생성할 수 있다. 이 절에서는 대표적 심층신경망 모형인 **합성곱신경망**과 **순환신경망**에 대해 살펴본다.

합성곱신경망

[그림 9-14]는 MNIST 데이터[11]의 손글씨 숫자 이미지 중 하나이다. 이 손글씨 데이터는 가로 28행, 세로 28열의 784개 셀로 구성되어 있으며, 각 셀은 0부터 255까지의 값을 가지는 그레이스케일grayscale 이미지이다. 이 값은 해당 픽셀의 밝기(명암)를 나타내는데 0에 가까울수록 흰색, 255에 가까울수록 검은색을 의미한다. 그림에서 볼 수 있듯이 인접한 픽셀은 비슷한 밝기를 가지는 경우가 많다. 즉 이미지 데이터의 각 셀은 서로 연관성이 있으며, 특히 인접한 셀일수록 더 높은 연관성을 가진다. 따라서 가로 또는 세로 방향의 인접 셀 사이의 연관성을 반영하면 이미지 데이터를 더 잘 분석할 수 있다.

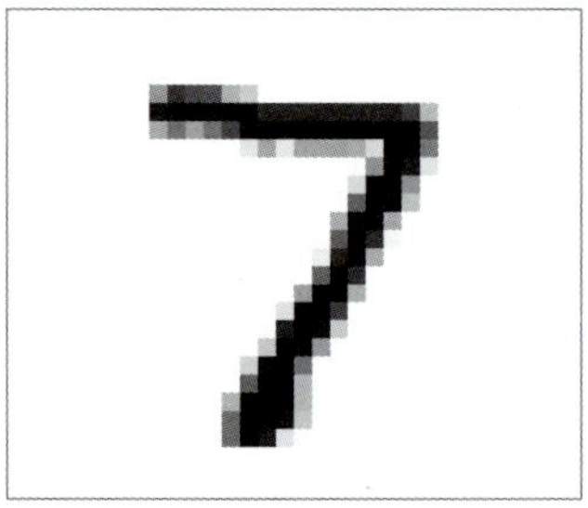

그림 9-14 MNIST 데이터

11 MNIST는 Modified National Institute of Standards and Technology의 약자로 훈련용 숫자 이미지 6만 장, 테스트용 숫자 이미지 1만 장으로 구성되어 있다.

합성곱신경망(CNN)convolutional neural network은 이미지 데이터와 같이 다차원 구조를 가진 데이터를 분석할 때 자주 활용되는 대표적인 심층신경망이다. 이 모형은 이차원 또는 삼차원 구조의 데이터에서 각 셀이 가지는 연관성을 활용한다. 합성곱신경망에서는 이미지 데이터에 다양한 커널을 적용하여 이미지 데이터를 요약한다. [그림 9-15]처럼 4×3 데이터 행렬에 2×2 커널 행렬을 **합성곱**convolution하면, 합성곱 행렬의 원소(우변)는 데이터 행렬을 커널 행렬의 크기에 해당하는 부분행렬로 나누고 각 부분행렬과 커널 행렬의 동일한 위치에 있는 원소를 곱한 뒤 그 값을 모두 더한 값이다.

$$\begin{bmatrix} a & b & c \\ d & e & f \\ g & h & i \\ j & k & l \end{bmatrix} * \begin{bmatrix} A & B \\ C & D \end{bmatrix} = \begin{bmatrix} aA+bB+dC+eD & bA+cB+eC+fD \\ dA+eB+gC+hD & eA+fB+hC+iD \\ gA+hB+jC+kD & hA+iB+kC+lD \end{bmatrix}$$

그림 9-15 4×3 데이터 행렬과 2×2 커널 행렬의 합성곱

적절한 커널을 적용하여 합성곱을 구하면 [그림 9-16]과 같이 이미지 데이터에 포함된 특정 패턴을 확인할 수 있다. 예를 들어 [그림 9-16(a)]의 이미지는 세로선 패턴을 포함한다. 이 이미지에 세로선 패턴을 인식하도록 설계된 커널(필터)을 적용하면 3 또는 0 값이 입력된 합성곱 행렬을 얻을 수 있다. 반대로 [그림 9-16(b)]의 이미지에 가로선 패턴을 인식하도록 설계된 커널을 적용하면 모든 셀이 1로 채워진 합성곱 행렬이 반환된다. [그림 9-16(c)]와 [그림 9-16(d)]는 가로선 패턴을 포함한 이미지에 각각 세로선 커널과 가로선 커널을 적용한 결과를 보여준다. 이렇게 이미지의 세부 패턴에 적합한 커널을 적용해 합성곱을 구하면 합성곱 행렬의 일부 원소가 특징적으로 큰 값을 가진다.

$$\begin{bmatrix} 0 & 1 & 0 & 0 \\ 0 & 1 & 0 & 0 \\ 0 & 1 & 0 & 0 \\ 0 & 1 & 0 & 0 \end{bmatrix} * \begin{bmatrix} 0 & 1 & 0 \\ 0 & 1 & 0 \\ 0 & 1 & 0 \end{bmatrix} = \begin{bmatrix} 3 & 0 \\ 3 & 0 \end{bmatrix}$$

(a) 세로선 이미지와 세로선 커널

$$\begin{bmatrix} 0 & 1 & 0 & 0 \\ 0 & 1 & 0 & 0 \\ 0 & 1 & 0 & 0 \\ 0 & 1 & 0 & 0 \end{bmatrix} * \begin{bmatrix} 0 & 0 & 0 \\ 1 & 1 & 1 \\ 0 & 0 & 0 \end{bmatrix} = \begin{bmatrix} 1 & 1 \\ 1 & 1 \end{bmatrix}$$

(b) 세로선 이미지와 가로선 커널

$$\begin{bmatrix} 0 & 0 & 0 & 0 \\ 0 & 0 & 0 & 0 \\ 1 & 1 & 1 & 1 \\ 0 & 0 & 0 & 0 \end{bmatrix} * \begin{bmatrix} 0 & 1 & 0 \\ 0 & 1 & 0 \\ 0 & 1 & 0 \end{bmatrix} = \begin{bmatrix} 1 & 1 \\ 1 & 1 \end{bmatrix}$$

(c) 가로선 이미지와 세로선 커널

$$\begin{bmatrix} 0 & 0 & 0 & 0 \\ 0 & 0 & 0 & 0 \\ 1 & 1 & 1 & 1 \\ 0 & 0 & 0 & 0 \end{bmatrix} * \begin{bmatrix} 0 & 0 & 0 \\ 1 & 1 & 1 \\ 0 & 0 & 0 \end{bmatrix} = \begin{bmatrix} 0 & 0 \\ 3 & 3 \end{bmatrix}$$

(d) 가로선 이미지와 가로선 커널

그림 9-16 이미지와 커널의 형태에 따른 합성곱 행렬

예제 9-5

합성곱신경망에서 다음 대각선 이미지를 생각하자.

$$\begin{bmatrix} 0 & 0 & 0 & 1 \\ 0 & 0 & 1 & 0 \\ 0 & 1 & 0 & 0 \\ 1 & 0 & 0 & 0 \end{bmatrix}$$

이 이미지에 다음 커널을 적용한 합성곱 행렬을 구하라.

(a) $\begin{bmatrix} 1 & 0 & 0 \\ 0 & 1 & 0 \\ 0 & 0 & 1 \end{bmatrix}$ (b) $\begin{bmatrix} 0 & 0 & 1 \\ 0 & 1 & 0 \\ 1 & 0 & 0 \end{bmatrix}$ (c) $\begin{bmatrix} 0 & 1 & 0 \\ 0 & 1 & 0 \\ 0 & 1 & 0 \end{bmatrix}$ (d) $\begin{bmatrix} 0 & 0 & 0 \\ 1 & 1 & 1 \\ 0 & 0 & 0 \end{bmatrix}$

풀이

(a) $$\begin{bmatrix} 0 & 0 & 0 & 1 \\ 0 & 0 & 1 & 0 \\ 0 & 1 & 0 & 0 \\ 1 & 0 & 0 & 0 \end{bmatrix} * \begin{bmatrix} 1 & 0 & 0 \\ 0 & 1 & 0 \\ 0 & 0 & 1 \end{bmatrix} = \begin{bmatrix} 0 & 1 \\ 1 & 0 \end{bmatrix}$$

(b) $$\begin{bmatrix} 0 & 0 & 0 & 1 \\ 0 & 0 & 1 & 0 \\ 0 & 1 & 0 & 0 \\ 1 & 0 & 0 & 0 \end{bmatrix} * \begin{bmatrix} 0 & 0 & 1 \\ 0 & 1 & 0 \\ 1 & 0 & 0 \end{bmatrix} = \begin{bmatrix} 0 & 3 \\ 3 & 0 \end{bmatrix}$$

(c) $$\begin{bmatrix} 0 & 0 & 0 & 1 \\ 0 & 0 & 1 & 0 \\ 0 & 1 & 0 & 0 \\ 1 & 0 & 0 & 0 \end{bmatrix} * \begin{bmatrix} 0 & 1 & 0 \\ 0 & 1 & 0 \\ 0 & 1 & 0 \end{bmatrix} = \begin{bmatrix} 1 & 1 \\ 1 & 1 \end{bmatrix}$$

(d) $$\begin{bmatrix} 0 & 0 & 0 & 1 \\ 0 & 0 & 1 & 0 \\ 0 & 1 & 0 & 0 \\ 1 & 0 & 0 & 0 \end{bmatrix} * \begin{bmatrix} 0 & 0 & 0 \\ 1 & 1 & 1 \\ 0 & 0 & 0 \end{bmatrix} = \begin{bmatrix} 1 & 1 \\ 1 & 1 \end{bmatrix}$$

합성곱신경망에서는 다양한 커널을 적용하여 이미지 데이터에 특정한 세부 패턴이 존재하는지 확인하는 **합성곱 층**convolution layer 다음에, 이 정보를 요약하는 **풀링 층**pooling layer을 배치한다. 풀링 층에서 최댓값 함수를 적용하면 세부 이미지 영역 내에 특정 패턴이 존재하는지 확인할 수 있다. 즉 합성곱 층이 패턴을 식별하는 역할을 하고, 풀링 층은 해당 패턴이 존재하는지를 요약하는 역할을 한다. 이러한 합성곱 층과 풀링 층을 번갈아 쌓으면 신경망은 세부적인 패턴을 결합하여 조금씩 더 복잡하고 큰 패턴을 인식하는 방식으로 이미지 데이터를 학습할 수 있다. 예를 들어 [그림 9-14]의 손글씨 숫자 7 이미지는 가로선 커널과 오른쪽 위에서 왼쪽 아래로 내려오는 대각선 커널을 적용해서 가로선과 대각선이라는 세부 패턴을 각각 확인하고, 이 작은 조각 이미지들을 큰 이미지로 결합해 숫자 '7'의 전체 형태를 식별할 수 있다.

[그림 9-17]은 합성곱신경망이 이미지의 세부 요소(예 직선, 곡선 등)를 단계적으로 결합하여 복잡한 형태의 전체 이미지를 인식하는 과정을 개념적으로 나타낸 것이다. 즉 단순한 직선이나 곡선 같은 저수준 특징이 결합되어 사각형이나 삼각형과 같은 중간 수준 특징을 만들고, 마지막에는 전체 'Tree' 형태와 같은 고수준 이미지를 식별하게 된다.

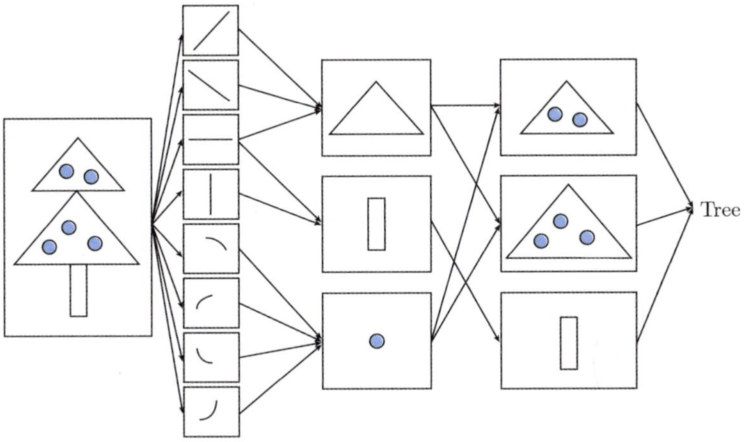

그림 9-17 **세부 패턴과 패턴을 결합한 이미지의 생성 과정**

지금까지의 예제와 예에서 사용한 커널 행렬은 인위적으로 구성한 것이다. 실제 합성곱신경망의 학습 과정에서는 커널 행렬의 원소를 학습 데이터로부터 추정하여, 데이터에 가장 적합한 커널을 자동으로 찾는다. 즉 합성곱신경망은 데이터에 적합한 커널을 인공신경망 모형의 학습 과정에서 생성한다.

순환신경망

앞에서 살펴본 합성곱신경망(CNN)이 공간적 구조(예 이미지 데이터 픽셀의 위치 관계)를 처리하는 모형이라면, 순환신경망은 시간의 흐름에 따라 순차적으로 관찰된 데이터를 처리하는 데 적합한 모형이다.

주가지수, 기온, 미세먼지 농도, 강물의 유량 등은 모두 시간순으로 관찰되는 **시계열 데이터** time series data로, 가까운 시점의 관측값은 서로 비슷한 값을 가지는 경우가 흔하다. 또한 텍스트 데이터도 앞에 등장한 단어가 뒤에 오는 단어의 문법적 · 의미적 특성에 영향을 준다. **순환신경망(RNN)** recurrent neural network은 이렇게 연속된 관측값들의 연관성을 모형에 반영할 수 있는 심층 신경망이다. 시간순으로 관찰되는 관측값의 경우 보통 이전 시점의 관측값들 x_1, x_2, $\cdots$, x_t가 다음 시점의 관측값 x_{t+1}, x_{t+2}, $\cdots$에 영향을 준다고 본다. 따라서 순환신경망은 t 시점까지의 관측값 x_1, x_2, $\cdots$, x_t의 정보를 바탕으로 다음 관측값 x_{t+1}, x_{t+2}, $\cdots$을 예측하는 모형으로 작성된다. 이때 시점이 멀리 떨어질수록 현시점에 대한 영향력이 작아지도록 모형을 설계하기도 한다.

순환신경망의 구조는 [그림 9-18(a)]와 같은 다이어그램으로 표현할 수 있다. 다이어그램의 아래쪽 x_i (단, $i=1$, 2, $\cdots$, T)는 i 시점의 관측값이고 관측값 x_i로부터 계산된 은닉층 값이 h_i로 표현된다. 은닉층의 출력은 다시 연산을 거쳐 출력값 o_i로 반환된다. $i=1$인 경우를 제외하면 각 시점의 은닉층 값 h_i는 이전 시점의 은닉층 값 h_{i-1}을 추가 입력으로 받는다. 따라서 이전 시점 관측값 x_1, x_2, $\cdots$, x_{i-1}의 정보가 은닉층 h_1, h_2, $\cdots$, h_{i-1}을 통해 전달되어 i 시점의 출력값 o_i를 구할 수 있다. 이러한 순환신경망 구조를 단순화해서 표현하면 [그림 9-18(b)]의 다이어그램과 같다.

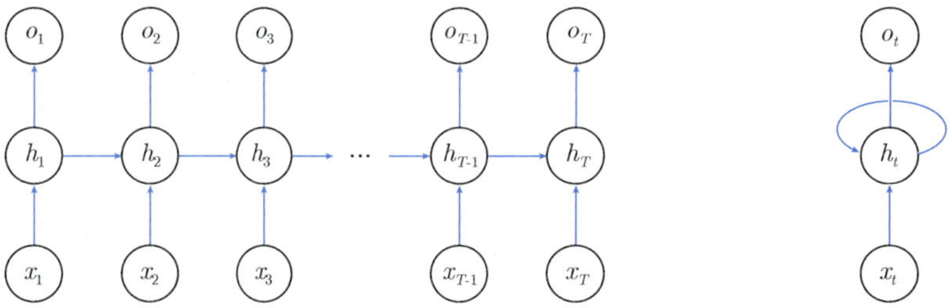

(a) 순환신경망 구조 (b) 단순화한 구조

그림 9-18 순환신경망(RNN)의 다이어그램

> **칼럼 인공지능과 데이터**
>
> **AI 발전 속도 멈추나…"고품질 언어 데이터 내년이면 고갈"**[12]
>
> #1. 대학생 박모씨(24)는 최근 생성형 인공지능(AI)인 챗GPT의 이용 빈도를 크게 줄였다. 그동안 수업과 연관된 궁금증을 해소하는 데 도움을 받아왔지만, 허위 정보를 사실인 것처럼 답변하는 사례가 종종 발생하고 있어서다. 박씨의 전공인 경제학 개념을 잘못 설명하거나 존재하지 않는 연구 논문을 마치 있는 것처럼 인용하는 식이다.
>
> (중략)

12 안정훈 (2025. 2. 7). AI 발전 속도 멈추나…"고품질 언어 데이터 내년이면 고갈". **한국경제**.

할루시네이션(환각 · 그럴싸한 거짓 정보를 답변하는 현상)도 이용자가 생성 AI에 대해 품고 있는 의구심 중 하나다. 챗GPT만 해도 환각 문제가 자주 발생하는 것으로 알려져 있다. 챗GPT는 주어진 문맥에서 다음에 올 단어나 문장의 확률을 계산하고, 가장 가능성이 높은 것을 선택하는 '토큰 예측 방식'을 사용한다. 하지만 학습된 데이터 범위를 벗어나면 그럴싸한 답변을 임의로 조합해 내놓는다. 예를 들어 챗GPT에 "2025년 노벨 물리학상 수상자는 누구인가?"라는 질문에 실제 존재하지 않는 과학자 이름과 가짜 연구 주제를 조합해 수상자로 제시하는 식이다.

(중략)

학습에 활용할 수 있는 데이터가 급격하게 줄어들고 있는 것도 문제다. AI는 연구 자료, 뉴스 등 온라인에서 추출한 텍스트를 활용해 학습한다. 미국의 연구기관 에포크AI에 따르면 고품질 언어 데이터는 내년이면 고갈될 전망이다. AI가 인위적으로 만들어낸 합성 데이터를 학습에 활용하는 방법도 대안으로 떠올랐지만 부작용이 크다.

영국 옥스퍼드대 컴퓨터과학과 연구팀이 지난해 7월 국제학술지 네이처에 게재한 논문에 따르면 AI 모델이 자기 학습과 생성을 반복하자 몇 세대 뒤의 모델은 '횡설수설'하는 결과물을 내놨다. 이미지 AI도 생성 데이터의 학습량이 늘어날수록 형상을 알아보기 힘든 결과물을 내놓는 것으로 나타났다. 인간이 생성한 데이터가 고갈되면 AI의 발전 속도도 멈출 수 있다는 얘기다.

인공지능은 빠른 속도로 발전하고 다양한 분야에서 유용하게 활용되고 있지만, 인공지능의 한계와 부작용 역시 무시할 수 없다. 최근 널리 활용되는 인공지능 모형은 데이터를 기반으로 학습하기 때문에 학습 데이터에 오류가 있거나 데이터 자체가 부족하면 곧바로 한계에 부딪힌다. 편향성이 있는 데이터를 학습한 인공지능은 편견이 내재된 결과를 제시하고, 데이터가 부족하다면 제대로 된 답을 제시하지 못하는 문제가 발생한다. 이러한 문제를 극복하지 못하면 인공지능의 발전이 더뎌지거나 정체될 가능성도 있다.

SECTION 9.4

파이썬 예제로 익히는 인공신경망 모형 선택

9.3절에서 살펴본 MNIST 데이터에 인공신경망 모형을 적용해서 분류 결과를 확인해보자. MNIST 데이터에는 6만 장의 훈련용 이미지와 1만 장의 테스트 이미지가 포함되어 있으며 데이터는 [코드 9-6]과 같이 `tensorflow.keras.datasets.mnist`의 `load_data()` 함수로 불러올 수 있다.[13] 불러온 데이터는 **튜플**tuple 형태로 첫 번째 튜플이 훈련용 데이터, 두 번째 튜플이 테스트 데이터이다. 훈련용 데이터의 이미지와 레이블을 각각 `trn_img`와 `trn_lbl`로, 테스트 데이터의 이미지와 레이블을 각각 `tst_img`와 `tst_lbl`로 저장한다. 이미지 데이터인 `trn_img`와 `tst_img`의 각 셀 값은 0에서 255까지의 정수로 되어 있는데, 이를 255로 나누어 0과 1 사이의 실수 값이 되도록 변환한다.[14] 다음으로 이미지 레이블을 범주형 변수로 변환해서 저장한다.

코드 9-6

```
import numpy as np
import pandas as pd
import matplotlib.pyplot as plt
from tensorflow.keras.datasets import mnist
(trn_img, trn_lbl), (tst_img, tst_lbl) = mnist.load_data()
trn_img = trn_img.astype("float32") / 255
tst_img = tst_img.astype("float32") / 255
from tensorflow.keras.utils import to_categorical
trn_clbl = to_categorical(trn_lbl)
tst_clbl = to_categorical(tst_lbl)
```

이렇게 범주형 변수로 저장된 레이블은 [코드 9-7]과 같이 확인할 수 있다. 원 데이터의 레이블은 정수형 변수로 저장되어 있지만, 범주형 변수로 변환된 레이블은 10개의 0 또는 1 값으로 이루어진 일차원 배열 형태로 저장되어 있다.[15] [코드 9-7]의 실행 결과 0번 이미지는 숫

13 tensorflow는 `!pip3 install tensorflow` 명령문으로 설치할 수 있다.

14 이렇게 값을 변환하는 이유는 입력값의 크기가 지나치게 크거나 작으면 인공신경망 모형 추정 과정에서 지수함수가 적용될 때 계산상의 문제가 발생할 수 있기 때문이다.

15 이러한 범주형 변수 표현 방식을 **원-핫 인코딩**one-hot encoding이라 한다.

자 5에 해당하는 이미지이므로 범주형 변수 배열에서 5번 원소만 1이고, 나머지 원소는 모두 0으로 입력되어 있다.

코드 9-7

```
[trn_lbl[0], trn_clbl[0]]
```

```
[np.uint8(5), array([0., 0., 0., 0., 0., 1., 0., 0., 0., 0.])]
```

인공신경망

9.2절

먼저 은닉층이 하나인 인공신경망 모형을 작성해보자. 인공신경망 모형을 작성하는 데 필요한 tensorflow.keras 모듈을 불러오고 nnet이라는 이름의 인공신경망 모형을 생성한다. 이 모형은 순차적인 구조를 가지고, 입력값은 모두 784개(28×28)이다. 은닉층의 노드는 128개이고 입력값의 가중합에 ReLU 활성화함수를 적용하여 은닉층의 각 노드 값을 계산한다. 다음으로 출력층에서는 128개의 은닉층 노드를 가중합한 후 소프트맥스 함수를 적용하여 10개의 출력층 노드 값을 계산한다. 이렇게 구성된 인공신경망 모형은 은닉층이 하나인 비교적 단순한 모형이지만, 많은 수의 매개변수 값을 추정해야 한다. summary() 메서드를 이용하여 확인해보면 모형에서 추정해야 할 매개변수의 수는 모두 101,730개에 달한다. 입력값 784개와 편향 1개에 대해 128개의 은닉층 노드 값을 계산하기 위해 (784+1)×128, 즉 100,480개의 매개변수가 필요하고, 은닉층의 128개 노드와 편향 1개에 대해 10개의 출력값을 구하기 위해 1,290개의 매개변수가 필요하기 때문이다.

코드 9-8

```
from tensorflow.keras import models, layers
nnet = models.Sequential([
                          layers.Dense(128, activation="relu", input_shape=(28*28,)),
                          layers.Dense(10, activation="softmax")
])
nnet.summary()
```

Model: "sequential"

Layer (type)	Output Shape	Param #
dense (Dense)	(None, 128)	100,480
dense_1 (Dense)	(None, 10)	1,290

⋮

MNIST 데이터의 이미지는 이차원 배열 구조로 저장되어 있고, 작성된 인공신경망 모형은 일차원 배열을 입력받도록 설계되어 있으므로 이차원 배열을 일차원 배열로 전환한다. 모형을 추정하기 위해 먼저 수치 최적화 방법을 adam으로, 손실함수를 교차 엔트로피 함수로, 평가지표를 정확도(8.1절 참고)로 지정한다. 다음으로 훈련용 데이터를 입력하여 인공신경망 모형의 매개변수를 추정하고 그 결과를 res로 저장한다. 6만 장의 훈련용 이미지를 100장씩(batch_size) 나누어 매개변수를 추정하고 테스트 데이터를 이용해 평가하는 과정을 한 epoch로 해서 25회 반복 수행한다. 즉 매개변수를 추정하고 결과를 평가하는 과정을 25회 반복한다.

[코드 9-9]의 실행 결과로 출력된 그래프를 보면 훈련용 데이터에서는 최적화 과정이 진행됨에 따라 정확도가 100%에 가까울 정도로 높아지지만, 테스트 데이터에서는 정확도가 98%에 약간 못 미치는 수준에서 크게 개선되지 않는다.[16]

코드 9-9

```
trn_img1 = trn_img.reshape((60000, 28 * 28))
tst_img1 = tst_img.reshape((10000, 28 * 28))
nnet.compile(optimizer="adam", loss="categorical_crossentropy",
             metrics=["accuracy"])
res = nnet.fit(trn_img1, trn_clbl, epochs=25, batch_size=100,
               validation_data=(tst_img1, tst_clbl))
resdf = pd.DataFrame.from_dict(res.history)
plt.plot(resdf.accuracy, marker="o", c="navy", alpha=0.5, markersize=8,
         ls="--", label="train")
plt.plot(resdf.val_accuracy, marker="s", c="navy", markersize=8, label="test")
plt.legend(loc="lower right", title="Accuracy")
plt.show()
```

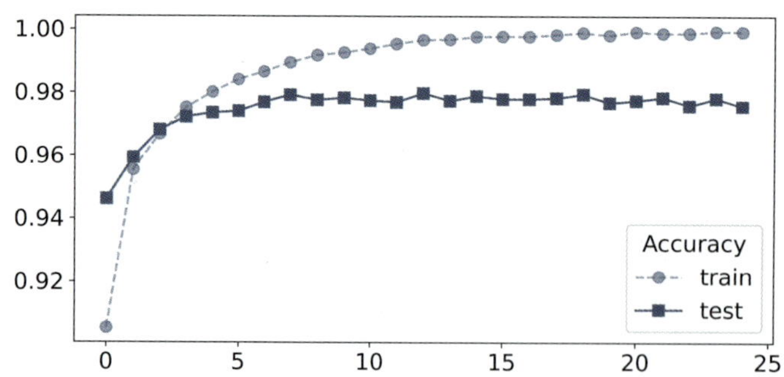

16 훈련용 이미지를 100장씩 나눌 때 랜덤추출이 적용되므로 이하의 명령문은 실행할 때마다 결과에 다소 차이가 발생한다.

[코드 9-10]과 같이 추정된 모형 nnet에 predict() 메서드를 적용하여, 테스트 데이터 tst_img1에 대한 분류 결과를 자세히 살펴보자. predict() 메서드는 주어진 이미지가 각 숫자에 해당할 확률을 반환하므로 argmax() 함수를 적용하여 가장 큰 확률을 갖는 레이블을 pred_lbl로 저장한다. 이렇게 예측된 레이블과 실제 레이블을 비교해 혼동행렬을 작성한 결과를 확인해보면 숫자 7이 2로, 숫자 9가 4로 오분류된 이미지 개수가 상대적으로 많음을 알 수 있다.

코드 9-10

```
predp = nnet.predict(tst_img1)
pred_lbl = np.argmax(predp, axis=-1)
from sklearn.metrics import confusion_matrix
confmat = confusion_matrix(pred_lbl, tst_lbl)
confmat
```

```
array([[ 972,    0,    4,    0,    6,    2,    5,    0,    8,    2],
       [   0, 1123,    1,    0,    1,    0,    2,    5,    1,    4],
       [   1,    4, 1015,    7,    6,    1,    4,   16,    3,    2],
       [   0,    0,    3,  996,    0,   11,    1,    3,    6,    9],
       [   1,    0,    2,    0,  959,    1,    2,    1,    3,   17],
       [   1,    1,    0,    3,    1,  864,    2,    0,    7,    4],
       [   4,    2,    3,    0,    2,    9,  942,    0,    5,    0],
       [   1,    1,    2,    2,    0,    1,    0,  996,    3,    9],
       [   0,    4,    2,    2,    1,    2,    0,    4,  933,    5],
       [   0,    0,    0,    0,    6,    1,    0,    3,    5,  957]])
```

합성곱신경망

9.3절

합성곱신경망을 이용해 숫자 이미지를 분류하는 모형을 [코드 9-11]과 같이 작성해보자. 입력 데이터는 가로와 세로가 각각 28칸으로 이루어진 이차원 배열이다. 첫 번째 은닉층에서 3×3 행렬 형태의 커널 32개를 적용해서 합성곱을 구하고, 풀링층에서 2×2 행렬 내의 최댓값을 확인하는 방식으로 정보를 요약한다. 다음 단계에서는 3×3 행렬 형태의 커널 64개를 적용해서 합성곱을 구하고, 풀링층에서 동일한 방법으로 특징을 요약한다. 이렇게 정보를 요약하는 과정을 한 번 더 반복한다.

이렇게 계산된 이차원 배열을 일차원 배열 형태로 전환하고, 은닉층에서는 ReLU 활성화함수를 적용한 후 출력층에서는 소프트맥스 함수를 적용해 각 숫자에 대한 예측 값을 계산한다. 이 모형에서 학습해야 할 매개변수는 모두 93,322개이다.

코드 9-11

```
cnnet = models.Sequential([
                              layers.Input(shape=(28, 28, 1)),
                              layers.Conv2D(32, (3, 3), activation="relu"),
                              layers.MaxPooling2D((2, 2)),
                              layers.Conv2D(64, (3, 3), activation="relu"),
                              layers.MaxPooling2D((2, 2)),
                              layers.Conv2D(64, (3, 3), activation="relu"),
                              layers.Flatten(),
                              layers.Dense(64, activation="relu"),
                              layers.Dense(10, activation="softmax")
])
cnnet.summary()
```

Model: "sequential_1"

Layer (type)	Output Shape	Param #
conv2d (Conv2D)	(None, 26, 26, 32)	320
max_pooling2d (MaxPooling2D)	(None, 13, 13, 32)	0
⋮	⋮	⋮
dense_3 (Dense)	(None, 10)	650

⋮

이렇게 구성된 합성곱신경망 모형에 데이터를 입력하여 모형을 추정하고 예측 결과를 시각화해보자. [코드 9-12]에서 테스트 데이터에 대한 분류 정확도가 99% 수준으로 나타나, 합성곱신경망이 은닉층이 하나인 인공신경망([코드 9-9]의 실행 결과 참고)보다 분류 성능이 더 우수한 것으로 확인된다.

코드 9-12

```
cnnet.compile(optimizer="adam", loss="categorical_crossentropy",
              metrics=["accuracy"])
res = cnnet.fit(trn_img, trn_clbl, epochs=10, batch_size=100,
                validation_data=(tst_img, tst_clbl))
resdf = pd.DataFrame.from_dict(res.history)
plt.plot(resdf.accuracy, marker="o", c="navy", alpha=0.5, markersize=8,
         ls="--", label="train")
plt.plot(resdf.val_accuracy, marker="s", c="navy", markersize=8, label="test")
plt.legend(loc="lower right", title="Accuracy")
plt.show()
```

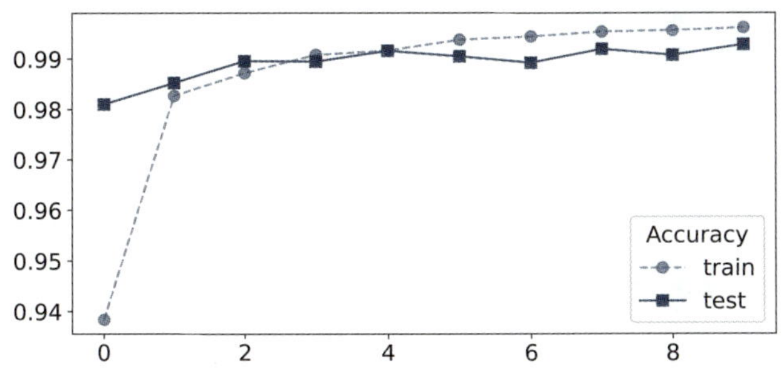

세부적으로 살펴보면 숫자 5를 3으로 잘못 예측한 사례가 다소 존재하지만 전체적으로는 오분류된 이미지 개수가 많지 않음을 확인할 수 있다.

코드 9-13

```
predp = cnnet.predict(tst_img)
pred_lbl = np.argmax(predp, axis=-1)
from sklearn.metrics import confusion_matrix
confmat = confusion_matrix(pred_lbl, tst_lbl)
confmat
```

```
array([[ 978,    0,    2,    0,    0,    1,    3,    0,    2,    0],
       [   1, 1135,    0,    1,    0,    0,    3,    3,    0,    1],
       [   0,    0, 1024,    0,    0,    0,    0,    0,    3,    0],
       [   0,    0,    0, 1007,    0,   11,    0,    0,    1,    1],
       [   0,    0,    1,    0,  979,    0,    0,    0,    0,    6],
       [   0,    0,    0,    2,    0,  877,    1,    0,    0,    6],
       [   0,    0,    0,    0,    0,    1,  948,    0,    0,    0],
       [   1,    0,    5,    0,    0,    1,    0, 1025,    1,    5],
       [   0,    0,    0,    0,    0,    1,    3,    0,  966,    2],
       [   0,    0,    0,    0,    3,    0,    0,    0,    1,  988]])
```

학습이 끝난 후 생성된 합성곱신경망의 첫 번째 은닉층에서 학습된 커널 행렬은 [그림 9-19]와 같다. 모두 32개의 커널 행렬이 서로 다른 형태로 구성되어 다양한 세부 패턴을 인식할 수 있다. 각 커널 행렬은 [그림 9-16]에서 살펴본 가로선, 세로선에 비해 훨씬 복잡한 형태로 이루어져 있다.

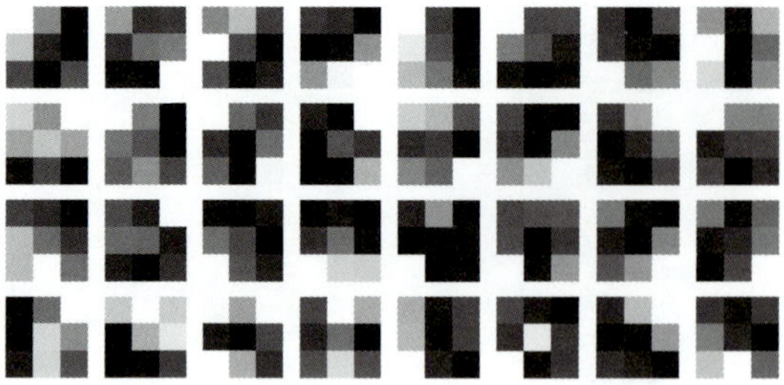

그림 9-19 합성곱신경망 첫 번째 은닉층의 커널 행렬

CHAPTER

09 핵심정리

9.1 퍼셉트론

- **퍼셉트론**은 입력된 n개의 신호 x_1, x_2, $\cdots$, x_n에 각각 가중치 w_1, w_2, $\cdots$, w_n을 곱해서 가중합을 구한 후, 이를 활성화함수에 입력해 하나의 출력값을 반환하는 단순한 형태의 신경망 모형이다.
- 곡선 등 복잡한 영역으로 경계가 주어지는 경우 하나의 퍼셉트론으로 구현하기 어렵다.
- 퍼셉트론의 활성화함수로 계단함수를 사용하면 가중합이 임곗값 이상일 때 1, 미만일 때 0을 출력한다. 이때 가중치는 각 입력신호의 영향력을, 임곗값은 출력이 1이 되는 기준을 조정한다.

9.2 인공신경망

- 복잡한 문제에서 목표변수를 예측하기 위해 여러 개의 퍼셉트론을 연결한 인공신경망 모형을 생성할 수 있다.
- 인공신경망 모형은 입력층, 은닉층, 출력층 등으로 구성한다.
- 인공신경망에서는 계단함수, 시그모이드 함수, ReLU 등을 **활성화함수**로 사용할 수 있다.
- **시그모이드 함수**는 출력층에서 확률값을 반환하므로 이진 분류문제binary classification에 자주 사용되고, **ReLU 함수**는 계산이 간단하고 기울기 소실 문제가 적어 은닉층에서 주로 사용된다.
- 통계모형이 주어진 데이터를 얼마나 잘 설명하는지 측정하기 위해 **손실함수**를 사용한다. 모형이 주어진 데이터를 잘 반영할수록 손실함수 값이 작아진다.
- 회귀문제에서는 오차제곱합, 분류문제에서는 교차 엔트로피 함수를 손실함수로 사용한다.
- 일반적으로 경사하강법 등 수치적 방법으로 손실함수를 최소화하는 가중치와 편향 값을 찾는다.
- **경사하강법**에서는 $x_k = x_{k-1} - \alpha f'(x_{k-1})$ (단, $k=1, 2, \cdots$)로 입력값을 갱신하면서 최적해를 찾는다.
- **수치 최적화 과정**에서는 모형의 오차를 작게 만드는 방향으로 가중치와 편향 값을 조절한다. 이때 오차를 축소하기 위한 학습과정이 출력층에서 입력층으로, 즉 역방향으로 진행되기 때문에 이를 **역전파**라 한다.

9.3 심층신경망

- 은닉층을 여러 개 배치한 인공신경망 모형을 **심층신경망**이라 한다.
- **합성곱신경망**은 다양한 커널을 적용하여 데이터의 세부 패턴을 식별하는 합성곱 층과 식별된 세부 패턴 정보를 요약하는 풀링 층을 반복적으로 배치함으로써 데이터의 전반적인 형태를 파악하며, 이미지 데이터 분석에 자주 활용된다.
- 합성곱신경망은 이미지처럼 인접 셀 간의 공간적 연관성이 있는 데이터에 적합하며 합성곱 과정에서 학습된 커널은 데이터로부터 자동으로 추정된다.
- **순환신경망**은 시계열 데이터 등 순차적으로 관찰되는 데이터에서 시점 t까지의 관측값 x_1, x_2, ⋯, x_t의 정보를 바탕으로 다음 시점의 관측값 x_{t+1}, x_{t+2}, ⋯를 예측하는 심층신경망이다.
- 순환신경망은 시간의 흐름에 따라 누적된 정보를 은닉층을 통해 전달하며, 시계열 예측이나 자연어 처리 등에 널리 사용된다.

CHAPTER

09 연습문제

※ **[1~2번]** 설명변수 x_1과 x_2를 입력값으로 하고 계단함수를 활성화함수로 하는 퍼셉트론을 이용하여 목표변수 y를 분류하려 한다.

1. 주어진 데이터를 정확하게 분류할 수 있는지 판단하라. 분류할 수 있으면 해당 퍼셉트론을 제시하고, 분류할 수 없으면 그 이유를 설명하라.

(a)

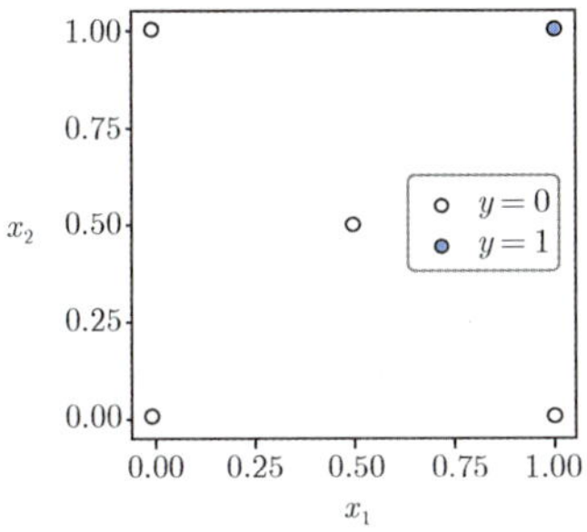

(b)

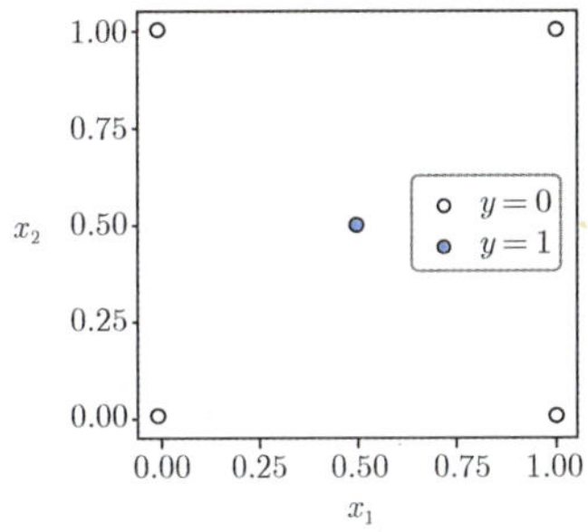

(c)

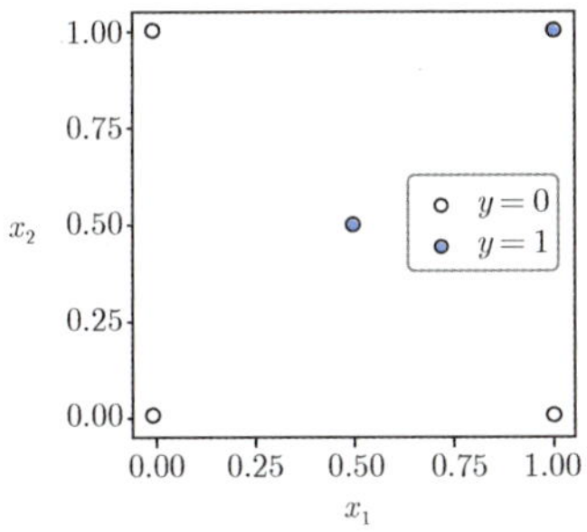

(d)

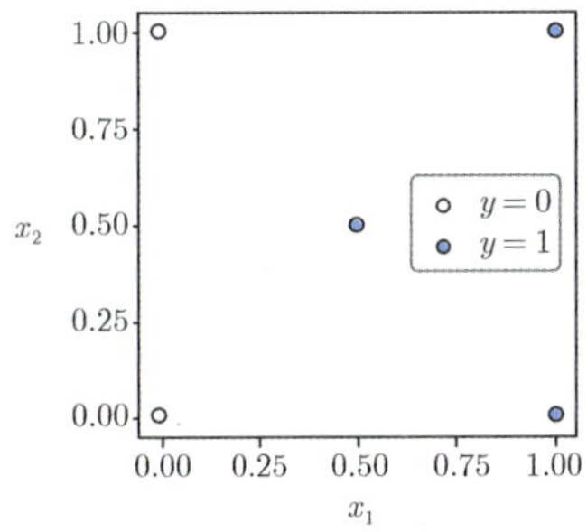

(e)

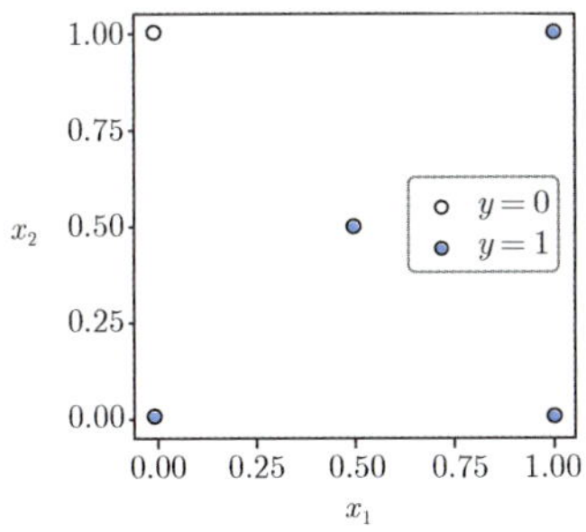

2. [연습문제 1]에서 퍼셉트론을 이용하여 범주를 정확하게 나누지 못한 데이터에 대해 이 데이터를 분류할 수 있는 인공신경망 모형을 제시하라.

3. 한 입시정보 회사에서 학생의 합격 가능성을 예측하는 모형을 개발했다. 목표변수(실제 합격 여부) y_i를 합격일 때 1, 불합격일 때 0으로 정의하고, 이 모형이 예측한 합격가능성 $\mathrm{P}(y_i=1)$을 교차 엔트로피 함수로 평가하려 한다.

(a) 교차 엔트로피 함수의 최솟값을 구하라.

(b) 목표변수 y_i의 관측값과 예측된 합격가능성 $\mathrm{P}(y_i=1)$이 [표 9-2]와 같을 때 교차 엔트로피 함숫값을 구하라.

표 9-2 합격 여부 예측 모형의 관측값과 예측 확률값

i	1	2	3	4	5	6
y_i	0	1	1	0	1	0
$p_i=\mathrm{P}(y_i=1)$	0.1	0.8	0.9	0.2	0.8	0.1

(c) $-\sum_{i=1}^{n} y_i \log p_i - \sum_{i=1}^{n}(1-y_i)\log(1-p_i) \leq -\sum_{i=1}^{n+1} y_i \log p_i - \sum_{i=1}^{n+1}(1-y_i)\log(1-p_i)$가 성립함을 보여라.

4. 체내에 질병이 발생하거나 치료되는 과정에서 체내 대사물질 등에 변화가 일어난다. 이러한 변화를 측정하는 바이오마커biomarker를 이용하면 질병의 발생 여부나 치료 효과 등을 파악할 수 있다. 한 병원에서는 환자의 완치 여부를 예측하기 위해 두 개의 바이오마커 x_{i1}, x_{i2}를 사용하고 있다. 이때 바이오마커를 이용하여 추정한 완치 확률은 다음과 같이 주어진다고 한다.

$$\mathrm{P}(y_i=1|x_{i1}, x_{i2}) = \frac{1}{1+e^{1-(x_{i1}+x_{i2})}}$$

실제 완치 여부 y_i와 바이오마커 값이 [표 9-3]과 같을 때, 이 예측 모형의 교차 엔트로피 함숫값을 구하라. 여기서 x_{i1}, x_{i2}는 i번째 환자의 바이오마커 값이다.

표 9-3 실제 완치 여부와 바이오마커 값

	$i=1$	$i=2$	$i=3$	$i=4$	$i=5$
x_{i1}	0.1	0.9	0.3	0.7	0.2
x_{i2}	0.2	0.8	0.1	0.8	0.1
y_i	0	1	0	1	0

5. 느린 속도로 움직이는 물체에 대한 저항력은 공기와 물체의 상대속도 크기에 비례한다고 알려져 있다. 천천히 움직이는 자전거의 속력 x_i와 공기의 저항 y_i에 대해 절편이 없는 단순회귀모형 $y_i = \beta x_i + \epsilon_i$를 생각하자. 다음 손실함수를 적용해 경사하강법으로 회귀계수 β를 추정하려 한다.

$$L(\beta | x_1, x_2, \cdots, x_n) = \sum_{i=1}^{n} (y_i - \beta x_i)^2$$

(a) 손실함수를 β에 대해 미분하라.

(b) 경사하강법을 적용하여 k번째로 갱신된 값을 β_k라 하자. 학습률을 α라 할 때 β_k와 β_{k-1}의 관계식을 제시하라.

(c) 관측값이 다음과 같을 때 초깃값이 $\beta_0 = 1$, 학습률 $\alpha = 0.001$에서 β_1 값을 구하라.

$$n = 11, \quad \sum_{i=1}^{n} x_i = 66, \quad \sum_{i=1}^{n} y_i = 132$$
$$\sum_{i=1}^{n} x_i^2 = 506, \quad \sum_{i=1}^{n} x_i y_i = 1012, \quad \sum_{i=1}^{n} y_i^2 = 2238.26$$

6. 7장 [연습문제 6]에서 다룬 자동차의 속력과 제동거리의 관계는 실제로 제동거리가 속력의 제곱에 비례하는 것으로 알려져 있다. 속력 x_i와 제동거리 y_i의 회귀모형 $y_i = \beta x_i^2 + \epsilon_i$에 대해 다음 손실함수를 적용하여 경사하강법으로 회귀계수 β를 추정하려 한다.

$$L(\beta | x_1, x_2, \cdots, x_n) = \sum_{i=1}^{n} \left(y_i - \beta x_i^2\right)^2$$

(a) 손실함수를 β에 대해 미분하라.

(b) 경사하강법을 적용하여 k번째로 갱신된 값을 β_k라 하자. 학습률을 α라 할 때 β_k와 β_{k-1}의 관계식을 제시하라.

(c) 관측값이 다음과 같을 때 초깃값이 $\beta_0 = 1$, 학습률 $\alpha = 10^{-7}$에서 β_1 값을 구하라.

$$n = 50, \quad \sum_{i=1}^{n} y_i^2 = 124903, \quad \sum_{i=1}^{n} x_i^2 = 13228$$
$$\sum_{i=1}^{n} x_i^2 y_i = 736548, \quad \sum_{i=1}^{n} x_i^4 = 4802308$$

7. 다음 이미지 행렬을 생각하자. 커널 행렬을 적용하여 합성곱행렬을 구하려 한다.

$$\begin{bmatrix} 1 & 1 & 1 & 1 \\ 0 & 0 & 1 & 0 \\ 0 & 1 & 0 & 0 \\ 1 & 0 & 0 & 0 \end{bmatrix}$$

합성곱신경망에서 이 이미지 행렬에 다음 커널 행렬을 각각 적용하여 합성곱행렬을 구하라.

(a) $\begin{bmatrix} 1 & 0 & 0 \\ 0 & 1 & 0 \\ 0 & 0 & 1 \end{bmatrix}$

(b) $\begin{bmatrix} 0 & 0 & 1 \\ 0 & 1 & 0 \\ 1 & 0 & 0 \end{bmatrix}$

(c) $\begin{bmatrix} 0 & 0 & 1 \\ 0 & 0 & 1 \\ 0 & 0 & 1 \end{bmatrix}$

(d) $\begin{bmatrix} 1 & 1 & 1 \\ 0 & 0 & 0 \\ 0 & 0 & 0 \end{bmatrix}$

CHAPTER

09 파이썬 실습문제

9.1 [연습문제 1]의 데이터 (a)~(e)에 대해 `Perceptron()` 함수에 `random_state` 값을 `0`에서 9까지 바꾸어가며 적용하고, 각 경우에 두 범주를 구분하는 경계선의 변화를 확인해보라.

9.2 입력된 신호 x_1, x_2, $\cdots$, x_n과 편향 b의 가중합 $w_1x_1 + w_2x_2 + \cdots + w_nx_n + b$를 구현하는 파이썬 명령문을 작성하라. 설명변수가 일차원 배열 `x`, 가중치가 일차원 배열 `w`, 편향이 상수 `b`로 저장되어 있다고 가정한다.

9.3 다음 활성화함수를 구현하는 파이썬 명령문을 작성하라.

(a) 계단함수 $f(x) = \begin{cases} 1, & x \geq 0 \\ 0, & x < 0 \end{cases}$

(b) 로지스틱 함수 $f(x) = \dfrac{1}{1 + e^{-x}}$

(c) ReLU 함수 $f(x) = \begin{cases} x, & x \geq 0 \\ 0, & x < 0 \end{cases}$

9.4 9.2절에서 다룬 사차 곡선 $y = 3x^4 - 8x^3 - 6x^2 + 24x$를 상기하자. y 값이 최소가 되는 x 값을 경사하강법으로 구하라. 초깃값을 $x_0 = 0$으로 두고 학습률을 $\alpha = 0.001$, 0.01, 0.1로 각각 변화시키며 결과를 확인하라.

찾아보기

S ~ U

V ~ Z

숫자